Ermittlung der Teilhabeförderung und des Finanzierungsbedarfs bei Chronisch Mehrfachgeschädigt/Mehrfachbeeinträchtigt Abhängigkeitskranken

Lydia Muth

Ermittlung der Teilhabeförderung und des Finanzierungsbedarfs bei Chronisch Mehrfachgeschädigt/ Mehrfachbeeinträchtigt Abhängigkeitskranken

Modellierung und Evaluation eines Instrumentes (IBUT-CMA)

Lydia Muth
Cottbus, Deutschland

Dissertation, Brandenburgische Technische Universität Cottbus-Senftenberg, 2021
Vorsitzender: Professor Dr. iur. Eike Albrecht
Gutachterin: Professorin Dr. rer. pol. habil. Magdalena Mißler-Behr
Gutachterin: Professorin Dr. med. Annemarie Jost

ISBN 978-3-658-39486-8   ISBN 978-3-658-39487-5   (eBook)
https://doi.org/10.1007/978-3-658-39487-5

Die Deutsche Nationalbibliothek verzeichnet diese Publikation in der Deutschen National-
bibliografie; detaillierte bibliografische Daten sind im Internet über http://dnb.d-nb.de abrufbar.

Planung/Lektorat: Stefanie Probst
Springer VS ist ein Imprint der eingetragenen Gesellschaft Springer Fachmedien Wiesbaden
GmbH und ist ein Teil von Springer Nature.
Die Anschrift der Gesellschaft ist: Abraham-Lincoln-Str. 46, 65189 Wiesbaden, Germany

Eine wissenschaftliche Arbeit zu verfassen ist ein hochinteressanter, lohnenswerter aber auch mühsamer Weg.

Ich danke allen, die mich hierbei ermutigt, begleitet und unterstützt haben.

Hervorheben möchte ich hierbei:

Frau Prof. Magdalena Mißler-Behr
Frau Prof. Annemarie Jost
Das Team der Miteinander Gmbh
Das Team der Therapeutischen Gemeinschaft Griebsee
Das Team von Hilfe für Menschen in Not

Ganz besonderer Dank gilt meinen Eltern Annette und Fritz, meinem Bruder Helmer, sowie meinem Mann Monty und meiner Tochter Amelia.

Lydia Muth, November 2020

Abbildungsverzeichnis

Tabellenverzeichnis

Abkürzungsverzeichnis

Abkürzung	Bedeutung der Abkürzung
&	Und
Abb.	Abbildung
Abs.	Absatz
ADL	Activity of daily living
AGG	Allgemeines Gleichbehandlungsgesetz
B.E.Ni	Bedarfserfassungsinstrument Niedersachsen
BEI-BaWü	Bedarfsermittlungsinstrument Baden-Württemberg
BEI-NRW	Bedarfsermittlungsinstrument Nordrhein-Westfalen
BGG	Gesetz zur Gleichstellung von Menschen mit Behinderung
BI	Barthel-Index
BI-ADL	Barthel-Index der Activities of Daily Living Scale
BK 75	Brandenburger Kommission nach §75 SGB XII
BSHG	Bundessozialhilfegesetz
Bspw.	Beispielsweise
BTHG	Bundesteilhabegesetz
Bzgl.	Bezüglich
Bzw.	Beziehungsweise
Ca.	Circa
CMA	Chronisch Mehrfachgeschädigt/Mehrfachbeeinträchtigt Abhängigkeitskrank
DGSMP	Deutsche Gesellschaft für Sozialmedizin und Prävention
DSM-V	Diagnostic and Statistical Manual of mental Disorders, 5. Revision
DVfR	Deutsche Vereinigung für Rehabilitation e. V
EDSP	Early developmental stages of psychopathology
EDV	Elektronische Datenverarbeitung
Ggf.	Gegebenenfalls
HMB	Hilfebedarf von Menschen mit Behinderung
HMB-T	Hilfebedarf von Menschen mit Behinderung – Wohnen

HMB-W	Hilfebedarf von Menschen mit Behinderung – Tagesstrukturierung
IBUT-CMA	Instrument zur Beschreibung von Unterstützungsleistungen zur Teilhabesicherung für Chronisch Mehrfachgeschädigt/Mehrfachbeeinträchtigt Abhängigkeitskranke
ICD-10-GM	Internationale statistische Klassifikation der Krankheiten und verwandter Gesundheitsprobleme, 10. Revision, German Modification
ICF Gesundheit	Internationale Klassifikation der Funktionsfähigkeit, Behinderung und
ICF 2005	International Classification of Functioning, Disability and Health
ICIDH	International Classification of Impairments, Disabilities and Handicaps
Inkl.	Inklusive
ITP	Integrierter Teilhabeplan
Kap.	Kapitel
KT	Kostenträger
LASV	Landesamt für Soziales und Versorgung
LE	Leistungserbringer
Literaturverz.	Literaturverzeichnis
LWL-Inklusionsamt	Landkreis Westfalen-Lippe-Inklusionsamt
LWV Hessen	Landeswohlfahrtsverband Hessen
MASGF	Ministerium für Arbeit, Soziales, Gesundheit, Frauen und Familie
MBFT	Modell der Beeinträchtigung und Förderung der Teilhabe für CMA
MKT-CMA	Modell zur Komplexität der Teilhabebeeinträchtigung bei CMA
N	Stichprobengröße
PDF	Portable Document Format
PEG	Perkutane endoskopische Gastrostomie
RV	Rahmenvertrag
S.	Siehe
S.M.A.R.T.	Specific Measurable Accepted Realistic Timely
SGB	Sozialgesetzbuch
Tab.	Tabelle
Tacos	Transitions in alcohol consumption and smoking
TIB	Teilhabeinstrument Berlin
U.Ä.	Und Ähnliche

UN-BRK	Behindertenrechtskonvention der Vereinten Nationen
Usw.	Und so weiter
Vgl.	Vergleiche
Vgl. ebd.	Vergleiche ebendiese
WHO	Weltgesundheitsorganisation
Z.B.	Zum Beispiel

1 Einleitung

1.1 Vorbemerkung

In dieser Arbeit wird aus Gründen der besseren Lesbarkeit das generische Maskulinum verwendet. Weibliche und anderweitige Geschlechteridentitäten werden dabei ausdrücklich mitgemeint, soweit es für die Aussage erforderlich ist.

1.2 Einführung in die Problemlage

„Alkohol ist die am weitesten verbreitete Droge in unserer Gesellschaft" (Körkel 2018). Im Jahr 2018 waren 3 Millionen Erwachsene von einer alkoholinduzierten Störung betroffen. 1,6 Millionen erwachsene Bundesbürger litten unter einer Abhängigkeit von Alkohol (Deutsche Hauptstelle für Suchtfragen e.V. 2020). Diese Abhängigkeit steht meist in Zusammenhang mit weiteren, durch den regelmäßigen Konsum ausgelösten oder den Konsum begünstigenden Erkrankungen. Allein unter den Krankenhauspatienten wiesen 2005 etwa 300.000 eine durch Alkohol ausgelöste behandlungsbedürftige psychische Schädigung oder Verhaltensstörung auf (Bloomfield, Kraus & Soyka 2008, S.15). Neben dem Verlust an Lebensqualität der betroffenen Person aufgrund der Erkrankung, verursacht Alkoholabhängigkeit häufig auch im gesellschaftlichen Umfeld eine starke Beeinträchtigung. Insbesondere die Assoziation zwischen Gewalt und Alkoholeinfluss ist meist deutlich ausgeprägt. Dies gründet sich darin, dass Alkohol eine „aggressionsfördernde Eigenschaft" besitzt. Nachweislich wurden 2010 in Deutschland 32% der aufgeklärten Gewaltverbrechen, sowie 35,5% der gefährlichen Körperverletzungen, unter Alkoholeinfluss begangen (Proescholdt, Walter & Wiesbeck 2012, S.442). Des Weiteren begünstigt Alkoholeinfluss die Entstehung von Unfällen und Arbeitsausfällen. Geschätzt 16,6 Milliarden Euro indirekte Kosten entstehen unter anderem durch Arbeitsunfähigkeit, Frühberentung oder Produktionsausfälle aufgrund von Rehabilitationsmaßnahmen. Der direkte Sachschaden aufgrund alkoholbedingter Unfälle beträgt eine weitere Milliarde Euro (Bartsch & Merfert-Diete 2013, S.67). Insgesamt wird der durch Alkoholabhängigkeit entstandene volkswirtschaftliche Schaden in Deutschland auf 5 Milliarden Euro (vgl. Bloomfield, Kraus & Soyka 2008, S.20) bis 57 Milliarden Euro (Deutsche Hauptstelle für Suchtfragen e.V. 2020) jährlich geschätzt. Innerhalb der Staaten der Europäischen Union betrug 2003 der alkoholbedingte volkswirtschaftliche Schaden 125 Milliarden Euro (Proescholdt, Walter & Wiesbeck 2012, S.441).

Besonders schwer betroffen innerhalb der Gruppe der Menschen mit Alkoholabhängigkeitsstörungen sind der Anteil der sogenannten Chronisch Mehrfachgeschädigt/Mehrfachbeeinträchtigt Abhängigkeitskranken (CMA) Menschen. Bis zur

Psychiatrie-Enquête 1973 wurde nur Menschen mit Abhängigkeitserkrankung und offensichtlichem Willen zur Abstinenz eine institutionelle Hilfe zuteil (Reker 2006a). Aufgrund der Mehrfachschädigung ist diese Motivation bei CMA-Patienten oftmals krankheitsbedingt nicht gegeben, sodass sie als „Therapiesprenger" in Krankenhäusern „verwahrt" oder gänzlich unversorgt blieben. Erst nach dem Bericht der Expertenkommission 1988 bekannte sich die BRD dazu, allen suchtkranken Menschen helfen zu wollen und benannte explizit die Gruppe der „chronisch mehrfachbeeinträchtigten Abhängigkeitskranken", welcher „…spezifische Hilfen zur Verfügung gestellt werden sollten, um Leben zu sichern und um Chancen für eine Verbesserung…" (Reker 2006a, S.2) zu ermöglichen. Wienberg bezeichnete die Gruppe der CMA-Patienten ein Jahr später als „vergessene Mehrheit" (Reker 2006a, S.2). Bis heute beschreibt dieser Begriff, in Bezug auf die Bekanntheit des Krankheitsbildes, seine Auswirkungen für den Betroffenen und die Erforschung der Möglichkeiten der personenzentrierten Hilfen, die Problematik sehr treffend (vgl. ebd.).

Die Klientel CMA zeichnet sich neben der reinen chronifizierten Alkoholabhängigkeit durch zusätzliche, ebenfalls chronifizierte Schädigungen im psychischen, körperlichen und sozialen Bereich aus (vgl. Zander 2016, Leonhardt & Mühler 2010, Lambert 2009). CMA wurde erst 1999 von Leonhardt und Mühler bzw. der Arbeitsgruppe CMA als eigenständiges Krankheitsbild erarbeitet und operationalisiert und die Definition 2006 veröffentlicht (Reker 2006b; Leonhardt & Mühler 2006). Dementsprechend zeigt sich auch die Abbildung dieser spezifischen Störung in Forschung und Literatur, national wie international, verhältnismäßig gering im Vergleich zu anderen, länger anerkannten Krankheitsbildern wie beispielsweise das übergeordnete Krankheitsbild der Abhängigkeitserkrankung, welches bereits 1968 durch die Weltgesundheitsorganisation (WHO) definiert wurde (vgl. Schmidt 1997, Lindenmeyer 2010). Mit geschätzt 0,5% der Gesamtbevölkerung (Deimel & Dannenberg 2005), was etwas mehr als 400.000 CMA-Erkrankten (Leonhardt & Mühler 2010) in Deutschland entspricht, mag die Klientel als Randgruppe erscheinen. Im Vergleich hierzu werden ca. 3% der Gesamtbevölkerung als „…behandlungsbedürftig alkoholkrank…" eingeschätzt (Deimel & Dannenberg 2005). Dennoch ist gerade bei CMA, aufgrund der Heterogenität der Betroffenen in Bezug auf Symptomatik und Ausprägungsgrad der Beeinträchtigungen und Schädigungen, die Passgenauigkeit und Personenzentriertheit der notwendigen umfangreichen Hilfen wichtig um überhaupt eine Teilhabe erneut zu ermöglichen. Gleichzeitig haben CMA-Patienten, aufgrund der sozialen Destrukturierung und chronischen psychischen Begleit- und Folgeerkrankungen, insbesondere am Bereich der indirekten Kosten (bspw. Arbeitsunfähigkeit, Frühberentung, Mortalität u.Ä.), welche 60% des volkswirtschaftlichen Schadens ausmachen (Küfner & Kraus 2002), einen hohen Anteil. Um den volkswirtschaftlichen und gesellschaftlichen Schaden, welcher durch diese Klientel ohne sachgerechte Hilfe verursacht wird, so gering wie möglich zu halten (Reker 2006a), ist eine krankheitsbildspezifische und personenzentrierte Ausrichtung der Diagnostik und anschließenden Hilfe unabdingbar und momentan nicht gegeben.

1.3 Forschungsinteresse und Ziel der Arbeit

Seit Mitte der 1980er Jahre erfolgt im bundesdeutschen Sozialwesen ein Paradigmenwechsel, welcher die Sichtweise und den Umgang in Bezug auf Menschen mit Behinderung zu verändern sucht. Behinderung stellt sich nicht mehr als Fehler oder Beeinträchtigung im Vergleich zu einem idealisierten Normalbild dar. Vielmehr wird die Betrachtung des Menschen als vielschichtiger begriffen und „Behinderung" als eine Varianz hiervon aufgefasst (Behrisch 2016). Dies bedeutet in der Folge eine verstärkte Individualisierung der Hilfen sowie den Wandel von der Institutionalisierung zur Personenzentriertheit.

Im Zuge der Reform der Sozialgesetzbücher Neun (SGB IX) und Zwölf (SGB XII) wurde das Gesetz zur Stärkung der Teilhabe und Selbstbestimmung von Menschen mit Behinderungen mit dem Kurztitel Bundesteilhabegesetz (BTHG) als Bestandteil des neuen Sozialgesetzbuches Neun (SGB IX-neu) zum 01.01.2017 beschlossen. Ziel ist die Stärkung der Rechte von Menschen mit Behinderungen sowie eine bessere Förderung ihrer Teilhabe und Einbezogenheit in die Gesellschaft.

Um institutionelle Hilfe zu erhalten, muss ein CMA-Erkrankter einen Leistungsanspruch (§ 53 Kap. 6 SGB XII) sowie einen umfangreichen Hilfebedarf nachweisen. Im Land Brandenburg werden CMA-Betroffene in der Mehrheit der Leistungsempfänger voll stationär betreut. Soweit Eigenmittel für die Leistungsfinanzierung nicht ausreichen, erfolgt eine Ergänzungsfinanzierung über die Eingliederungshilfe der regionalen Sozialämter. Grundlage dieser Finanzierung ist ein durch das Sozialamt als Finanzierungsträger festgestellter Rechtsanspruch auf Hilfe (§ 53 Kap. 6 SGB XII). Auf dieser Basis erfolgen eine Einschätzung des Hilfebedarfes und eine darauf aufbauende Ermittlung des Leistungs- und Finanzierungsbedarfes zur Gewährleistung der notwendigen Hilfe (§ 141 ff. Kap. 18 SGB XII). Anspruch und Bedarfshöhe werden regelmäßig überprüft. Hierfür gibt es verschiedene Instrumente. Das derzeit gültige Brandenburger Instrument zur Hilfebedarfserfassung wurde von Heidrun Metzler erstellt und lehnt sich an die, ebenfalls von ihr 1998 – 2000 erarbeitete „Hilfeplanung von Menschen mit Behinderung – Bereich Wohnen" (HMB-W) an. Es wurde 2006 von der Brandenburger Kommission nach § 75 SGB XII (BK 75) beschlossen und, trotzdem es bisher nicht fertiggestellt wurde, für alle Brandenburger Kommunen von der BK 75 empfohlen (Brandenburger Kommission 2006). Die meisten Kommunen folgen dieser Empfehlung des Ministeriums und wenden es seitdem in der veröffentlichten Version mit beigefügten erklärenden Sozialberichten an. Es werden seit der Einführung verschiedene

Kritikpunkte im Umgang mit dem Instrument deutlich, wie hoher Aufwand, mangelhafte Eindeutigkeit und starke Defizitorientierung der Items, unzureichende Beschreibbarkeit der Spezifik des Krankheitsbildes CMA, zu geringe Einbeziehungsmöglichkeiten des Klientel sowie Vernachlässigung der Prüfung, ob ein erfasstes Defizit überhaupt zu einer Teilhabebeeinträchtigung führt. Die Kritikpunkte werden innerhalb der vorliegenden Arbeit mittels empirischer Erhebungen detailliert operationalisiert (vgl. Kapitel 2.4.5; Kapitel 4.5; Kapitel 6.3.2). Aufgrund dieser Schwierigkeiten ist die Erhebung eines personenzentrierten Hilfebedarfs sowie die Darstellung und Ermittlung eines nachvollziehbaren Leistungsbedarfs und einer differenzierten Finanzierung insbesondere für die Klientel der CMA-Erkrankten oft nur unzureichend möglich (vgl. Kapitel 7.1).

Im Zuge der Einführung der ersten Gesetzesstufe des BTHG ab 1. Januar 2017 und mit Einführung verschiedener Leitsätze, Richtlinien und Gesetzte, wie der Behindertenrechtskonvention der Vereinten Nationen (UN-BRK), der Internationalen Klassifikation der Funktionsfähigkeit, Behinderung und Gesundheit (ICF), wurde eine Überprüfung der bestehenden Bedarfserfassungsinstrumente notwendig (§ 142 Kap.18 SGB XII). Ziel dieser Überprüfung ist es festzustellen, ob die angewandten Instrumente den neuen gesetzlichen Anforderungen entsprechen und ob sie gemäß des Paradigmenwechsels zeitgemäß die Möglichkeiten der personenzentrierten Hilfen unterstützen und ausschöpfen (Brandenburger Kommission 2018). Weiterhin ist die Analyse der Verfahren hinsichtlich des individuell nachvollziehbaren Ermittelns des Hilfebedarfes, der daraus nachvollziehbar abzuleitenden effektiven Hilfeleistung, dem Ermöglichen einer transparenten Finanzierung und ähnlichen Aspekten in diesem Rahmen erforderlich und unbedingt notwendig.

Bis zu der endgültigen Einführung eines neuen Verfahrens ist weiterhin das Brandenburger Instrument für das Land Brandenburg gültig und zur Bedarfsermittlung in Anwendung (Brandenburger Kommission 2018).

Ziel der vorliegenden Arbeit ist es, ein bestehendes Verfahren zu finden und zu modifizieren oder ein neues Verfahren zu erstellen, mit welchem der Hilfe-, Leistungs- und Finanzierungsbedarf für die Eingliederungshilfe vollstationär untergebrachter Erwachsener mit dem Krankheitsbild Chronisch Mehrfachgeschädigt/Mehrfachbeeinträchtigt Abhängigkeitskrank im Land Brandenburg individuell, gerecht und nachvollziehbar aufgezeigt werden kann.

1.4 Aufbau der Arbeit

Gemäß dem beschriebenen Ziel führt die vorliegende Arbeit eine eigenständige Analyse und Bewertung verschiedener existenter Bedarfsermittlungsinstrumente durch. Es wird der

Prozess der Bedarfsermittlung hinsichtlich Ablauf, Struktur und Ziel allgemein, aber auch in Hinblick auf den Paradigmenwechsel und die weiteren BTHG-Stufen untersucht. Wichtig erscheint die Verknüpfung direkter Meinungsbilder aller Prozessbeteiligter in Bezug auf die Umsetzung der theoretisch und politisch gewollten Ziele und Strukturen, welche für die einzelnen Ebenen meist isoliert erscheinen und so zu verzerrtem Verständnis führen können. Die Arbeit reflektiert den aktuellen Umsetzungsstand des gewünschten Paradigmenwechsels und erarbeitet Anregungen sowie Möglichkeiten, über die Anwendung von Bedarfsermittlungsverfahren diese Umsetzung voranzutreiben.

Dazu erfolgten eine genaue Ist-Stand-Analyse und eine Bewertung der aktuellen Situation und Vorgehensweise der Bedarfserfassung für CMA-Patienten im Land Brandenburg. Weiterhin werden die notwendigen zu stellenden Ansprüche bezüglich Ziel, Inhalt, Funktion und Aufbau an ein optimales Instrument zur Bedarfsermittlung für CMA-Betroffene im Land Brandenburg im Sinne einer Soll-Zustandserhebung ermittelt und operationalisiert (vgl. Kapitel 5). Hierbei sind vor allem die unterschiedlichen Sichtweisen aller an dem Bedarfsermittlungsprozess Beteiligten (Leistungsempfänger, Finanzierungsträger, Leistungserbringer) zu berücksichtigen und zusammenzuführen. Anschließend wird das in Brandenburg derzeit eingesetzte Hilfebedarfserfassungsinstrument in Anlehnung an den HMB-W nach Heidrun Metzler (Brandenburger Instrument) und weitere, in anderen Bundesländern eingesetzte Verfahren in Bezug auf diese Anforderungen überprüft und bewertet. Bezugnehmend auf das Ergebnis wird ein neues Verfahren erarbeitet, welches gleichermaßen in Hinblick auf die Anforderungen wissenschaftlich überprüft und evaluiert wird.

Strukturell ergibt sich folgender Aufbau der Arbeit. Zuerst erfolgt im ersten Kapitel eine überblicksartige Einführung in das Thema sowie dessen gesellschaftliche Relevanz und das Ziel der Arbeit. Im zweiten Kapitel werden verschiedene Grundlagen erläutert, welche zum tieferen Verständnis der Thematik notwendig sind. Zuerst wird das Krankheitsbild in Symptomatik und Auswirkung beschrieben. Anschließend werden das aktuelle System der Eingliederungshilfe sowie die rechtlichen und ethischen Grundlagen für sich, wie auch in Bezug auf den aktuell erfolgenden Paradigmenwechsel in der sozialen Arbeit als Basis der praktischen Hilfe erörtert. Im dritten Kapitel werden die Forschungsfragen gestellt und daraus Hypothesen abgeleitet sowie kurz begründet. Das vierte Kapitel befasst sich mit der Analyse verschiedener Bedarfserfassungsinstrumente der Eingliederungshilfe wie auch der Pflege. Hierbei werden zum einen die Instrumente vorgestellt. Gleichzeitig wird darauf eingegangen, ob die Instrumente anwendbar sind hinsichtlich der Ermittlung von Leistungs- und Finanzierungsbedarf und der Passung auf die Klientel der CMA-Erkrankten. Die Abschlussbetrachtung dieses Kapitels diskutiert die Notwendigkeit der Entwicklung eines neuen Instrumentes. Hierzu werden im fünften Kapitel verschiedene Vorbetrachtungen zu inhaltlichen, strukturell-formellen Anforderungen durchgeführt. Weiterhin werden Einflussfaktoren auf eine differenzierte Finanzierung diskutiert. Die Ergebnisse dieser Vorbetrachtungen werden am Ende jedes Unterpunktes zusammengefasst und fließen in die Erstellung des neuen Bedarfserfassungsinstrumentes mit ein. In Kapitel sechs werden die Datenschutzrichtlinien, welche für die Arbeit relevant sind, vorgestellt. Der Hauptteil dieses Kapitels befasst sich mit dem methodischen Vorgehen der Arbeit. Hierzu wird eine schematische Übersicht gegeben, welche die durchgeführten Studien in Ziel und Umfang herausstellt. Anschließend werden die einzelnen methodischen Verfahren begründet, in ihrer Durchführung beschrieben sowie die gewonnen Daten dargestellt und interpretiert. Das siebente Kapitel fasst alle Ergebnisse der vorliegenden Arbeit einzeln zusammen. In Kapitel acht werden die angewandten Methoden wie auch die gewonnenen Ergebnisse diskutiert und bewertet. Des Weiteren erfolgt ein Vergleich des neu erstellten Verfahrens zur Erfassung des Finanzierungsbedarfes mit anderen, für das Land Brandenburg relevanten Bedarfserfassungsinstrumenten (Brandenburger Instrument, ITP-Brandenburg). Die Arbeit schließt mit einem Ausblick auf weitere, aus den Ergebnissen ableitbare mögliche Forschungsthemen.

Kapitel 1:
Einleitung
- Einführung in die Problemlage
- Forschungsinteresse und Ziel der Arbeit
- Aufbau der Arbeit

Kapitel 2:
Verständnisgrundlagen
- Grundlagen bezüglich des Krankheitsbildes Chronisch Mehrfachgeschädigt Abhängigkeitskrank (CMA)
- Der Begriff Finanzierungsbedarf im Kontext der stationären Eingliederungshilfe für CMA
- Rechtliche und ethische Grundlagen
- Der Paradigmenwechsel in der Behindertenhilfe

Kapitel 3:
Forschungsfragen und wissenschaftliche Hypothesen

Kapitel 4:
Analyse bestehender Instrumente zur Ermittlung des Finanzierungsbedarfes
- Allgemeiner Überblick
- Sach- und Entwicklungsberichte
- Integrierte Teilhabeplanung (ITP) – Das Grundmodell
- Integrierte Teilhabeplanung (ITP) – ITP-Brandenburg „Version 0"
- Brandenburger Instrument zur Hilfebedarfserfassung
- Bedarfsermittlungsinstrument Nordrhein-Westfalen (BEI_NRW)
- Barthel Index (BI-ADL)
- Ergebnis der Analyse bestehender Bedarfserfassungsinstrumente

Kapitel 5:
Entwicklung eines neuen Instrumentes
- Allgemeine Vorüberlegungen
- Grundlegende inhaltliche Vorüberlegungen
- Vorüberlegungen zur transparenten Berechnung eines differenzierten Finanzierungsbedarfes
- Vorüberlegungen bezüglich Struktur und Form eines neuen Instrumentes

Kapitel 6:
Methodisches Vorgehen
- Datenschutzrechtlicher Umgang
- Versuchsdesign und methodisches Vorgehen
- Methodisches Vorgehen - Beschreibung der angewandten Verfahren, Darstellung und Interpretation der gewonnenen Daten

Kapitel 7:
Ergebnisse
- Beantwortung der Forschungsfragen
- IBUT-CMA als Bedarfserfassungsinstrument
- Zusätzliche Ergebnisse

Kapitel 8:
Diskussion
- Methodenkritik
- Das IBUT-CMA als Instrument zur Erfassung des Finanzierungsbedarfs im Vergleich mit anderen Instrumenten
- Schlussbetrachtung, Ergebnisbewertung und Ausblick

Abb. 1: Struktur der vorliegenden Arbeit

2 Verständnisgrundlagen

2.1 Grundlagen bezüglich des Krankheitsbildes Chronisch Mehrfachgeschädigt Abhängigkeitskrank (CMA)

2.1.1 Begriffsbestimmung

CMA ist die Abkürzung für ein Krankheitsbild mit heterogener Symptomatik. Bis in die 90er Jahre hinein wurde lediglich eine Grundcharakteristik genutzt, um Menschen, welche aus anderen Hilfesystemen herausfielen, zusammenzufassen, um spezifische Hilfsangebote zu erarbeiten und diesen Menschen zugänglich zu machen. 1998 erstellte Hilge die Braunschweiger Merkmalsliste, in der verschiedene Kriterien erarbeitet wurden, durch welche eine reliable Erfassung der Klientel ermöglicht werden sollte (Hilge 1998). 1999 beauftragte die Bundesregierung eine Arbeitsgruppe um Leonhardt und Mühler mit der Operationalisierung der Merkmale dieses Krankheitsbildes (Reker 2006b).

2006 veröffentlichten Leonhardt und Mühler bezüglich des Krankheitsbildes folgende Definition (Leonhardt & Mühler 2006, S. 27):

„Chronisch mehrfachgeschädigt ist ein Abhängigkeitskranker, dessen chronischer Alkohol- beziehungsweise anderer Substanzkonsum zu schweren beziehungsweise fortschreitenden physischen und psychischen Schädigungen (incl. Komorbidität) sowie zu überdurchschnittlicher beziehungsweise fortschreitender sozialer Desintegration geführt hat beziehungsweise führt, so dass er seine Lebensgrundlagen nicht mehr in eigener Initiative herstellen kann und ihm auch nicht genügend familiäre oder andere personale Hilfe zur Verfügung steht, wodurch er auf institutionelle Hilfe angewiesen ist."

Zeitgleich erarbeitete die Arbeitsgemeinschaft Chronisch Mehrfachbeeinträchtigt Abhängigkeitskranke (offiziell ebenfalls als CMA abgekürzt) unter Fleischmann (Fleischmann & Wodarz 1999) eine merkmalsgleiche Beschreibung. Anhand solcher Merkmalslisten konnten Erhebungen durchgeführt werden, welche zum einen belegen konnten, dass CMA-Erkrankte eine Gruppe an Menschen darstellen, welche einer spezifischen Behandlung bedarf und welche auch groß genug ist, um nicht als wenige schwere Einzelfälle abgetan zu werden. Gleichzeitig wurde deutlich, dass diese Menschen aufgrund des generellen Nichtbewußtseins der Spezifität der Erkrankung keine adäquate Behandlung erfuhren, sondern als nicht therapierbar oder Pflegefall eingestuft wurden.

© L. Muth 2023, *Ermittlung der Teilhabeförderung und des Finanzierungsbedarfs bei Chronisch Mehrfachgeschädigt/Mehrfachbeeinträchtigt Abhängigkeitskranken – Modellierung und Evaluation eines Instrumentes (IBUT-CMA)*, https://doi.org/10.1007/978-3-658-39487-5_2

Trotz unterschiedlicher Begriffsnutzung, „Chronisch Mehrfachbeeinträchtigt Abhängigkeitskrank" und „Chronisch Mehrfachgeschädigt Abhängigkeitskrank", stimmen alle Arbeitsgruppen in der Charakterisierung der Klientel untereinander überein.

In der Fachliteratur bestehen beide Begriffe „Chronisch Mehrfachbeeinträchtigt Abhängigkeitskrank" und „Chronisch Mehrfachgeschädigt Abhängigkeitskrank" derzeit unabgegrenzt voneinander. Lampert beschreibt sie als unterschiedliche Sichtweise und plädiert für den Begriff der Mehrfachbeeinträchtigung, da dieser unterschwelliger ist und „Einschränkungen der sozialen Beziehungen, der psychischen und physischen Bereiche, deren gestaltbare Grenzen noch auszuloten sind." Der Begriff der Mehrfachschädigung hingegen beschreibe einen manifestierten Zustand (Lambert 2009, S. 79).

Allerdings weisen Menschen, welche von Krankenhäusern, Sozialämtern oder gerichtlich gestellten Betreuern als CMA-Patienten beschrieben werden und Kostenübernahmen für stationäre Therapien beziehen, durchaus deutliche Einschränkungen im Schädigungsbereich auf.

Das bio-psychosoziale Modell (s. Abb.2), welches der Internationalen Klassifikation der Funktionsfähigkeit, Gesundheit und Behinderung (ICF) zugrunde liegt, beschreibt den dynamischen Zusammenhang zwischen Schädigungen und Beeinträchtigungen (DIMDI 2019b).

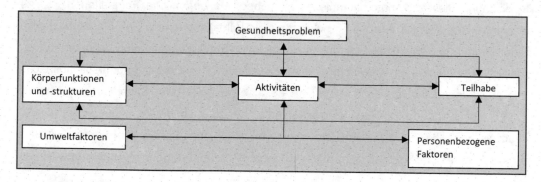

Abb. 2: Wechselwirkung zwischen den Komponenten der ICF

Hierbei werden Schädigungen als Störungsbegriff für Körperfunktionen und Körperstrukturen und Beeinträchtigungen als Störungsbegriff für Aktivitäten und Partizipation/Teilhabe angesehen. Gemäß dem Modell in Abbildung 2 ziehen die meisten Schädigungen im Bereich der Körperfunktionen und -strukturen soziale Beeinträchtigungen nach sich. Gleichzeitig können soziale Beeinträchtigungen wie Vereinsamung zu funktionalen Schäden wie einer Depression führen. Eine Trennung der beiden Aspekte Schädigung und Beeinträchtigung, wie sie Anfang des Jahrtausends zur Definition des Krankheitsbildes möglich war, ist nunmehr, den Zielen der ganzheitlichen Betrachtung folgend, kontraproduktiv, da somit die ganzheitliche

Betrachtung des Menschen sowie das Verständnis des funktionalen Gesundheitsbegriffes als Verständnisbasis der ICF außer Acht gelassen wird. Die ICF, welche gesetzlich vorgeschrieben ab 2017 laut BTHG §142 die Grundlage für ein Bedarfserfassungsinstrument bilden muss, spricht von Schädigungen im Bereich der Komponenten Körperstrukturen und -funktionen, von Beeinträchtigungen im Bereich der Teilhabe/Aktivitäten sowie der Kontextfaktoren (genaue Erläuterung der ICF als Grundlage für Bedarfserfassungsinstrumente siehe Kapitel 2.3.3). Da ein CMA-Patient in jedem Bereich von Barrieren, welche seine Lebensqualität krankheitsbedingt einschränken, aber auch von unterstützungswürdigen Förderfaktoren und Ressourcen betroffen sein kann und in der Mehrheit der Fälle auch tatsächlich ist, ist eine Festlegung auf einen Bereich nicht mehr sinnvoll. Aufgrund der Umdeutung und klaren Zuordnung der Begrifflichkeiten im Umgang mit dem bio-psychosozialen Modell ist die vormalige Diskussion um härtere oder latentere Interpretationen hinfällig.

Im generellen Sprachgebrauch hat sich aufgrund der Länge beider Begriffe stets die Abkürzung sowohl in der schriftlichen als auch in der mündlichen Anwendung durchgesetzt. Hierbei ist festzustellen, dass ungefähr gleich oft der Begriff der Mehrfachgeschädigten als auch der Begriff der Mehrfachbeeinträchtigten hinter der Abkürzung verstanden wird, ohne dass hieraus Unterschiede im Umgang oder Verständnis abgeleitet wurden. Es erscheint daher in der aktiven Hilfe notwendig bzw. wichtiger zu sein, überhaupt einen Titel für die Bezeichnung dieses Symptomkomplexes zu haben, als begriffliche Feinheiten hierzu zu definieren. Dies legt die Vermutung nahe, dass die Hilfesysteme und Grundlagen bezüglich dieser Gruppe der Abhängigkeitskranken sich noch im Entwicklungsbeginn befinden und ein bloßes Wahrnehmen von CMA als eigenes Krankheitsbild als Arbeitsgrundlage ausreicht. Differenzierungen der Art, ob es sich um Beeinträchtigungen oder Schädigungen handelt, spielen anscheinend noch keine große Rolle, da das Umdenken der sozialen und medizinischen Hilfe für diese Klientel noch von „Verwahrung und Schutz der Personen vor sich selbst sowie der Gesellschaft" auf „Hilfe und Teilhabe für den Betroffenen" im Prozess ist.

Im Rahmen der Bearbeitung wissenschaftlicher Themen ist eine präzise Definition von inhaltlichen Begriffen notwendig. Deshalb wird in der vorliegenden Arbeit die Zusammenführung beider Begriffe zu „Chronisch Mehrfachgeschädigt/Mehrfachbeeinträchtigt Abhängigkeitskrank" vorgenommen. In der vorliegenden Arbeit ist aus diesem Grund der zusammengeführte Begriff hinter der Abkürzung CMA zu verstehen.

Eine oft befürchtete Stigmatisierung aufgrund der generellen Verwendung der Begrifflichkeit CMA wird politisch thematisiert, in der praktischen Arbeit hingegen wenig. So ließ der Facharbeitskreis „Stationäre Einrichtungen der Suchtkrankenhilfe/cma" des Paritätischen Wohlfahrtsverbandes Brandenburg beispielsweise den Zusatz „CMA" mit der Begründung,

Stigmatisierung vermeiden zu wollen, Ende 2018 wegfallen. Auf der Ebene der aktiven Hilfe in direktem Kontakt mit den Betroffenen spielt das Problem weniger eine Rolle, weil das umfassende Ziel der Hilfe unabhängig der Einrichtungsart oder der Leistungserbringer grundsätzlich das „Ermöglichen und Erleichtern der Teilhabe" für den Betroffenen ist (§ 76 Kap. 13 SGB IX). Allgegenwärtige individuelle Förderziele hierfür sind bspw. „Grundfähigkeiten wie Pünktlichkeit, Ausdauer, Verlässlichkeit, Sorgfalt, Arbeitstempo, Konzentration und Merkfähigkeit […] zu bestätigen und weiter zu fördern" (Gesamtverband für Suchtkrankenhilfe, 2019). Außerdem sollen soziale Fähigkeiten und Selbstwertgefühl, das Umsetzen von Alltagsaktivitäten oder die selbständige Versorgung erarbeitet oder gestärkt werden. „Teilhabe am Leben in der Gesellschaft bedeutet gleichermaßen: Stabilisierung vorhandener sozialer Kontakte beziehungsweise Aufbau neuer Kontakte, die ein suchtmittelfreies Leben unterstützen, Sicherung der Wohnsituation, Schuldenregulierung und Erlernen von befriedigenden Freizeitaktivitäten" (vgl. ebd.).

Diese personenzentrierten Teilziele in der aktiven Hilfe sowie die darauf abzielenden Maßnahmen wirken schon im Grundsatz stigmatisierendem Verhalten oder Denken entgegen, da der Fokus nicht auf der Beeinträchtigung, sondern auf der ressourcen- und zielorientierten Arbeit zum Erreichen eines individuellen und gesellschaftsverträglichen Wohlbefindens der Klientel liegt. Je geringer der Kontakt mit den Betroffenen wird, umso größer ist die Gefahr der Stigmatisierung, welche jedoch unabhängig von der Bedeutung des CMA-Begriffs oder der Zusammenfassung dieser Menschen als Betroffene dieses Krankheitsbildes ist. Vielmehr sind es die Symptome, welche teilweise bereits ab der Ebene der Kostenträger Ängste und Geringschätzung bei den Menschen hervorrufen. Insbesondere die Symptome psychischer Störungen stoßen vielerorts auf Unverständnis und Verunsicherung. Die Symptome sozialer Desintegration hingegen wecken eher Ärger, weil sie mit schlechtem Benehmen und absichtlicher Frechheit und Anstößigkeit verwechselt werden. Die Abhängigkeit als Ursache und Symptom verstärkt in der Bevölkerung das Empfinden und das Unverständnis aufgrund fehlender Kenntnisse und medizinischer Grundlagen zusätzlich, welches sich äußert in Einstellungen wie z.B. „derjenige hätte ja nicht trinken müssen" oder „sich einfach mal zusammenreißen sollen". Die Bezeichnung CMA ist in solchen Situationen eher hilfreich, weil sie den Krankheitswert dieser Symptome verdeutlicht und klar macht, dass die Symptomatik nicht in direktem Zusammenhang mit Willens- oder Charakterschwäche hervorgerufen wird. Natürlich obliegt es jedem Menschen von vorne herein, Alkohol zu konsumieren oder dies zu unterlassen. Allerdings zeigen die Biografien der CMA-Betroffenen, dass in fast allen Fällen eine komplexe Verknüpfung aus fehlenden personenbezogenen Ressourcen, umweltbedingten Barrieren oder fehlenden umweltbezogenen Förderfaktoren und nicht allein eine mangelnde Selbstbeherrschung den Weg in die Sucht ebnete (Schachameier 2007).

Um die Sensibilität für die Notwendigkeit spezifischer Hilfen für Menschen mit diesem Krankheitsbild zu erhalten und weiter auszubauen, ist die Definition von CMA als qualitativ abgrenzbare Gruppe von Abhängigkeitskranken als Meilenstein anzusehen. „Was keinen Namen hat, kann auch nicht ‚behandelt' werden" (Emlein 1998, S. 47). Eine Stigmatisierung wird nicht durch Wortnutzung, sondern durch Denkweisen und Einstellungen, welche sich in der Art der Nutzung von Begriffen und daraus abgeleiteten Handlungen widerspiegeln, hervorgerufen. Schomerus empfiehlt 2011 eine situationsabhängige selektive Offenheit und benennt Engagement in der Öffentlichkeitsarbeit sowie eine eigene positive Einstellung zu Menschen mit Behinderung und humorvoller Umgang mit der Krankheit als Strategien mit positivem Einfluss (Schomerus 2011). Ob eine Stigmatisierung mittels Verwendung des Begriffes erfolgt, wird daher vor allem davon abhängen, inwieweit die Umsetzung der Inhalte der Behindertenrechtskonvention der Vereinten Nationen (UN-BRK) sowie der Internationalen Klassifikation der Funktionsfähigkeit, Gesundheit und Behinderung (ICF) auf allen Ebenen erfolgt. Eine regelmäßige statistische Überprüfung hinsichtlich der Streuung der auftretenden Symptome könnte sogar in Zukunft zu weiteren Untergliederungen, Spezifizierungen bis hin zu Abspaltungen weiterer eigenständiger Krankheitsbilder beitragen, stets unter dem Ziel eine personenbezogene und damit bessere Hilfe in das System der Suchthilfe zu integrieren und die Teilhabe dieser Menschen zu stärken.

2.1.2 Klientelbeschreibung

Seit 1968 ist Alkoholismus im Sinne einer substanzbezogenen Abhängigkeitsstörung als Krankheitsbild definiert und anerkannt (Lindenmeyer 2010, S. 79). Somit konnte von Kranken- und Rentenversicherungen eine Behandlung alkoholabhängiger Menschen finanziert werden. Das Krankheitsbild CMA wurde, wie bereits beschrieben, erst 2006 von Leonhardt und Mühler definiert. Aufgrund der Suchterkrankung in Zusammenhang mit den psychischen Beeinträchtigungen wird CMA unter seelischer Behinderung geführt. Wie schon die Bezeichnung des Krankheitsbildes nahe legt, sind alle Schädigungen und Beeinträchtigungen chronifiziert und damit lebenslang vorhanden. Die Grunderkrankung ist die Abhängigkeitserkrankung. Hierbei ist Grunderkrankung nicht als zeitlich erste Erkrankung zu verstehen, da sich in manchen Biografien der CMA-Klientel auch vorerst psychische Erkrankungen zeigen, welche in ihrer Auswirkung beispielsweise zu sozialem Ausschluss und daraufhin als Problemlösung zum übermäßigen Alkoholgenuss führten. Grunderkrankung soll hierbei die gemeinsame Basis darstellen, da die Alkoholabhängigkeit der Teil des Krankheitsbildes ist, den alle diese dem heterogenen Symptomcluster CMA zugehörigen Menschen gemeinsam haben. Die Mehrfach-Schädigungen und -Beeinträchtigungen, welche kausal, korrelativ oder kumulativ mit der Alkoholabhängigkeit auftreten, können rein sozialer, somatischer (körperlich und kognitiv) oder psychischer Art sein. In fast allen Fällen sind jedoch mindestens zwei, meist alle Arten von Schädigungen oder Beeinträchtigungen vorhanden. Um die Übersichtlichkeit zu wahren, sollen die Aspekte dieses komplexen Krankheitsbildes im Folgenden einzeln beschrieben werden.

2.1.2.1 Chronizität des Trinkverhaltens

Beeinträchtigungen der funktionalen Gesundheit aufgrund von Alkoholkonsum können sich auf verschiedenste Art manifestieren. Jellinek versuchte eine erste Differenzierung in seinem viel zitierten „Krankheitsmodell der Alkoholabhängigkeit" (Jellinek 1960), welches vier Trinkertypen unterscheidet. Heute erfolgt die Klassifizierung anhand der Internationalen Statistischen Klassifikation der Krankheiten, German Modification (ICD-10-GM) bzw. anhand des Diagnostic and Statistical Manual of Mental Disorders (DSM-V). Die ICD-10-GM diagnostiziert unter der Kategorie „Psychische und Verhaltensstörungen durch psychotrope Substanzen" zehn unterschiedliche „alkoholbedingte Syndrome" (DIMDI 2019a):

- F10.0 – „Akute Intoxikation (akuter Rausch)"
- F10.1 – „Schädlicher Gebrauch"
- F10.2 – „Abhängigkeitssyndrom"
- F10.3 – „Entzugssyndrom"
- F10.4 – „Entzugssyndrom mit Delir"
- F10.5 – „Psychotische Störung"
- F10.6 – „Amnestisches Syndrom"
- F10.7 – „Restzustand und verspätet auftretende psychotische Störung"
- F10.8/9 – „Sonstige und nicht näher bezeichnete psychische und Verhaltensstörung"

Das DSM-V fasst unter dem Begriff „Sucht und zugehörige Störungen" sowohl stoffgebundene als auch nicht-stoffgebundene Süchte (wie z.B. Spielsucht) zusammen. Die Trennung zwischen Missbrauch und Sucht wurde aufgehoben und als „Substanzgebrauchsstörung" zusammengefasst (Rumpf & Kiefer 2011, S.45). Diese ist anhand von elf Kriterien beschrieben, wobei das Eintreffen von zwei bis drei Kriterien eine „moderate", das Zusammentreffen von vier oder mehr Kriterien eine „schwere" Substanzgebrauchsstörung diagnostiziert (Falkai & Wittchen 2015, S.661):

1. Wiederholter Konsum, der zu einem Versagen bei der Erfüllung wichtiger Verpflichtungen, bei der Arbeit, in der Schule oder zu Hause führt
2. Wiederholter Konsum in Situationen, in denen es aufgrund des Konsums zu einer körperlichen Gefährdung kommen kann

3. Wiederholter Konsum trotz ständiger oder wiederholter sozialer oder zwischenmenschlicher Probleme

4. Toleranzentwicklung gekennzeichnet durch Dosissteigerung oder verminderte Wirkung

5. Entzugssymptome oder deren Vermeidung durch Substanzkonsum

6. Konsum länger oder in größeren Mengen als geplant (Kontrollverlust)

7. Anhaltender Wunsch oder erfolglose Versuche der Kontrolle

8. Hoher Zeitaufwand für Beschaffung und Konsum der Substanz sowie Erholen von der Wirkung

9. Aufgabe oder Reduzierung von Aktivitäten zugunsten des Substanzkonsums

10. Fortgesetzter Gebrauch trotz Kenntnis von körperlichen oder psychischen Problemen

11. Craving, starkes Verlangen oder Drang die Substanz zu konsumieren

Auf einen durchschnittlichen an CMA erkrankten Menschen treffen alle DSM-V Kriterien zu, was die Schwere der Beeinträchtigung noch einmal verdeutlicht.

Eine Abhängigkeit in dieser Schwere weist zwei Dimensionen auf. Zum einen die physische Ebene wie auch die psychische Ebene. Soyka nennt 2009 als Anzeichen körperlicher Abhängigkeit die körperlichen Entzugserscheinungen bei Konsumeinschränkung sowie den Effekt der Toleranzsteigerung. Anzeichen einer psychischen Abhängigkeit ist der Kontrollverlust, welcher das Beenden des Konsums trotz starkem Willen und hoher Motivation für den Betroffenen unmöglich macht (Soyka 2009). Beide Aspekte sind bei CMA-Patienten chronifiziert, wenn auch nicht stets vordergründig sichtbar.

Die physische Abhängigkeit bezieht sich auf die Umstellung von körpereigenen Prozessen. So steuert Alkohol die Hormonausschüttung. Laut Mitchell et al. (Mitchell et al. 2012) werden Endorphine im Nucleus accumbens sowie im orbitofrontalen Cortex bei Alkoholgenuss ausgeschüttet. Diese Hirnstrukturen spielen für das Belohnungssystem sowie für die Verhaltensregulation und die Steuerung emotionaler Prozesse eine zentrale Rolle. Das bedeutet, dass ein Suchtkranker eine stetige Steigerung des Glücksgefühls bzw. des Rauschzustandes erlebt, je öfter er trinkt und vor allem je größer die zugeführte Alkoholmenge ist. Im Verlauf der Abhängigkeit ist jedoch eine Umkehr dieser Entwicklung zu bemerken. Bei einem Nichtsüchtigen bleibt die Wirkung bei jedem Alkoholgenuss unabhängig der Alkoholmenge vergleichbar. Wann eine körperliche Abhängigkeit beginnt kann derzeit nicht geklärt werden. Ist jedoch eine physische Abhängigkeit vorhanden, so erkennt man sie am manifestierten Entzugssyndrom sowie am Hauptsymptom: dem Suchtdruck, auch als Alkoholverlangen oder „Craving" bezeichnet. Alkoholverlangen ist bei einem Süchtigen vorderstes und lebensbestimmendes Merkmal (Schmidt 1997). Im ICD-10 wird Craving als „Wunsch oder Art von Zwang, eine psychotrope Substanz einzunehmen" definiert (DIMDI

2019a). So zeigen sich, ähnlich wie bei Patienten mit Zwangserkrankungen bei Alkoholabhängigen zwanghaftes Verlangen Alkohol zu konsumieren, konstant vorhandene bzw. stetig wiederkehrende Gedanken an Alkohol, Alkoholgenuss und Alkoholbeschaffung, welche das Denken auch vollständig bestimmen, sowie das innere Ankämpfen, die Gedankenkreise zu durchbrechen und den Drang zu unterdrücken. Meist wird dies erschwert, durch die Scham des Betroffenen und die Bemühungen, den Kampf versteckt zu halten. Ohne Hilfe von außen nehmen diese Anstrengungen fast immer unbeherrschbare Ausmaße an, weshalb der Alkoholgenuss als einzig möglicher Ausweg und Befriedigung der Obsession erscheint. Dieser Zwangscharakter kann sich so stark ausprägen, dass die Befriedigung des Alkoholverlangens über die Befriedigung sämtlicher anderer Bedürfnisse gestellt wird und somit sogar die Grund- und Sicherheitsbedürfnisse wie auch alle Bedürfnisse höherer Ebenen (Punzenberger 2006, S. 3 f.) zugunsten des Cravings außer Kraft gesetzt werden. Sachse führt aus, dass Craving und Entzugssymptomatiken bei langfristigem Suchtverhalten zu fixierten Mustern werden, welche entgegen üblicher Konditionierungen nicht mehr löschbar sind (Roediger 2005). Die geschaffene Langzeitpotenzierung ist jedoch zustandsabhängig. Das bedeutet, dass die Aktivierung der Neuronenverbindungen nur auf potentielle Schlüsselreize hinwirkt. Diese wirken jedoch, unbewusst aufgenommen, um ein Vielfaches stärker als bewusst wahrgenommene Reize. Gerade unbewusst ausgebildete, durch positive Alkoholwirkungen operant verstärkte Gewohnheiten graben sich so tief in emotionale Gedächtnisstrukturen ein und können durch nicht bewusst wahrgenommene Schlüsselreize (Cues) am Bewusstsein vorbei handlungsleitend werden (sog. „emotionaler Autopilot") (Heinz & Mann 2001). Somit können auch Jahrzehnte nach dem letzten Alkoholgenuss unbewusst wahrgenommene Schlüsselreize, insbesondere in Stresssituationen, zum Craving und damit zu einem Rückfall führen (Roediger 2005). Ein chronisch Suchtkranker erfährt daher nie eine Heilung im Sinne von vollständiger Löschung der Krankheit. Es besteht die Möglichkeit des zumindest zeitweilig vollständigen Abklingens der Symptome. Dennoch muss er stets achtsam gegenüber seinem Krankheitsbild bleiben. Auch wenn die Krankheit über einen so langen Zeitraum in den Hintergrund getreten ist, dass sie nicht nur gesellschaftlich, sondern teilweise auch medizinisch abgesprochen wird.

Einzige Möglichkeit einer Spontanremission sind die, im Endstadium von demenziellen Erkrankungen, auftretenden neuronalen Zerfallsprozesse, welche tatsächlich zur Löschung des Suchtverhaltens aufgrund des Absterbens der entsprechenden Neuronenverbindungen führen. Hier sind allerdings oftmals auch andere kortikale Verbindungen betroffen, sodass die Heilung meist nicht mehr zu einer spürbaren Lebensverbesserung beitragen kann.

2.1.2.2 Psychische und somatische Folgeerkrankungen

Aufgrund der massiven, oft systematischen Vergiftung durch Alkohol gehören zum Krankheitsbild CMA umfangreiche Schädigungen an Körper, Geist und Psyche. So bezieht sich Zander auf eine Studie von Steingass et al. (Zander 2016) in welcher von 588 CMA-Erkrankten knapp 52% hirnorganische Schädigungen aufwiesen, zu jeweils einem Drittel Polyneuropathien und das Wernicke-Korsakow-Syndrom auftraten sowie 25% der Probanden Persönlichkeitsstörungen zeigten. Weitere Ergebnisse dieser Studie waren 110mal die Diagnose Herz-Kreislauf-Erkrankung, 121 Lebererkrankungen, 85 Magenerkrankungen und 59 Epilepsien. Leonhardt und Mühler nennen als häufigste Folgeerkrankungen ohne Zuweisung einer Rangfolge (vgl. Leonhardt & Mühler 2006, S. 31):

Psychische Folgeerkrankungen	Somatische Folgeerkrankungen
• Delir	• Carcinome des Verdauungstraktes
• Demenz	• Epileptische Anfälle
• Hirnorganisches Durchgangs- und Psychosyndrom	• Hypertonie
	• Kleinhirnatrophien
• Entzugssyndrom	• Lebererkrankungen
• Halluzinosen	• Oseophagusvarizen
• Paranoide Psychose	• Pankreopathien
• Neurotische und Persönlichkeits-fehlentwicklung	• Polyneuropathien
	• Kardiomyopathien
• Morbus Korsakow	

Tab. 1: Folgeerkrankungen bei CMA laut Studie nach Leonhardt & Mühler 2006

Singer und Theyssen nennen folgende alkoholinduzierte somatische Schäden als häufigste Diagnosen: „...Delirium tremens (13 %), Krampfanfälle (11,4 %), Kopfverletzungen mit und ohne subdurale Hämatome (9 %) und Leberzirrhose (8 %) ..." (Singer & Theyssen 2001, S.2010). Insgesamt führen sie folgende Erkrankungen und Schäden an, welche durch die Alkoholabhängigkeit begünstigt werden (vgl. ebd.):

- Mund- und Rachenbereich: bösartige Tumoren der Schleimhaut in Mundhöhle, Kehlkopf, Rachen und Speiseröhre
- Verdauungssystem: akute Gastritis, chronische Pankreatitis, chronische Schleimhautschädigung des Dünndarms, Rektumkarzinom,
- Lebererkrankungen: Fettleber, Alkoholhepatitis mit erhöhter Akutmortalität, Zirrhose

- Kardiovaskuläres System: Herz-Rhythmusstörungen und Herzinsuffizienz, Bluthochdruck
- Diabetes
- Alkoholentzugssyndrom, Delirium tremens
- Wernicke-Enzephalopathie, Korsakow-Syndrom, Alkohol-Demenz-Syndrom
- Weitere neurologische Funktionsstörungen aufgrund, verschiedener Schädigungen des zentralen und peripheren Nervensystems und der Muskulatur:
  - Gangataxie mit stetiger Progredienz, Extremitätenataxie, Polyneuropathie, Epilepsie, Tremor
  - Depression, Müdigkeit, Konzentrationseinbußen, Verwirrtheitszuständen, Bewusstseinseinbußen, Halluzinosen, Appetitlosigkeit,

Neben den direkten Folgeschäden sind zahlreiche Komorbiditäten zu chronischer Alkoholabhängigkeit nachgewiesen, welche häufig bei CMA-Erkrankungen auftreten. Soyka nennt hierzu eine Follow-Up-Studie von 455 Alkoholabhängigen, welche zahlreiche komorbide psychische Störungen aufwiesen. „Phobien traten bei 14,7 % der Alkoholabhängigen auf, Panikstörungen bei 8,7 P%, Dysthymien bei 6,8 %, majore Depressionen bei 9,8 %, (andere) Substanzstörungen bei 5,9 %, Somatisierungsstörungen bei 2 %, Zwangsstörungen bei 1 %. 29 % der Personen mit Alkoholmissbrauch und -abhängigkeit wiesen mindestens eine weitere psychische Störung auf..." (Soyka 2001, S.2733). Die Studien „early developmental stages of psychopathology (EDSP)" in München und die Lübecker Studie „transitions in alcohol consumption and smoking (Tacos)" konnten Zusammenhänge zwischen chronischer Alkoholabhängigkeit und affektiven Störungen sowie zahlreichen kognitiven Defiziten ermitteln. So führen verschiedene strukturelle und funktionelle Veränderungen im Gehirn und Nervensystem zu Gedächtnisstörungen und Beeinträchtigungen der Feinmotorik, sowie „...eine leicht- bis mäßig ausgeprägte eher globale Verschlechterung der Hirnfunktion..." (Soyka 2001, S.2733). Des Weiteren konnten insbesondere bei chronisch Alkoholabhängigkeitskranken ein zunehmender Verlust oder Änderung der Persönlichkeit sowie zahlreiche psychisch-bedingte Verhaltensänderungen festgestellt werden. Soyka führt hierfür beispielhaft „...eine Einengung der persönlichen Interessen auf Aufrechterhaltung der Sucht, die bereits angesprochene Vernachlässigung anderer Interessen und Vergnügen, Defizite im Bereich Körperpflege und Hygiene, eine affektive, mitunter auch sexuelle Enthemmung..." (Soyka 2001, S.2733) sowie erhöhte Aggressionsbereitschaft auf.

Die Fülle der möglichen symptomatischen Erkrankungen verdeutlicht die Schwere und Fülle der Beeinträchtigungen dieses Krankheitsbildes. In einer Studie erhoben Leonhardt und Mühler die Schädigungsprofile. Zwei Drittel aller Probanden hatten kombinierte Schädigungen. Bei den anderen dominierte, neben der Abhängigkeitserkrankung, bei 10% die psychische, bei 8% die körperliche und bei 16% die soziale Beeinträchtigung (vgl. Leonhardt & Mühler 2006). Wichtig zu beachten ist, dass all diese Folgeerkrankungen bei CMA auch den Status einer chronischen Erkrankung erreicht haben. Auch unter länger anhaltenden Abstinenzbedingungen sind die entstandenen Defizite nur sehr geringfügig reversibel. Viele Schädigungen sind als dauerhaft bekannt. Hierzu gehören vor allem Beeinträchtigungen und Schädigungen des Gedächtnisses, der Aufmerksamkeit und der kognitiven Leistungsgeschwindigkeit (Soyka 2001).

2.1.2.3 Soziale Desintegration

Die soziale Desintegration beschreibt den Zustand der Losgelöstheit von Normen und Werten, welche in einer Gesellschaft üblich sind, zugunsten asozialer Verhaltensweisen. Auswirkungen sind Desinteresse an der Gesellschaft, Verlust von Partner- und Freundschaften sowie Distanzierung der Familie vom CMA-Patienten, Verlust der Arbeit bis hin zum Verlust sämtlicher verlässlicher Sozialkontakte. Zwar haben CMA-Patienten ein teilweise umfangreiches Bekanntennetzwerk, jedoch sind dies häufig ausschließlich Zweckgemeinschaften, welche sich zum jeweils eigenen Vorteil temporär finden. Studien (vgl. Leonhardt & Mühler 2006) belegen, dass ein gesundes soziales Netzwerk den Suchtverlauf verzögern kann.

Begünstigende Faktoren hingegen sind nach Ansicht von Körkel (Körkel 2005, S. 310):

1. Ein unausgewogener Lebensstil: Die Pflichten überwiegen gegenüber den entlastenden Betätigungen.
2. Das Auftreten riskanter Situationen: Dabei handelt es sich beispielsweise um Verlusterfahrungen oder familiäre Konflikte.
3. Mangelnde Verhaltenskompetenzen: Dem Trinker fällt das Ablehnen von Trinkangeboten schwer.
4. Ungünstige kognitive Verhaltensmuster: Der Trinker schreibt sich selbst eine Abstinenzunfähigkeit zu und nimmt eine resignative Haltung ein.

Aufgrund der Abhängigkeit und des darauf begründeten langjährigen Abbaus sozialer Beziehungen stehen CMA-Patienten häufig zu Therapiebeginn allein da, weisen starke Anzeichen von Isolationstendenzen und häufig Verwahrlosung auf. Gleichzeitig ist eine Ablehnung der Gesellschaft, eine Selbstüberschätzung sowie ein erhöhtes Selbstbild im Vergleich zu anderen zu bemerken.

2.1.3 Erreichbare Therapieziele

Wurden die Therapie und Betreuung CMA-betroffener Menschen anfangs eher aufgrund von Alternativlosigkeit der Eingliederungshilfe zugeordnet, so ist sie inhaltlich an dieser Stelle absolut sinnvoll aufgehoben. Aufgrund der massiven chronischen Schäden in jeglichem Bereich ist eine vollständige Genesung sowohl aus medizinischer wie auch sozialer Sicht für einen Chronisch Abhängigkeitskranken Menschen nicht erreichbar. Eine Eingliederung in die Gesellschaft im Sinne der Gesundung und anschließenden erneuten Teilnahme am Arbeitsmarkt, Rückführung in Familien- und Freundeskreis ist oftmals ausgeschlossen und wenn, nur im Rahmen von geringfügigen Besuchen möglich. Schachameier sieht als Therapieziel einen Kompromiss, der zwischen „…dem Erhalt und der Wiederherstellung der Erwerbsfähigkeit und der Attestierung einer Nichttherapierbarkeit angesiedelt sein muss. Es geht also um ein ‚niederschwelligeres‘, aber sozial verantwortbares Therapieziel, an dem sich der Therapieerfolg messen lassen kann, und das finanzierungswürdig ist" (Schachameier 2007, S.206).

Ohne Hilfe wurden die CMA-Betroffenen oftmals krankheitsbedingt zu „gesellschaftlichen Problemfaktoren". Durch sie ausgelöste gesellschaftliche Störungen waren Pöbeleien, asoziales Verhalten, unhygienisches Äußeres, Betteln, unhygienische Wohnverhältnisse, Aggressivität, Beschaffungskriminalität, psychisches Unterdrücken von Familien oder Freunden und Ähnliches. Weiterhin traten Kosten für Krankenhausaufenthalte, Polizeieinsätze oder Streetworkarbeit auf. Ziel der Gesellschaft ist es, dem Betroffenen mittels Hilfen ein Leben in Menschenwürde zu ermöglichen und mit möglichst geringem Kosten- und Mittelaufwand eine Resozialisierungsstufe zu erreichen, in welcher die beschriebenen negativen Verhaltensweisen und deren Folgen nicht mehr auftreten (Cabinet Office – Prime Minister's Strategy Unit 2004).

Für den Betroffenen selbst ist das Ziel eine möglichst hohe Wiederherstellung aller Körperfunktionen und -strukturen zu erreichen. Oftmals sind die Ziele aufgrund des hohen kognitiven Schädigungsgrades unrealistisch und reichen von Rückgewinnung der Familie (trotz Scheidung, definitem Kontaktabbruch von Seiten der Familie oder Tod von Familienmitgliedern), über Rückgewinnung des Arbeitsplatzes bis zu vollständigem Einstieg in das alte Leben vor der Erkrankung. Realistische Ziele sind hingegen eine körperliche, kognitive und psychische Stabilisierung der Betroffenen, das Erlangen eines menschenwürdigen Lebens mit sauberer Kleidung, gepflegtem Äußeren, regelmäßigen Mahlzeiten, regelmäßigem Tag-Nacht-Rhythmus, menschenwürdigem Wohnraum, sozialen Kontakten, Selbstwertgefühl sowie Anerkennung, Respekt und Wertschätzung der Umwelt gegenüber dem Betroffenen. Teilweise ist das Erreichen eines Selbstständigkeitsgrades möglich, welcher das Leben in einer eigenen Wohnung und die Reduzierung auf ambulante Hilfen zulässt.

Um diese Ziele erreichen zu können, ist eine stabile Abstinenz unbedingt notwendig. Im Rauschzustand ist der Betroffene weder Vernunftsgründen zugänglich noch fähig sozial, gesundheitlich oder selbstfördernd zu agieren oder zu reagieren. Wie Leonhardt und Mühler (Leonhardt & Mühler 2006) ausführlich erläutern, ist eine dauerhafte Abstinenz aufgrund der Chronifizierung der Abhängigkeitserkrankung nicht möglich. Roediger führt aus, dass Cravingprozesse unlöschbare Verhaltensmuster in Bezug auf potentielle Schlüsselreize darstellen (Roediger 2005). Dennoch sind längere Abstinenzphasen erreichbar, welche teilweise bis zu Jahren oder Jahrzehnten dauern. Zander spricht in diesem Zusammenhang von „zufriedener Abstinenz" (Zander 2016, S. 61). In Bezug auf Hesse und Leonhardt und Mühler kann eine „zufriedene Abstinenz" jedoch erst angestrebt werden, wenn vorrangige Ziele wie „Sicherung des Überlebens", „Verhinderung weiterer schwerer Folgeschäden", „Verhinderung weiterer sozialer Desintegration" und das „Ermöglichen längerer Abstinenzphasen" erreicht sind. Ob eine längere Abstinenzphase fünf Tage oder fünfzehn Jahre dauert, hängt von vielen individuellen Faktoren ab. In jedem Fall ist als Ziel eine möglichst lange Abstinenzphase nach jedem Trinkrückfall anzustreben (Leonhardt & Mühler 2010).

Eine Verringerung der sozialen Desintegration ist über die Einbindung in eine Gruppe sowie das Trainieren sozialer Umgangsformen, Normen und Werte möglich. Ziel ist eine Wiederherstellung der sozialen Grundbedürfnisse. Außerdem sollen soziale Kontakte wieder als positiv und wünschenswert erlebt werden.

Über eine regelmäßige Tagesstrukturierung in Form konstant wiederkehrender Maßnahmen und Aufgaben besteht die Möglichkeit das Gefühl des Gebrauchtwerdens zu regenerieren und eine Stärkung des Selbstwertgefühls zu erreichen. Gleichzeitig wird das Eingebundensein in die Gesellschaft erlebbar gemacht. Die Aufgaben müssen hierzu arbeitsähnlichen Charakter haben, das heißt, sie müssen regelmäßig zu erledigen sein, einen Anspruch habe, welcher für den Betroffenen nur mit einer gewissen Anstrengung bewältigbar ist und sie müssen von demjenigen als sinnhaft wahrgenommen werden.

2.1.4 Ablauf der Aufnahme eines Chronisch Mehrfachgeschädigt Abhängigkeitskranken in das Hilfesystem

Für einen Leistungsanspruch auf Eingliederungshilfe muss eine Diagnose im Bereich Alkoholabhängigkeit in Zusammenhang mit anderen Störungen oder die Diagnose CMA gestellt werden. Dies kann durch einen Hausarzt oder Psychiater erfolgen, meist jedoch im Krankenhaus nach einer rückfallbedingten Einweisung. Sind die sozialen Auffälligkeiten deutlicher als die körperlichen Schäden der Betroffen, erfolgt eine Ersterfassung auch teilweise zuerst bei Polizei, Gesundheits- oder Sozialamt. Je nach eingeschätzter Schwere und Langfristigkeit der körperlichen, kognitiven, psychischen oder sozialen Beeinträchtigung kann der Betroffene mehrere Stationen durchlaufen. So gibt es verschiedene niedrigschwellige Hilfsangebote wir Suchtberatungsstellen oder Selbsthilfegruppen. Diese sind in fast jedem größeren Ort erreichbar, fast immer für den Betroffenen kostenlos und helfen auch anonym. Zielgruppe ist hier zumeist der Missbräuchler, welcher aufgrund noch, im Vergleich, geringer Schäden mit relativ wenig und vorübergehenden institutionellen Hilfen in der Lage ist, sein Leben selbstständig weiterzuführen. Im Krankenhaus ist der erste Schritt die Entgiftungsbehandlung, welche laut Erfahrungsberichten zwischen drei und zehn Tagen dauert. Sie zielt darauf ab, mit medizinischen Maßnahmen den Alkohol physisch aus dem Körper zu leiten, eine deliriumsbedingte Symptomatik abzuschwächen und den Lebenserhalt sicher zu stellen. Gleichzeitig erfolgen verschiedene allgemeine Untersuchungen und Behandlungen, sowie ein regelmäßiger Tagesrhythmus, inklusive Hygienemaßnahmen und regelmäßiger aufbauender Ernährung, sodass, neben der reinen Entgiftung, der Betroffene bedeutend gesundheitlich gestärkt aus der Therapie entlassen wird. Je nach Krankenhausangebot werden nebenbei unterstützende psychische Maßnahmen und Gespräche durchgeführt. Der Erfolg der Behandlung ist in diesen Fällen rein körperlicher Art, im Sinne von vorläufiger Abstinenz und körperlicher Stärkung sowie Einstellung von Medikamenten. Schätzt der Sozialarbeiter des Krankenhauses ein, dass aufgrund verschiedener Faktoren eine Entlassung in die eigene Häuslichkeit nicht zu vertreten ist, wird der Patient in eine weiterführende Hilfe vermittelt. Faktoren, welche eine Entlassung in die eigene Häuslichkeit unmöglich machen sind starke Isolationssymptomatik und Verwahrlosung (in Bezug auf den Betroffenen als auch in Bezug auf die Häuslichkeit), eine gesundheitliche Schädigung, welche bei weiterem Alkoholmissbrauch das Überleben gefährdet, kognitive, psychische oder körperliche Schädigungen, welche ein Alleinleben unmöglich machen und eine Art Selbstgefährdung bei der Rückkehr in die eigene Häuslichkeit wahrscheinlich machen (Leonhardt & Mühler 2006).

Nach der Entgiftung sind verschiedene Hilfsmaßnahmen möglich. Bei einer Biografie mit mehreren Entgiftungen, besonders schwerem alkoholbedingten Krankheitsverlauf oder hinzukommenden verlaufskomplizierenden Komorbiditäten und Folgeerkrankungen wird zunächst eine sogenannte S4-Behandlung, auch Entwöhnungsbehandlung genannt, empfohlen. Sie dauert im Regelfall acht Wochen und muss von der Krankenkasse oder, bei fehlender Krankenversicherung, durch das Sozialamt genehmigt werden. Jährlich durchlaufen ca. 46.000 Menschen eine stationäre Entwöhnungsbehandlung, wobei 70% hiervon alkoholbedingte Störungen haben (Fleischmann 2015). Ziel der Behandlung ist die Stabilisierung der in der Entgiftung erlangten Abstinenz sowie eine psychische Entwöhnung, Aufarbeitung der Krankheitsgeschichte sowie Erlangen einer Krankheitseinsicht mit möglichen alternativen Verhaltens- und Denkmustern. Die Erfolgsraten werden auf 40 – 60% angegeben (Mundle et al. 2001).

Sollte der Therapieerfolg nach den acht Wochen zu gering ausfallen ist eine Vermittlung in eine weiterführende ambulante Hilfe oder in eine stationäre Therapieeinrichtung möglich. Die ambulanten Hilfen bedeuten die Rückkehr in die eigene Häuslichkeit und dortige stundenweise Unterstützung, ADL-Anleitung und kognitive Therapie. Aufgrund des Beibehaltens der eigenen Häuslichkeit ist dies, gegenüber der stationären Unterbringung, für gewöhnlich die bevorzugte Hilfe aus Sicht der Betroffenen. Bei durchschnittlicher Ausprägung des Krankheitsbildes CMA ist dieser Hilfeumfang jedoch fast immer zu gering. Im Zuge der sozialen Desintegration, der körperlichen, kognitiven und psychischen Schädigung und der chronifizierten schweren Alkoholabhängigkeit wurden selbst die Grundbedürfnisse wie Essen, Trinken, Schlafen, Grundhygiene und Ähnliches verlernt beziehungsweise durch das Craving überlagert. Somit ist eine stationäre Unterbringung mit gleichzeitiger Therapie meist die einzige Möglichkeit auf menschenwürdige Sicherung des Lebens der Betroffenen. Hierfür, wie auch für die ambulante Hilfe, ist eine Kostenzusage des zuständigen Sozialamtes Voraussetzung. Um diese zu erlangen erfolgt ein Antrag beim Sozialamt, welches diesen auf Leistungsanspruch nach § 53 SGB XII prüft. Besteht ein Leistungsanspruch, erfolgt eine Hilfebedarfsermittlung als Grundlage der Leistungsbemessung. In einem Teilhabeplan § 145 Kap.18 SGBXII (ab 01.01.2020 § 19 SGB IX) werden die Leistungen der Eingliederungshilfe über ein Hilfebedarfserfassungsverfahren nach § 142 Kap. 18 SGB XII (ab 01.01.2020 § 118 SGB IX) und geltendem Beschluss Nr. 6/2006, Anlage 2 und Nr. 2/2018 der BK 75 für einen sogenannten Entwicklungszeitraum in einer Zielvereinbarung festgelegt. Im Gesamtplanverfahren nach § 141 ff. SGB XII (ab 01.01.2020 § 117 ff. SGB IX) mit den Leistungen anderer Kostenträger, wie Pflegeversicherung, Kranken- oder Rentenkasse zusammengeführt. Während dieses Verfahrens wird ein Leistungsträger für die stationäre oder ambulante Hilfe gesucht, welcher Leistungen entsprechend der Zielvereinbarung anbietet. Nach Ausstellung der Kostenzusage erfolgt möglichst zeitnah (oftmals am selben Tag) der Beginn der entsprechenden Hilfe. Endet der Entwicklungszeitraum oder kündigt das Sozialamt, der Betroffene oder der Leistungserbringer die Hilfe auf, wird das Verfahren erneut begonnen und eine neue Hilfe festgelegt oder die Hilfe teilweise oder generell eingestellt.

2.2 Der Begriff Finanzierungsbedarf im Kontext der stationären Eingliederungshilfe für CMA-Patienten

2.2.1 Begriffsabgrenzung

Im Folgenden werden Begriffsbestimmungen aufgeführt, die das einheitliche Verständnis fördern sollen.

<u>Bedarf</u>

„Der Begriff Bedarf ist nicht gesetzlich definiert. Die Begriffe Bedarf und Bedürfnis werden häufig synonym verwendet, obwohl das Bedürfnis einen subjektiven Mangel beschreibt, während der Bedarf eine beschaffungsbezogene, objektivierte Konkretisierung des Bedürfnisses darstellt" (Haller 2007, S.80)

<u>Defizit</u>

Unter einem Defizit ist ein Mangel an Fähigkeiten und Fertigkeiten zu verstehen (Stangl 2019). Da sowohl Defizit als auch Bedarf in engem Zusammenhang mit dem Begriff des Mangels stehen, werden beide Begriffe häufig fälschlicherweise gleichgesetzt.

Ein Defizit muss nicht zu einer Beeinträchtigung der Teilhabe, Lebenszufriedenheit oder Lebensqualität führen. So kann das Nichtbeherrschen von Fähigkeiten beispielsweise daher rühren, dass diese Fähigkeiten im individuellen Lebenskontext nicht gebraucht werden. (Beispielsweise ist die Fähigkeit Tierfährten auseinanderhalten zu können für das Leben in einer Großstadt meist unwichtig.) Die Begriffe „Defizit" und „Teilhabebeeinträchtigung" sind daher keinesfalls synonym zu verwenden und eine Korrelation ist nicht voraussetzbar, sondern stets vor der individuellen Lebenssituation und den persönlichen Wünschen und Zielen des betroffenen Menschen zu prüfen.

<u>Barriere</u>

Die Eingliederungshilfe versteht den Begriff „Barriere" gemäß dem bio-psychosozialen Modell als Ursache für eine Beeinträchtigung (Schuntermann 2013). Eine Barriere kann demnach ein Defizit sein. Jedoch umfasst der Begriff Barriere außerdem die Möglichkeit der Beeinträchtigung durch Kontextfaktoren wie Umwelt oder innerpersonelle Aspekte wie Alter, Geschlecht, Einstellungen, Verarbeitungsmuster etc. Zusätzlich umfasst der Begriff auch das Fehlen von Ressourcen. Der Begriff der Barriere ist demnach umfassender als der Defizitbegriff und bedingt eine kausale Verbindung zur Teilhabebeeinträchtigung.

Ressource

Eine Ressource ist, dem lateinischen Wortursprung folgend, eine Quelle. Schubert und Knecht definieren: „Ressourcen sind somit personale, soziale und materielle Gegebenheiten, Objekte, Mittel und Merkmale, die das Individuum nutzen kann, um die externen und internen Lebensanforderungen und Zielsetzungen zu bewältigen" (Schubert & Knecht 2015, S.2). Das bedeutet, dass im Sinne der Eingliederungshilfe Ressourcen alle die Dinge darstellen, aus denen der Betroffene schöpfen kann, welche er nutzen und benutzen kann und welche ihm unterstützend im Sinne der Teilhabeförderung zur Verfügung stehen. Im Sinne des bio-psychosozialen Gesundheitsmodells können somit Ressourcen sowohl aus dem Bereich Körperfunktionen, Körperstrukturen, Aktivitäten und Teilhabe als auch aus dem Bereich der personenbezogenen und Umwelt-Faktoren kommen und in ihrer Vernetzung die funktionale Gesundheit des Menschen und somit seine Teilhabe im Sinne der Eingliederungshilfe fördern (Schuntermann 2013).

Der Begriff der Ressource ist für den Kontext der Eingliederungshilfe stets an das Ziel der bestmöglichen Teilhabe für den Betroffenen gebunden. Moldaschl betont, dass Ressourcen, als „…Handlungsmittel, die zum Erreichen von Zielen benutzt oder mobilisiert (nutzbar gemacht) werden" (Moldaschl 2005, S.20). Hilfen, welche Defizite beseitigen, jedoch gleichzeitig die Teilhabe beispielsweise durch Hospitalisierung beeinträchtigen, sind keine Ressourcen, da sie das eigentliche Ziel nur teilweise anstreben. Diese Art von Hilfen schaffen neue Barrieren und sollten somit den Möglichkeiten entsprechend vermieden werden.

Hilfebedarf

Hilfebedarf ist die Summe aus allem, was eine Hilfe notwendig macht. Dies sind Barrieren, welche beseitigt werden müssen, um eine Teilhabe zu ermöglichen oder diese zu verbessern. Außerdem sind dies Ressourcen, welche aktiviert, erhalten, wiedererlernt oder ausgebaut werden müssen. Kulig hebt zwei Aspekte des Konstruktes Hilfebedarf hervor (Kulig 2006, S.77):

1.   Qualitativer Aspekt: Hiermit ist die inhaltliche Dimension des Hilfebedarfes gemeint. Sie umfasst alle konkreten Förder- und Therapiemaßnahmen zur Unterstützung in verschiedenen Lebenssituationen in ihrer Planung und Umsetzung. Es ist offensichtlich, dass dieser Aspekt des Hilfebedarfes nur individuell bestimmt werden kann.

2.   Quantitativer Aspekt: Hiermit ist die Umfangsdimension des Hilfebedarfes gemeint. Dabei geht es – unabhängig von konkreten Maßnahmen – um ein ‚wie viel' an Hilfen, die eine Person zur Teilnahme am Leben in der Gesellschaft benötigt. In dieser Arbeit wird davon ausgegangen, dass der genannte Aspekt quantitativ empirisch bestimmbar ist und einen

Vergleich der Hilfebedarfe – hinsichtlich ihres Umfanges – zwischen verschiedenen Personen mit Behinderungen ermöglicht."

Der Hilfebedarf beschreibt Teilhabebeeinträchtigungen. Er gibt jedoch noch nicht die Methoden (Leistungen) vor, welche zu einer Beseitigung der Beeinträchtigungen führen.

Leistungsbedarf

Leistungsbedarf ist die Summe aller konkret notwendigen Leistungen, welche den Hilfebedarf weitestgehend verringern oder ganz aufheben. Der Leistungsbedarf ist nicht mit dem Hilfebedarf gleichzusetzen und auch nicht im Sinne der Black-Box nach Skinner zu korrelieren. Ein und derselbe Hilfebedarf kann bei verschiedenen Personen zu vollständig unterschiedlichen Leistungsbedarfen führen. Stärker als der Hilfebedarf ist der Leistungsbedarf von den Kontextfaktoren „Umwelt" und „personenbezogene Faktoren" abhängig. Je nach Lebenssituation und Umfeld sind nicht stets gleiche Leistungen erhältlich oder bezahlbar. Die personenbezogenen Faktoren sind zu beachten, da nicht jeder Mensch gleichermaßen jede Form der Hilfe oder die Hilfe von jedem Betreuer annehmen kann. Im Rahmen der personenbezogenen Hilfe ist dies jedoch zu beachten, da eine Hilfe, welche aufgrund personenbezogener Faktoren für den Betroffenen nicht annehmbar ist, letztendlich wirtschaftlich unangemessen und in Bezug auf die Teilhabe eher beeinträchtigend, also konterproduktiv, wirken wird.

Finanzierungsbedarf

Finanzierungsbedarf im Kontext der Eingliederungshilfe ist die Summe an monetären Mitteln, welche benötigt wird, um genau die personenbezogenen Leistungen zu bezahlen, welche gesetzlich abgesichert einer Person zustehen und notwendig sind, um die Teilhabe der Person zu fördern und einen Nachteilsausgleich bezüglich der Chancengleichheit zu ermöglichen.

Die Verwendung der Begriffe kann in der nachfolgenden wissenschaftlichen Auseinandersetzung mit der Thematik aus dieser Darstellung abgeleitet werden.

2.2.2 Hilfebedarfserfassung als Grundlage zur Finanzierungsbedarfsermittlung

Finanziert wird die Eingliederungshilfe in Brandenburg über die kommunalen Sozialhilfeträger. Besteht nachweislich ein Anspruch auf Leistung, wird die Höhe des Anspruchs in einem Hilfebedarfserfassungsgespräch festgestellt. Hierzu sind Vertreter des örtlichen

Sozialhilfeträgers, der Betroffene sowie, wenn vorhanden, der gerichtlich gestellte Betreuer oder in einigen Fällen auch Familienangehörige, Partner oder andere den Betroffenen unterstützende Personen anwesend. In diesem Gespräch werden Hilfebedarfe in Form von Beeinträchtigungen, Ressourcen, Barrieren und Förderfaktoren erfasst, daraus Ziele für einen bestimmten Zeitraum entwickelt und festgeschrieben und in einem Gesamtplan zusammengefasst. Auf der Grundlage dieses Gesamtplans sucht der örtliche Sozialhilfeträger eine stationäre Einrichtung, welche einen Therapie- und Wohnplatz möglichst zeitnah zur Verfügung stellen kann und bereit ist, den Betroffenen aufgrund des Hilfeplans aufzunehmen. Damit einheitlich geprüft werden kann, ob ein rechtlicher Anspruch auf Hilfe besteht und in welchem Kostenrahmen sich dieser Anspruch bewegt, wurden gesetzlich Aspekte festgelegt, welche geprüft werden sollten (§ 142 ff. Kap. 18 SGB XII / bzw. ab 01.01.2020 § 118 SGB IX). Diese werden in einem Hilfebedarfserfassungsinstrument zusammengeführt. Das Instrument gibt vor, welche Hilfebedarfe in welchem Umfang mindestens bestehen müssen, damit ein Anspruch auf Hilfeleistung rechtlich geltend gemacht werden kann. Auf der Grundlage der erfassten Hilfebedarfe werden Leistungsbedarfe bestimmt, aus denen mehr oder weniger konkrete Leistungen bestimmt werden. Neben den Sozialdaten und weiteren für die Planung wichtigen Informationen wird daraus der Gesamtplan und im Anschluss der Teilhabeplan erstellt. Im Zusammenhang mit den aktuell im Umfeld existierenden Preis-Leistungs-Angeboten ergibt sich aus dem Leistungsbedarf der monetäre Finanzierungsbedarf.

Der Finanzierungsbedarf sollte nach Möglichkeit nicht die zur Verfügung stehenden Haushaltsmittel einer Kommune übersteigen. Dies ist jedoch eine politische Forderung. Aus ethischer Sicht wären eher folgende Faktoren als Richtlinie sinnvoll:

–   Umfang der zur Teilhabeförderung benötigten Leistungen hinsichtlich Qualität und Quantität

–   Preis der notwendigen Leistungen auf dem Markt im Umfeld der betroffenen Person

Da Deutschland sich als Sozialstaat versteht und gesetzlich Menschen mit Behinderungen Hilfe nach bestimmten Kriterien zusichert, sollte der Finanzierungsbedarf idealerweise keiner Deckelung unterliegen, sondern sich stets nach den wirklichen Notwendigkeiten richten, was aus objektiven Finanzierungszwängen kaum möglich ist. Kontrollen bezüglich der Bedarfsprüfung, Bedarfsermittlung sowie die Förderung einer Vielfalt an Leistungsanbietern sind deshalb unbedingt notwendig. Im Bedarfsfall wäre eine fallzahlabhängige finanzielle Unterstützung der Kommunen durch den Bund sinnvoll. Alle Maßnahmen unterliegen aber gesamtgesellschaftlich notwendigen Finanzierungen und können deshalb nicht grenzenlos diskutiert werden.

2.2.3 Berechnung des Finanzierungsbedarfs

Der Finanzierungsbedarf bezeichnet den monetären Bedarf, welcher benötigt wird, damit dem Leistungsempfänger die benötigte Leistung zukommt. Der Finanzierungsbedarf hängt stets von dem individuell benötigten Hilfeaufwand ab. Dennoch können sich bei gleichem Hilfe- und Leistungsbedarf verschiedene Finanzierungsbedarfe ergeben. Dies liegt zum einen daran, dass die Bewilligung sowohl in Sach- oder Geldleistungen erfolgen kann. Wird eine Geldleistung bewilligt, erfolgt dies über § 29 Persönliches Budget des SGB IX. Allerdings konnte sich diese Form der Leistungsbewilligung unter anderem aufgrund mangelnder Akzeptanz aller Beteiligter nicht deutlich durchsetzen (Kastl & Metzler 2005).

Derzeit ist es sinnvoll, im Rahmen dieser Arbeit den Finanzierungsbedarf im Sinne des Leistungserbringungsrechtes für die Eingliederungshilfe (§ 54 Abs. 2 SGB XII) zu betrachten. Hierfür werden Sozialleistungen in Form von ambulanten oder stationären Dienst- und Sachleistungen durch gemeinnützige oder private Leistungsträger für den Leistungsempfänger erbracht und vom Kostenträger direkt an den Leistungserbringer bezahlt.

Hierbei sind die Kosten für einen stationären Therapieplatz je Leistungserbringer und Einrichtung unterschiedlich. Im Rahmenvertrag RV 79 nach § 79 Abs.1 SGB XII wurden 1999 für das Land Brandenburg verschiedene Leistungstypen festgelegt. Je nach Leistungstyp werden unterschiedliche Arten und Umfang von Leistungen gewährt, sowie die Klientelspezifik in Hinblick auf den Leistungsanspruch festgelegt. Außerdem werden Aspekte wie Qualitätssicherungsstandards und Ähnliches darin vereinbart (LASV 2011). Anhand der Konzeption wird der Leistungserbringer dem entsprechenden Leistungstyp zugeordnet. Somit können die Kosten vor der Eröffnung einer Einrichtung mit der Serviceeinheit Entgeldwesen in Zusammenarbeit mit dem kommunalen Sozialhilfeträger, in dessen Landkreis die Einrichtung verortet ist, sowie dem Leistungserbringer zielgerichtet ausgehandelt werden. Hierbei muss der monetäre Aufwand sowohl in Personal- als auch Sachkosten pro Person detailliert dargelegt werden. Alle Zahlen werden im Folgenden als Therapie-, Investitions- und Grundpauschale zusammengefasst verhandelt und festgelegt. Eine mehr oder weniger regelmäßige Anpassung der verhandelten Kostensätze erfolgt pauschal oder in Neuverhandlungen unter den bereits erwähnten Vertragspartnern. Hierbei werden in Brandenburg für jede Einrichtung fünf Kostensätze ausgehandelt. Diese bestehen jeweils aus der Summe der gleichen Grund- und Investitionspauschale sowie fünf unterschiedlichen Maßnahmenpauschalen. Diese Maßnahmenpauschalen steigen in ihrer Höhe an und werden proportional der Höhe des Hilfebedarfes zugeordnet. Dabei wird als Grundannahme vorausgesetzt, dass ein höherer Hilfebedarf mehr Therapieleistungen bzw. einen höheren Therapieaufwand erfordert. Dies bedeutet, dass der Finanzierungbedarf bei Bewilligung von

Sachleistungen für die stationäre Therapie von CMA-Patienten zum einen von der Höhe des Hilfebedarfs und zum anderen von den verhandelten Kostensätzen der Einrichtung abhängt.

Mit Einführung der nächsten Stufe des BTHG zum 1. Januar 2020 gilt die Auflösung der stationären Einrichtungen im bisherigen Sinne. So werden Therapieeinrichtungen mit angeschlossenem Wohnraum unter der Bezeichnung „besondere Wohnformen" geführt. Finanziell erfolgt die Aufteilung nunmehr in Anteile, welche durch die Eingliederungshilfe übernommen werden und in Anteile, die der Grundsicherung zufallen. Alle wirtschaftlichen Leistungen unterliegen somit der Grundsicherung, während die inhaltlichen Fachleistungen der Eingliederungshilfe zugeordnet sind. So wird die ehemalige Maßnahmenpauschale fast vollständig bei der Zuständigkeit der Eingliederungshilfe verbleiben. Die Grundpauschale teilt sich nach komplexen und derzeit noch in der Erprobung laufenden Regeln auf die Finanzierung durch die Grundsicherung und die Eingliederungshilfe auf. Die Investitionspauschale verbleibt vollständig bei der Grundsicherung. Diese Aufteilung ergibt sich, da durch die Auflösung der Gesamtheit „stationäre Therapieeinrichtung" nunmehr Nutzungsverträge ähnlich eines Mietvertrages für jeden einzelnen Bewohner zu schließen sind und somit die Räumlichkeiten der Einrichtung den Flächen nach jeweils dem Wohnen oder der Fachleistung zugeteilt werden. Der Finanzierungsbedarf wird demnach gesplittet und teilt sich zwischen Grundsicherung und Eingliederungshilfe auf. Für ein Bedarfserfassungsverfahren bedeutet dies, dass der zu ermittelnde Finanzierungsbedarf nur einen Teil des Gesamtfinanzierungsbedarfes beträgt. So ist der zu ermittelnde Finanzierungsbedarf der Bedarf, der durch die Individualität des CMA-Patienten entsteht, sprich welcher für die Finanzierung der personenbezogenen Leistungen durch die Eingliederungshilfe zu leisten ist. Die anderen Teile des Gesamtfinanzierungsbedarfs sind von der jeweiligen Einrichtung abhängig und tragen nicht zu einer Differenzierung zwischen den Klienten bei. Sie sind daher nicht an den Hilfe- oder Leistungsbedarf gekoppelt. Das BTHG bezieht sich in seinen Anforderungen an ein Bedarfsinstrument jedoch ausdrücklich auf den Bezug zwischen Bedarfserfassung und personenbezogenen Leistungen. Für die vorliegende Arbeit ist somit unter „Finanzierungsbedarf" stets der zur Finanzierung der personenbezogenen Leistungen notwendige monetäre Bedarf zu verstehen.

2.3 Rechtliche und ethische Grundlagen

2.3.1 Einordnung der Hilfemöglichkeiten für CMA-Patienten in das Sozialhilfesystem der Bundesrepublik Deutschland

„Soziale Gerechtigkeit steht für angemessene Verfahren der Verteilung gesellschaftlicher Grundgüter, ihre Referenzen sind die Menschenwürde und der Gleichheitsgrundsatz, dabei strebt soziale Gerechtigkeit nach einer Minderung von materiellen und immateriellen Ungleichheiten über die Grenzen nationalstaatlichen Denkens und Handelns hinaus" (Brückner 2016). Das bedeutet, dass es für die Bundesrepublik Deutschland als Sozialstaat zum Selbstverständnis gehört, Menschen zu unterstützen, welche sozialschwach oder nachhaltig von Krankheit oder Behinderung betroffen und dadurch benachteiligt sind. „Rehabilitation ist – als Ziel, Maßnahme und Institution – Bestandteil einer sozialverpflichteten Gesellschaft und kann als Prüfstein des Sozialstaates gelten..." (Mühlum 2001, S.1481).

Das Sozialhilfesystem ist gesetzlich wie strukturell fest verankert und in seiner Komplexität mittlerweile für den einzelnen Betroffenen schwer überschaubar. Je nach Ursache, Art und Umfang der Einschränkung verteilt sich die Zuständigkeit auf Bund, Land oder Kommunen, welche Hilfeansprüche prüfen und die jeweiligen Maßnahmen regeln und finanzieren.

Menschen, welche Chronisch Mehrfachgeschädigt Abhängigkeitskrank sind, zählen zu der Gruppe der Menschen mit seelischer Behinderung. Die Ansprüche der Menschen mit seelischen Behinderungen fallen in den Bereich der Eingliederungshilfe und sind somit gesetzlich verankert in den bundesweiten Gesetzbüchern. Im Zeitraum von 2017 bis 2023 werden die Regelungen der Eingliederungshilfe vom Sozialgesetzbuch Zwölf in das neue Sozialgesetzbuch Neun mittels des sogenannten Bundesteilhabegesetzes überführt (vgl. Kapitel 2.3.2). „Die Eingliederungshilfe für behinderte Menschen hat die Aufgabe, eine drohende Behinderung zu verhüten oder eine Behinderung oder deren Folgen zu beseitigen oder zu mildern und die behinderten Menschen in die Gesellschaft einzugliedern" (§ 53 Abs. 3 SGB XII). Sie gehört zu den Maßnahmen des Sozialhilfesystems und weist Schnittstellen zum Gesundheitssystem und den Hilfesystemen der Pflege und Rehabilitation auf.

Finanziert wird die Eingliederungshilfe aus den kommunalen Haushalten der Landkreise und kreisfreien Städte. Spezifische Umsetzungen der bundesweiten Gesetze, welche eine landesweit einheitliche Handhabung erfordern, wie z.B. der Beschluss Nr. 2/2018 der Projektgruppe Bedarfsermittlungsinstrument gemäß § 142 SGB XII zum Hilfebedarfserfassungsinstrument, werden in Brandenburg vom Ministerium für Arbeit, Soziales, Gesundheit, Frauen und Familie (MASGF) erarbeitet und beschlossen.

2.3.2 Gesetzliche Grundlagen

Am 1. Juli 2001 trat in der Bundesrepublik Deutschland das Sozialgesetzbuch Neun (SGB IX) in Kraft. Es löste, mit einer Übergangsfrist von 3 Jahren, das von 1962 bis 2004 geltende Bundessozialhilfegesetz (BSHG) ab. Dieses unterschied zwischen Leistungen zum Lebensunterhalt und Leistungen zur Hilfe in besonderen Lebenslagen. Die Hilfe in besonderen Lebenslagen beinhaltete hierbei Leistungen der Eingliederungshilfe für Menschen mit Behinderung und Pflegeleistungen. Mit Einführung der zwölf Sozialgesetzbücher wurde die Hilfe für Menschen mit Behinderung neu strukturiert und im neunten und zwölften Band festgehalten. Im SGB IX wurden das Schwerbehindertenrecht sowie das Recht auf Teilhabe und Rehabilitation verbindlich geregelt und alle Ansprüche behinderter Menschen in einem Gesetzbuch gebündelt. Die Rechte von Menschen mit Behinderungen erhielten dadurch mehr Beachtung, wenn auch „…die Entwicklung eines Leistungsrechts, das die Hilfen für Menschen mit Behinderung ‚aus einer Hand' ermöglicht" (Niediek 2010, S. 123), nicht erreicht werden konnte. Sprachlich erfolgte die Veränderung vom „Hilfeempfänger" zum „Leistungsberechtigten", „Maßnahme" wurde zu „Leistung" und „Behinderte" zu „Menschen mit Behinderung" (vgl. ebd). Dies ist ein erster Ansatz, das neue Verständnis des Behindertenbegriffes, wie ihn die Weltgesundheitsorganisation vorgibt, umzusetzen, und versetzt Menschen mit Behinderung in eine aktivere Rolle, als das vorangegangene BSHG ihnen ermöglichte. Niediek betont, dass Menschen mit Behinderungen nunmehr von „Objekten sozialstaatlicher Fürsorge zu Vertragspartnern mit Rechten und Pflichten erhoben" (Niediek 2010, S. 122) werden.

Am 1. Januar 2005 trat das SGB XII in Kraft und löste weitere Teile des BSHG ab. Das SGB XII beinhaltet die Vorschriften für die Sozialhilfe. So wird in §§ 53–60 die Eingliederungshilfe für Menschen mit Behinderung beschrieben.

Seit 2017 erfolgt eine Reform der Sozialgesetzbücher, welche das SGB XII in das SGB IX-neu integriert. Das neue SGB IX trägt den Titel Bundesteilhabegesetz (BTHG). Ziel des BTHG ist es, die Chancengleichheit für Menschen mit Behinderung zu fördern und die Grundgedanken der ICF und der UN-BRK rechtskräftig in ihrer Umsetzung voranzubringen. So wird eine Behinderung nicht mehr als Mangel oder Makel verstanden, sondern ist Ausdruck der natürlichen Diversität der Menschheit. Grundanliegen der Schaffung des BTHG war es, eine gesetzliche Stärkung für die Rechte und das gesellschaftliche Bild von Menschen mit Behinderungen zu schaffen. Daher wurden Aspekte wie Jugend oder Pflege nicht mit in demselben Sozialgesetzbuch behandelt. Diese Abgrenzung soll keine Besser- oder Schlechterstellung bedeuten, sondern durch die klare Abgrenzung der Themen eine jeweils bessere, weil spezifischere personenbezogene Hilfe möglich machen. Durch diese Fokussierung soll auch der Paradigmenwechsel deutlich in den Vordergrund gerückt werden.

Weiterhin wird der Leistungsanspruch deutlich geklärt, um Sozialhilfemissbrauch vorzubeugen. Da das BTHG sehr komplex ist und grundlegende Änderung in der Struktur und Umsetzung der sozialen Hilfe ermöglichen soll, wurde eine stufenweise Einführung im Zeitraum 2017 bis 2023 festgelegt. Der Reformprozess ist somit zeitlich sehr langgezogen, beinhaltet viele Übergangsregelungen zwischen den verschiedenen Einführungsstufen und brachte aufgrund politischer Wechsel während der Erarbeitungs-, Beschluss- und Umsetzungsphase des Gesetzes bereits mehrere Änderungen des BTHG. Zum Beispiel wurde die sogenannte „5 aus 9"-Regel aufgrund massiver Proteste von Behinderten- und Wohlfahrtsverbänden bereits vor Einführung wieder abgeschafft, um den leistungsberechtigten Personenkreis neu zu überdenken (Deutscher Bundestag 19. Wahlperiode 2018).

Um den Paradigmenwechsel zu unterstützen und die Absicht der Gleichbehandlung für Menschen mit Behinderung zu untermauern, hat die Bundesrepublik Deutschland weitere rechtskräftige Grundlagen wie das Allgemeine Gleichbehandlungsgesetz (AGG) und das Gesetz zur Gleichstellung behinderter Menschen (BGG) geschaffen. Beide Gesetze haben das Ziel, Benachteiligungen und Diskriminierung zu verhindern. Das AGG bezieht sich hierbei auf die Gleichbehandlungsprämisse von Menschen verschiedenen Geschlechts, Religion, Weltanschauung, Behinderung, Alter oder ähnlichen Aspekten. Das BGG: „…dient dazu, Gleichstellung und Barrierefreiheit im öffentlich-rechtlichen Bereich zu verankern…" (Bundesministerium für Arbeit und Soziales 2016).

2.3.3 Internationale Klassifikation der Funktionsfähigkeit, Behinderung und Gesundheit (ICF)

Die International Classification of Functioning, Disability and Health (ICF 2005) wurde im Mai 2001 von der 54. Vollversammlung der Weltgesundheitsorganisation (WHO) beschlossen und löste damit die bis dahin geltende International Classification of Impairments, Disabilities and Handicaps (ICIDH) ab (Schuntermann 2013). Diese war 1980 ebenfalls von der WHO beschlossen worden und legte eine Definition für den Begriff der Behinderung vor, welcher allgemeingültig und verbindlich war für alle Personen oder Systeme, die mit Menschen mit Behinderung arbeiteten. Das Verständnis für den Behinderungsbegriff entnahm man damals dem bio-medizinischen Modell, welches vorgab, dass Einschränkungen als eine Form der Krankheit zu begreifen seien und somit als Therapieziel die Heilung anzustreben sei.

2005 wurde die deutsche Übersetzung der ICF 2005 als Internationale Klassifikation der Funktionsfähigkeit, Behinderung und Gesundheit (ICF) von den deutschsprachigen Ländern anerkannt. Die Grundlage für das Verständnis von Behinderung ist nunmehr das bio-psychosoziale Modell, welches den Menschen ganzheitlich und im Zusammenspiel mit seiner jeweils aktuellen Umweltsituation betrachtet (Schuntermann 2013).

Die ICF ergänzt die Internationale statistische Klassifikation der Krankheiten und verwandter Gesundheitsprobleme (ICD) in ihrer jeweils aktuellen Version. Das Ziel der ICF ist eine Vereinheitlichung der Sprache um alle Beeinträchtigungsmöglichkeiten, Ressourcen und Potentiale, welche in Verbindung mit dem Erhalt oder dem Erreichen einer möglichst stabilen und guten funktionalen Gesundheit stehen, verständlich und einheitlich beschreiben zu können. Das BTHG benennt die ICF namentlich in § 141 ff. SGB XII bzw. ab 01.01.2020 in § 118 SGB IX als geforderte wissenschaftliche und inhaltliche Orientierungsgrundlage für Bedarfserfassungsinstrumente und nachfolgend auch als Grundlage für die Gesamtplanung (vgl. u.a. SGB IX, SGB XII, DVfR). Das bedeutet, dass gesetzlich der Übergang der Denkweise vom bio-medizinischen Gesundheitsmodell zum bio-psychosozialen Gesundheitsmodell vollzogen ist. Die Eingliederungshilfe für CMA-Erkrankte hat somit nicht mehr das Ziel der Wiederherstellung des ursprünglichen Gesundheitszustandes des Betroffenen, sondern der Förderung der funktionalen Gesundheit im ganzheitlichen Sinne und insbesondere der Förderung von Lebenszufriedenheit, Lebensqualität, Einbezogensein und Selbstbestimmtheit als Aspekte der Teilhabe.

2.3.4 Behindertenrechtskonvention der Vereinten Nationen (UN-BRK)

Das Übereinkommen der Vereinten Nationen über die Rechte von Menschen mit Behinderungen wurde als UN-Behindertenrechtskonvention oder kurz UN-BRK bekannt. Es trat am 3. Mai 2008 in Kraft und ist mit seinem Fakultativprotokoll seit dem 26. März 2009 für Deutschland verbindlich. Es konkretisiert die allgemeinen Menschenrechte aus Sicht von und für Menschen mit Behinderung und dient somit der Stärkung der Rechte von Menschen mit Behinderung sowie ihrer Teilhabe an Politik, Arbeit, Wirtschaft, sozialem und kulturellem Miteinander, Pflege und Rehabilitation. Die UN-BRK betrachtet Behinderung als normalen Teil der menschlichen Vielfalt und fördert den Ablöseprozess von der Stigmatisierung einer Behinderung als Makel.

Als nationales Ergebnis der UN-BRK entstand der Nationale Aktionsplan, in welchem die Bundesrepublik Deutschland Ziele, Maßnahmen und Absichten festschreibt, welche innerhalb von 10 Jahren umgesetzt werden sollen und die Lebensqualität von Menschen mit Behinderung steigern sollen. „Ziel ist es, Menschen mit Behinderungen eine gleichberechtigte Teilhabe am politischen, gesellschaftlichen, wirtschaftlichen und kulturellen Leben zu ermöglichen, Chancengleichheit in der Bildung und in der Arbeitswelt herzustellen und allen

Bürgerinnen und Bürgern die Möglichkeit auf einen selbstbestimmten Platz in einer barrierefreien Gesellschaft zu geben" (Bundesministerium für Arbeit und Soziales 2014).

2.4 Der Paradigmenwechsel in der Behindertenhilfe

2.4.1 Historischer Kurzabriss des Paradigmenwechsels

Seit Mitte der 1980er Jahre erfolgt in der Bundesrepublik Deutschland ein Paradigmenwechsel in Bezug auf den Umgang, die Wertschätzung und Achtung von Menschen mit Behinderungen. Zuvor war die Behindertenhilfe im Verständnis darauf ausgelegt, Menschen mit Behinderung sicher zu verwahren, das heißt vor sich und der Umwelt oder die Umwelt vor ihnen zu schützen. Ungefähr Mitte der 80er Jahre wandelte sich die Einstellung und man suchte für Menschen mit Behinderung nach Umgangsformen, welche ihnen die benötigte Unterstützung in Bezug auf die Einschränkung geben, aber gleichzeitig eine gewisse Chancengleichheit und Selbstbestimmung ermöglichen. Dieser Paradigmenwechsel erfolgt seither konstant und beschleunigt wellenartig in verschiedenen Abständen. Deutschland versucht sich hierbei an der internationalen Politik und den international beschlossenen Richtlinien und Klassifikationen zu orientieren. Die Weltgesundheitsorganisation (WHO) hat 2001 mit Verabschiedung der Internationalen Klassifikation der Funktionalität, Behinderung und Gesundheit den Begriff der Teilhabe und der funktionalen Gesundheit als Ziele der Behindertenhilfe, sowie die Abkehr vom bio-medizinischen Modell zum bio-psycho-sozialen Gesundheitsverständnis proklamiert. Diesen Entwicklungen folgend leitete die Bundesrepublik Deutschland 2001 eine Sozialreform ein, welche die Behindertenhilfe in den Sozialgesetzbüchern IX und XII festschrieb. 2008 trat die Behindertenrechtskonvention der Vereinten Nationen in Kraft. Da diese Schritte den Inhalt des Paradigmenwechsels, also die konkrete Denkweise und das Selbstverständnis der Behindertenhilfe in der aktiven Hilfe, zu langsam und zu gering änderte, wurde 2017 zur weiteren Stärkung der Rechte von Menschen mit Behinderungen das Bundesteilhabegesetzes in Kraft gesetzt. Mit Beginn der Diskussion um die Einführung des BTHG bekam der Paradigmenwechsel erneut Aufschwung. Allerdings erscheint die Assoziation nicht zwingend hilfreich, da viele Aspekte des BTHG auf Ablehnung in der aktiven Hilfe stoßen (Kellmann 2017). Der Paradigmenwechsel wird somit auf politischer Ebene gleichzeitig angekurbelt und ausgebremst und in der Umsetzung an der Basis durch die aktive Hilfe in verschiedene Richtungen gleichzeitig vorangetrieben.

2.4.2 Der Wechsel zur Personenzentrierung

Von Menschen ohne Behinderung wird angenommen, dass sie von sich aus, aufgrund ihrer Fähigkeiten, Fertigkeiten und sozialen Kompetenzen, ihre Ziele anstreben und Bedürfnisse und Wünsche erfüllen können. Menschen mit Behinderung erhalten, wenn sie hierzu nicht in der Lage sind, institutionell Hilfen. Um eine Chance nutzen zu können, benötigt man zum einen die Fähigkeit der Bewertung dieser Chance als solche. Dies kann objektiv wie auch subjektiv geschehen. Objektiv bedeutet dabei eine externe Erfassung und Bewertung des Bedürfnisses durch den Hilfeplaner des Kostenträgers, durch das soziale Umfeld, durch die Betreuer des Leistungserbringers und andere. Weiterhin bedeutet subjektiv die direkte Einbeziehung des Menschen mit Behinderung. Möglicherweise kann die Person selbst, aufgrund ihrer Behinderung, nicht herausfiltern oder benennen, was konkret ihre Bedürfnisse und Bedarfe sind. Dennoch ist sie der einzige Experte um zu bestimmen, ob eine Leistung zur Bedürfniserfüllung beiträgt. Das bedeutet, jeder setzt seinen eigenen Maßstab, ob eine Leistung sinnvoll und notwendig ist. „Keiner weiß besser, was ihm gut tut und für ihn notwendig ist, als der Betroffene selbst. Wir können einander also nicht beibringen, was für uns gut ist. Nicht mit noch so ausgeklügelten Techniken. Aber wir können einander dabei unterstützen, es selbst herauszufinden." (Schmid 2001). Diesen Ansatz nennt man Personenzentrierung, da das Zentrum der Leistungsausrichtung vom Leistungsempfänger ausgeht. Neben dem offensichtlichen Fokuswechsel bedeutet personenzentrierte Hilfe automatisch ein Mehr an Individualität.

Im kontextzentrierten Ansatz geht es vor allem darum, mittels der Hilfen für Menschen mit Behinderung seiner Umwelt Entlastung zu kommen zu lassen. Pflegepersonal in der eigenen Häuslichkeit sorgt beispielsweise dafür, dass sich Eltern oder Kinder nicht um den Betroffenen kümmern müssen und trotzdem Nachbarn nicht „belästigt" werden. Dabei orientiert sich die Teilhabeplanung durch die Kostenträger vor allem an den Möglichkeiten, welche der Hilfekontext (Angebot der Leistungserbringer) bietet, und ordnet den Klienten möglichst passend in dieses Angebot ein. So kann der kontextzentrierte Ansatz Hilfen nur nach dem objektiven Verbessern der Situation beurteilen, wobei die Erfüllung der gesellschaftlichen Bedürfnisse und institutionellen Abläufe an erster Stelle steht. Selbst wenn man die individuellen Bedürfnisse des Betroffenen mit hinzuzieht, so ist aus dem Blickpunkt der Gesellschaft nur das Offensichtliche, sprich die äußeren Lebensumstände (Hygiene, Versorgung, eigener Wohnraum, unterstützte arbeitsähnliche Tätigkeit usw.) erkenn- und bewertbar. Als Bewertungsmaßstab wird hierzu die gesellschaftliche Norm gesehen. Ein Abweichen der individuellen Bedürfnisse, insbesondere wenn die institutionellen organisatorischen Abläufe dadurch in Frage gestellt werden, wird hierbei ausgeschlossen.

Derzeit verschiebt sich der Fokus der Behindertenhilfe vom institutions- oder kontextzentrierten Ansatz zum personenzentrierten Ansatz. Die UN-BRK wie auch die ICF haben deutlich gemacht, dass der Mensch individuell und die Behinderung nur eine Art der Variabilität innerhalb dieser Individualität ist. Die UN-BRK macht dies über den Begriff Selbstbestimmtheit deutlich. Derjenige selbst bestimmt, was ihn glücklich macht und was nicht. Die ICF nimmt dies in den personenbezogenen Faktoren auf, welche versuchen, die individuelle Seite des Menschen und die Bedeutung dieser Seite einzubeziehen und anhand des bio-psychosozialen Gesundheitsmodells darzustellen.

Fällt es einem Menschen ohne Behinderung schwer, genau zu betiteln, was ihn glücklich macht, so ist es insbesondere für geistig und seelisch behinderte Menschen nahezu unmöglich. Sie sind in der Lage, kurzfristige, abgegrenzte Entscheidungen auf ihr Lebenswohl zu treffen. Übergreifende, längerfristige oder komplexe Planung ist allerdings für Menschen mit Lern- oder seelischen Behinderungen oft nicht allein möglich.

Beispiel:

CMA-Patienten wissen genau, worauf sie keinen Appetit haben, welchen Betreuer sie nicht leiden können oder wann besser keine Therapie möglich ist, weil zu diesem Zeitpunkt die Lieblingssendung läuft. Es fällt ihnen aber schwer, keinen Alkohol zu trinken, weil dieser epileptische Anfälle in einer Schwere auslöst, dass das eigene Leben gefährdet ist. Oder den Zusammenhang zwischen drei Wochen nicht waschen und dem Verlust von Sozialkontakten aufgrund von Geruchsbelästigung zu verstehen und in ihre Handlung einbeziehen zu können, ist ihnen oft nicht möglich.

Hinweis: Dieses, wie auch die im weiteren Verlauf der vorliegenden Arbeit folgenden Beispiele wurden gewählt, um das Verständnis für die jeweilige Problematik zu erhöhen. Um die beschriebenen Personen in ihren Persönlichkeitsrechten zu schützen, werden die Beispiele stets anonymisiert wiedergegeben.

Das bedeutet, dass Selbstbestimmtheit nicht die Vermeidung von Selbstgefährdung außer Kraft setzen darf. Ein ausschließlich individuell fokussierter Ansatz ist folglich auch nicht umsetzbar. Der personenzentrierte Ansatz muss folglich objektive Bedarfserfassung in Bezug auf das Ziel und eine Mischung aus einem gesunden Verhältnis zwischen personenbezogenen und kontextbezogenen Ansichten enthalten. „Jeder soll glücklich werden nach seiner Façon!" sagte einst Friedrich der Große und meinte damit, dass jeder sein höchstes individuelles Glück in dem Rahmen ausleben solle, wie es keinen anderen störe. Der personenzentrierte Ansatz stellt zwar das Individuum mit seinen Zielen in den Vordergrund, muss jedoch auch an Stellen gesellschaftliche Ansichten zulassen, wo die Fähigkeit zur Selbstverantwortlichkeit durch die Behinderung beeinträchtigt ist, und er darf die gesellschaftlichen Bedürfnisse nicht außer Kraft setzen. Stellt man das Individuum mit seinen Bedürfnissen über die der Gesellschaft, würde fehlende Behinderung zu Diskriminierung führen und gleichzeitig würde der Widerstand zur Förderung der Hilfe steigen. Das bedeutet, der personenzentrierte Ansatz muss den kontextbezogenen Ansatz integrieren, teilweise korrigieren und um die individuellen Aspekte erweitern. „Weniger der Ausschluss aus Institutionen als die Ausgestaltung der Institutionen selbst – wenn sie so wollen: die Ausgestaltung der institutionellen Inklusion – ist heute für den Verlust von realer Teilhabe entscheidend" (Kronauer 2007, S.10). Die Leistungserbringer müssen gleichzeitig umdenken und sich nicht mehr um passende Abnehmer ihrer Leistungen bemühen, sondern ein breites und möglichst flexibles Portfolio erbringbarer Leistungen erstellen und offenlegen, aus welchem gemeinsam mit dem Menschen mit Behinderung entschieden wird, welche Hilfen passend sind. Dabei ist ein Spagat zu erbringen zwischen personenzentrierter Hilfe und wirtschaftlichem Fortbestehen. Hierbei wird aufgrund des geförderten Mitspracherechts vor allem die Individualität und Qualität der Leistung entscheidend sein. Dementsprechend ist neben der prinzipiellen Erweiterung des Leistungsangebotes auch eine intensive Fortbildung der Mitarbeiter bezüglich Empathie und Motivation notwendig. Es muss zum Grundverständnis der Fachkraft künftig gehören, dass jede Tätigkeit hinsichtlich ihres Ziels und Wirkungsgrades vom Hilfeempfänger hinterfragt wird. Dementsprechend muss der Paradigmenwechsel insbesondere auch in den Hoch- und weiterbildenden Schulen erörtert, diskutiert und bezüglich der Folgen im Grundverständnis umgesetzt werden.

Folglich ist als Ziel des Paradigmenwechsels eine ausgewogene Balance zu suchen, in der individuelle und gesellschaftliche Bedürfnisse gleichermaßen beachtet und zu einem Kompromiss geführt werden. Die aktive Hilfe muss empathischer und transparenter dem Menschen mit Behinderung das Annehmen der auf ihn individuell zugeschnittenen und mit ihm bestimmten Hilfe ermöglichen. Gleichzeitig muss Leistungserbringern das wirtschaftliche Fortbestehen möglich sein.

2.4.3 Der Wert von Kontextfaktoren und Wechselwirkungen im bio-psychosozialen Modell

Die personenbezogenen Faktoren sowie die Umweltfaktoren sind für den angestrebten Paradigmenwechsel von erheblicher Bedeutung. Das bio-psychosoziale Modell hebt als Grundmodell der ICF, welche wiederum im BTHG rechtliche Verankerung findet, erstmalig die ganzheitliche Betrachtung des Menschen als einzigartiges Individuum im Kontext seiner Lebenssituation hervor und stellt sie somit als verpflichtende Ansicht dar. Das bedeutet, dass nicht die Behinderung ausschlaggebend dafür ist, ob es einem Menschen gut oder schlecht geht, sondern die Ausgangssituation, welche ein Mensch selbst außerhalb der Behinderung mitbringt, und die Umweltbedingungen sowohl im materiellen als auch im sozialen Sinn. So kann zum Beispiel ein Mensch im Rollstuhl ein erfülltes Leben führen ohne sich beeinträchtigt zu fühlen, während sein Nachbar trotz körperlicher Gesundheit aufgrund von negativ erlebter Emotion seit Wochen keinen glücklichen Moment erlebt hat. Eine Behinderung aufgrund einer körperlichen, strukturellen oder funktionellen Schädigung muss nicht zu einem Verlust an Teilhabe oder einer Einschränkung der Aktivitäten führen. Ob und wie stark eine Beeinträchtigung wahrgenommen wird, hängt viel mehr von der eigenen Bewertung ab, welche wiederum in Kausalität zu den eigenen Erfahrungen, Zielen und Bedürfnissen steht. Aufgrund der fehlenden Klassifizierung der personenbezogenen Faktoren in der ICF bis heute hat die AG ICF der Deutschen Gesellschaft für Sozialmedizin und Prävention einen Entwurf erarbeitet, welcher als Verständnisgrundlage entscheidende Aspekte anspricht, die zu einer individuellen Bewertung eines Umstandes als Beeinträchtigung oder nicht führen (Grotkamp et al. 2019). In gleichem Maße können die Umweltbedingungen eine Behinderung abschwächen, indem sie so günstig auf den Menschen eingestellt sind, dass die ursprüngliche Behinderung nicht weiter auffällt. Auch hierfür ist der Paradigmenwechsel unbedingt notwendig und voranzutreiben, da nicht selten Beeinträchtigungen durch Unverständnis, Unkenntnis der Auswirkungen einer Behinderung, Gedankenlosigkeit oder Arroganz der umgebenden Gesellschaft entstehen. Die Beachtung der Kontextfaktoren und auch des Zusammenspiels der beiden Faktoren untereinander schafft eine realistische Einschätzung der Lebenssituation und ist somit ein großer Schritt für die Hilfeplanung. Mitunter fallen somit Hilfen ins Blickfeld, welche unkonventionell sind und auf den ersten Blick vielleicht unlogisch bis ausgeschlossen erscheinen, aber für das Individuum die Teilhabe entscheidend verbessern und somit sogar Kosten sparen können.

Beispiel:

Ein CMA-Patient, welcher mehr als 30 Entgiftungen im Jahr hinter sich hatte, wird in einer stationären Therapieeinrichtung untergebracht. Anhand intensiver empathischer Biographiearbeit konnte herausgefunden werden, dass der Mann den Entgiftungsaufenthalt dazu nutzte, neue Patienten im Krankenhaus herumzuführen, bei Orientierungsschwierigkeiten zu den Therapien zu bringen und abzuholen und ähnliche Hilfstätigkeiten durchzuführen. Er fühlte sich gebraucht und angenommen. Nach einer Entgiftung arbeitete er so hart an seiner Abstinenz, dass er seine Wohnung behalten konnte, stürzte jedoch nach einiger Zeit wieder in ein Loch, trank und kam erneut in die Entgiftungsstation. Die personenbezogenen Faktoren stellten bei ihm das starke soziale Bedürfnis nach Anerkennung und Bestätigung im Sinne des „Gebrauchtwerdens" bei gleichzeitig starkem Wunsch nach Selbständigkeit dar. Die umweltbezogenen Faktoren waren gleichbleibende Wege und Abläufe im Krankenhaus, dadurch regelmäßige, von außen gestellte Struktur. Unter Beachtung des Zusammenspiels beider Faktoren gelang es personenbezogene Hilfen für ihn zu erarbeiten. Nach Absprache mit dem Krankenhaus konnte er auf ehrenamtlicher Basis orientierungsschwachen Patienten Geleit geben und ähnliche einfache, kurze nichtmedizinische Aufgaben erledigen. Aufgrund dessen verlängerten sich die Abstinenzphasen überdeutlich und er konnte mit ambulanter Betreuung in eigenen Wohnraum zurückgeführt werden. Aufgrund der Beachtung der Kontextfaktoren war eine Hilfe möglich, die sowohl mehr Teilhabe für den Betroffenen bot, als auch kostengünstiger für die Gesellschaft war, als es zuvor der Fall gewesen wäre.

Deutlich wird hierbei auch, wie wichtig die individuelle Betrachtung der Kontextfaktoren ist. Hätte man dem Mann ähnliche Tätigkeiten an einem anderen Ort, beispielsweise einer Behindertenwerkstatt, angeboten, wäre die Teilhabe weniger stark, wenn überhaupt gefördert worden, da er stets von „seinem Krankenhaus" sprach und aufgrund der häufigen Aufenthalte auch keine Anlernzeit benötigte, weshalb die Selbständigkeit durch das sofortige Erfolgserlebnis stabilisiert werden konnte. Auch das positive Feedback der Ärzte, Krankenschwestern und Krankenpfleger, dass er ja nunmehr fast ein Kollege sei, trug erheblich zu einer positiven Entwicklung und Verlängerung der Abstinenzphasen bei.

Zu oft wird die Beachtung der Kontextfaktoren noch als nebensächlich oder zusätzlich angesehen. Das BTHG benennt die neun Bereiche für Aktivitäten und Teilhabe der ICF:

- „Lernen und Wissensanwendung,
- allgemeine Aufgaben und Anforderungen,
- Kommunikation,
- Mobilität,
- Selbstversorgung,
- häusliches Leben,
- interpersonelle Interaktionen und Beziehungen,
- bedeutende Lebensbereiche und
- Gemeinschafts-, soziales und staatsbürgerliches Leben" (§ 142 Kap. 18 SGB XII / ab 01.01.2020 §118 SGB IX).

Da jedoch die Kontextfaktoren und das bio-psychosoziale Modell nicht explizit erwähnt werden, führt dies in der aktiven Hilfe vermehrt zu Fehlfokussierungen. Die ICF wird somit ausschließlich mit den Items des Bereichs Aktivitäten/Teilhabe gleichgesetzt und diese als neue Bewertungsitems angesehen. Dadurch entsteht eine ähnlich einseitige Sichtweise wie sie das bio-medizinische Modell der ICIDH, dem Vorgänger der ICF, vorgab.

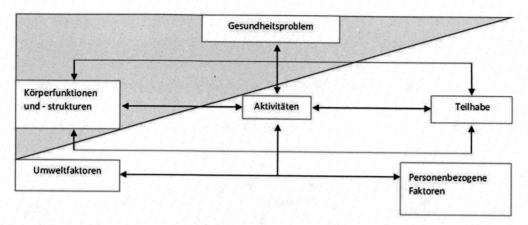

Abb. 3: Vergleich bio-medizinisches Modell vs. bio-psychosoziales Modell (in Anlehnung an Schrader 2007)

So wie vormals der Fokus der aktiven Hilfe in der Gesundung, entsprechend dem bio-medizinischen Modell auf Beseitigung von Defiziten in Körperfunktionen und -strukturen lag (vgl. Abb. 3), wird nun funktionale Gesundheit fälschlicherweise ausschließlich in funktionierender Teilhabe und ermöglichten Aktivitäten gesehen (vgl. Abb. 4). Beide Herangehensweisen vernachlässigen die Ganzheitlichkeit, Komplexität und Individualität eines jeden Menschen.

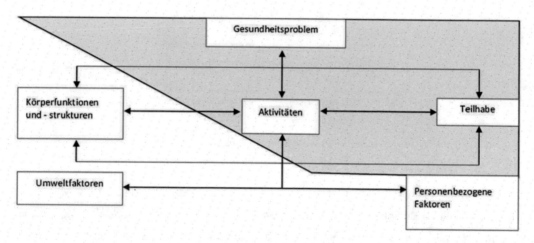

Abb. 4: einseitige Interpretationsfalle des bio-psychosozialen Modells

Die ICF selbst benennt in der Einführung wie auch im Anhang deutlich alle Faktoren und weist auf die Notwendigkeit der ganzheitlichen Sichtweise hin. Leider ist die Verbreitung der ICF nach wie vor in der Praxis unzureichend bis überhaupt nicht vorhanden (vgl. Cramer 2006, Lentz 2014). Die Forderung des BTHG, sich an der ICF zu orientieren, in Zusammenhang mit großflächiger Unkenntnis aber gleichzeitigem Zeitdruck sich in die Grundlagen des BTHG einzuarbeiten, um für die jährlichen Änderungen vorbereitet zu sein, führt häufig zu Oberflächlichkeit und Fehlinterpretationen. Daraus wiederum resultieren Missverständnisse und um der Unsicherheit und um Konflikten zu entgehen werden alte Denkstrukturen in neue

Worthülsen gekleidet, der alte Ansatz weiterpraktiziert und die Hilfen an dem Menschen mit Behinderung vorbeigeplant. Um dies zu vermeiden ist es notwendig, alle Faktoren, welche einen Einfluss auf die Teilhabe als Zielkonstrukt institutioneller Hilfen haben, als gleichberechtigt sowie dynamisch interagierend zu verstehen und zu kommunizieren. Alle vier Bereiche Körperstrukturen, Körperfunktionen, Umweltfaktoren und personenbezogene Faktoren stellen bedingende Förderfaktoren dar in Bezug auf das Förderziel der Teilhabe.

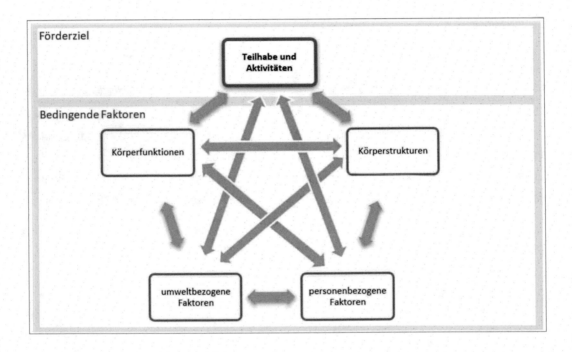

Abb. 5: Visualisiertes bio-psychosoziales Gesundheitsmodell von Lydia Muth (Muth 2018)

Ein weiterer Aspekt, welcher oft vernachlässigt wird, ist die Beachtung der Wechselwirkungen und gegenseitigen Beeinflussung der einzelnen Bereiche im bio-psychosozialen Modell. Wie in einem Mobile bedeutet jede Veränderung in einem Bereich auch Veränderungen in mindestens einem anderen Bereich. Dies ist nicht immer zum Nachteil. Zieht beispielsweise ein CMA-Patient aus einer stationären Einrichtung aus, welcher stets Streit mit seinem Zimmernachbarn gehabt hat, so fällt für den Zimmernachbarn eine Barriere weg, die Lebensqualität steigt und möglicherweise steigt die Teilhabe sogar für die gesamte Bewohnerschaft. Besonders deutlich sind diese Wechselwirkungen in der Eingewöhnungsphase zu erkennen. In dieser Phase können sich die Leistungen relativ häufig ändern. Die Wechselwirkung Umweltbedingungen zu personenbezogenen Faktoren ist in dieser Zeit besonders sichtbar und wird quasi mit jedem Tag neu ausgelotet.

Beispiel:

Ein CMA-Patient zeigt im Krankenhaus derartige Gangunsicherheiten, dass er sich nur im Rollstuhl fortbewegen konnte. In der neuen Umgebung der therapeutischen Einrichtung erlebt er täglich Menschen mit ähnlichen Problemen und Betreuer, welche ihn ermutigen mittels der Seitenläufe sich fortzubewegen, sodass er nach wenigen Tagen innerhalb der Einrichtung sich ohne zusätzliche Hilfsmittel fortbewegen kann. Hygienische Maßnahmen hat er im Krankenhaus selbständig durchgeführt. In der Einrichtung vergisst er dies öfter, da er, wenn das Bad gerade besetzt ist, erstmal eine Zigarette im Hof raucht und hinterher davon ausgeht aufgrund der fortgeschrittenen Zeit bestimmt schon baden gewesen zu sein. Somit muss er nun öfter erinnert werden. Nach einer Weile bemerkt das Betreuerteam, wieso der CMA-Patient manchmal wirklich gebadet hat, wenn er es sagt und manchmal nur glaubt gebadet zu haben. Daraufhin wird mit ihm trainiert seine Badezeit dahin zu legen, wenn keiner der anderen Bewohner badet. Damit erhöht sich seine Selbstständigkeit wieder.

Dieses Beispiel zeigt, dass die Wechselwirkungen aller Faktoren des bio-psychosozialen Gesundheitsmodells, besonders aber der Kontextfaktoren zwingend zu betrachten sind und die Bedarfserfassung erst nach einer gewissen Zeit, wenn ein „Einpegeln" stattgefunden hat, erfolgen kann. Selbst dann können durch kleinere Veränderungen einer Variablen, wie zum Beispiel ein neuer Mitbewohner, eine andere Aufgabe in den tagesstrukturierenden Maßnahmen, der Urlaub des Bezugsbetreuers und Ähnliches, völlig neue Barrieren oder Förderfaktoren entstehen und damit andere Leistungsbedarfe erschaffen. Es ist somit wichtig, stets alle Faktoren zu bedenken, die Wechselwirkungen im Auge zu behalten und konstant nach zu regulieren. In der Praxis geschieht dies im täglichen Handeln oft unbewusst und für die Bedarfserfassung nicht sichtbar. So sind vorübergehende neue Leistungsbedarfe, beispielsweise weil ein CMA-Patient nach dreitägigem Krankenhausaufenthalt sein Zimmer nicht mehr selbständig findet und die Namen der Betreuer und Mitbewohner vergessen hat, zwar als Mehraufwand zu sehen, werden jedoch nicht gemeldet, da der Aufwand einer neuen Bedarfserfassung höher wäre. Trotzdem ist es wichtig für die Bedarfserfassung, die Möglichkeit solcher Prozesse zumindest in Betracht zu ziehen, um ein insgesamt stimmiges Verständnis für Krankheitsbild, Hilfebedarf und Leistungsbedarf zu entwickeln. Ein systemischer wissenschaftlicher Ansatz ist absolut folgerichtig und notwendig.

2.4.4 Teilhabe als Zielkonstrukt der institutionellen Hilfe

Der Begriff der Teilhabe wurde 2001 im damaligen Sozialgesetzbuch Neuntes Buch (SGB IX) in die aktive Hilfe eingeführt. Teilhabe ist die deutsche Übersetzung des englischen Wortes participation, welches sowohl in der ICF, als auch in der englischen Originalfassung der UN-BRK grundlegend verwendet wird. In der ICF wird Teilhabe als „Einbezogensein in die Lebenssituation" beschrieben (Schuntermann 2013, S.58). Im Kontext der UN-BRK fasst Teilhabe die anzustrebende Art und Weise im Umgang mit Menschen mit Behinderung zusammen und steht für Selbstbestimmung. Für Menschen mit Behinderung wird der Begriff in leichter Sprache mittels folgender Synonyme erklärt: „Beteiligung, Einbeziehung, Mitbestimmung, Mitwirkung, Teilnahme, Partizipation". Hurraki, als Wörterbuch in leichter Sprache, definiert wie folgt: „Teilhabe ist ein Wort, das viele Bedeutungen hat. Man sagt auch: bei etwas mit·machen" (Hep Hep Hurra e.V.). Dies lässt jedoch nicht nur für Menschen mit Behinderung einen übergroßen Bedeutungsspielraum.

Teilhabe wird in den aktuellen gesetzlichen wie ethisch-moralischen Grundlagen als übergeordnetes, anzustrebendes Ziel der institutionellen Hilfe in jeglichen Bereichen, wie Sozialhilfe, Gesundheitsfürsorge etc., verstanden. Fornefeld (Fornefeld 2019) spricht vom Teilhabe-Gebot, welches bei Erreichung des Ziels als Allheilmittel glorifiziert wird. Allerdings wird der Begriff häufig als selbsterklärend angesehen und oftmals ohne Begriffserklärung stehen gelassen. Dies führt an der Basis in der aktiven Hilfe zu starker Verunsicherung, da die umgangssprachliche Verwendung eine breite Interpretationsfläche bietet. Das Verständnis von gerichtlich gestellten Betreuern, Mitarbeitern öffentlicher Hilfeträger, hilfeleistenden Betreuern, Krankenkassen oder Betroffenen selbst spiegelt derzeit alle Facetten von „Teilhabe sei das Recht, alle Wünsche ungefiltert erfüllt zu bekommen" bis zu „Schaffen von Teilhabe sei bloß das neue Wort für Beseitigen von Defiziten" wider. „Wenngleich also die Zielperspektive Teilhabe an der Gesellschaft insgesamt auf einen breiten Konsens stößt – sowohl in Rehabilitationspolitik, -recht und -wissenschaften als auch bei Menschen mit Behinderung selbst-, steht eine konzeptionelle Grundlegung noch aus; dies betrifft eine theoretische Fundierung ebenso wie ihre empirische Auslegung. Damit unterliegt der Begriff der Teilhabe […] auch der Gefahr, vage und unspezifisch interpretiert zu werden und damit an Wirkkraft zu verlieren" (Wansing 2005, S.17). Eine einheitliche, grundlegende Definition des Begriffes ist somit für das Verständnis dieser Arbeit aber auch für einen zielgerichteten, transparenten Hilfeprozess und das Vorantreiben des Paradigmenwechsels sinnvoll und notwendig.

Derzeit erscheint Teilhabe als abstraktes Konstrukt mit entsprechend breitem Interpretationsspielraum. Nach Felder hat Teilhabe „… Bezüge zu Partizipation und sozialem

Handeln und zeigt sich in materieller, politischer, kultureller und sozialer Hinsicht" (Felder 2012, S.123).

Mehrheitlich wird Teilhabe als Konstrukt aufgefasst, das daraufhin wirkt, etwas zu können oder zu dürfen. Im Zusammenhang mit der Begriffsbestimmung zu Inklusion und Exklusion befasst sich Kronauer mit dem Begriff der Teilhabe. Er definiert Teilhabe als mehrdimensionales Konstrukt. „Dabei bemisst sich materielle Teilhabe an einem gesellschaftlich allgemein als angemessen geltenden Lebensstandard, politisch-institutionelle Teilhabe an Statusgleichheit im Zugang zu Rechten und Institutionen sowie deren Nutzung, kulturelle Teilhabe an den Möglichkeiten zur Realisierung individuell und gesellschaftlich anerkannter Ziele der Lebensführung" (Kronauer 2002, S.146). Kronauer sieht Teilhabe in Zusammenhang mit gesellschaftlicher Zugehörigkeit als zentralen Aspekt von Inklusion. Er stellt hierbei die Möglichkeiten gesellschaftlicher Teilhabe als Kontinuum zwischen Inklusion und Exklusion dar (Kronauer 2007). Wansing setzt den Begriff der Teilhabe wertneutral mit dem Inklusionsbegriff gleich und versteht darunter die „…prinzipielle Zugänglichkeit aller Bürgerinnen und Bürger zu politischer Mitwirkung, zu Beschäftigung, zu Gesundheit usw." (Wansing 2005, S.62). Wansing sieht in dem Begriff der Teilhabe auch das Ziel von institutionellen Hilfeleistungen, im Sinne des Entgegenwirkens von Benachteiligung, und somit die Ablösung des traditionellen Eingliederungsbegriffes (vgl.ebd.). Fornefeld sieht hingegen vor allem die Wichtigkeit der sozialen Bindung als Inhalt und Grundgedanken einer gelebten Teilhabe (Fornefeld, 2019). So sieht sie Teilhabe im Zusammenhang mit Menschen mit Behinderungen und Multimorbidität auch als Ausgleich im Geben und Nehmen und dem daraus entstehenden Beziehungsgeflecht. Aus der stetigen Individualität und Veränderung eines Beziehungsaufbaus zwischen zwei Menschen ergibt sich, dass Teilhabe nie starr und einseitig betrachtet werden kann. Vielmehr ist sie stets im Zusammenspiel des Individuums mit der Gesellschaft zu sehen, wobei Teilhabe als Zielkonstrukt immer einen beidseitigen Vorteil anstreben sollte und somit fast immer einen Kompromiss darstellen wird. Fornefeld beschreibt Teilhabe als „…immer relativ, mehrdimensional und flüchtig. Sie muss aktiv und vor dem Hintergrund der Dynamik des individuellen Lebens der einander begegnenden Menschen und auf der Grundlage der kulturellen und sozioökonomischen Bedingungen der Gesellschaft, in der sie leben, mit dem Einzelnen ausgehandelt und gestaltet werden. Teilhabe ist kein Endzustand, sondern fortwährender lebendiger Prozess der natürlichen Bindung der Menschen aneinander" (Fornefeld 2019, S. 9). Wansing betont, dass Teilhabe sowohl Chancen als auch persönliche Risiken bedeute. Bei Teilhabe gehe es um „…personale Inklusion durch die verschiedenen Gesellschaftssysteme sowie Herstellung und Aufrechterhaltung einer individuellen Lebensführung. Teilhabe an der Gesellschaft meint in der Moderne das Einbezogensein in die vielfältigen Kommunikationsprozesse und Leistungen der gesellschaftlichen Sozialsysteme" (Wansing 2005, S.191).

Teilhabe ist also kein für jedermann gleich aussehender Zustand im Sinne der medizinischen Definition von Gesundheit, sondern ähnlich den Konstrukten „Wohlbefinden" oder „Glück" ein personenbezogenes Befinden, welches durch verschiedene Faktoren immer individuell und stetig neu definiert wird. Sieht man Teilhabe jedoch als dynamisches, personenbezogenes Zielkonstrukt, so kann es keine starre, umfängliche Definition geben. Dies erschwert die soziale Arbeit, da eine Ist-Soll-Abprüfung zur Festlegung geeigneter Methoden aufgrund der Instabilität der Soll-Variablen somit fast täglich überholt und erneuert werden muss. Eine laufende Zielanpassung fordert die betreuende Fachkraft Vorort, wie auch das Verständnis der prüfenden Mitarbeiter der öffentlichen Sozialhilfeträger. Um diese Prozesse transparent und überschaubar zu gestalten, ist eine nachvollziehbare Operationalisierung des Zielkonstruktes Teilhabe durch das Festlegen von Parametern anzustreben. Der ICF entnehmbar ist der Aspekt des Einbezogenseins in die Lebenssituation. Dies ist sowohl subjektiv als auch objektiv prüfbar. Es ist durch den Vergleich mit anderen, der Lebenssituation zugehörigen Personen erfassbar, ob eine Chancenbeeinträchtigung bezüglich des Einbezogenseins besteht oder ob die Art und der Umfang diesbezüglich selbst gewählt sind und für denjenigen als gewünscht empfunden wird. Die Selbstbestimmtheit, als Leitgedanke der UN-BRK, ist ein weiterer Aspekt, welcher gut prüfbar ist. Hierzu ist realistisch zu filtern, ob es Alternativen gab und wer die Auswahl zwischen diesen Alternativen traf. Wichtig ist eine ehrliche und umfassende Reflexion in diesem Punkt, da in Bezug auf Menschen mit Behinderung oft zu schnell eine Entscheidungsunfähigkeit aus den verschiedensten Gründen attestiert wird. Sicher ist es richtig, dass unter anderem das Krankheitsbild CMA schwere kognitive und psychische Beeinträchtigungen beschreibt, aufgrund derer die Konsequenzen einer Entscheidung von Betroffenen häufig nicht überblickt werden können. Auch der Aspekt der Abhängigkeit schränkt die Entscheidungsfähigkeit stark ein, da das Verlangen nach dem Suchtmittel oder die zum Suchtmittelgenuss führenden eingeschliffenen Verhaltens- und Denkmuster in vielen Situationen unüberwindbar erscheinen und alle rationalen oder persönlich wichtigen Aspekte im Entscheidungsprozess überstrahlen. Dementsprechend ist für CMA-Erkrankte eine Hilfe zur Selbstbestimmung wichtig, welche für eine personenbezogene und vor allen Dingen nicht-bestimmende Unterstützung Sorge auf empathische Art trägt. Dies ist ein Prozess, welcher eine gute Beziehungsarbeit voraussetzt, um dem Betroffenen Vertrauen zu geben sich leiten zu lassen. Weiterhin wird von der unterstützenden Person viel Empathie und Engagement gefordert, aber auch dass dem Betroffenen Selbstverantwortung und das Recht auf Entscheidung zugetraut und zugestanden wird. Jede Entscheidung ist ein neuer Prozess und durch individuelle Tagesform, die aktuelle Situation, die Anzahl der zu begutachtenden Alternativen und viele weitere Faktoren kann sie jedes Mal anders ausfallen. Aufgrund dieser Komplexität ist es im Alltag nicht möglich jede Einzelentscheidung des Lebens dahingehend zu prüfen, ob eine Selbstbestimmung für den

CMA-Betroffenen möglich ist oder ob Hilfe benötigt wird und diese Hilfe auch in jeder Entscheidung in vollem Umfang zu gewähren. Viele Entscheidungen, wie bspw. die Zeit des Aufstehens, werden daher durch eine Routine im Tagesablauf ersetzt werden, was jedoch dem normalen Tagesablauf eines Menschen ohne Behinderung nahekommt, da auch dieser nicht jede Entscheidung im Alltag stets neu treffen wird, sondern viele Entscheidungen durch Gewohnheiten ersetzt oder unter dem Zwang der Gegebenheiten zu treffen hat. Wichtig ist es jedoch, in der Sozialhilfe stets sensibel zu bleiben und trotz Abhängigkeit von der Umwelt und Einschränkung durch das Krankheitsbild die Selbstbestimmtheit in so vielen Punkten wie möglich zu gewähren, zu gewährleisten und zu unterstützen.

Beide Parameter genügen noch nicht um eine sinnvolle Leistung für eine Hilfe zur Teilhabe zu bestimmen.

Beispiel:

Wenn ein CMA-Patient sich den monatlichen Barbetrag, welcher vom Kostenträger für ihn zur freien Verfügung an die therapeutische Wohnstätte gezahlt wird, vom Betreuer auszahlen lässt, so ist diese Auszahlung eine Leistung. Mit dem ausgezahlten Geld geht der Betroffene zum Supermarkt, wählt seine Lieblingssorte Alkohol, unterhält sich an der Kasse nett mit der Kassiererin, geht in den Park, führt Gespräche mit den Rentnern auf der Parkbank, streichelt deren Hund, trinkt die gekaufte Flasche Alkohol und ist den Tag über nicht mehr ansprechbar. Die Leistung „Geldauszahlung" hat dann zwar zu einer selbstbestimmten Einbezogenheit in die Lebenssituation geführt, trotzdem kann nicht von einer Leistung zur Förderung der Teilhabe gesprochen werden. Dies ist erst der Fall, wenn die Geldauszahlung mit soziotherapeutischen Gesprächen oder individuellen Maßnahmen begleitet wird, welche dem CMA-Patienten helfen mit seinem Geld nicht rückfallauslösende Artikel zu kaufen.

Teilhabe ist als Aspekt der funktionalen Gesundheit im dynamischen Modell der ICF zu verstehen. Dies bedeutet, dass Teilhabe auch den Aspekt des Wohlbefindens auf objektiver wie subjektiver Ebene ausdrückt. Wagner und Heider beschreiben diese Facetten als subjektive und objektive Lebensqualität (Wagner & Heider 2017, S. 78). So ordnen sie der objektiven Lebensqualität Dimensionen wie Arbeit/Beschäftigung, Lernen und Bildung, Mitbestimmung, Mobilität, öffentliches Leben/Freizeit sowie soziale Beziehungen zu. Für die subjektive Lebensqualität zählen sie emotionales Wohlbefinden, soziale Beziehungen, materielles Wohlbefinden, physisches Wohlbefinden, gesellschaftliche Teilhabe, persönliche Entwicklung, Selbstwirksamkeit, Rechte und Mitbestimmung auf.

Der Begriff der Lebenszufriedenheit greift diese subjektiv zu bewertenden Dimensionen auf und wird von Veenhofen als „…subjektive Bewertung der Lebensumstände" (Veenhofen 1997, S.7) definiert. Weiterhin wird der Begriff beschrieben als Zustand der inneren Ausgeglichenheit und der Bedürfnislosigkeit sowie als eine „individuelle Zielvorstellung" (Glatzer 2002, S. 248) und „persönliches Wohlbefinden" (Keuschnigg, Negele & Wolbring 2010, S.3). Wichtig hierbei ist, dass „…Einschätzungen der Lebenszufriedenheit eines Menschen, die von anderen vorgenommen werden, häufig falsch" (Veenhofen 1997, S.12) sind.

Wichtige Faktoren der Teilhabe sind somit zum einen die Lebenszufriedenheit als subjektive Bewertung der eigenen Situation, wie auch die Lebensqualität im objektiv verstandenen Sinn, das heißt, als Bewertung der Situation des Menschen mit Behinderung aus gesellschaftlicher Sicht im Vergleich mit und im Rahmen von gesellschaftsüblichen Werten und Normen.

Zusammenfassend ist somit der Begriff soziale Teilhabe als Ziel institutioneller Hilfen wie folgt zu definieren:

Der Begriff der sozialen Teilhabe als Zielkonstrukt institutioneller Hilfen beschreibt das individuell optimale Verhältnis aus den, in höchstmöglichem Maß, anzustrebenden Faktoren ‚Selbstbestimmtheit', ‚Einbezogensein in die Lebenssituation', ‚Lebensqualität' und ‚Lebenszufriedenheit'.

Um das Zusammenwirken, die gegenseitige Beeinflussung sowie die Bedeutsamkeit aller Faktoren zu verdeutlichen, ist das Bild eines Windrades, wie es Kinder nutzen, vorteilhaft und anschaulich. Ist die Balance der Flügel nicht gegeben, entsteht keine Drehung. Fehlt ein oder fehlen mehrere Flügel, dreht sich die Windmühle langsam oder gar nicht. Nur wenn alle vier Flügel ungefähr gleichgroß sind und Luftzufuhr erhalten, dreht sich das Windrad. Die Teilhabe, kann ähnlich der Drehbewegung des Windrades erst erreicht werden, wenn alle Faktoren (den Flügeln gleich) gleiche Beachtung erhalten. Lässt man in der Teilhabeförderung einen Aspekt außer Betracht oder setzt den Fokus auf nicht alle Aspekte gleichzeitig, kommt der Prozess nicht voran. Es entstehen neue Barrieren, Förderfaktoren laufen ins Leere und die Teilhabe wird unzureichend oder gar nicht gefördert, im schlimmsten Fall sogar gebremst. Nur wenn alle Aspekte gleichzeitig betrachtet und mit sinnvollen Hilfen in Balance gebracht werden können, dreht sich das Rad und lässt eine personenbezogene Teilhabe zu. Deshalb wurde als erstes Ergebnis das Windrad-Modell zur Darstellung der theoretisch gewonnenen Erkenntnisse erarbeitet. Die abgeleitete Grafik (Abb. 6) stellt dies grafisch dar.

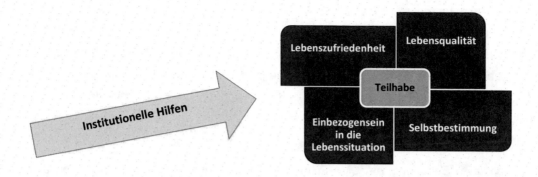

Abb. 6: Windrad-Modell: Teilhabe als Zielkonstrukt institutioneller Hilfe – ein systemisches Modell

Die institutionellen Hilfen haben die Aufgabe, die Betrachtung aller Faktoren sicherzustellen und je nach Bedarf die einzelnen Faktoren zu stärken oder die dafür notwendigen Bedingungen zu schaffen, um das Leben des Menschen mit Behinderung trotz seiner Beeinträchtigung in Balance zu bringen, sprich eine ganzheitlich betrachtete Teilhabe zu ermöglichen.

Die Assoziation einer Windmühle zum Erklären des Begriffes Teilhabe als Ziel institutioneller Hilfen wurde im Rahmen der vorliegenden Arbeit 27 CMA-Patienten vorgestellt, welche sie als „verstehbar und das kann man sich auch merken" empfanden. Die vier Faktoren wurden hierbei in Anlehnung an leichte Sprache (Lebenszufriedenheit = „Ich sage, dass es mir gut geht."; Lebensqualität = „Andere sagen, dass es mir gut geht."; Einbezogensein in die Lebenssituation = „Ich bin dabei."; Selbstbestimmtheit = „Ich entscheide selbst.") übersetzt und auf das Modell als Bastelbogen einer Windmühle gedruckt, welches am Ende der vorliegenden Arbeit zu finden ist.

2.4.5 Empirische Basis der Arbeit und Erfahrungsbericht zur Umsetzung des Paradigmenwechsels in der aktiven Hilfe

Empirische Basisdaten für die vorliegende Arbeit konnten über die Arbeitserfahrung, Dokumentationen sowie Kooperationen dreier stationärer Therapieeinrichtungen sowie ambulanter Betreuung von CMA-Klientel in zwei Landkreisen und einer kreisfreien Stadt in Brandenburg gewonnen werden. Der Träger beschäftigt in der aktiven Hilfe für CMA-Patienten 38 Fachkräfte mit Ausbildungsabschluss in Psychologie, Sozialpädagogik/Soziale Arbeit, Medizinpädagogik, Heilpädagogik, Heilerziehungspflege, Ergotherapie und Krankenpflege.

Die stationären Einrichtungen Rosenhaus, BauMhaus und Gut Ulmenhof werden seit mindestens 18 Jahren von dem privaten Träger „Miteinander GmbH" als Leistungserbringer betrieben und betreuen insgesamt 63 CMA-Patienten. Die Therapie umfasst neben der Vollversorgung eine umfassende Tagesstrukturierung mit Einzel- und Gruppenangeboten, festen wie auch individuellen Strukturen. Trainiert werden Grundfähigkeiten des Wohnens, der personeneigenen Sozialkompetenz sowie der gesellschaftlichen Soziostrukturierung. Großer Wert wird auf die Biographiearbeit gelegt, als Grundstein der personenzentrierten Hilfe, wie auch auf individuelle arbeitsähnliche Tätigkeiten zur Förderung des Selbstwertgefühls und der Rückgewinnung eines normativen Selbstverständnisses (Hoppe & Hoppe 2018).

Die ambulante Betreuung von CMA-Erkrankten erfolgt in ihrem eigenen Wohnraum, dem dazugehörigen Lebensumfeld und den Räumlichkeiten des Trägers, wo tagesstrukturierende Gruppenangebote umgesetzt werden. Im Landkreis Spree-Neiße, Landkreis Elbe-Elster und der kreisfreien Stadt Cottbus betreut die Miteinander GmbH insgesamt zwischen 70 und 90 Klienten.

Geschäftsführung und Leiter des Trägers stehen in regelmäßigem Kontakt und teilweise enger Kooperation mit anderen Trägern der stationären und ambulanten Hilfe für CMA-Patienten im Land Brandenburg. In Meetings werden organisatorische Aspekte der Arbeit, wie neue Gesetzesregelungen, Umgang von gesetzlich gestellten Betreuern und Mitarbeitern der öffentlichen Sozialhilfeträger (Kostenträger) aber auch Methoden der Therapie und Diagnostik, Dokumentationsformen und Arbeitsabläufe diskutiert und vorgestellt. Weiterhin werden Inhalte im Sinne von Fallbesprechungen und Supervisionen erörtert. Konkrete Klientendaten unterliegen jedoch dem Datenschutz und werden anonymisiert dargestellt. Die Treffen erfolgen wechselseitig in den Räumlichkeiten der teilnehmenden Träger, sodass spezifische Lösungsvorschläge für Abläufe, Raumanordnungen oder Therapiemethoden direkt vorort besichtigt werden können. Diese sogenannten „Heimleitertreffen" finden wohlfahrtsverbandsunabhängig statt, werden von den Teilnehmern selbständig organisiert und unterliegen keiner übergeordneten steuernden Organisationsform. Ziel dieser Netzwerkarbeit ist eine Vergrößerung der Ressourcen insbesondere in Bezug auf Erkenntnisse hinsichtlich der Organisation und Umsetzung personenzentrierter krankheitsbildspezifischer Hilfen für CMA-Patienten. Die Miteinander GmbH ist Mitglied im Paritätischen Wohlfahrtsverband und nimmt dort an den Arbeitskreisen für CMA-Patienten (seit 2019 umbenannt im Arbeitskreis Sucht) sowie am regionalen Arbeitsgruppentreffen Elbe-Elster teil. Hierbei werden fachliche Informationen vom Wohlfahrtsverband an die Mitglieder weitergegeben. Auf regionaler Ebene erfolgt auch eine Information durch und ein Fachaustausch mit den Vertretern der öffentlichen Sozialhilfeträger.

Sowohl innerhalb der Miteinander GmbH, während der arbeitsbedingten Kontakte zu den öffentlichen Sozialhilfeträgern verschiedener Landkreise, den regelmäßigen Treffen der Wohlfahrtsverbände, als auch über den beschriebenen Kontakt zu den anderen CMAbetreuenden Leistungserbringern des Landes Brandenburg zeigte sich folgende Problematik, welche grundlegend für die vorliegende Arbeit war:

1. Das Krankheitsbild CMA wird in der schulischen Ausbildung der beschäftigten Fachkräfte in wenigen Fällen oberflächlich gestreift, meist nicht behandelt.

2. Trotz Umstellung der Mitarbeiter der öffentlichen Sozialhilfeträger von Verwaltungsangestellten auf Sozialarbeiter oder ähnlich ausgebildete Fachkräfte ist die Kenntnis des Krankheitsbildes CMA und der dazugehörenden Spezifik kaum bis gar nicht verbreitet.

3. Politische Gremien (Wohlfahrtsverbände, Stadtverordnete, öffentliche Sozialhilfeträger u.Ä.) zeigen kaum Interesse an der Spezifik der CMA-Patienten und ordnen sie den Suchtkranken zu, was ein Leugnen der eigentlichen Komplexität der Beeinträchtigungen bedeutet und zu Unverständnis und Nichtbewilligung der notwendigen Quantität und Qualität der Hilfen führt.

4. Inhaltliche Grundlagen, wie die ICF, sind gar nicht bis oberflächlich bekannt und werden nicht in Verbindung mit dem Paradigmenwechsel gebracht.

5. Grundbegriffe wie Teilhabe, Personenzentriertheit oder Ressourcenorientierung sind noch nicht fest im Sprachgebrauch verankert und führen daher zu Unsicherheit. Oftmals erfolgt eine Übersetzung von Teilhabe mit Teilnahme, Personenzentriertheit mit „der Behinderte kriegt, was immer er/sie will" und Ressourcenorientierung mit „positiv formulierten Defiziten". Diese Unkenntnis bzw. Missverständnisse führen zu Unwillen und Ablehnung des Paradigmenwechsels.

6. Aufgrund der Inkonsequenz und Langwierigkeit in der Einführung des BTHG hat das Gesetz in der aktiven Hilfe an Akzeptanz und Wohlwollen verloren. Damit leidet auch der Grundgedanke des BTHG, den Menschen mit Behinderung mehr Chancengleichheit einzuräumen, da mit der Ablehnung des BTHG kein Nachdenken über die Ziele und Hintergründe erfolgt, sondern das Festhalten an altem Gedankengut gefördert wird.

Dieses Meinungsbild bestätigt die Notwendigkeit und Relevanz, sich mit der Klientel CMA in Zusammenhang mit der Einführung des BTHG und im Rahmen des Paradigmenwechsels eingehend wissenschaftlich auseinanderzusetzen, um eine personenzentrierte Hilfe mittels Bedarfserfassung zu ermöglichen und zu fördern.

Der Paradigmenwechsel läuft in der aktiven Hilfe sowohl bei Kostenträgern wie auch Leistungserbringern schwerfällig. Dies liegt zum einen an der weitverbreiteten Unkenntnis der Richtlinien. Wurde die deutschsprachige Fassung der ICF bereits 2005 veröffentlicht, so blieb sie im direkten Umfeld der Menschen mit Behinderung großflächig unbekannt, bis sie im BTHG namentlich als Grundlage der Bedarfserfassung erwähnt wurde. Die Bedarfserfassung bildet die Grundlage für die Finanzierung und ist somit ein Prozess, welcher häufig begutachtet wird. Die namentliche Verankerung der ICF brachte der Richtlinie in der aktiven Hilfe eine breite Aufmerksamkeit. Ungünstiger Weise erfahren zumeist nur die im § 142 Kapitel 18 SGB IX erwähnten Teilbereiche der ICF diese Aufmerksamkeit. Aufgrund dieser oberflächlichen Einarbeitung werden das Ziel und der Grund des Paradigmenwechsels nicht miterfasst. Das bio-psychosoziale Gesundheitsmodell als Verständnisgrundlage und die ganzheitliche Betrachtungsweise durch Einbeziehung der Kontextfaktoren sind weiterhin weitgehend unbekannt. Erschwerend kommt die Wort-Ähnlichkeit beispielsweise der Begriffe „Teilhabe" und „Teilnahme" oder des bisherigen Ziels „Wiederherstellen von Gesundheit" mit dem neuen Ziel „Erhalten und Verbessern der funktionalen Gesundheit" hinzu. Dies erweckt den Anschein, eine genauere Erarbeitung sei unnötig. Da die neuen Begrifflichkeiten (bspw. Teilhabe, funktionale Gesundheit, Kontextfaktoren) größtenteils nicht in der Umgangssprache verwurzelt sind und eine Erklärung auf Eigeninitiative teilweise aufwendig erarbeitet werden muss, wird eine Nutzung der Worte vermehrt umgangen. Resultat dieser Oberflächlichkeit ist Unsicherheit und daraus folgend ein weitverbreiteter Unwillen gegen den Paradigmenwechsel, ohne je ein tieferes Verständnis dafür entwickelt zu haben. Dieser Unwillen bezieht sich vor allem darauf, dass zum einen eine Änderung als „unnötiger Aufwand für ein paar neue Begriffe" empfunden wird. Des Weiteren wird das BTHG und der Paradigmenwechsel als Minderung des Wertes der bisher geleisteten Arbeit verstanden, im Sinne von: „Wenn jetzt alles anders und besser werden soll, war meine Arbeit bisher also keine wertvolle Hilfe." Durch die Komplexität und eine langwierige stufenweise Einführung des BTHG fehlt dem Gesetz die Übersichtlichkeit, woraus weitere Abwehr entsteht. Sowohl Leistungserbringer als auch Kostenträger lassen in den Treffen häufig Existenzängste erkennen, da sowohl der Personenkreis der Leistungsberechtigten bereits mehrfach geändert wurde (sogenannte „5 aus 9"-Regel) als auch die finanziellen Aspekte der Leistungstrennung der Bereiche Grundsicherung und Eingliederungshilfe unübersichtlich sind. Ein weiterer bremsender Faktor ist die geringe Kapazität der Kostenträger, welche nur vereinzelt mehr Personal für die BTHG-Umstellung bekommen haben und so durch den Mehraufwand bestärkt in Routine und alte Gewohnheiten fallen um die Arbeit zu schaffen. Intensivere Auseinandersetzungen und Schulungen zu Hintergründen, Sichtweisen und Umsetzungsmöglichkeiten sind aufgrund der genannten Hemmnisse, trotz erklärtem Willen, schlicht undenkbar.

In der aktiven Hilfe gibt es dennoch auch Befürworter des Paradigmenwechsels, welche sowohl den Inhalten als auch neuen Methoden aufgeschlossen gegenüberstehen. Insbesondere Therapeuten begrüßen den Paradigmenwechsel, da sie sich davon sowohl bessere Bedingungen für ihre Betreuten als auch indirekt für sich, mittels steigender Erfolgserlebnisse, erhoffen. Es ist zu beobachten, dass dem Paradigmenwechsel ausgeschlossener gegenübergetreten wird, je weniger Bürokratie die eigene Arbeit enthält.

Auch die Sicherheit des eigenen Arbeitsplatzes scheint sich (zumindest in der zu Beginn des Kapitels beschriebenen Personengruppe) auf die Bereitschaft umzudenken auszuwirken. Eine Schlussfolgerung, dass der Paradigmenwechsel nicht durch den Inhalt, sondern durch die Form der Umsetzung gebremst wird, liegt nahe, ist jedoch zum aktuellen Zeitpunkt nicht belegbar.

2.4.6 Schlussfolgerung

Der Paradigmenwechsel in der Behindertenhilfe vollzieht sich auf unterschiedlichen Ebenen in verschiedenen Geschwindigkeiten und differenzierter Intensität und Tiefe. Auf politischer Ebene sind ethisch-moralische Richtlinien sowie Gesetze erlassen, welche die Art und Weise der gewünschten Denk- und Handlungsweisen vorgeben und teilweise begründen. Auf der Ebene der aktiven Hilfe im Umgang mit dem Menschen mit Behinderung spaltet sich das Verständnis in Idealisierung aufgrund der möglichen Verbesserung der Situation für den Menschen mit Behinderung, aber auch in Resignation, weil die Umsetzung weder in der Verbreitung der Grundlagen noch in einer klar strukturierten angeleiteten Art begleitet und ermöglicht wird. Die dritte Facette, das Nichtverstehen oder die fehlende Änderungsbereitschaft, bremsen den Paradigmenwechsel, sodass die Auswirkungen für den Menschen mit Behinderung nur punktuell und geringfügig zu spüren sind. Wichtig wäre eine gezielte, erwünschte und intensive Kommunikation zwischen Politik und ausführender Sozialhilfe, um die erdachten Konzepte in die Praxis zu transferieren und dort nachhaltig zu verankern. Hierfür ist eine verständliche Definition der Teilhabe notwendig, da diese als Zielkonstrukt institutioneller Hilfe richtungsweisend, verständnisbildend und allgegenwärtig ist. Das Windrad-Modell der Teilhabe als Zielkonstrukt institutioneller Hilfe ist von allen Ebenen (Politik bis zum Menschen mit Behinderung selbst) nachvollziehbar und in die Denk- und Handlungsmuster umsetzbar. Wichtig ist es, alle vier Faktoren Selbstbestimmtheit, Einbezogensein in die Lebenssituation, Lebenszufriedenheit und Lebensqualität gleichwertig zu betrachten und in das Verständnis von Teilhabe zu übernehmen. Personenzentrierte Behindertenhilfe ist nur im ganzheitlichen, dynamischen, personenbezogenen Ansatz erreichbar, muss jedoch zur Realisierung den bestmöglichen Kompromiss mit institutionalisierten Notwendigkeiten eingehen.

3 Forschungsfragen und wissenschaftliche Hypothesen

Ziel der vorliegenden wissenschaftlichen Arbeit ist die Modellierung und Evaluation eines Instrumentes zur Beschreibung von therapeutischen Leistungen zur Befähigung und Förderung der Teilhabe von CMA-Patienten. Dieses schafft die optimale Grundlage für die Ermittlung des notwendigen Finanzierungsbedarfs zur Umsetzung der rechtlich geregelten Hilfeleistungsansprüche. Aus den theoretischen Vorbetrachtungen und der Analyse aktueller wissenschaftlicher Dokumente konnten folgende drei Forschungsfragen abgeleitet werden.

1. Forschungsfrage

Gibt es ein Bedarfserfassungsinstrument, mit welchem passgenau personenzentrierte Hilfen und ein differenzierter Finanzierungsbedarf für CMA-Patienten im Rahmen der neuen Gesetzgebung und der Umsetzung des Paradigmenwechsels ermittelt werden können?

2. Forschungsfrage

Können aus dem aktuellen Stand der Wissenschaft und Forschung Kriterien und Forderungen für ein optimales Bedarfserfassungsinstrument für CMA-Betroffene ermittelt und abgeleitet werden?

3. Forschungsfrage

Lässt sich ein Bedarfserfassungsinstrument für CMA-Betroffene erstellen, welches die eruierten Kriterien optimal erfüllt und somit passgenauere Ergebnisse den Hilfe-, Leistungs- und Finanzierungsbedarf betreffend ermittelt?

Aus diesen Forschungsfragen ergeben sich folgende Arbeitshypothesen:

1. Forschungsfrage:

Hypothese 1:

Es ist zu vermuten, dass das Brandenburger Instrument in der Hilfebedarfserfassung für CMA-Betroffene zu Ungenauigkeiten und somit zu Anwendungsproblemen in der Ermittlung personenzentrierter Hilfen und der Berechnung eines gerechtfertigten Finanzierungsbedarfs führt.

Begründung der Annahme:

Das Brandenburger Instrument zeigt keine krankheitsspezifische Ausrichtung auf CMA, erhebt Hilfe- und Leistungsbedarf in einem Schritt und wurde als Bedarfserfassungsinstrument nicht fertiggestellt (Brandenburger Kommission 2018).

© L. Muth 2023, *Ermittlung der Teilhabeförderung und des Finanzierungsbedarfs bei Chronisch Mehrfachgeschädigt/Mehrfachbeeinträchtigt Abhängigkeitskranken – Modellierung und Evaluation eines Instrumentes (IBU T-CMA)*, https://doi.org/10.1007/978-3-658-39487-5_3

Dies führt zu Ungenauigkeiten und Unklarheiten in der Bearbeitung des Instrumentes, weshalb die ermittelten Hilfen und Finanzierungen oftmals nicht passgenau für den Betroffenen sind (Kap. 2.4.5).

Hypothese 2:

Es ist zu vermuten, dass andere bereits vorhandene Bedarfserfassungsinstrumente nicht hinreichend und zielführend zur Ermittlung von personenzentrierten Hilfen und der Ermittlung eines differenzierten Finanzierungsbedarfes für Personen mit CMA sind.

Begründung der Annahme:

Im Rahmen des Paradigmenwechsels und der Ausrichtung des Fokus auf die Personenzentriertheit erwachsen neue Anforderungen (§ 118 SGB IX). Das MASGF überprüft derzeit mehrere Bedarfserfassungsinstrumente auf ihre weitere Einsatzmöglichkeit innerhalb der neuen Gesetzgebung (Brandenburger Kommission 2018). Gleichzeitig ist das Krankheitsbild CMA erst relativ kurze Zeit bekannt (Kap. 2.1), sodass eine spezifische Ausrichtung der Instrumente nicht angenommen werden kann. All dies führt zu der Vermutung, dass die aktuell verbreiteten Bedarfserfassungsinstrumente nicht optimal einsetzbar sind für die Zielgruppe der CMA-Betroffenen.

2. Forschungsfrage:

Hypothese 3:

Es ist zu vermuten, dass aufgrund der Komplexität des Krankheitsbildes CMA sowie der Umsetzung im Rahmen des Paradigmenwechsels ein spezifisches Bedarfserfassungsinstrument für CMA-Patienten notwendig ist.

Begründung der Annahme:

Aufgrund der Heterogenität der Symptomatik des Krankheitsbildes sowie der Schwere und Komplexität der Schädigungen und Beeinträchtigungen auf psychischer, physischer (inklusive kognitiver) und sozialer Ebene (s. Kap. 2.1) ist die Ableitung eines Finanzierungsbedarfes für personenbezogene Hilfe nur in einem krankheitsbildspezifischen Instrument möglich.

Hypothese 4:

Es ist zu vermuten, dass im Rahmen der neuen Gesetzgebung, der Umsetzung des Paradigmenwechsels, der Krankheitsspezifik CMA sowie in der Umsetzung der aktiven Hilfen sich Ansprüche und notwendige Forderungen eruieren lassen, anhand welcher Kriterien für ein optimales Bedarfserfassungsinstrument für CMA-Betroffene ableitbar sind.

Begründung der Annahme:

In den Kapiteln 2.3 und 2.4 wurden verschiedene Quellen und Aspekte untersucht, welche diverse Kriterien und Ansprüche an ein Bedarfserfassungsinstrument für CMA-Betroffene verdeutlichen. Im BTHG sind Anforderungen wie ICF-Basiertheit und Förderung der Mitbestimmung gesetzlich verankert (§ 118 SGB IX). Auch der Beschluss 2/2018 der BK 75 nennt verschiedene Kriterien an ein Bedarfserfassungsinstrument (Brandenburger Kommission 2018). Im Rahmen dieser Arbeit werden eigene Studien angestrebt, um diese Kriterien zu operationalisieren und zu ergänzen.

3. Forschungsfrage:

Hypothese 5:

Es ist zu vermuten, dass das im Rahmen der vorliegenden Arbeit erstellte Bedarfserfassungsinstrument IBUT-CMA für die Zielgruppe CMA-Betroffene passgenau, zuverlässig und objektiv ist im Vergleich mit dem Brandenburger Instrument.

Begründung der Annahme:

Durch fehlende Kriterien und Nichtberücksichtigen der Forderungen der Zielgruppen ist das Brandenburger Instrument nicht optimal an die Erfordernisse angepasst. Es müssen Kriterien wissenschaftlich erarbeitet und Forderungen evaluiert werden. Aufgrund der Einarbeitung der eruierten Forderungen und Kriterien in das IBUT-CMA ist zu erwarten, dass gegenüber dem Brandenburger Instrument eine höhere Akzeptanz und aktiveres Mitwirken der CMA-Betroffenen und der Kostenträger, sowie eine bessere Möglichkeit, personenbezogene Hilfen zu schaffen, erzielt wird.

Hypothese 6:

Es ist zu vermuten, dass das im Rahmen der vorliegenden Arbeit erstellte Bedarfserfassungsinstrument IBUT-CMA die ermittelten Ansprüche an ein optimales Bedarfserfassungsinstrument für CMA-Betroffene erfüllt.

Begründung der Annahme:

Aufgrund der Anwendung eruierter fachwissenschaftlicher Kriterien im Rahmen des Erstellungs- und Evaluationsprozesses ist das IBUT-CMA als optimales Bedarfserfassungsinstrument für CM-Betroffene zu bewerten. Weiterhin werden praxisnahe und krankheitsbildspezifische Kriterien mit den Betroffenen während des Erstellungsprozesses abgeprüft und evaluiert.

Die aufgeführten Forschungsfragen sowie die sich daraus ergebenden Hypothesen sollen im Folgenden anhand des aktuellen Standes der Wissenschaft sowie durch vorliegende und im Rahmen dieser Arbeit durchgeführten Studien bearbeitet werden und in Kapitel 7.1 Beantwortung finden.

4 Analyse bestehender Instrumente zur Ermittlung des Finanzierungsbedarfes

4.1 Allgemeiner Überblick

In der Bundesrepublik Deutschland unterliegt die Erfassung des Hilfebedarfs den Kommunen, welche die Finanzierung für die Leistungen verantworten. Auf Landesebene erfolgen jedoch Beschlüsse, welche die zu nutzenden Hilfebedarfserfassungsinstrumente für die Kommunen in dem jeweiligen Bundesland vorgeben oder empfehlen. Aufgrund der derzeitigen schrittweisen Einführung des BTHG stellen auch die Bundesländer ihre Empfehlungen um und prüfen oder erarbeiten neue Instrumente (Geteco 2019). Die nachfolgende Tabelle (Tab. 2) fasst den Arbeitsstand Ende September 2019 zusammen.

Bundesland	Hilfebedarfserfassungsinstrument (Stand September 2019)
Baden-Würtemberg	(BEI-BaWü) - Einführung 2019
Bayern	Eigenes Bedarfserfassungsinstrument – in der Entwicklung
Berlin	Teilhabeinstrument Berlin (TIB) – in Erprobung
Brandenburg	Integrierter Teilhabeplan-Brandenburg (ITP-Brandenburg) – Einführung 2020
Bremen	BedarfsErmittlung Niedersachsen modifiziert für Bremen (B.E.Ni Bremen) – Einführung 2020
Hamburg	Hamburger Gesamtplan – in Überarbeitung
Hessen	Integrierter Teilhabeplan Hessen (ITP Hessen) – Einführung 2018
Mecklenburg-Vorpommern	Integrierter Teilhabeplan Mecklenburg-Vorpommern (ITP M-V) – Einführung 2017
Niedersachsen	BedarfsErmittlung Niedersachen (B.E.Ni) – Einführung 2018
Nordrhein-Westfalen	BedarfsErmittlungsInstrument Nordrhein-Westfalen (BEI_NRW – Bedarfe ermitteln, Teilhabe gestalten) – Einführung 2017
Rheinland-Pfalz	Individuelle Gesamtplanung Rheinland-Pfalz – in der Implementierung
Saarland	Keine Informationen erhältlich

Sachsen	Integrierter Teilhabeplan Sachsen (ITP Sachsen)
	– Einführung 2020
Sachsen-Anhalt	Übergangsinstrument: ICF Erhebung Sachsen-Anhalt
Schleswig-Holstein	Eigenes Instrument in der Entwicklung
	– Einführung 2020
Thüringen	Integrierter Teilhabeplan Thüringen (ITP Thüringen)
	– Einführung 2018

Tab. 2: Instrumente zur Hilfebedarfserfassung der einzelnen Bundesländer nach BTHG

Das Land Brandenburg hat in der BK 75 über die „Projektgruppe Bedarfsermittlungsinstrument gemäß § 142 SGB XII" verschiedene Instrumente geprüft (Brandenburger Kommission 2018). Die geprüften Instrumente ITP, BEI-NRW sowie das derzeit in Brandenburg durchgeführte Brandenburger Instrument auf Grundlage des HMB-W und die Methode der freien Sachberichte sollen als mögliche Verfahren zur Erfassung des Hilfebedarfs in Sozialwesen im Folgenden analysiert werden. Weiterhin soll der Barthel-Index der Activities of Daily Living Scale (BI-ADL) aus dem Bereich der Pflege überblicksartig beleuchtet werden, da die Schnittstelle zwischen Eingliederungshilfe und Pflege insbesondere im Bereich der Hilfe für Menschen mit kognitiven Einschränkungen (bspw. demenziellen Erkrankungen) oft fließend ist.

4.2   Sach- und Entwicklungsberichte

Sach- oder Entwicklungsberichte sind Dokumente, welche frei oder teilstrukturiert nach vorgegebener interviewleitfadenähnlicher Gliederung verfasst werden. „Der Bericht ist eine Beschreibung und Wiedergabe von Sachverhalten, Ereignissen oder Handlungen, die von einem gemeinsamen Bezugspunkt ausgehen oder in diesem Umfeld die Berichterstattung strukturiert" (Korsalke 2009, S. 33). Nach Korsalke erfüllt ein Bericht drei wichtige Funktionen. So bildet er die Entscheidungsgrundlage zum einen für die Zustimmung oder Verweigerung von Hilfeleistungen und zum anderen für die Anwendung von Gerichts- und Verwaltungsbeschlüssen. Außerdem dient er der Information und Rechenschaftslegung und stellt oft das einzige Mittel der Kommunikation zwischen Leistungserbringer und dem Kostenträger dar.

Der Vorteil eines Berichtes besteht klar in der Möglichkeit der individuellen Beschreibung und Schwerpunktsetzung. Somit kann die Auswahl der Informationen sowie der Umfang der Beschreibung sowohl dem Ziel der Leistungsbewilligung als auch dem Zweck der Klientenbeschreibung angepasst werden.

Nachteil des Berichtes ist die fehlende Möglichkeit eines Vergleiches. Da sowohl verschiedene Verfasser als auch verschiedene Klienten unterschiedliche Schwerpunkte erleben, ist eine Vergleichbarkeit zweier Berichte ausschließlich Zufall. Außerdem ist der Aufwand des Beschreibens ohne oder mit grober Gliederung relativ groß, da der Freiheitsgrad die vom Menschen kognitiv verarbeitbaren, kurzfristig erinnerbaren Reize weit übersteigt (Schärich 2015, S. 18). Auch die Passung in Auswahl und Aufbereitung der Informationen zwischen Leistungserbringer und Kostenträger, als Sender und Empfänger der Kommunikation, ist im Sinne des Vier-Ohren-Modells nach Schulz von Thun (Schulz von Thun 2011) durch die fehlenden vorgegebenen Strukturen nicht gesichert.

4.3   Integrierte Teilhabeplanung (ITP) – Das Grundmodell

Der Integrierte Teilhabeplan (ITP) nach Gromann und Deuschle ist ein deutschsprachiges, in der Bundesrepublik verbreitetes Hilfebedarfserfassungsverfahren, welches 2009 von dem Institut für Personenzentrierte Hilfen GmbH in Fulda entwickelt, betreut und vertrieben wird. Das Institut beschreibt es als „…partizipatives und dialogorientiertes Verfahren…" (Instituts für Personenzentrierte Hilfen 2017, S. 2). Grundgedanke des Instruments ist die Annahme, dass das Handeln und Denken eines jeden Menschen von Leitmotiven gesteuert wird, von deren Erreichung sein Wohlbefinden abhängig ist. Formuliert man also den Leitmotiven (im ITP als Herzenswunsch bezeichnet) entsprechend Ziele und bestimmt Leistungen, welche diese Ziele anstreben, erreicht man beim Betroffenen eine höhere Teilhabe, da er somit in der Erreichung seines Herzenswunsches gefördert wird. Der ITP verlangt die Erfassung des Herzenswunsches des Betroffenen, sowie die Ableitung von Teilhabezielen und Indikatoren. Hierbei wird Wert gelegt auf engste Zusammenarbeit des Kostenträgers mit dem Leistungsempfänger. Leistungserbringer, gerichtlich gestellte Betreuer, Familienmitglieder oder Freunde sind nur dann berechtigt, bei diesem Prozessabschnitt mitzuwirken, wenn der Betroffene diese ausdrücklich als Vertrauensperson benennt und die Unterstützung verlangt. Neben der Motiverfassung, der Ziel- und Indikatorformulierung enthält der ITP Bereiche für die Bewertung einzelner ICF-Items hinsichtlich Fähigkeiten oder Beeinträchtigungen, Festlegung von Leistungen sowie die Aufnahme von Sozialdaten und abweichenden Meinungen (etwa durch den Leistungserbringer). Zusätzlich gibt es verschiedene Anamnesebögen und einen Gesamtplanbogen, welche je nach Bedarf auszufüllen sind. Alle Mitwirkenden sind bei Abschluss des Verfahrens zu einer Unterschrift verpflichtet um den ITP rechtskräftig werden zu lassen. Das Instrument dient weiterhin ausdrücklich der Hilfebedarfserfassung. Das kann eine Grundlage zur Ermittlung des Leistungsbedarfes sein. Die Festlegung der Leistungen erfolgt mehrheitlich sowohl in Art und Umfang nach Ermessen des Erfassers auf der Basis seiner Erfahrungen, Ideen und den regionalbezogenen Möglichkeiten. Zur Berechnung des

Finanzierungsbedarfes direkt aus dem Hilfebedarf (ohne weitere Einbeziehung des Leistungsbedarfes) sind verschiedene Modelle erstellt worden. Das Bundesland Hessen prüft hierfür die Ermittlung des Finanzierungsbedarfes anhand von Zeitkorridoren (LWV Hessen 2015). Aufgrund der derzeit laufenden Evaluation des ITP-Brandenburg ist hierfür bislang noch keine Vorgehensweise zur Ermittlung des Finanzierungsbedarfes bekannt gegeben worden.

4.4 Integrierte Teilhabeplanung (ITP) – ITP-Brandenburg „Version 0"

Die Einführung des ITP-Brandenburg wurde im Beschluss 2/2018 der BK 75 im April 2018 (Brandenburger Kommission 2018) bekannt gegeben. Das Instrument orientiert sich im Aufbau vor allem am ITP-Thüringen, weshalb oft für die Erarbeitung auch das Manual für den ITP-Thüringen zur Unterstützung benannt wird. Seit November 2018 existiert ein eigenes Manual für den ITP-Brandenburg (Gromann 2018). Es gibt verschiedene Anamnesebögen sowie Bögen zur Wunscherfassung, Erfassung und Beschreibung von Teilhabezielen, sowie verschiedene Bögen zur Erfassung spezifizierter Fähigkeiten und Teilhabebeeinträchtigungen und den dazugehörigen Hilfen. Weiterhin gibt es einen Bogen zur Umwandlung der erfassten Teilhabebeeinträchtigungen in Leistungen. Dies erfolgt nach Gefühl und Erfahrung der datenerhebenden Person. Eine Anleitung zur konkreten Bestimmung von Umfang und Art der Leistung aus den vorher erhobenen Daten existiert derzeit nicht. Das Manual für den ITP-Brandenburg wie auch das Manual für den ITP-Thüringen gibt verschiedene Vorgehensweisen vor, welche jedoch darauf zurückgreifen, dass bekannt ist, welche Leistung der Betroffene braucht, welcher Anbieter welche Leistungen erbringt und nun die Überlegung getroffen werden soll, wie man diese organisatorisch sinnvoll bündelt (Gromann 2015a). Weiterhin enthält der ITP-Brandenburg die Möglichkeit für den Leistungserbringer oder andere Personen, eine von den vorangegangenen Seiten des ITP abweichende Meinung zu äußern. Auch der Betroffene erhält die Möglichkeit, sein Einverständnis oder abweichende Sichten zu erklären. Der Gesamtplan besteht aus einer kurzen Zusammenfassung, welche jedoch zum derzeitigen Zeitpunkt noch nicht alle für Gesamt- oder Teilhabeplan notwendigen Informationen enthält, und daher sich noch in der Nachbesserung befindet.

Positiv ist die starke Einbeziehung der Sicht, Wünsche und Ziele des betroffenen Menschen mit Behinderung zu sehen. Dies fördert den Paradigmenwechsel, da unmissverständlich aufgezeigt wird, dass die Selbstbestimmung und das Einbezogensein in die eigene Lebenssituation zu respektieren und zu fördern sind. Die Umsetzung dieses positiven Ansatzes ist nicht optimal, da viele Menschen mit Behinderung aufgrund ihrer Beeinträchtigung kognitiv nicht in der Lage sind, zielführend ihre Wünsche zu abstrahieren und in realitätsnahe Leistungsbedarfe umzustrukturieren und der ITP keine ausreichende Begleitung diesbezüglich bietet.

Negativ ist der hohe Zeitaufwand zur Erstellung des ITP zu sehen. So benötigen erfahrene Bearbeiter bei der Erstellung eines ITP in Zusammenarbeit mit kognitiv fähigen, gut strukturierten Menschen mit Behinderung (welche ihre Wünsche und Ziele erkennen und realistisch setzen können und dies kurz und präzise artikulieren können) mindestens sechs bis acht Stunden. Obwohl es zu diesem Fakt aktuell noch keine wissenschaftlich gesicherten Studien gibt, lässt er sich beispielhaft durch freie Beobachtungen in der aktiven Hilfe gut belegen. Bei Case-Managern der örtlichen Sozialhilfeträger, welche sich in das Verfahren einarbeiten, sowie bei Neuaufnahmen und Menschen mit geistigen oder seelischen Behinderungen ist der Zeitaufwand noch deutlich höher zu sehen. Die Erfragung der Wünsche und persönlichen Ziele benötigt eine offene Gesprächsatmosphäre, um den Menschen mit Behinderung authentisch wahr- und ernstnehmen zu können. Eine gleichzeitig mündliche Erhebung der Daten und schriftliche Bearbeitung des ITP-Bogens per Hand oder am PC ist daher nicht möglich, was den Zeitaufwand weiter erhöht. Zusätzlich ist die Einarbeitung in das Verfahren schwierig, da es, wie in den Schulungen stets betont wird, ein sich stets anpassendes Verfahren ist und der Bearbeiter keine klaren Vorgaben oder Regeln für die Anwendung und den Umgang bekommt. Es gäbe keinen „richtigen oder falschen ITP". Somit entsteht der Eindruck einer gewissen willkürlichen Bearbeitung, was die Unterstützungsfunktion des Instrumentes für die Qualität der sozialen Arbeit generell in Frage stellt. Die Erfassung der Wünsche und daraus resultierende Formulierung der Teilhabeziele muss für viele Menschen mit Behinderungen stellvertretend erfolgen, da sie nicht in der Lage sind, den ITP zu verstehen oder Wünsche und Ziele (unabhängig wie realistisch diese sind) überhaupt für sich zu formulieren. Dies birgt die Gefahr, am betroffenen Menschen vorbei zu planen. Einen Leitfaden zur Gesprächsführung für das Erfassungsinterview gibt es derzeit in leichter Sprache nur für den ITP-Thüringen (Gromann 2015b). Des Weiteren existiert das Instrument „Teilhabekiste", welches in Zusammenhang mit Schulungen zum Beispiel über das Institut für personenzentrierte Hilfen in Fulda erwerbbar ist. Dieses Instrument erklärt die Fragen und Antwortmöglichkeiten des ITP über Bildkarten in Zusammenhang mit leichter Sprache. Eine Version speziell für suchtkranke Menschen ist derzeit noch in Planung (Hochschule Fulda 2019). Die Prozedur der Hilfebedarfserfassung über den ITP hat sich in den ersten Versuchen als zu komplex und teilweise stark belastend für Menschen mit CMA herausgestellt, sodass die Interviews über mehrere Tage verteilt auf tägliche kurze Erhebungsgespräche mit intensiver Erklärung und emotional stabilisierender Unterstützung durchgeführt werden mussten. Bei einem Interviewten kamen durch die detaillierte Analyse und konkrete Formulierung seines Herzenswunsches (erneute Selbstständigkeit mit eigener Wohnung, Abbruch der Scheidung und erneuter Arbeitsaufnahme in seinem alten Beruf) zur

Umsetzung in Teilhabeziele so starke Emotionen hoch, dass eine mehrtägige entspannende Krisenintervention notwendig wurde. Das Beispiel zeigte, dass die direkte, konkrete Formulierung des Herzenswunsches in Verbindung mit anzustrebenden Teilhabezielen starke Hoffnungen wecken kann, welche nicht immer in Einklang mit den krankheitsbedingten Beeinträchtigungen und den jeweiligen Umweltbedingungen zu bringen sind. Die derzeitigen Schulungen bezüglich des ITP lehren ausschließlich den Umgang mit dem Instrument in Bezug auf den Erhebungsprozess. Der Umgang mit dem Betroffenen bei Überforderung oder prozessresultierenden Krisen ist derzeit völlig unbeachtet.

Im Zeitraum vom 1. Januar 2019 bis 31. Dezember 2019 erfolgte eine Erprobung der „Version 0" im Bereich der ambulanten Eingliederungshilfe. Gleichzeitig wurden Schulungen für Anwender und Moderatoren kostenpflichtig angeboten und durchgeführt. Ab 2020 soll der ITP-Brandenburg in einer auf dem Feedback der Erprobung angepassten Form dann verbindlich für alle Fälle der Eingliederungshilfe (ambulant sowie in besonderen Wohnformen) gelten.

4.5 Brandenburger Instrument zur Hilfebedarfserfassung

Die HMB-Verfahren, als Grundlage des Brandenburger Instrumentes, waren bis 2017 sehr verbreitet in ganz Deutschland und werden in einigen Bundesländern nach wie vor während der Überführung in neue Verfahren genutzt. Erarbeitet wurden die Verfahren von Heidrun Metzler und Kollegen an der Universität Tübingen im Auftrag der Behindertenverbände. Die Verfahren lieferten die erste Grundlage für eine Differenzierung der Hilfeleistungen und der daraus folgenden Kosten entsprechend dem Unterstützungs- oder Hilfebedarf der Klientel. Es stellt jedoch nur die Basis zur Ermittlung der Hilfepläne und ist nicht als Ersatz oder gar eigenständige Planung der Leistungen anzusehen. Aufgrund der während der Einführungsphase geplanten Leistungstrennung in „Leistungen zur Unterstützung des Wohnens" und „Leistungen zur Unterstützung der Tagesstruktur" gibt es ein HMB-Verfahren für den Bereich „Wohnen" (HMB-W) sowie ein Verfahren für den Bereich „Tagesstruktur" (HMB-T).

Das Brandenburger Instrument zur Hilfebedarfserfassung (s. Abb. 7) wurde per Beschluss der BK 75 zum 1. Januar 2007 als Empfehlung für die örtlichen Sozialhilfeträger eingeführt. Bis auf den Landkreis Barnim, welcher über mehrere Jahre hinweg das HMB-W in seiner Originalform nutzte, folgten alle örtlichen Sozialhilfeträger dieser Empfehlung ab dem Stichtag. Speziell die Variante des Brandenburger Instruments ist oftmals in der Praxis auch unter den Namen „Kreuztabelle" oder „Metzler Bogen" zu finden. Das Brandenburger Instrument ist eine Mischung aus HMB-W und HMB-T und besteht aus einem Vorblatt mit Sozialdaten und der

Möglichkeit der Anmerkung des betroffenen Menschen mit Behinderung, sowie aus einer mehrseitigen Tabelle. Die Tabelle enthält Items, welche in verschiedene Lebensbereiche untergliedert sind und Defizitaspekte darstellen. Diesen Items zugeordnet ist eine vierstufige Hilfebedarfsskala, welche mittels der Buchstaben A – D aufsteigend die Schwere des Defizits sowie die notwendigen Maßnahmen zuordnet. Da das Instrument trotz Anwendung nie vollständig fertig gestellt wurde, fehlen Bewertungsmöglichkeiten für die Items der Tagesstrukturierung. Gleichzeitig ist jedem Item eine dreistufige Skala zugeordnet mit den Kriterien „kann", „kann nicht", „kann mit Hilfe", welche zur Erfassung und Einschätzung der Fähigkeiten des Betroffenen dient. Für diese Skala liegt bis zum heutigen Tag keine Auswertungsmatrix oder Interpretationsvorschrift vor, weshalb sie mittlerweile vollständig weggelassen wird. Die Umrechnung des Hilfebedarfs in Leistungsbedarf erfolgt in untrennbarem Zusammenhang mit der Hilfebedarfsermittlung über die Buchstabenskala (Brandenburger Kommission 2006). Dies bedeutet, dass jedem Buchstaben verschiedene Maßnahmen zugeordnet sind und man mit der Auswahl der Leistungen gleichzeitig den Umfang des Hilfebedarfes festlegt. Die Abbildung 7 zeigt beispielhaft ein Bearbeitungsblatt des Brandenburger Instrumentes.

Hilfebedarfserfassung für Menschen mit seelischer Behinderung in Brandenburg

Das Aktivitätsprofil			**Bereich /Aktivität**	**Hilfebedarf**			
				kein Bedarf	Information/ Beratung /Hilfestellung	Unterstützung, Motivation und Begleitung	Intensive und individuelle Unterstützung/umfassende Hilfestellung
				A	B	C	D
kann	Kann mit Schwierigkeiten	Kann nicht	Erläuterungen	Keine Hilfe erforderlich bzw. gewünscht bzw. Hilfe wird abgelehnt, obwohl Hilfebedarf vorhanden	Gelegentliche Information, Beratung, Assistenz und Auffordern, Erinnern, Ermutigen, Aktivieren; Erschließung von Hilfen aus dem Umfeld; hin und wieder Krisenintervention	Häufige individuelle Planung, Beobachtung; Konflikt- und Krisenprophylaxe und begleitende, übende Unterstützung; Motivation zur Verhaltensänderung; Zulassen von Hilfen; Verhandeln; Vereinbarungen; Begleitung; Transfer; stellvertretende Ausführung; häufige Krisenintervention	Ständiges individuelles Angebot; motivierende Begleitung; Abfordern; unterstützende Anwesenheit; sehr häufige bzw. ständige Krisenintervention; Eingreifen bei Gefahr
			Alltägliche Lebensführung und individuelle Basisversorgung Nr.1-9				
			1. Einkaufen Lebensmittel, Gegenstände des tgl. Bedarfs (Einkaufsplanung, Auswahl der Lebensmittel, Geschäfte aufsuchen)				
			2. Ernährung: Dem Bedarf angemessenes Essen, Trinken; Einhalten von Diätvorschriften, Sorge um ausgewogene Ernährung				
			3.Zubereiten von Mahlzeiten				
			4. Wäschepflege, Anziehen/Ausziehen: Auswahl, Wechsel und Pflege von Alltags- und Arbeitskleidung (angemessene, an klimatische Bedingungen angepasste Kleidung)				
			5. Körperpflege/persönliche Hygiene: Hände waschen; Toilettennutzung, ggf. Duschen etc.				

Abb. 7: Brandenburger Instrument nach Beschluss 6/2006 der Brandenburger Kommission nach §75 SGB XII

Die Buchstaben werden anschließend anhand einer Tabelle gewichtet in Punkte umgerechnet, die Summe ergibt eine Einordnung des Gesamthilfebedarfs in eine von fünf

Hilfebedarfsgruppen, welcher wiederum ein monetärer Vergütungsbetrag zugeordnet ist. Dieser wird mit jedem Leistungsträger über die Serviceeinheit Entgeltwesen in Zusammenarbeit mit dem örtlichen Sozialhilfeträger, in dessen Landkreis der Leistungsträger die Leistung erbringt, ausgehandelt. Die Zuordnung der Maßnahmen erfolgt generalisiert in der Annahme, dass die Höhe eines Hilfebedarfs die Art und den Umfang der notwendigen Leistungen gleich mit festlegt. Die Möglichkeit, dass ein hoher Hilfebedarf trotzdem nur wenig Leistungen zu lässt (beispielsweise, weil aufgrund eines großen Defizits in der Belastbarkeit viel Ruhepausen nötig und nur wenig Hilfeleistung möglich sind) sowie jegliche sonstige Individualisierung ist hierbei ausgeschlossen.

Der HMB-W und HMB-T wurde ursprünglich für Menschen mit Körperbehinderung und Lernbehinderung erarbeitet. Die Umarbeitung für das Brandenburger Instrument sollte auch eine Erfassung des Hilfebedarfs für Menschen mit seelischen Behinderungen ermöglichen. Hierfür wurden einige Items fallengelassen, andere hinzugefügt. Da keine Erarbeitungsvorschriften oder Gütekriterien für das Brandenburger Instrument verfügbar sind, fällt es schwer nachzuvollziehen, aus welchen Gründen die Auswahl der Items erfolgte. Die Passgenauigkeit für CMA ist als gering einzuschätzen und führte in den letzten Jahren stets zu Kommunikationsschwierigkeiten zwischen Kostenträger und Leistungserbringer, hoher Belastung bei den Erfassern sowie Ablehnung bei den Betroffenen.

Trotz jahrelanger Schulungsmöglichkeiten erfolgte die praktische Umsetzung des Instrumentes nicht zu einhundert Prozent nach den Vorgaben von Metzler. Insbesondere folgende Aspekte setzten sich in der Umsetzung durch, obwohl sie von Metzler anders konzipiert waren. So sollten die Hilfebedarfsgruppen Eins bis Fünf alle in der stationären Hilfe eingeführt werden, um so eine stärkere Differenzierung zu ermöglichen. In der Praxis werden ausschließlich die Hilfebedarfsgruppen Drei bis Fünf für stationäre Hilfen zugelassen, während die Hilfebedarfsgruppen Eins und Zwei als gering genug für die Umsetzung ambulanter Hilfen gesehen werden und dementsprechend auch mit Finanzierungsbeträgen unterlegt sind, welche eine stationäre Unterbringung wirtschaftlich unmöglich machen. Als Widerspruch dieser Auslegung ist neben dem Grundgedanken von Metzler die Tatsache zu sehen, dass ambulante Hilfen nicht auf der Grundlage des Brandenburger Instrumentes festgelegt werden, was dazu führt, daß die Hilfebedarfsgruppen Eins und Zwei komplett wegfallen.

Aufgrund der mangelhaften Transparenz, Spezifität, Aussagekraft und Interpretationsklarheit der durch das Brandenburger Instrument getroffenen Aussagen, erfolgt eine konstante Ergänzung jeder Anwendung durch einen freien Entwicklungsbericht.

4.6 Bedarfsermittlungsinstrument Nordrhein-Westfalen (BEI_NRW)

Das BEI_NRW wurde für die Hilfebedarfserfassung auf Grundlage des BTHG verbandsübergreifend für Nordrhein-Westfalen erstellt. Die Einführung erfolgte gebietsweise gestaffelt zwischen Sommer 2018 und April 2019 unter Begleitung des LWL-Inklusionsamtes Soziale Teilhabe. Es handelt sich um ein Verfahren, welches den Hilfebedarf auf der Grundlage der Leitziele und Wünsche des Menschen mit Behinderung in dessen Zusammenarbeit erhebt. Als Kernelemente werden Personenzentrierung, ICF-Orientierung, Ziel- und Wirkungsorientierung sowie der „...neue Behinderungsbegriff inklusive der Wechselwirkung, Person mit gesundheitsbezogenem Problem und Umwelt...'" (LVR-Dezernat Soziales & LWL-Behindertenhilfe Westfalen 2019) benannt. Als Vorkenntnisse zur sachgerechten Benutzung werden Kenntnisse über das Instrument, die ICF und das bio-psychosoziale Modell, Ziel- und Maßnahmenplanung, das BTHG, sowie über die regionalen Versorgungsstrukturen gefordert. Schulungen werden zentral gesteuert durchgeführt. Neben dem Leitfaden zur Bedarfsermittlung enthält das Instrument einen Teil zur Zielüberprüfung und Wirkungskontrolle. Das Instrument soll für alle Behinderungsformen gleichermaßen einzusetzen sein. An der Erfassung sind der Kostenträger und der Mensch mit Behinderung beteiligt. Die Erhebung erfolgt zum Teil frei mit Hilfe eines Leitfadens, sowie teilweise per multiple-choice-Antworten. Eine computerunterstütze Erfassung ist möglich. Als vorrangig hermeneutisches Verfahren besteht eine hohe Möglichkeit zur Umsetzung der Personenzentriertheit. Gleichzeitig ist jedoch ein hoher Aufwand wie auch das Risiko der subjektiven, vom Erfasser fehlgeleiteten Interpretation gegeben. Die Einbeziehung des Menschen mit Behinderung sowie die Validität und Aussagekraft der Ergebnisse hängt von der Kompetenz des Erfassers ab. Manual und Hilfestellungen in leichter Sprache sind derzeit noch nicht verfügbar, befinden sich jedoch in Arbeit.

4.7 Barthel-Index (BI-ADL)

Dieses Instrument zählt zu den Activity of daily living-Scores, welche Alltagskompetenzen im Bereich der Geriatrie einschätzen. Es wurde 1965 von Mahoney und Barthel entwickelt und seitdem in verschiedenen Versionen vereinfacht oder erweitert. Der ursprüngliche Barthel-Index stellt ein Bewertungssystem dar, welches anhand von Punkten einen Überblick über Selbstständigkeit oder Pflegebedürftigkeit einer Person gibt. Die Items sind alltagsnah formuliert und können mit 0 bis fünfzehn Punkte bewertet werden. Insgesamt ergeben sich eine Mindestpunktzahl von 0, was als vollständige Pflegebedürftigkeit beschrieben wird, und eine Maximalpunktzahl von 100, im Sinne von vollständiger Selbständigkeit.

Die Items des Barthel-Index sind (Mahoney & Barthel 1965, S.62):

- Essen
- Aufsetzen und Umsetzen
- Sich Waschen
- Toilettenbenutzung
- Baden/Duschen

- Aufstehen und Gehen
- Treppensteigen
- An- und Auskleiden
- Stuhlkontinenz
- Harnkontinenz

Kritikpunkt am Barthel-Index ist vor allem die unzureichende Operationalisierung der Items wie auch der Punkte, was die Aussagekraft bedeutsam verringert (Lübke 2004). So lässt sich anhand des Barthel-Index erkennen, in welchem Umfang eine Person in der Lage ist, selbständig zu essen, nicht aber, wo genau das Problem einer Beeinträchtigung liegt. Ein Ansatz zur Therapie bzw. zu pflegerischen Methoden ist somit nicht aus dem Barthel-Index ableitbar. Auch ist die Bewertung erschwert, da die Einschätzung, ob jemand stark oder sehr stark pflegebedürftig ist, vom subjektiven Maßstab des Bewerters abhängt.

Eine sinnvolle Erweiterung stellt das Hamburger Einstufungsmanual zum Barthel-Index dar. Hierbei werden für die Punktzahlen 0, 5 und 10 Punkte jeweils Beispiele genannt, anhand welcher eine Orientierung für die Einschätzung erfolgen kann.

Essen:

10 Punkte:

Wenn das Essen in Reichweite steht, nimmt der Patient die Speisen und Getränke komplett selbständig vom Tablett oder Tisch ein. Er nutzt sachgerecht sein Besteck, streicht sein Brot und schneidet das Essen. Alle diese Tätigkeiten führt er in angemessener Zeit aus. Ggf. ernährt er sich über eine selbst versorgte Magensonde/PEG-Sonde komplett selbständig.

5 Punkte:

Es ist Hilfe bei vorbereitenden Handlungen nötig (z.B. Brot streichen, Essen zerkleinern, Getränk einschenken), der Patient führt Speisen und Getränke aber selbst zum Mund und nimmt sie selbständig ein oder der Patient benötigt Hilfe bei der Ernährung über seine Magensonde/PEG-Sonde.

0 Punkte:

Speisen und Getränke werden vom Patienten nicht selbständig bzw. nicht ohne Aufforderung zum Mund geführt oder eingenommen und er wird nicht über eine Magensonde/PEG-Sonde ernährt.

Abb. 8: Beispiel der Kriterienoperationalisierung aus dem Hamburger Einstufungsmanual zum Barthel Index (Lübke 2004, S. 15)

Weitere Erweiterungen schließen kognitive Fähigkeiten, wie etwas verstehen, sich verständlich machen, soziale Interaktionen durchführen, Alltagsprobleme lösen, Gedächtnis, Lernen und Orientierung oder Sehen und Neglect ein (Prosiegel et al. 1996).

4.8 Ergebnis der Analyse bestehender Bedarfserfassungsinstrumente

Instrumente der Pflege, wie der Barthel-Index, sind sehr gut verständlich, jedoch zu stark defizitorientiert, sodass die Grundvoraussetzung der ICF-Konformität und insbesondere des Verständnisses des bio-psychosozialen Modells als Grundlage fehlen.

Durch die Einführung des BTHG vorangetrieben gibt es in der Eingliederungshilfe derzeit verschiedene Ansätze zur Hilfebedarfserfassung in der Bundesrepublik Deutschland. Alle geben als Grundlage eine ICF-Orientierung an, welche jedoch unterschiedlich stark erkennbar ist. Alle Instrumente fordern die Beteiligung des Menschen mit Behinderung neben der des Kostenträgers in dem Bedarfserfassungsprozess zu berücksichtigen. Der Leistungserbringer ist nicht erwünscht, es sei denn er wird vom Menschen mit Behinderung als Vertrauensperson benannt. Die Einbindung des Betroffenen erfolgt auf der Basis der Anwesenheit und wird zum Teil durch Übersetzungen in leichte Sprache unterstützt. Hinweise, wie ein Beziehungsaufbau und Vertrauensgewinn im Gespräch gelingen kann, um den Betroffenen dazu zu bewegen, sich selbst sowie seine Wünsche und Schwierigkeiten zu offenbaren, erfolgen bei keinem Instrument. Auch fehlen allen Instrumenten Anweisungen, wie mit Überforderungen auf Seiten eines Mitwirkenden umgegangen werden kann. Alle Instrumente setzen ein umfangreiches Fachwissen über die einzelnen Behinderungsformen, Rechtsgrundlagen, sowie die regionale Sozialhilfestruktur und das Leistungsangebot voraus. Die Grundlagen der Verfahren sind insbesondere bei ITP und BEI_NRW sehr theorieorientiert, was bedeutet, dass die Verfahren von außen betrachtet sinnvoll strukturiert und fundiert erarbeitet sind. Die Umsetzung wird durch die direkte Einbeziehung bei Menschen mit starken geistigen, psychischen oder suchtdeterminierten Erkrankungen erschwert oder, bei fehlender Einbeziehung der Betroffenen, durch die Verzerrung der stellvertretenden Bewertung behindert. Die Instrumente bieten zu wenig Führung und Empathie für die Erfassungssituation selbst. Sie erwecken den Eindruck, für die Verwaltung erstellt zu sein, wobei eine Erfassung unter Mitwirkung des Betroffenen stets nach den Regeln des sozialen Miteinanders ablaufen muss und somit ein empathisches Eingehen auf den Menschen mit Behinderung als Hauptinformationsquelle erfordert. Hier ist der fehlende Praxisbezug stark erkennbar. Weiterhin fehlt eine Transparenz in der Erhebung der Leistungen. Diese basiert bei allen Verfahren auf der Kenntnis der bestehenden regionalen Angebote. Außerdem wird der Finanzierungsbedarf aus dem Hilfebedarf abgeleitet, wobei eine klar nachvollziehbare Ableitungsvorschrift fehlt. Positiv ist zu vermerken, dass alle Verfahren der Eingliederungshilfe zumindest im Handbuch auf das bio-psychosoziale Gesundheitsmodell verweisen und das BEI-NRW dieses als Schulungsinhalt auch ausführlich, inklusive Hinweis und Erörterung der Wechselwirkungen der Kontextfaktoren, gestaltet.

5 Entwicklung eines neuen Instrumentes

5.1 Allgemeine Vorüberlegungen

5.1.1 Ziel des Hilfeprozesses

Ziel des Hilfeprozesses ist laut BTHG das Ermöglichen und Erleichtern der Teilhabe (§ 4 Abs.1 SGB IX). Dies bedeutet, die Hilfeleistung soll die Verbesserung oder Stabilisierung der Lebenssituation des von CMA betroffenen Menschen erreichen und gesamtgesellschaftlich den Unterstützungsgedanken des Sozialstaates umsetzen (§113 SGB IX). Hierfür stehen institutionelle Hilfen zur Verfügung (§ 6 SGB IX), auf welche der Betroffene einen rechtlich geregelten Anspruch hat (§1 Abs.1 SGB IX, § 99 SGB IX). Der Hilfebedarfserfassungsprozess dient der Feststellung oder Überprüfung dieses Anspruches und der Zuordnung von individuell effektiven Hilfeleistungen. Hierbei ist festzustellen, welche Art und welcher Umfang bzw. welche Intensität der Hilfeleistung notwendig ist, um ein möglichst ausgewogenes Kosten-Nutzen-Verhältnis im Sinne von möglichst geringem Aufwand bei höchstmöglichem Therapieeffekt zu erreichen (Kap. 7 SBG IX). Als Therapieeffekt ist hierbei das bereits angesprochene Gesamtziel des Hilfeprozesses, die Verbesserung der Lebenssituation im Sinne von größtmöglicher Teilhabe zu verstehen.

5.1.2 Funktionen des Instrumentes im Hilfeprozess

Um den Hilfeprozess gezielt zu steuern, ihn inhaltlich wie auch finanziell transparent, gerecht und kontrollierbar zu gestalten, ist eine gute Kommunikation insbesondere an den Schnittstellen zwischen Hilfeempfänger, Kostenträger und Leistungserbringer notwendig. Damit diese Kommunikation auch für Außenstehende nachvollziehbar gestaltet werden kann, ist es sinnvoll, die wichtigsten Aspekte dokumentarisch in Form von Akten oder anderweitigen Datensammlungen schriftlich festzuhalten. In regelmäßigen Abständen muss ein Austausch aller Beteiligten über den aktuellen Ist-Stand in Bezug auf die Beeinträchtigungen der Teilhabe des Hilfeempfängers erfolgen, in welchem die Art wie auch der Umfang der Beeinträchtigung analysiert wird und in Relation zur vorangegangenen Erhebung gesetzt wird. Daraus lässt sich eine Wirksamkeit der bisher erfolgten Maßnahmen ableiten und eine Einschätzung erstellen, welche Hilfen nunmehr notwendig sind, in welchem Umfang sie geleistet werden sollen und welcher Gewinn auf Seiten des Hilfeempfängers daraus zu erwarten ist. Gleichzeitig lässt sich der finanziell notwendige Aufwand einschätzen. Ein Erfassungsinstrument sollte all diese Informationen in möglichst übersichtlicher und verständlicher Form beinhalten und

© L. Muth 2023, *Ermittlung der Teilhabeförderung und des Finanzierungsbedarfs bei Chronisch Mehrfachgeschädigt/Mehrfachbeeinträchtigt Abhängigkeitskranken – Modellierung und Evaluation eines Instrumentes (IBUT-CMA)*, https://doi.org/10.1007/978-3-658-39487-5_5

nachvollziehbar dokumentieren. Gleichzeitig sollte es Werkzeug für eine effektive Kommunikation zwischen den Beteiligten sein, diese Verständigung steuern und fördern und gleichzeitig die Ergebnisse abbilden. Die Steuerungsfunktion der Kommunikation ist insbesondere wesentlich, da oftmals eine Beeinträchtigung der Kommunikation in verschiedene Richtungen erfolgt. So sind übliche Verwaltungsformulierungen, welche dem Kostenträger bereits als sehr vereinfacht und allgemeinverständlich erscheinen, oft für den CMA-Erkrankten nicht nachvollziehbar. Gleichzeitig besitzen CMA-Patienten jedoch fast alle die Fähigkeit, sehr feinfühlig zu bemerken, ob jemand „es gut mit ihnen meint" und ob ein echtes Interesse an der Person und der Verbesserung der Lebenssituation des CMA-Betroffenen besteht oder ob das Interesse nur routinemäßig aufgesetzt ist. Viele CMA-Patienten sind nicht in der Lage, ihre Wünsche, Gefühle und Bedürfnisse so zu kommunizieren, dass sie für einen Außenstehenden verständlich sind. Dies kann bis zur Extremform ausgeprägt sein, wo ein einzelner Satz oder auch nur ein Laut je nach Situation etwas völlig anderes bedeuten kann. So kann ein „hmm" von „Guten Tag!" über „Warum muss ich aufstehen?" bis zu „Mein Tischnachbar schmatzt." alles bedeuten. Während der Eingewöhnungsphase besteht eine Leistung der Therapeuten oftmals darin, den CMA-Patienten und seine Kommunikationsform kennenzulernen. Dies erfolgt fast ausschließlich durch intensive Beobachtung in verschiedenen Situationen, feinfühliges Nachfragen, ein hohes Maß an Empathie sowie viel Versuch-und-Irrtumslernen. Auch deshalb ist es sehr hilfreich, wenn ein Vertreter des Leistungserbringers bei der Bedarfserfassung dabei ist, um auch für den Kostenträger zu übersetzen. Ein Instrument, welches sehr allgemein gehalten ist, erschwert hier die Kommunikation, da es letztendlich in ein Raten ausufern kann in Bezug auf das, was der CMA-Erkrankte gemeint haben könnte. Je konkreter das Instrument tatsächliche Leistungen vorgibt, umso größer ist die Chance, dass sowohl CMA-Betroffene als auch Kostenträger über dieselben Sachverhalte sprechen, beide die Inhalte nachvollziehen können und sich auch gegenseitig dazu verständigen können (notfalls nur über Nicken und Kopfschütteln). Das bedeutet, dass ein Instrument auch so gestaltet sei muss, dass es möglich ist, jederzeit zu unterbrechen, wenn eine Partei dies wünscht (oder der CMA-Betroffene einfach aufsteht und geht). Das Manual muss gleichzeitig Hinweise enthalten, wie mit Überforderung des Kostenträgers bei krankheitsbedingt ungewöhnlichem Verhalten umzugehen ist, aber auch wie der CMA-Patient bei emotionaler Angegriffenheit durch die Erfassung von Beeinträchtigung oder benötigten Hilfen aufzufangen, aufzubauen und so zu stabilisieren ist, dass die Erfassung möglichst zeitnah fortgesetzt werden kann.

Es ist davon auszugehen, dass nicht alle Prozessbeteiligten immer über eine spezifische Ausbildung in Bezug auf das Krankheitsbild CMA verfügen. Dies ist zum einen darin begründet, dass CMA als Thema in den meisten fachspezifischen Ausbildungen wie Soziale Arbeit/Sozialpädagogik, Heilpädagoge, Heilerziehungspflege oder Ähnliches, teilweise gar nicht und wenn, dann nur überblicksartig gestreift wird. Ein weiteres Problem ist, dass trotz Umstrukturierung in den öffentlichen Kostenträgern nicht alle Mitarbeiter über eine fachspezifische und viele weiterhin über eine verwaltungsspezifische Ausbildung verfügen. Dies ist Altersstrukturprozessen aber auch regelmäßigen Umbesetzungen von Stellen zum Vorbeugen von Korruption geschuldet und daher nicht kurzfristig behebbar. Dementsprechend kommt dem Instrument weiterhin die Aufgabe zu, eine Auswahl an Items zu präsentieren, welche groß genug ist, um die Individualität des jeweiligen Hilfeempfängers darzustellen, aber auch klein genug, um noch bearbeitbar zu sein. Wichtig ist, dass diese Auswahl direkt auf die Spezifik des Krankheitsbildes zugeschnitten ist, um fehlendes Wissen in Bezug auf CMA durch gefilterte Angaben zu ersetzen.

Die Situation der Bedarfserfassung ist davon geprägt, dass der CMA-Betroffene einer ihm meist fremden Person (Vertreter des Kostenträgers) innerhalb kürzester Zeit möglichst sachlich seine Schwächen, Ängste und Probleme offen darlegen soll. Hierbei geht es oftmals um Aspekte, welche dem Betroffenen peinlich sind, welche er absichtlich oder unbewusst leugnet. In diesem Fall ist eine offene Darstellung meist sehr demütigend, denn es geht um Aspekte, welche ihn hilflos, unmündig oder dumm erscheinen lassen. Dass die Vertreter des Kostenträgers dies meist neutral und sachlich zu behandeln versuchen, sei es unbewusst, aus Desinteresse oder eigener Hilflosigkeit, trägt nicht zur Entspannung der Situation bei. Ein Bedarfserfassungsinstrument muss folglich so gestaltet sein, dass es eine gewisse „Wohlfühlatmosphäre" herstellt. Als umfassende Beschreibung wird im Folgenden der Begriff des „Comforting" hierfür genutzt, da dieser sowohl das „Herstellen eines gewissen Komforts" als auch das „sich um jemanden sorgen" verständnistechnisch einschließt. Um die Funktion des Comforting zu übernehmen muss ein Bedarfserfassungs-instrument einfach, verständlich und dem Betroffenen gegenüber feinfühlig wohlgesonnen formuliert und auch im Layout freundlich gestaltet sein. Das Manual muss den Erfassenden bereits auf mögliche Schwierigkeiten im Umgang mit dem Betroffenen vorbereiten und Beispiellösungen anbieten. Auch muss es den Erfassenden dafür sensibilisieren, dass der Erfassungsprozess einen hochgradig emotionalen Prozess für den CMA-Patienten darstellt und eine gewisse Beziehungsarbeit im Vorfeld zum Vertrauensschaffen notwendig ist. Das Instrument muss dem Erfassenden weiterhin die Zuversicht und Sicherheit geben, welche er ausstrahlen muss, damit der Betroffene sich öffnen kann und der Bedarfserfassungsprozess möglichst ehrlich, ausführlich und konkret durchgeführt werden kann. In Abbildung 9 werden die durch Comforting verbesserten Aspekte der Bedarfserfassungssituation abgeleitet und grafisch veranschaulicht.

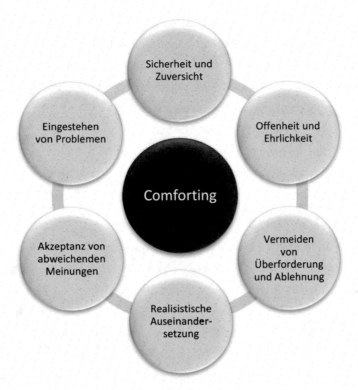

Abb. 9: Ziele von Comforting im Bedarfserfassungsprozess

Für die Auswahl des Bedarfserfassungsinstrumentes für das Land Brandenburg ab 2020 wurde von dem Brandenburger Ministerium für Arbeit, Soziales, Gesundheit, Frauen und Familie ein Kriterienkatalog erstellt, welcher unter anderem „Einheitlichkeit" fordert (Brandenburger Kommission 2018). Dies bedeutet, dass in der entscheidungsbevollmächtigten BK 75 der Wunsch besteht, dass ein Instrument für den gesamten Personenkreis der Leistungsberechtigten, unabhängig von den Behinderungsformen, Krankheitsbilder, Altersgruppen oder Geschlechtern, gleichermaßen anwendbar ist. Begründet wird dies über den Einarbeitungsaufwand, welcher bei einem generellen Instrument als geringer angesehen wird als bei mehreren personenspezifischen Instrumenten. Dennoch ist es, gerade im Sinne des Paradigmenwechsels und der geforderten Fokussierung auf die Personenzentrierung der Hilfe, sinnvoller, ein Instrument dem Bedarf des Betroffenen und nicht, im Sinne der Institutionalisierung, den Verwaltungsprozessen anzupassen. Einen Kompromiss könnte ein Instrument darstellen, welches eine einheitliche Struktur und einheitliche Sozialdatenerhebung vorweist, bei der konkreten Bedarfsermittlung jedoch über formale und im Aufbau gleiche Module verfügt, welche inhaltlich auf die jeweilige Spezifik eingehen. Das im Rahmen dieser Arbeit entwickelte Instrument wäre in diesem Sinne als ein solches Modul anzusehen. Ein vollständig modulares Instrument für alle

Behinderungsformen und Altersgruppen zu erstellen, übersteigt den Rahmen der vorliegenden Arbeit, kann aber als weiterführende Forschung im Auge behalten werden.

Des Weiteren muss ein Instrument zur Bedarfserfassung so gestaltet sein, dass es den derzeitigen Paradigmenwechsel unterstützt. Das bedeutet in Form, Auswahl und Formulierung der Items muss deutlich werden, dass es nicht um das reine Aufzeigen von Defiziten und deren Beseitigung geht. Vielmehr ist es das Ziel, dem Hilfeempfänger eine bessere Teilhabe zu ermöglichen und somit die Beeinträchtigungen, welche von seiner Krankheit oder seiner Person oder aber von der Umwelt ausgehen, zu verringern oder zu umgehen, Barrieren abzubauen und Förderfaktoren zu erhalten und zu stärken. Auch die Erhaltung des Ist-Standes muss ein akzeptables Förderziel darstellen, wenn ohne Hilfe sonst eine Verschlechterung eintreten würde. Da das Ziel, alle Prozessbeteiligten ausreichend zu schulen, nicht realistisch ist, muss davon ausgegangen werden, dass die gesetzlichen wie auch ethisch-moralischen Grundlagen nicht oder nur unzureichend bekannt sind. Der Paradigmenwechsel ist jedoch gewünscht, sinnvoll und notwendig. Das Instrument muss folglich so gestaltet sein, dass es von sich aus den Nutzer in die gewünschte Denkweise lenkt und zwingt. Durch die Gewöhnung im Umgang mit dem Instrument erfolgt über die Zeit eine Gewöhnung an die Denkweise, womit die Umsetzung einer besseren, menschenwürdigeren und zielführenderen Hilfe möglich wird. In Abbildung 10 werden diese Zusammenhänge als Übersicht und zur Veranschaulichung grafisch aufbereitet.

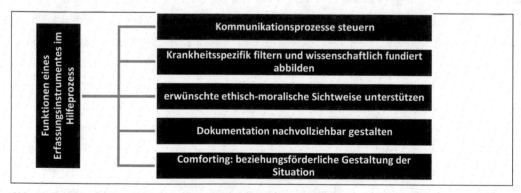

Abb. 10: Funktionen eines Erfassungsinstrumentes im Hilfeprozess

5.1.3 Unterschied zwischen Erst- und Folgeerfassung

Der Finanzierungsbedarf berechnet sich aus dem Leistungsbedarf, da die Leistung und nicht die Hilfebedürftigkeit die kostenverursachenden Faktoren sind. Der Hilfebedarf liegt dem Leistungsbedarf zugrunde. Hier besteht eine Kausalbeziehung. Ohne Hilfebedarf kein Leistungsbedarf. Allerding muss der Hilfebedarf stets im Kontext zum Erhebungssetting gesehen werden. So haben insbesondere Menschen mit seelischen Behinderungen ein großes Potential an Anpassungsfähigkeit. In der Praxis wird dies sprichwörtlich zusammengefasst: „Sie können nicht allein leben, aber völlig selbständig überleben." Das bio-psychosoziale Gesundheitsmodell verweist sehr deutlich auf die Abhängigkeit der Körperfunktionen, -strukturen, Möglichkeiten zu Aktivität und Teilhabe von den Kontextbedingungen Umwelt und personenbezogene Faktoren. Verändert man die Umwelt, so verändert sich auch die funktionale Gesundheit und letztendlich die Beeinträchtigungen oder Förderfaktoren von Teilhabe und Aktivitäten. Das bedeutet, dass eine Hilfebedarfserfassung in der eigenen Häuslichkeit, im Krankenhaus oder auf dem Sozialamt nur eine grobe Idee liefern kann, wie der Hilfebedarf in dem finalen Setting der ambulanten oder stationären Hilfe tatsächlich aussieht.

Die Erfassung im Setting ist mit größter Sorgfalt anzugehen, da die Gefahr einer institutionszentrierten Hilfeerfassung an dieser Stelle groß ist. So passt sich der Betroffene je nach Schädigungsgrad schnell oder langsam an den gegebenen Rahmen der Hilfe an, wodurch der sichtbare Hilfebedarf nicht mehr dem generellen Hilfebedarf entsprechen muss. Auch können Tendenzen entstehen, wonach vor allem die Hilfebedarfe erkannt werden, welche im Rahmen der Einrichtung häufig geleistet werden. Da sich jeder Bedarf, jedoch am Setting orientiert, ist es durchaus legitim und sinnvoll, einen in dem aktuellen Setting bestehenden und folglich darauf angepassten Hilfebedarf zu erheben, wenn zwei Bedingungen gegeben sind. So muss der Bedarf auch innerhalb des vorhandenen Settings aus Sicht der betroffenen Person und nicht aus Sicht der gegebenen Möglichkeiten erhoben werden. Das Ziel der individuellen Teilhabe muss über das „Funktionieren in der Einrichtung" gesetzt werden. Das bedeutet auch, dass die Notwendigkeit eines Settingwechsels, im Sinne von Veränderungen in der Einrichtung (individuell oder generell) oder im Sinne eines Einrichtungswechsels, mit einbezogen werden muss. Insbesondere die Möglichkeit, dass die personenzentrierte Hilfe für jeden Betroffenen möglicherweise eine vollständig andere Hilfe in Bezug auf Inhalt und Organisation erfordert, verlangt viel Flexibilität, Offenheit und ein großes Spektrum an Handlungsmustern vom jeweiligen Erfasser als auch der die aktive Hilfe umsetzenden Organisation. In der Praxis wird ein Kompromiss notwendig sein, um eine wirtschaftliche und organisatorische Handlungsfähigkeit für die leistungserbringenden Organisationen zu erhalten und trotzdem eine zielgerichtete, möglichst hohe Personenzentriertheit in der Hilfe zu ermöglichen. Die personenzentrierte Bedarfserfassung innerhalb des Lebensraumes stellt als Soll-Analyse hierfür die notwendige Grundlage.

Damit kann jedoch auch für den Leistungsbedarf bei der Ersterfassung außerhalb des finalen Hilfesettings nur eine prognostische Schätzung vorgenommen werden. Hinzu kommt, dass die Anpassung an nicht selbstgewählte Regeln und Bedingungen bei CMA-Patienten, aufgrund der sozialen Desintegration und der oftmals auftretenden gravierenden Probleme im kurz- und mittelfristigen Gedächtnis, häufig zu großen Schwierigkeiten führt und einen Zeitraum von drei bis sechs Monaten einnimmt. Dieser zeitliche Umfang von drei bis sechs Monaten, welche diese Eingewöhnungsphase für CMA-Patienten durchschnittlich dauert, konnte in einer Studie im Rahmen der vorliegenden Arbeit (vgl. Kap. 6.3.4.1) als ein wichtiges Ergebnis wissenschaftlich eruiert werden.

Daher empfiehlt es sich, die Ersterfassung des Hilfebedarfs lediglich als Feststellung zu betrachten, ob eine für diese Hilfeform ausreichende Beeinträchtigung bzw. Hilfebedürftigkeit besteht. Die erhobenen Daten zum Hilfebedarf können nur Ansatzpunkte und grob umreißende Informationen zu Defiziten und Ressourcen bieten und die daraus abgeleiteten Leistungen sind als Empfehlungen oder zu prüfende Ideen zu verstehen. Der Finanzierungsbedarf ist somit entweder grob zu schätzen, anhand der ersten Folgeerfassung rückwirkend zu korrigieren oder als konstanter, pauschal festgelegter Eingewöhnungsbetrag festzulegen.

Da sich der Finanzierungsbedarf anhand des Leistungsbedarfes ergibt, ist eine konkrete Ermittlung in Brandenburg auch aus pragmatischen Gründen erst bei der Folgeermittlung möglich. In der Ersterfassung wird die hilfeleistende Einrichtung bestimmt, nachdem die Hilfebedarfserfassung abgeschlossen ist. Das bedeutet, dass man sich einen Überblick verschafft hat, welche Beeinträchtigungen bekannt und Hilfen notwendig sind und somit Kriterien für die Auswahl der Leistungserbringer zur Verfügung stehen. Jeder Leistungserbringer handelt mit dem Landkreis über die Servicestelle Entgeltwesen einen eigenen Kostensatz aus. Somit führt dieselbe Leistung bei unterschiedlichen Leistungserbringern zu unterschiedlichen Preisen. Hat ein gewählter Leistungserbringer keine Platzkapazität, ändert sich mit Auswahl einer Alternativeinrichtung auch der Finanzierungsbedarf, ohne dass sich am Ausgangsbild des CMA-Patienten etwas verschiebt. Somit ist die direkte Ermittlung des Finanzierungsbedarfes aus dem Leistungsbedarf erst bei der ersten Folgeerfassung möglich, wenn die hilfeleistende Einrichtung und somit die Leistungspreise feststehen.

Unabhängig von Erst- oder Folgeermittlung wird der Finanzierungsbedarf nur zum Teil personenzentriert erhoben, also an den Hilfe- und Leistungsbedarf der individuellen Person gebunden. Der institutionszentrierte Aspekt wäre abschaffbar, wenn alle Träger einheitliche Preise für gleiche Leistungen anbieten würden. Derzeit beruhen die Verhandlungen auf den unterschiedlichen Gegebenheiten und Bedingungen der Leistungserbringer wie Miete, Investitionskosten, Personalaufwand usw. Um die Institutionalisierung aufzuheben, wäre eine Umkehrung des Systems notwendig. Das bedeutet, dass die Leistungspreise Basis für die Kostenkalkulation der Leistungsanbieter sein müssten. Hierzu ist eine Festlegung an übergeordneter Stelle, zum Beispiel durch die Servicestelle Entgeltwesen, von einheitlichen, trägerunabhängigen Preisen für jede Leistung oder Leistungsgruppe sinnvoll. Wenn die Preise anbieterunabhängig feststehen, besteht die Möglichkeit, die Hilfen ausschließlich personenzentriert nach den individuellen Bedürfnissen des Betroffenen zu vergeben, bzw. können sich Leistungserbringer auf Leistungsbedarfsprofile bewerben. Derzeit wird diese Vorgehensweise in der aktiven Hilfe jedoch weder diskutiert noch angewendet. Auch politische Entscheider sind an einer generellen Diskussion oder Strukturwandel diesbezüglich aktuell nicht interessiert.

Eine erste konkrete Erfassung kann nur nach einer gewissen Eingewöhnungsphase direkt im Hilfesetting erfolgen. CMA-Erkrankte sind häufig therapieerprobt und trotz starker kognitiver Beeinträchtigungen meist in der Lage in Situationen, wo etwas für sie „herausspringt" eine unerwartet hohe soziale Erwünschtheit zu produzieren und kurzzeitig ein unrealistisch positives Bild von sich zu präsentieren. Dementsprechend ist eine realistische Einschätzung von Hilfe- und Leistungsbedarf nur sinnvoll mit Vertretern aller drei Parteien des sozialen Leistungsdreiecks vorzunehmen. Die Teilnahme des CMA-Patienten ist wichtig, um die Selbstbestimmtheit sowie den Respekt vor der Person zu wahren und die Möglichkeit zu gewährleisten, die Wünsche und Bedürfnisse des Betroffenen unverfälscht zu erfassen. Ein Vertreter des Leistungserbringers ist notwendig, da das Krankheitsbild CMA aufgrund der Gedächtnisprobleme oftmals ein verzerrtes Selbstbild mit sich bringt. Der Leistungserbringer kennt den CMA-Patienten aus verschiedenen Situationen, Stimmungen, Tagesformen und kann aus diesem Konglomerat an Eindrücken ein realistisches Bild der Fähigkeiten, Fertigkeiten und Beeinträchtigungen beschreiben. Der Kostenträger ist aktuell der alleinige Entscheidungsträger. Da er als Außenstehender nur zur Bedarfserfassung den Hilfeprozess betrachtet, entspricht sein Bild einer Momentaufnahme und kann dementsprechend verzerrt sein, aber auch wichtige Aspekte außerhalb der „Betriebsblindheit" der direkten Hilfebeteiligten (CMA-Patient, Leistungserbringer) liefern. Außerdem muss er den Steuerzahler vertreten und den Finanzierungsrahmen in einem gerechtfertigten Maß halten. Der Leistungserbringer wird aus wirtschaftlicher Trägersicht und aus Sicht des idealisierenden Helfers möglichst umfangreiche Hilfen anstreben. Der CMA-Patient wird je nach individueller Einstellung möglichst wenige Hilfen („Ich kann alles alleine.") oder möglichst viel Hilfen („Das ist bequem und steht mir doch zu.") erhoffen. Im Austausch aller drei Parteien ist eine realistische Einschätzung des Hilfebedarfs, eine daran angeschlossene sinnvolle Bewertung des Hilfebedarfs auf Teilhaberelevanz, eine abgeleitete, schlüssige Leistungsbedarfserfassung sowie die daraus folgende, gleichsam differenzierte Festlegung des Finanzierungsbedarfes möglich.

Die erste Folgeerfassung erwartet der Kostenträger derzeit vom Leistungserbringer nach acht Wochen stationärer Hilfe. Aufgrund der krankheitsbedingten hohen Eingewöhnungszeit eines

CMA-Patienten ist dies zu kurz um verlässliche Aussagen treffen zu können. Eigenen laufenden Studien zufolge ist ein Beobachtungszeitraum von mindestens drei Monaten sinnvoll, um eine möglichst zuverlässige Einschätzung des Hilfebedarfs und des daraus resultierenden Leistungsbedarfes vornehmen zu können (vgl. Kap.6.3.4.1). Daher sollte die erste Folgeerfassung sich nach dem dritten Monat anschließen, spätestens aber nach einem halben Jahr der Finanzierungsbedarf feststehen. Weitere Folgeerfassungen sollten aufgrund der Chronizität der Krankheit nach ein bis zwei Jahren erfolgen. Bei gravierenden Änderungen des Hilfebedarfes mit gleichbleibendem Leistungsbedarf sind diese informativ je nach Umfang dem Kostenträger mitzuteilen. Bei verändertem Leistungsbedarf ist eine erneute Folgeerfassung im Sinne eines Antrags auf Anpassung des Finanzierungsbedarfes vorzunehmen.

5.1.4 Zielgruppen im Verhältnis zueinander

Am Hilfeprozess sind direkt drei Personen bzw. Personengruppen beteiligt. Dies ist der von CMA betroffene Mensch als Hilfeempfänger, der oder die Mitarbeiter des zuständigen Sozialamtes als Kostenträger sowie die Mitarbeiter, Therapeuten und Betreuer der stationären hilfeleistenden Wohnform (Leistungserbringer). Diese Kombination ist bekannt aus dem sozialrechtlichen Dreiecksverhältnis. Dort prüft der Kostenträger den Anspruch des Hilfeempfängers nach § 53 SGB XII. Bei positiver Prüfung erfolgt eine Leistungsbewilligung. Auf deren Basis schließen der Kostenträger und der Leistungserbringer einen Vertrag (Kostenvereinbarung) über Inhalt, Umfang, Qualität und Vergütung der Leistung im Sinne der §§ 75 ff. SGB XII. Diese Vergütung entspricht dem Finanzierungsbedarf. Der Leistungserbringer führt diese Leistungen zugunsten des Hilfeempfängers aus. In Abbildung 11 ist dieser Zusammenhang als Sozial-rechtliches Dreieck aufgearbeitet und dargestellt.

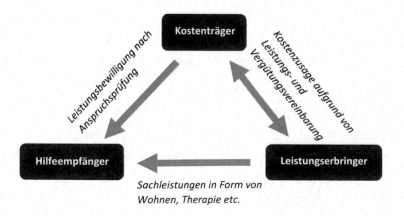

Abb. 11: Sozialrechtliches Dreieck

Für den Bedarfserfassungsprozess ist eine stärkere Vernetzung notwendig, da alle Parteien miteinander kommunizieren müssen. Der Hilfeempfänger muss seine Wünsche, Ziele, Bedürfnisse und Befindlichkeiten möglichst klar nachvollziehbar äußern, damit diese in Leistungen umgesetzt und bewilligt werden können. Der Kostenträger muss sowohl gegenüber dem Hilfeempfänger als auch gegenüber dem Leistungserbringer verdeutlichen, worin der Anspruch besteht (Teilhaberelevanz der Hilfebedarfe) und was der finanzierbare Rahmen ist. Der Leistungserbringer hat die Pflicht, seine Möglichkeiten und Grenzen hinsichtlich der gewünschten Leistungen sowie eventuelle Alternativen aufzuzeigen. Gemeinsam muss aus diesen Informationen ein sinnvoller Kompromiss erzielt werden, welcher als Leistungsbedarf fixiert wird. In Abbildung 12 ist dieser Zusammenhang grafisch dargestellt.

Abb. 12: Mitwirkungsprozess bei der Bedarfserfassung

Alle Beteiligten sind, wenn auch aus unterschiedlichen Gründen, idealerweise an einem möglichst effektiv ablaufenden Hilfeprozess interessiert. Für den Kostenträger sichert eine passgenaue, effektive Hilfe einen möglichst geringen Finanzierungsaufwand. Zu geringer Hilfeaufwand erfordert eine höhere Finanzierung, da Krankenhausaufenthalte für Entgiftungen, Polizeieinsätze, zusätzliche Hilfeplangespräche zur Nachbesserung, längere Therapiedauern und andere Mittel zur Schadenseindämmung erbracht werden müssen. Falscher oder zu hoher Hilfeaufwand bedeutet einen Mehraufwand an Finanzierungsmitteln.

Für den Leistungserbringer bedeutet zu hoher Leistungsaufwand, wenn er finanziert wird, ein mehr an finanziellen Mitteln, gleichzeitig aber auch höhere Belastung der Mitarbeiter. Zu hoher Leistungsaufwand ist im Sinne einer Overprotection kontraproduktiv, da er fast immer zu einer Verunselbständigung führt (vgl. Fritzsche 2016, Seiffge-Krenke 2018). Teilhabe bedeutet jedoch Selbstbestimmung und somit auch Eigenverantwortung und Selbständigkeit. Somit stellt ein zu hoher Leistungsaufwand letztendlich selbst eine Beeinträchtigung der Teilhabe dar. Ein zu geringer Leistungsaufwand hingegen bedeutet, dass der Betroffene weniger

Unterstützung bekommt, als notwendig wäre, um seine Lebenssituation zu erhalten oder zu verbessern. Auch dies stellt eine Beeinträchtigung der Teilhabe im Sinne fehlender Ressourcen dar. Wird Hilfe falsch diagnostiziert und somit personenbezogen falsche Leistungen erbracht, bedeutet dies, dass Unterstützung an Stellen gegeben wird, wo es keine braucht, jedoch an anderer, notwendiger Stelle entfällt. Alle drei Szenarien fördern ein Misserfolgserleben der Mitarbeiter, da in keinem Fall die Arbeit und Mühe zu einer Verbesserung der Teilhabe führt. Erfolgt die Arbeit konstant am Ziel der Teilhabeverbesserung vorbei, kann es zu abnehmender Identifizierung mit der Arbeit, Unzufriedenheit, Burn-Out oder ähnlichen negativen Folgen für den Mitarbeiter führen. Daraus folgen hohe Krankheitstage, schlechtes Teamklima und hohe Arbeitnehmerfluktuation für den Träger. Daher bringt auch für den Leistungserbringer nur eine passgenaue Hilfe eine effektive Balance zwischen Einnahmen und Salutogenese der Mitarbeiter. Dieser Faktor wird häufig unterschätzt und spielt zu Zeiten des Fachkräftemangels eine noch größere Rolle. Für den Hilfeempfänger ist die passgenaue Hilfe unerlässlich für die Teilhabeförderung. Sowohl zu wenig, als auch zu viel oder falsche Hilfen beeinträchtigen die Teilhabe, vernachlässigen oder behindern Förderfaktoren in ihrer Wirkung oder stellen selbst eine Barriere dar.

Um das Risiko des überhöhten Leistungsbedarfes zu überwachen, greift außerdem im Land Brandenburg das Kontrollgremium der Serviceeinheit Entgeltwesen, welche auf Anforderung des zuständigen Sozialhilfeträgers eine Prüfung hinsichtlich der Passung bezahlter und erbrachter Leistung durchführt. Die Prüfung, ob eine erbrachte Leistung auch ein ausreichendes Maß an Teilhabe erzielt, führt im Zwei-Jahres-Rhythmus die Aufsicht für besondere Wohnformen (ehemals Heimaufsicht) durch. Diese Prüfungsinstrumente können natürlich nur einen Betrug im größeren Maße verhindern und Einzelfälle nicht ausschließen. Dennoch ist die Möglichkeit eines falsch erfassten Hilfe- oder Leistungsbedarfes auch bei Nichteinbeziehung des Leistungsträgers nicht ausgeschlossen. In diesem Fall entfallen jedoch wertvolle Informationen, welche für eine zielführende Teilhabeförderung hilfreich sind. Eine Bedarfsermittlung ausschließlich unter Einbeziehung des Kostenträgers und des CMA-Patienten greift ausschließlich auf Informationen zurück aus einer psychischen, wahrnehmungsbezogenen und amnestische Störungen unterlegenen Selbstreflexion sowie auf Momentaufnahmen, welche auf die Fähigkeit der Selbstpräsentationsfähigkeit des CMA-Patienten aufbauen. Da der Kostenträger den Finanzbedarf alleinig festlegt, ist das Risiko einer fehlerhaften Bedarfsermittlung bei Ausschluss des Leistungsträgers aufgrund der starken Eingrenzung des Informationspools nicht optimal.

Die folgende Abbildung (Abb. 13) zeigt den zuvor beschriebenen Zusammenhang zwischen den notwendigen, gleichberechtigten Bezugsquellen und dem Ziel des Erfassungsprozesses, eine personenzentrierte Hilfe zu installieren, auf.

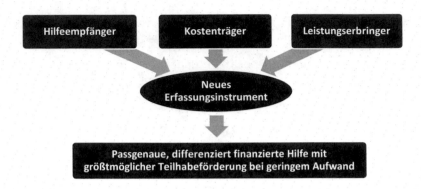

Abb. 13: Direktbeteiligte am Hilfeprozess

5.1.5 Notwendigkeit der krankheitsspezifischen Ausrichtung

Es gibt verschiedene Möglichkeiten, Behinderungen verständnisfördernd zusammenzufassen. Diese Gruppierungen stellen keine Wertung dar, sondern vereinfachen lediglich den Sprachumgang, die Planung der Hilfen, den erklärenden Kontext usw. Je nach Fokus ergeben sich hierbei mehr oder weniger Gruppierungen. Am häufigsten wird die Unterscheidung in körperliche, geistige, seelische (psychische und Suchterkrankungen) Behinderungen sowie Sinnesbehinderungen gewählt. In Bezug auf ein Bedarfserfassungsinstrument ist jedoch der Fokus auf die Stabilität der Beeinträchtigungswirkung sinnvoll zu richten. Stabilität bedeutet hierbei nicht, dass die beeinträchtigenden Auswirkungen einer Behinderung ein Leben lang konstant bleiben, sondern dass eine Veränderung der Beeinträchtigung zu großen Teilen auf nachvollziehbare Veränderungen der Umwelt, wie z.B. Training, Änderung der Lebensbedingungen oder Anderes, zurückzuführen ist. Eine Behinderung gilt in diesem Sinne als stabil, wenn eine Modifikation der Bedingungen relativ vorhersehbare Auswirkungen hat. Instabile Behinderungsformen erleben krankheitsbedingt dynamische Veränderungen, wobei sich mehrfach täglich die Auswirkung der Beeinträchtigung ändern kann, diese oft nicht vorhersehbar sind, sondern spontan auftreten und nicht immer eine Zuordnung zu einem Auslöser möglich ist.

So sind Behinderung an Körper, Geist und Sinneswahrnehmung für gewöhnlich stabil in den wahrnehmbaren Symptomen ihrer Schädigung und der damit in Zusammenhang auftretenden Beeinträchtigungen. Das bedeutet, dass eine Verbesserung aufgrund einer gezielten therapeutischen Maßnahme langsam und nachvollziehbar auftritt. Spontaner Wegfall von Barrieren ist häufig auf Umwelteinflüsse zurückzuführen, wie bspw. ein Umzug eines Menschen, der auf einen Rollstuhl angewiesen ist aus einer nicht-barrierefreien in eine barrierefreie Wohnung. Ist eine Verbesserung erreicht, kann man davon ausgehen, dass sie stabil bleibt, da die Fähigkeiten oder Fertigkeiten tatsächlich gelernt wurden und somit anwendbar sind. Bei Menschen mit seelischer Behinderung muss man jedoch von instabilen Hilfe- und Leistungsbedarfen ausgehen, da diese sich aufgrund der psychischen Instabilität innerhalb weniger Momente und auch mehrfach am Tag ändern können. Diese Änderung des Hilfebedarfes kann durch unbewusste Schlüsselreize, aber auch durch hormonelle oder neuronale Vorgänge ausgelöst werden. Oftmals sind keine konkreten Ursachen direkt oder auch rückwirkend erkennbar. Wichtig zu beachten ist, dass die spontanen Veränderungen im Verhalten, Wahrnehmen, Empfinden und Bewerten innerhalb der Person selbst entstehen und nicht durch Veränderung der Umwelt- oder Therapiebedingungen verursacht sein müssen. Das bedeutet, dass man bei Menschen mit seelischer Behinderung von einer sehr instabilen Beeinträchtigungslage sprechen muss. Dieses Grundverständnis ist vor allem für die Ableitung des Leistungsbedarfes notwendig. Ein Hilfe- oder Leistungsbedarf bei seelisch behinderten Menschen ist somit nur eine Momentaufnahme und kann nur als pauschaler Durchschnittswert verstanden und erfasst werden. Eine zuverlässige, konkrete Feststellung der Bedarfe bezüglich Qualität, Quantität oder Inhalt ist für Menschen mit seelischer Behinderung nicht möglich. Insgesamt ist es sinnvoll ungünstig, stabile und instabile Bedarfe mit dem gleichen Instrument zu erheben, da die gleichen Bedarfsbezeichnungen ein anderes Grundverständnis für die Interpretation voraussetzen.

Eine Leistung ergibt sich nicht unmittelbar aus dem Hilfebedarf. Sie muss aufgrund der Wechselwirkungen aller Faktoren in Korrelation mit den möglichen Leistungen innerhalb des situativen Kontextes sowie in Zusammenhang mit den personenbezogenen Faktoren als individuelle Voraussetzungen erhoben werden. Gibt es keinen Leistungserbringer, welcher die gewünschte Leistung regional anbietet, bleiben als Alternative nur ein Umzug in eine andere Region oder ein umschwenken auf eine alternative Leistung. Hier ist das Selbstbestimmungsrecht des CMA-Betroffenen zu fördern, da nicht von außen bewertbar ist, was für den Betroffenen der größere Verlust wäre. Das individuelle Zusammenspiel der krankheitsbedingten Schädigungen und Beeinträchtigungen in Zusammenhang mit den Kontextfaktoren bedeutet eine so große Vielfalt an Hilfebedarf-Leistungsbedarf-Kombinationen, dass es unrealistisch ist, ein einheitliches Instrument für alle Behinderungsarten zu erstellen, welches gleichzeitig aufwandbezogen noch handhabbar ist, aber eine individuell erfasste, personenbezogene Hilfe in vollem Umfang ermöglicht. Selbst ein Instrument für Menschen mit seelischer Behinderung ist noch zu allgemein. Viele Leistungen, wie beispielsweise spezielle Präventionsbeobachtungen bezüglich des Craving, Erarbeitung eines Verständnisses für das Krankheitsbild als lebenslange Beeinträchtigung, Erfassung von möglichen Triggerreizen und Erarbeiten von alternativen Handlungsprogrammen sowie ähnliche Aspekte, treffen nur auf das Krankheitsbild CMA zu. Daher ist es nicht sinnvoll, diese spezifischen Hilfe- und Leistungsbedarfe für alle Menschen mit seelischer Behinderung abzufragen. Jede Behinderungsart hat ihre auffallend einzigartig erscheinenden Hilfe- und Leistungsbedarfe. Menschen mit Behinderung mit diesen Aspekten zu konfrontieren, obwohl offensichtlich ist, dass sie nicht davon tangiert werden, schafft in bestem Fall Unmut über unnötigen Aufwand, in schlimmeren Fällen Unverständnis bis hin zu emotionaler Belastung aufgrund von Unterstellungsvermutungen. Ein individuelles Instrument zur Erfassung der Bedarfe ist für jede Behinderungsart sinnvoll, aber auch für einige spezifische Krankheitsbilder. Insbesondere durch die Instabilität der Bedarfe und die große Heterogenität der Ursachen, Hilfebedarfe und Leistungsbedarfe ist für CMA ein eigenständiges Instrument angebracht. Nur so kann die Individualität des einzelnen CMA-Patienten vollständig abgebildet und erhalten bleiben, und trotzdem vertretbarer Aufwand und die Übersichtlichkeit gewährleistet sowie Steuerungsfunktionen eines Bedarfserfassungsinstrumentes angemessen erfüllt werden.

5.1.6 Kriterien für ein neues Instrument

Der Gesetzgeber legt in § 118 Abs. 1 SGB IX-neu fest: „Der Träger der Eingliederungshilfe hat die Leistungen nach den Kapiteln 3 bis 6 unter Berücksichtigung der Wünsche des Leistungsberechtigten festzustellen. Die Ermittlung des individuellen Bedarfes des Leistungsberechtigten muss durch ein Instrument erfolgen, das sich an der Internationalen Klassifikation der Funktionsfähigkeit, Behinderung und Gesundheit orientiert." Somit ist ein Anspruch an ein anwendbares Instrument die ICF-Orientiertheit, welche nicht nur den Bereich „Aktivitäten/Teilhabe" sondern vor allem das Verständnis des bio-psychosozialen Gesundheitsmodells einschließt.

Alle drei Hauptzielgruppen des Leistungsdreiecks der sozialen Hilfe haben denselben Grundanspruch an das Instrument, dass es seine Funktionen erfüllen und im Umgang benutzerfreundlich sein soll.

Das bedeutet, ein Instrument sollte von CMA-Betroffenen im Ziel und der Durchführung verstanden werden können, sie sollten sich möglichst selbständig einbringen und ihre Sichtweise, Lebenssituation und Hilfewünsche darstellen können. Aufgrund der oftmals hohen Beeinträchtigung in Bezug auf Kognition und Aufmerksamkeitsspanne ist ein möglichst kurzes Instrument gut. Eine hohe Standardisierung hilft beim Erlangen von Routine in der Bearbeitung.

In Bezug auf den Leistungserbringer sollte das Instrument eine effektive Arbeitsweise ermöglichen, im Sinne von schneller und einfacher, sowie sich selbsterklärender Bearbeitungsweise. Außerdem sollten dem Ergebnis Hinweise darauf zu entnehmen sein, welche Therapie- oder Betreuungsleistungen zielführend in Hinblick auf eine Verbesserung der Teilhabe sind.

Der Kostenträger benötigt ein Instrument, welches eine klar verständliche Darstellung der Hilfebedarfe, der Ressourcen, Barrieren und Förderfaktoren und die daraus nachvollziehbare Ableitung des Leistungsbedarfes bietet. Der Leistungsbedarf sollte so dargestellt werden, dass daraus der Finanzierungsbedarf ermittelt oder festgelegt werden kann. Das Instrument sollte einfach verständlich sein, da nicht alle Sachbearbeiter bei Kostenträgern ihre Ausbildung im sozialen Bereich absolviert haben, sondern teilweise verwaltungstechnische oder kaufmännische Grundberufe aufweisen. Da die Bearbeitungszeit pro Hilfeempfänger stark begrenzt ist, muss das Gesamtinstrument übersichtlich strukturiert und die Ergebnisdarstellung inhaltlich wie auch formell gebündelt sein.

Das Ministerium für Arbeit, Soziales, Gesundheit, Frauen und Familie (MASGF) hat für die Auswahl eines Verfahrens eine Liste von Kriterien erstellt, welche möglichst optimal erfüllt werden sollen. Diese werden in dem Beschluss Nr. 2/2018 vom 20. April 2018 der BK 75 wie folgt benannt: Einheitlichkeit, Personenzentrierung, Altersunabhängigkeit, ICF-Orientierung, Subsidiarität, Selbstbestimmung, Wirtschaftlichkeit, Fachlichkeit und Anpassungsfähigkeit, Praktikabilität, Rechtssicherheit, Barrierefreiheit und Transparenz sowie Wirkungsorientierung (Brandenburger Kommission 2018, S. 2 f.).

Dazu kommen folgende generell zu stellende Ansprüche an ein neu zu entwickelndes Instrument: Wissenschaftlichkeit, Unterstützung des Paradigmenwechsels, Benutzerfreundlichkeit sowie eine Möglichkeit der Wirksamkeitskontrolle. Wünschenswert ist ein hohes Maß an Individualisierung um auf die Spezifik des Krankheitsbildes sowie auf die jeweils einzigartige Lebenssituation ausreichend eingehen zu können. Gleichzeitig ist im Sinne der Nutzerfreundlichkeit eine hohe Standardisierung notwendig, um Sicherheit und Routine im Umgang mit dem Instrument zu ermöglichen und die Objektivität zu erhöhen.

Abbildung 14 fasst die abgeleiteten Kriterien im Überblick zusammen.

Grundlegende Kriterien		
CMA-Betroffener	*Kostenträger*	*Leistungserbringer*
• Verständliche Übermittlung von Ziel, Erfassungsmodus und Datenverwendung des Instrumentes • Persönliche Bedeutsamkeit und Teilhaberelevanz der Items	• Finanzierungsbedarf klar ableitbar • Gebündelte Ergebnisdarstellung	• Leistungsbedarf deutlich erkennbar • Konkrete Therapieansätze ableitbar
• Mitwirkungsmöglichkeit (möglichst selbstständige Darstellung von Sichtweise, Lebenssituation und Leistungswunsch) • Möglichst geringer Bearbeitungsumfang	• Klare, verständliche Abbildung der Hilfebedarfe, Ressourcen, Barrieren und Förderfaktoren • Übersichtliche Struktur • Einfache selbsterklärende Bearbeitungsmechanismen	
• Erfüllung der grundlegenden Funktionen eines Bedarfserfassungsinstrumentes (vgl. Abb.10) • Hohe methodische Standardisierung bei möglichst großer inhaltliche Personenbezogenheit		

Kriterien des MASGF (Brandenburger Kommission nach §75 SGB XII; Beschluss Nr. 2/2018)	
• Einheitlichkeit • Personenzentrierung • Altersunabhängigkeit • ICF-Orientierung • Subsidiarität • Selbstbestimmung • Wirtschaftlichkeit	• Fachlichkeit und Anpassungsfähigkeit • Praktikabilität • Rechtssicherheit • Barrierefreiheit • Transparenz • Wirkungsorientierung

Generelle Kriterien	
• Wissenschaftlichkeit • Benutzerfreundlichkeit	• Möglichkeit der Wirksamkeitskontrolle • Unterstützung des Paradigmenwechsels

Abb. 14: Kriterien eines optimalen Bedarfserfassungsinstrumentes für CMA-Betroffene

5.1.7 Schlussfolgerungen und Ergebnisse der allgemeinen Vorüberlegungen

Ein neu entwickeltes Instrument sollte den aktuellen gesetzlich geltenden Vorgaben sowie den internationalen ethisch-moralischen Richtlinien entsprechen. Außerdem sollte es sich auf die dahinterstehenden Grundlagenmodelle und Sichtweisen beziehen und den aktuellen Wissens- und Forschungsstand widerspiegeln. Weiterhin sollte ein Instrument den Paradigmenwechsel in Form, Inhalt und Formulierung unterstützen, um einen Beitrag zum Aufbruch und zur Abänderung der alten Denk- und Verhaltensstrukturen zu leisten. Ein Instrument muss personenzentrierte Arbeit unterstützen, was bedeutet, es muss die Selbstbestimmung des CMA-Patienten soweit wie möglich fordern und fördern. Für ein gutes Ergebnis muss ein Instrument die Kommunikationsprozesse steuern und als Schnittstelle zwischen Hilfeempfänger, Leistungserbringer und Kostenträger fungieren. Diese Schnittstelle sollte möglichst nutzerfreundlich gestaltet sein und die Krankheitsspezifik widerspiegeln. Als Ergebnis des Instrumentes sollte der teilhaberelevante Leistungsbedarf abgebildet werden. Es muss sowohl für die Erst- als auch die Folgeerfassung nutzbar sein und in diesem Sinne eine prozesssteuernde, dokumentarische Funktion erfüllen wie auch zur Wirksamkeitskontrolle angewendet werden können.

5.2 Grundlegende inhaltliche Vorüberlegungen

5.2.1 Das Prinzip der Selbstbestimmtheit in Bezug zur Spezifik der chronischen Abhängigkeitserkrankung

"Selbstbestimmt leben heißt, KONTROLLE ÜBER DAS EIGENE LEBEN zu haben, basierend auf der Wahlmöglichkeit zwischen akzeptablen Alternativen, die die Abhängigkeit von den Entscheidungen anderer bei der Bewältigung des Alltags minimieren. Das schließt das Recht ein, seine eigenen Angelegenheiten selbst regeln zu können, an dem öffentlichen Leben der Gemeinde teilzuhaben, verschiedenste soziale Rollen wahrnehmen und Entscheidungen fällen zu können, ohne dabei in die psychologische oder körperliche Abhängigkeit anderer zu geraten. Unabhängigkeit ('Independence') ist ein relatives Konzept, das jeder persönlich für sich bestimmen muß." (Definition der amerikanischen „Independent-living-Bewegung" nach: Frehe 1990, S. 37)

Mit der Ratifizierung der UN-BRK bekannte sich auch die Bundesrepublik Deutschland zu der Unterstützung, Förderung und Umsetzung des Prinzips der Selbstbestimmtheit für Menschen mit Behinderung. CMA-Betroffene als Menschen mit seelischen Behinderungen stehen hierbei oft in dem Dilemma, dass sie eine unbegrenzte Selbstbestimmtheit wünschen, aber aufgrund der Erkrankung zeitweise oder dauerhaft über keine realistische kognitive Grundlage verfügen. Während des Cravings ist der Suchtkranke nicht in der Lage, durchdachte Entscheidungen zu treffen, welche sich nicht mit dem Suchtmittel oder dessen Beschaffung befassen. Außerhalb der Cravingphasen unterliegen viele CMA-Patienten einer Beeinträchtigung des kurz- und mittelfristigen Gedächtnisses. Aufgrund der häufig auftretenden Korsakow-Erkrankung, als Teil des Krankheitsbildes CMA, verlaufen die durch die langjährige Abhängigkeit angestoßenen Hirnabbauprozesse verselbständigt weiter. Hauptsymptome sind hierbei Störungen des Gedächtnisses, Konfabulationen (erfundene Erinnerungen zum Überspielen von Gedächtnislücken, welche jedoch von der Person selbst als reale Erinnerungen geglaubt werden) und Desorientierung; häufig mit Tendenzen zu aggressiven Verhaltensmustern (Mann 2000). Weitere Symptome sind Antriebsarmut und starke Müdigkeit. Das Kosakow-Syndrom wurde zuerst bei chronisch Alkoholabhängigen beschrieben und wird auch weiterhin mit dieser Patientengruppe am Häufigsten in Verbindung gebracht, kann jedoch auch bei anderen Abhängigkeitserkrankungen oder in Zusammenhang mit Schädel-Hirn-Trauma oder bestimmten Hirntumoren auftreten (Schaade 2016). Für CMA-Patienten bedeutet Korsakow als amnestische Erkrankung, dass sie sich an die Zeit vor der Erkrankung nahezu perfekt erinnern. Viele CMA-Patienten wissen nichts mehr von ihrer Scheidung, dem Tod von Familienangehörigen, dass und warum soziale Beziehungen zerbrochen sind oder dass sie den Job schon vor Jahren verloren haben. Und aufgrund der massiven Schädigung im amnestischen Bereich ist oft auch eine Erinnerung nicht zielführend, weil die Erinnerungsspanne teilweise unter einer Minute liegt. Damit leben sie häufig in einer falschen Zeit, welche aus trainierten Gewohnheiten der aktuellen Realität gemischt mit Erinnerungen und Kenntnissen aus vergangener Zeit in untrennbarer Einheit besteht. Die auftretenden Wahrnehmungskonflikte werden durch Konfabulationen überdeckt. Auf dieser Grundlage entstehen falsche Bewertungen der eigenen Fähigkeiten. CMA-Patienten haben häufig ein Selbstbild ohne Beeinträchtigungen und oftmals auch die Erinnerungen von damals als aktuell vor den Augen.

Beispiel:

Ein CMA-Patient kann sich gut daran erinnern, dass er immer an der Kreissäge gearbeitet hat und möchte dies deshalb wieder tun. Inzwischen hat er jedoch einen starken Tremor in der Hand und ist leicht sehbehindert. Aufgrund der Gedächtnisbeeinträchtigung kommen ihm die Erinnerungen an die Sägearbeiten jedoch wie gestern vor und er folgert, dass das mit dem Zittern und dem Sehen nicht so schlimm sei, weil es ja gestern auch ganz gut geklappt habe.

Somit kann die unbegrenzt geförderte Selbstbestimmung bei CMA-Patienten zu einer direkten oder indirekten Selbstgefährdung führen. Der Therapeut und bei der Bedarfserfassung auch der Kostenträger stehen immer in dem Zwiespalt, die Selbstbestimmtheit in möglichst starkem Maße zu fördern und den CMA-Patient trotzdem vor einer Selbstgefährdung zu schützen. Um das Verhältnis aus Schutz und Freiheit möglichst ausbalanciert oder sogar in Richtung Selbstbestimmtheit zu halten, ist ein sehr empathisches Vorgehen notwendig. Hierfür wiederum sind konstante Beobachtung und intensives Kennenlernen des Betroffenen notwendig, um sich möglichst gut in ihn hineinversetzen zu können. Nur wenn man den CMA-Patient möglichst gut versteht, kann ein prognostisches Nachvollziehen möglicher Bewertungen und somit eine teilhabefördernde personenbezogene Unterstützung erfolgen. Ein Instrument zur Bedarfserfassung muss mehreren Aspekten genügen. Es muss eine abweichende Sichtweise des CMA-Patienten zulassen und dokumentieren. Dies muss ohne Abstriche erfolgen, auch wenn die Ansichten weder realistisch nachvollziehbar noch der Situation adäquat geäußert werden (bspw. „Die sind doch alles Affenmenschen hier! Ich bin der einzig Normale"). In einigen Fällen enthalten Äußerungen, welche dem CMA-Patienten selbst wichtig sind, im Bedarfserfassungsprozess keinerlei Aussage oder inhaltlichen Wert bezüglich des Hilfebedarfs, des Leistungsbedarfes oder der Teilhabe. Trotzdem ist es wichtig, diese Äußerungen ernst zu nehmen und zu erfassen. Sollte der Betroffene kognitiv oder emotional nicht in der Lage sein, etwas inhaltlich beizutragen, so ist die Mitwirkung auch auf diese Weise ein wichtiges Signal für ihn, dass er nicht übergangen wird und hilflos dem Leistungserbringer, dem gerichtlich gestellten Betreuer oder dem Sozialhilfesystem an sich ausgeliefert ist. Der Aufbau eines Instrumentes muss so gestaltet werden, dass jede Form der Mitwirkung eines CMA-Patienten mit dem gleichen Respekt und derselben Achtung und Wertschätzung behandelt wird wie die des Kostenträgers oder Leistungserbringers.

5.2.2 Unterschied zwischen Teilhabe ermöglichen und Teilhabe erleichtern

Im SGB IX heißt es: „Leistungen zur Sozialen Teilhabe werden erbracht, um eine gleichberechtigte Teilhabe am Leben in der Gemeinschaft zu ermöglichen oder zu erleichtern…" (§ 76 Kap. 13 SGB IX). Diese Unterscheidung bezieht sich darauf, dass in bestimmten Fällen Barrieren oder fehlende Förderfaktoren so starke Beeinträchtigungen hervorrufen, dass eine erste Hilfeleistung überhaupt die Möglichkeit zur Teilhabe erarbeiten muss. Barrieren oder Förderfaktoren dieser Art können beispielsweise eine derart starke Vereinsamung und Verwahrlosung darstellen, dass häufig eine starke bis lebensbedrohliche gesundheitliche Schädigung hervorgerufen wird und man nicht mehr von menschenwürdigem Leben sprechen kann.

Beispiel:
Viele CMA-Patienten sind unmittelbar vor Eingreifen institutioneller Hilfen so stark dem Craving unterworfen, dass nur der Alkoholkonsum eine Rolle in ihrem Denken spielt. Das Eingreifen der institutionellen Hilfen erfolgt teilweise, weil Nachbarn aufgrund von Geruchsbelästigung trotz geschlossener Wohnungstür das Gesundheitsamt einschalten. Hygienische Maßnahmen wie Körperpflege, Benutzung der Toilette, Waschen der Kleidung oder Aufräumen werden oft vollständig über Zeiträume von Wochen bis Monate vernachlässigt. Viele Wohnungen müssen nach Auszug durch den Kammerjäger gereinigt werden und häufig sämtliche Gegenstände (Möbel, Kleidung, sonstige Besitztümer) als kaputt, unbrauchbar oder verkotet entsorgt werden. Teilweise werden

Wohnungen nach dem Auszug des CMA-Patienten als unbewohnbar deklariert, weil der Urin sich in dem Boden festgesetzt hat.

Auch Suizidgedanken, starke depressive Phasen, vollständige Antriebslosigkeit oder abhängigkeitsspezifische Faktoren führen dazu, dass der Mensch nicht mehr zu einer grundlegenden Teilhabe fähig ist und diese Fähigkeit erst wieder durch Verbesserung der äußeren Lebensumstände und Schaffung von Bedingungen, welche eine Änderung für den Betroffenen gestatten, ermöglicht werden muss. Wichtig ist hierbei, über das Schaffen von Bedingungen oder Erbringen spezifischer Leistungen den Betroffenen zu befähigen, ein Interesse an sich und seiner Lebenssituation zu entwickeln, seine aktuelle Lebenssituation realistisch einzuschätzen und eine Änderungsbereitschaft zu erzeugen und somit die angebotene Hilfe für sich als bedeutsam und sinnvoll wahrzunehmen. Die Hilfe in dieser Situation zielt darauf ab, das Tief soweit zu überwinden, um Teilhabe zu wollen. In der Psychologie und Medizin ist dies mit der Herstellung einer Therapiefähigkeit zu vergleichen. Auch wenn diese der Klientel des Krankheitsbildes CMA häufig abgesprochen wird, so ist die Teilhabe als individuell zu bemessenem Ziel auch hier erreichbar.

Das Erleichtern der Teilhabe im Anschluss oder als ausschließliche Hilfeleistung bedeutet eine bestehende Teilhabe zu verbessern. Hier wird ein ausbalanciertes und dennoch stets dynamisches Gleichgewicht zwischen den vier Teilhabefaktoren angestrebt.

5.2.3 Wechselwirkungen der Einzelfaktoren bei CMA

Aufgrund der Chronifizierung der Abhängigkeit haben sich neuronale Verknüpfungen im emotionalen Gedächtnis von CMA-Patienten ergeben, welche auch nach jahrzehntelanger Abstinenz durch unbewusst aufgenommene Schlüsselreize obsessive Craving- und Entzugssymptome einstellen können. Aufgrund der Zwanghaftigkeit des Suchtdrucks während der Cravingphasen sind die normalen Bedürfnisse, welche sonst das Handeln des Menschen leiten, vom Verlangen nach Alkoholgenuss und den Gedanken an Alkohol vollständig überlagert. Maslow hat die Bedürfnisse in pyramidenförmigem Aufbau wie folgt beschrieben (Punzenberger 2006, S.3f.). In der untersten Ebene stehen die physiologischen Grundbedürfnisse, welche das direkte Überleben des Menschen sichern. Hierzu zählen Essen, Trinken, Schlafen, Wärme, Schmerzbeseitigung, aktuelle Gefahrabwendung und ähnlich grundlegende Aspekte. Diese versucht der Mensch, oft unbewusst, als erstes zu befriedigen, um das direkte Überleben sicherzustellen. Darüber kommt die Ebene der Sicherheitsbedürfnisse. Dies ist gleichbedeutend mit dem Streben, nach Befriedigung der Grundbedürfnisse diesen angenehmen Zustand auch in der Zukunft beizubehalten und zu sichern. Anschließend sieht Maslow die sozialen Bedürfnisse, welche zu familiären, freundschaftlichen aber auch kollegialen oder weitläufigen bis hin zu spontanen Kontakten und Situationen führen. Daran schließen sich die Ebenen der Individualbedürfnisse, wie Wertschätzung und Anerkennung und die Ebene des Bedürfnisses nach Selbstverwirklichung an (Maslow 1981). Maslow hat dieses Grundkonzept bereits in den fünfziger Jahren des zwanzigsten Jahrhunderts entwickelt und anschließend ist es von ihm sowie anderen Forschern (vgl. Fuchs 2018, Yang 2003, Wahba & Bridwell 1976) erweitert und modifiziert worden. Trotz aller Kritik und den Versuchen, alle Einzelfälle in ein allumfassendes Modell zu integrieren, zählt dieser Erklärungsversuche bis heute in den Schulen der Psychologie, Sozialwissenschaften, Pädagogik und auch Arbeitswissenschaften zum Basiswissen und ist für die Abstraktion auf die Bedürfnisbefriedigung für CMA-Patienten vollkommen ausreichend. Die hinzugefügten Wachstums- oder auch Seinsbedürfnisse entstehen unter anderem durch die vollständige Befreiung von Abhängigkeiten (Boeree 2006). Da eines der Hauptmerkmale des Krankheitsbildes CMA die chronifizierte, also irreversible, Abhängigkeit ist, ist das Anstreben oder gar Erreichen einer der höchsten Bedürfnisebenen nur in Einzelfällen, wenn überhaupt möglich.

CMA als Krankheitsbild zeichnet sich dadurch aus, dass mehrere Schädigungen und Beeinträchtigungen unterschiedlicher Bereiche sich gleichzeitig nebeneinander auswirken, aber auch einander verstärken und beeinflussen können. So ist selten erkennbar, ob die Abhängigkeit zu psychischen Störungen geführt hat und ob dies aufgrund der Vergiftungswirkung des Alkohols auf zellstruktureller Ebene durch die Zersetzung spezieller neuronaler Bahnen oder Schädigung von Hirnarealen zustande kam. Gleichzeitig ist es möglich, dass durch die massive soziale Beeinträchtigung im berauschten oder Craving-Zustand der Abhängigkeitskranke in Fehldeutungsprozesse, negative Einstellungsmuster in Verbindung mit massiven Selbstwertverlusten, Selbstbildverzerrungen oder Angstzuständen geriet, welche sich mit der Zeit zu erkennbaren Störungen der Psyche manifestierten. Möglich ist jedoch auch, dass eine psychische Störung latent oder manifestiert vorlag, aufgrund derer der CMA-Patient nicht in der Lage war, Konflikte, soziale Beziehungen oder ähnliche subjektiv wichtige Aspekte in gesellschaftsüblicher Form zu erleben. Gelang es ihm mit Alkohol, dies zu überspielen, war möglicherweise die psychische Störung als Beeinträchtigung und das Fehlen von Förderfaktoren in Form eines sozial funktionierenden Netzwerkes korrelativ oder kausal mit der Abhängigkeit verknüpft. Ohne die kausalen Zusammenhänge identifizieren zu können ist ab dem Zeitpunkt, da ein Mensch als CMA-Patient eingestuft beziehungsweise diagnostiziert wird, unabdingbar von einer gegenseitigen Verstärkung der Auswirkungen der Einzelschädigungen auszugehen. Diese betrifft sowohl die Abhängigkeit, die Störungen bezüglich der Psyche, der Persönlichkeit (als Teil der psychischen Störungen extra aufgeführt, da sie oftmals sehr augenscheinlich auffallen), der Somatik sowie Störungen der Kognition, als auch die soziale Desintegration. Die gegenseitige Verstärkung findet sich auch innerhalb der Einzelfaktoren. So unterstützt die psychische Labilität während der Cravingphasen den Rückfall in Trinkverhalten, während aufgrund des massiven Alkoholkonsums psychische Störungen gefestigt werden, sowie neue funktionale und strukturelle Schädigungen am Körper auftreten. Diese wiederum schüren Gefühle wie Selbstzweifel und Selbstaufgabe, welche durch neuen Alkoholkonsum vergessen gemacht werden müssen. Auch die Beziehung der von Leonhardt & Mühler in der Operationalisierung der sozialen Desintegration (s. Abb. 15) benannten Faktoren: Wohnen, Familie, Arbeit spiegelt dies wider.

Punkte	Familie	Arbeiten	Wohnen
0	verheiratet	feste Arbeit	eigene Wohnung
1	Lebensgemeinschaft	befristete Arbeit	Zimmer bei Dritten
2	alleinlebend	arbeitslos	obdachlos

Abb. 15: Operationalisierung der sozialen Desintegration nach Hans-Joachim Leonhardt und Kurt Mühler (Leonhardt & Mühler 2006)

Die Operationalisierung der sozialen Desintegration ist ein Teil des CMA-Index, welcher des Weiteren die Kategorien „psychische Folgen" und „physische Folgen" des chronifizierten Trinkens beinhaltet. Die Diagnose CMA wird gestellt, wenn insgesamt in allen Kategorien eine Punktsumme von mindestens 12 Punkten bis hin zur Gesamt-Höchstpunktzahl von 18 Punkten erreicht ist. Unter der Skala „Wohnen" versteht man für Erreichen der Höchstpunktzahl, dass der Betroffene entweder obdachlos ist oder keine eigene Wohnung hat, sondern bei einer anderen Person untergekommen ist oder in einem behausungsartigen Wohnraum existiert, welcher jedoch entsprechend fern der Menschenwürde (u.a. in Bezug auf gesundheitliche und hygienische Zustände und Funktionszustand der Einrichtung) ist (Leonhardt & Mühler 2006). Um eine erstrebenswerte Wohnsituation wieder zu erreichen, müssen folglich Fähigkeiten und Fertigkeiten zur Gestaltung des eigenen Wohnraumes und der darin entsprechenden Tätigkeiten einer selbstverantwortlichen Lebensführung eigenständig abrufbar sein. Dies entspricht den Fähigkeiten und Fertigkeiten, welche unter Grund- und Sicherheitsbedürfnisse beziehungsweise unter die zusammenfassende Bezeichnung Lebensführung fallen. Um die für die Diagnose CMA benötigte Höchstpunktzahl auf der Skala „Familie" zu bestätigen, hat die betroffene Person keine regelmäßigen, freudbringenden, unterstützenden Kontakte, welche einem sozialen Netzwerk ähnlich sind. Häufig gibt es „Freundschaften", welche meist nur aktiviert werden, wenn Alkohol oder Geld zur Alkoholbeschaffung vorhanden sind, oder es bestehen Familienkontakte oder Partnerschaften lediglich im Sinne von Co-Abhängigkeiten. Das bedeutet, dass unter „Familie" in diesem Sinne soziale Kontakte im Verständnis von verlässlichen Bezugspersonen zu verstehen sind, auf welche ein CMA-Patient eben nicht mehr zurückgreifen kann. Die Skala „Arbeit" befasst sich mit regelmäßigen, einkommensbeschaffenden Tätigkeiten bis hin zu unentgeltlichen Hilfsarbeiten, welche ein CMA-Patient nicht mehr regelmäßig aufweisen oder ihnen nachgehen kann.

Die Auswirkungen der einzelnen Dimensionen des CMA-Index verstärken und beeinflussen sich nicht nur gegenseitig. Weiterhin wirken sie, jeder für sich wie auch im Gesamtbild, beeinträchtigend auf die Abstinenzfähigkeit, die grundlegende Fähigkeit, Teilhabe erleben zu können, wie auf die, beim gesunden Menschen übliche, Bedürfnisausbildung. Alle drei Ebenen sind bei CMA-Betroffenen gehemmt und beeinträchtigen seine Lebenssituation. Gleichzeitig gibt es auch unter den drei Faktoren Wechselwirkungen, welche eine gegenseitige Beeinträchtigung zur Folge haben. Um eine Teilhabe für einen CMA-Betroffenen anzustreben, müssen alle drei Faktoren an sich, wie auch in ihrer Beziehung zueinander betrachtet und über Änderung von Denk- und Verhaltensstrukturen moduliert werden. Für die praktische Umsetzung ist es hilfreich, die Skalen des CMA-Index mit der Bedürfnispyramide nach Maslow in Vergleich zu setzen. Hierbei ist auffällig, dass die beiden unteren Ebenen der Grund- und Sicherheitsbedürfnisse sich inhaltlich in den Leistungen wiederfinden, welche die Skala des Wohnens im CMA-Index bedienen. Weitere Verbindungen können zwischen der Skala der Familie und den Leistungen zur Unterstützung der Befriedigung sozialer Bedürfnisse gezogen werden. Schlussendlich lassen sich über tagesstrukturierende Maßnahmen einer arbeitsähnlichen Tätigkeit die Leistungen der Skala Arbeit zur Förderung der höheren Bedürfnisse abbilden. Dementsprechend liegt es nahe, dem CMA-Patienten auf genau diesen, den Bedürfnisebenen zuordenbaren Ebenen zu helfen und, mit Hilfe der in stationären Einrichtungen der CMA-Hilfe praktizierten Soziotherapie, den Faktoren der sozialen Desintegration entgegenzuwirken. Hierbei führt die Förderung der selbstverantwortlichen Lebensweise zur Reinitialisierung der Grund- und Sicherheitsbedürfnisse. Diese wieder herzustellen ist der erste Schritt zur Abstinenz, da das Begreifen des eigenen Ichs mit seinen Notwendigkeiten wieder über den Alkoholkonsum gestellt wird. Hierzu werden die Bedürfnisse neu konditioniert über das feste Vorgeben von Strukturen und Rahmenbedingungen wie z.B. „drei Mahlzeiten täglich zu festen Uhrzeiten", „tagsüber Beschäftigung – nachts Ruhe", "tägliches Wecken und Aktivieren", „Unterstützung/Anleitung/Motivation zur Einhaltung hygienischer Grundmaßnahmen" und Ähnliches. Durch die Zwangsgemeinschaft einer stationären Einrichtung erfolgt ein unumgänglicher, intensiver Sozialkontakt, wobei durch therapeutisches Einwirken wie auch soziale Gruppenprozesse eine Norm- und Wertevermittlung sowie gesellschaftsübliches Sozialverhalten mittels Lernen-am-Modell neugeprägt und als Bedürfnis verankert werden. Gegen Ende der Eingewöhnungsphase in eine stationäre Einrichtung zeigen CMA-Patienten die Neuentwicklung von höheren

Bedürfnissen. Dies mag mit der hierarchischen Bedürfnisbefriedigung nach Maslow zusammenhängen oder mit der bis dahin erstmals wieder längeren Abstinenz und der dadurch leichten Abschwächung der Cravingprozesse. Menschen ohne Behinderung befriedigen häufig ihre Bedürfnisse nach Anerkennung und Selbstverwirklichung über Arbeit und Freizeitbeschäftigungen. Hobbys benötigen Eigenantrieb, was bei CMA-Patienten meist krankheitsbedingt fehlt. Des Weiteren erfolgt das Nachgehen von Hobbys häufig in Eigenbeschäftigung, weshalb extrinsische positive Verstärker fehlen. Gruppenaktivitäten führen für CMA-Patienten aufgrund der Beeinträchtigung der sozialen Fähigkeiten auch nicht immer zu Erfolgserlebnissen. Daher ist Arbeit der häufig gewählte Weg, um die höheren Bedürfniseben zu befriedigen. Aufgrund der umfangreichen krankheitsbedingten Beeinträchtigungen ist jedoch eine Arbeit auf dem ersten bis dritten Arbeitsmarkt nicht mehr möglich. Dementsprechend ist eine arbeitsähnliche Tätigkeit, häufig als Tagesstrukturierung oder tagesstrukturierende Maßnahme bezeichnet, als Leistung für die stationären CMA-Einrichtungen notwendig. Der Begriff der Tagesstrukturierung beruht darauf, dass diese Tätigkeiten angeben, wann Tag, also Arbeit, ist und wann nicht, also Nacht ist. Sie geben eine Strukturierung des Tages vor. Wobei die deutliche Strukturierung, insbesondere in der Wahrnehmung der CMA-Patienten selbst, durch die drei täglichen Mahlzeiten erfolgt. Somit ist der Begriff „Tagesstrukturierung" in dem genannten Zusammenhang irreführend und daher erklärungsbedürftig.

Tagesstrukturierung als arbeitsähnliche Tätigkeit muss drei Merkmale aufweisen, um für den CMA-Patienten zu kurzfristigem Erfolg und langfristiger Lebenszufriedenheit zu führen. So muss die Tätigkeit 1. einer Sinnhaftigkeit unterliegen. Liegt der Sinn in der Tätigkeit selbst, im Training der Feinmotorik oder ähnlichem, sind diese Ziele für einen CMA-Betroffenen wenig motivierend noch nachvollziehbar. Damit eine Anstrengung vollzogen wird, welche notwendig ist, um die körpereigene Hormonproduktion anzuregen, muss derjenige einen Sinn in der Tätigkeit außerhalb der bloßen Handlungsausführung sehen. Der Erfolg muss quasi sofort sichtbar sein. Um die Gewöhnung an die Tätigkeit und damit eine gewisse selbstständige Ausführung zu erreichen ist 2. eine regelmäßige Ausführung notwendig. Selbst ohne externe Aufmerksamkeit lassen sich bei regelmäßiger Ausübung mere exposure Effekte nutzen, was die intrinsische Motivation erhöht (Bornstein & D'Agostino 1992). Ritualisierungseffekte verankern die Arbeitsschrittfolge, wodurch Fähigkeiten besser gefestigt werden. Hierfür muss die Tätigkeit jedoch in möglichst regelmäßigen Abständen und am besten täglich ausgeführt werden (z.B. wie das Füttern von Tieren). Außerdem muss die Tätigkeit 3. einen individuell regulierbaren Anspruch an die ausführende Person stellen. Das bedeutet, der Schwierigkeitsgrad muss so niedrig sein, dass der CMA-Betroffene sie erfolgreich ausführen kann. Gleichzeitig muss die Tätigkeit so schwierig gestaltet sein, dass sich die Person anstrengen muss und bei erfolgreicher Umsetzung ein Ergebnis erhält, was besser ist als sie es ursprünglich von sich erwartet. Dies sichert die Produktion körpereigener Glückshormone und die Tätigkeit wird durch Bildung und Fixierung neuronaler Bahnen gelernt (Roediger 2005, S. 46). Bei Förderung in allen drei Bereichen erfolgt eine Rückbildung der Bedürfnisstörungen sowie ein Gegenwirken der sozialen Desintegration, was letztendlich zu einer Verbesserung der Teilhabe führt. Die Abbildung 16 stellt die abgeleiteten Merkmale für den erläuterten Zusammenhang deutlich dar.

Merkmal	Erläuterung
Regelmäßigkeit	Die regelmäßige Ausführung einer Tätigkeit ist wichtig für das Erreichen von Habitualisierungseffekten. Diese erleichtern die Akzeptanz der Tätigkeit und schaffen die Möglichkeit einer höheren Selbstständigkeit in der Ausübung bei Ausführenden mit kognitiv eingeschränkten Lernfähigkeiten.
Sinnhaftigkeit	Der Ausführende muss die Tätigkeit für sich selbst als sinnhaft und persönlich wichtig bewerten. Ist dies der Fall, so ist er in der Lage, eine intrinsische Motivation aufzubauen sowie subjektiv der Tätigkeit einen arbeitsähnlichen Stellenwert und Charakter zuzuschreiben. Dies ist wichtig, um die Ebene der Anerkennungs- und Selbstverwirklichungsbedürfnisse anzusprechen.
Anspruch	Der Anspruch, welchen die Ausübung der Tätigkeit an den Ausführenden stellt, muss sich im oberen Bereich des individuellen Korridors zwischen Über- und Unterforderung befinden. Wichtig ist, dass mit der Ausübung der Tätigkeit eine Anstrengung verbunden ist, um das körpereigene biochemische Belohnungssystem anzusprechen. Gleichzeitig muss die Tätigkeit vom Ausführenden selbst noch als „bewältigbar" eingestuft werden, um eine Handlungsmotivation zu erreichen.

Abb. 16: Merkmale einer arbeitsähnlichen Tätigkeit

In der vorliegenden Arbeit konnte ein Modell zur Komplexität der Teilhabebeeinträchtigung durch CMA (MKT-CMA) aus den theoretischen Analysen abgeleitet werden. Abbildung 17 stellt die Wirkungsweise und Beeinträchtigungsvielfalt des Krankheitsbildes CMA sowie deren Auswirkungen auf die Teilhabe grafisch dar. Ein Instrument, welches das Verständnis hierfür transportieren und fördern soll, sollte diese Aspekte in der Kategorisierung der Items aufgreifen.

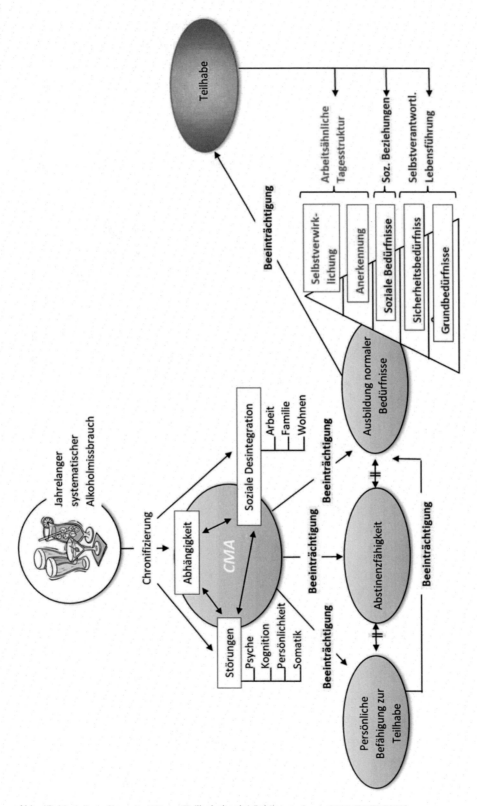

Abb. 17: Modell zur Komplexität der Teilhabebeeinträchtigung durch CMA (MKT-CMA)

5.2.4 Therapiebausteine besonderer Wohnformen für CMA-Patienten

Auch wenn das Krankheitsbild CMA zum Teil bereits im Jugend- und frühem Erwachsenenalter auftritt, sind dies Einzelfälle, welche meist mit gesellschaftlichen Trenderscheinungen wie z.B. „Koma-Saufen" einhergehen. Familiäre Vorbelastung, der Kontakt mit Alkohol vom Säuglingsalter an, ist ein weiterer wichtiger Aspekt. Die meisten CMA-Erkrankten sind im mittleren bis hohen Erwachsenenalter, ehe sie in eine stationäre Therapie einwilligen, weshalb jüngere Menschen mit CMA sich in diesen Einrichtungen oft fehl am Platz und unverstanden fühlen. Gleichzeitig fällt es Kostenträgern schwer, junge Menschen in eine stationäre Einrichtung für CMA-Patienten zu geben, da immer noch die Meinung der „Dauerwohnstätte" existiert, in der eher verwahrt als gefördert wird, und sich die Sachbearbeiter verpflichtet fühlen, einem jüngeren Menschen noch mehr Perspektive zu bieten. Auch scheinen Ärzte schwerer die Diagnose CMA in jüngerem Alter zu erstellen. Oft geben sie eher Einzeldiagnosen der schweren Abhängigkeit, psychischen Störungen und amnestischen Störungen sowie sozio-emotionalen Störungen, was im Zusammenspiel jedoch der Diagnose CMA entspricht. Nimmt man dies jedoch als gegeben an und fokussiert sich auf die aktuelle Hauptzielgruppe der Bewohner für stationäre CMA-Therapie-Einrichtungen, so ist das Alter ab Mitte Vierzig und nach oben offen zu sehen. Das bedeutet, dass für diese Klientel neben den Beeinträchtigungen durch das Krankheitsbild auch die typischen altersbedingten Beeinträchtigungen greifen, welche aufgrund der Krankheitsbildspezifik teilweise früher und oft heftiger auftreten, als beim normalen Menschen ohne Behinderung. Da die Lernfähigkeit sowie die kognitiven Aspekte der Wahrnehmungsgeschwindigkeit, Denkfähigkeit, Gedächtnis, Wissen und Wortflüssigkeit im Alter abnehmen, ist auch der Erwerb neuer Fähigkeiten sowie die Reaktivierung bekannter Handlungsmuster schwierig (Lindenberger, Jaqui, Mayer & Baltes 2010). Wichtig für den Lernprozess ist es, abgeschlossene Handlungen zu vollführen, da nur diese nach Beenden der Tätigkeit eine positive kognitive Bewertung erfahren und somit als abrufbares Handlungsprogramm übernommen werden. Wird eine Handlung unterbrochen und kann die Selbstkontroll- und Rückkopplungsschritte nicht durchlaufen, wird das kognitive Programm fallen gelassen und der Speicherprozess nicht aktiviert (s. Abb. 18). In Abbildung 18 kann der Kreislauf der beschriebenen Situation nachverfolgt werden. Das Handlungsorientierte Lern- und Sozialisationsmodell (Hoppe & Hoppe 2020) kann als modellierte Darstellung der kognitiven Prozesse sowohl die positiven als auch die negativen Effekte nachvollziehbar verdeutlichen.

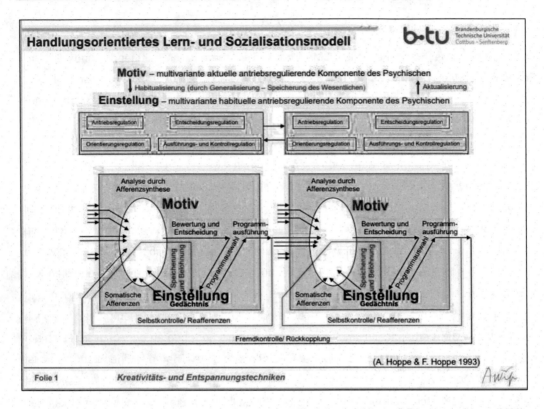

Abb. 18: Handlungsorientiertes Lern- und Sozialisationsmodell von Annette Hoppe & Fritz Hoppe (Hoppe 2020)

Bei CMA-Patienten ist das Problem eine beeinträchtigte Lernfähigkeit, welche stark mit der durch den gewohnten Alkoholkonsum geschädigten Dopaminausschüttung zusammenhängt. Bei Alkoholabhängigen werden extreme positive Verstärker benötigt, damit neue Verhaltensmuster gelernt werden, da sie nicht nur neue neuronale Verknüpfungen schaffen, sondern zuerst das Ansprechen konditionierter Abläufe überlagern müssen. Um dies zu erreichen muss das Handlungsergebnis besser sein, als es der Betreffende erwartet. Nur dann ist die Dopamin Ausschüttung hoch genug, um die Handlung als speichernswert zu bewerten und die benötigten Prozesse auszulösen (Roediger 2005). Das bedeutet auch, dass rückfallauslösendes Verhalten kontrolliert ausgelöst werden muss, um neue Verhaltensweisen zu erarbeiten, welche dann durch die Therapie und die Betreuer so stark hervorgehoben und positiv verstärkt wird, dass der CMA-Patient zum einen nicht ins Craving rutscht und zum anderen diese Verhaltensweisen als besser bewerten, speichern und über häufiges Training automatisieren kann. Insbesondere im Umgang mit Konflikten, im allgemeinen Sozialverhalten und in Langeweile-Prozessen sind viele Ansatzpunkte für rückfallauslösendes Verhalten, weshalb das Training alternativer Handlungsmuster in diesen Bereichen einen Schwerpunkt in der Arbeit mit CMA-Patienten bildet. Da CMA-Patienten ein Leben lang rückfallgefährdet sind (Roediger 2005) ist dies ein wichtiger Therapiebestandteil und muss sich in den Items widerspiegeln.

Der durchschnittliche CMA-Patient in einer stationären Therapieeinrichtung profitiert wenig von vereinzelt durchgeführten Therapiekursleistungen im Sinne der ursprünglichen Kreativtherapie, Kommunikationstherapie, Suchttherapie oder Bewegungstherapie. Zu Zeiten der Entstehung dieser Einrichtungen waren diese Therapieformen üblich, da die Depravierten-Hilfe, der Vorläufer der aktiven Hilfe für CMA-Patienten, stark an Abläufe von Krankenhäusern orientiert erfolgte. Diese punktuell gesetzten Anreize erfolgen jedoch zu wenig individuell, überfordern häufig die Aufmerksamkeitsspanne und erzeugen aufgrund mangelhafter persönlicher Bedeutsamkeit für den CMA-Patienten zu geringe Dopaminausschüttungen, um als Alternativmuster gespeichert zu werden. Höhere Auswirkungen erreicht man durch das Trainieren eines möglichst normalen Alltags. Die Sinnhaftigkeit von Wäschewaschen, Essen kochen, Flur wischen ist auch für den CMA-Patienten nicht abstreitbar. Dass die Motivation zu diesen Tätigkeiten eher gering ist, liegt in der Natur der Tätigkeiten selbst. Jedoch muss auch ein Mensch ohne Behinderung haushaltsübliche Tätigkeiten ausführen, sodass es im Sinne einer möglichst eigenständigen Lebensführung ist, Fähigkeiten und Fertigkeiten an Handlungen zu trainieren, welche einer normalen, möglichst unbeeinträchtigten Lebensweise entsprechen. Hierbei ist es vor allem wichtig, auf das Automatisieren des Einhaltens gesellschaftsüblicher Sozialnormen hinzuwirken, um die Beeinträchtigungen, welche durch die soziale Desintegration entstehen, zu mildern. Diese normalen Alltagstätigkeiten sind für den CMA-Patienten im Verlauf der Erkrankung immer mehr in den Hintergrund gerückt, erlangen in der Therapie zur Herstellung und Besserung eines menschenwürdigen Lebens und der Teilhabe wieder an Bedeutung. Nicht nur, dass sie für das Einbezogensein in die Lebenssituation und die Lebensqualitätssteigerung sinnvoll sind, sie stellen teilweise auch Bedingungen dar, welche den Betroffenen an eine Zeit vor der Erkrankung erinnern. Bevor der Alkoholkonsum außer Kontrolle geriet, waren die meisten CMA-Patienten selbstständig in der Lage, einen Haushalt, Arbeit und Beziehungen zu führen. Jede Handlung, welche aus dieser Zeit wiederholt wird, verstärkt den Zugang zu anderen Fähigkeiten und Fertigkeiten, welche verschüttet sind. Dieses situationsgestütze Abrufen von Sachverhalten verbessert die Gedächtnisleistung in dem erworbenen Kontext. Das bedeutet, dass die Therapiebedingungen mit dem Üben alltagstauglicher Tätigkeiten, welche eine selbstverantwortliche Lebensweise unterstützen, nicht im Einzelfall nur die jeweils geübte Tätigkeit fördern, sondern vielfältig verborgene Kompetenzen zurückholen. Die Wechselwirkung der Kontextfaktoren ist hierbei besonders hervorzuheben. Natürlich gelingt dies nur zu einem bestimmten Grad. Nicht alle Bedingungen können nachgestellt werden und es ist auch oftmals ein Versuch-Irrtum-Vorgehen, herauszufinden, welche Tätigkeiten in welchem Umfeld an frühere Zeiten erinnern und welche Trigger für das Auslösen der kognitiven Verknüpfungen zuständig sind. Da jeder

Mensch ein Individuum ist, viele dieser Prozesse unbewusst ablaufen und CMA-Patienten in ihrer kognitiven Analysefähigkeit eingeschränkt sind, ist ein gezieltes Ansteuern dieser Prozesse wenig möglich und eine breite Förderung des Wiedererlernens alltäglicher Tätigkeiten sinnvoll. Ein neues Instrument sollte diese Leistungen zur selbständigen Lebensführung breit gefächert abfragen. Grundlage für die Auswahl der Items werden hierbei folgende Listen zur Beurteilung der basalen Alltagsfähigkeiten im täglichen Gebrauch sein: Activities of Daily Living Skale (ADL), hierbei insbesondere der Barthel-Index (BI). Sie erfassen eine breite Übersicht alltäglicher Tätigkeiten, welche eine selbstverantwortliche Lebensführung widerspiegeln.

Weiterer wichtiger Bestandteil der Therapie in stationären Einrichtungen ist ein Arbeitsersatz. Viele Behinderungsformen finden hierfür Möglichkeiten in den therapeutisch betreuten Werkstätten für Menschen mit Behinderungen oder Tagesstätten, wie sie beispielsweise für Menschen mit psychischer Behinderung existieren. CMA-Patienten ist diese Möglichkeit oftmals verwehrt. Abgesehen davon, dass viele Werk- oder Tagesstätten diese Klientel aufgrund von Berührungsängsten und Vorurteilen oft meiden, sind meist die ausgeprägten komplexen Beeinträchtigungen, insbesondere aufgrund der Instabilität des Hilfebedarfs, nicht händelbar. Die hohe notwendige Beobachtungsrate zur Prävention und Krisenintervention bei Cravingprozessen überfordern weiterhin die Betreuungsschlüssel dieser Einrichtungen. Ein zusätzliches Problem stellt die häufig stark ausgeprägte Fähigkeit zur Performance dar, mit der CMA-Patienten Probleme und Schwierigkeiten vertuschen, überspielen und so langfristig ein Bild der Normalität und des Könnens nach außen aufrechterhalten. Innerlich sind CMA-Patienten oft vollständig überfordert, zu stark belastet oder in sonst einer Form beeinträchtigt. So zeigt sich meist nach einem halben bis eineinhalb Jahren ein völliger Zusammenbruch mit massiven Trink- und Verhaltensrückfällen, welcher jedoch unbemerkt oftmals vor mehreren Monaten bis weit über einem Jahr begonnen hatte. Der Unterschied zwischen wirklicher Teilhabe und Performance (simulierter Teilhabe) ist oftmals nur an winzigen Details erkennbar, welche teilweise so gering erscheinen, dass lediglich stationäre, langjährige Betreuer diese als „Bauchgefühl" ausmachen. Oftmals stimmige Intuitionen der Therapeuten beruhen auf dem Abgleich der aktuellen Verhaltensweisen der CMA-Patienten mit den üblichen im stationären Bereich gezeigten. Da für CMA-Erkrankte viele Abläufe nicht individuell gelernt und somit auf andere Situationen flexibel übertragbar sind, sondern über konsequentes Training automatisiert ablaufen, können Abweichungen der üblichen Verhaltensweisen auf Überforderung und Craving hinweisen, welche diese „Fehler" verursachen. Somit sind Abweichungen immer ein Warnzeichen, welches nicht zwingend auf einen Rückfall oder ein erhöhtes Rückfallrisiko schließen lässt, aber zum Abprüfen der Situation rät. Da den Mitarbeitern in der Werkstatt dieser langjährige Kontext fehlt, sind sie nicht in der Lage, Veränderungen rechtzeitig zu bemerken, sodass eine Arbeitsmöglichkeit auf dem ersten bis dritten Arbeitsmarkt für CMA-Patienten entfällt. Der Kontext Arbeit ist jedoch für die Befriedigung der höheren Bedürfnisebenen wichtig. „Darüber hinaus bietet Arbeit die Möglichkeit, persönliche Fähigkeiten zu entwickeln, Neues zu lernen und durch erfolgreiche Bewältigung wiederkehrender Anforderungen die eigene Leistungsfähigkeit unter Beweis zu stellen" (Sigrist & Marmot 2008, S. 99). Sigrist führt weiter aus, dass Beschäftigung im Sinne einer Arbeit wichtig für den Erwerb und die Festigung sozialer Identitäten und des sozialen Status insbesondere für Erwachsene ist. Dies bedeutet, dass eine regelmäßige, sinnhafte und im Anspruch flexibel gestaltbare arbeitsähnliche Tätigkeit insbesondere für Menschen in Wohnstätten notwendig ist. Wohnstätten sind immer eine Art Zwangsvergemeinschaftung, da man sich nicht alle Mitbewohner aussuchen kann. In solch einer extern bestimmten, noch dazu unregelmäßig sich verändernden sozialen Gruppe wirken verschiedene dynamische Prozesse gleichzeitig gegeneinander. Daher ist ein ständiges Ausloten der Hierarchie, des Gruppenverbandes sowie des individuellen sozialen Status für die Bewohner enorm wichtig. Um dies zu können, benötigen sie jedoch Berührungs-, Reibungs- und Vergleichspunkte untereinander. Über eine arbeitsähnliche Tätigkeit ist dies am einfachsten möglich. Da externe Möglichkeiten hierzu wegfallen, erarbeiten immer mehr therapeutische Wohnstätten für CMA-Patienten tagesstrukturierende Maßnahmen, welche den Merkmalen einer arbeitsähnlichen Tätigkeit entsprechen.

5.2.5 Zielfestlegung bei der Bedarfserfassung

Problematisch in der Bedarfserfassung ist die Zielfestlegung. So werden im ITP Teilhabeziele anhand eines sogenannten „Herzenswunsches" abgeleitet. Grundlage dieses Gedankens ist die Annahme, dass ein Herzenswunsch der Ausdruck tiefverwurzelter Bedürfnisse ist und die Bedürfniserfüllung seit jeher Antrieb zu mehr oder weniger bewusst gezielten Denk-, Handlungs- und Verhaltensweisen ist. So kann der Herzenswunsch, einen Ferrari zu besitzen, sich im ITP in Teilhabezielen wie „Führerschein machen", „sparsamen Geldkontakt erlernen" oder „Besuch einer Autoausstellung" widerspiegeln.

Da bei CMA starke psychische Beeinträchtigungen auftreten, welche durch kognitive Einschränkungen verstärkt werden, sind diese Annahmen auf diese Klientel nicht sinnvoll anwendbar. Ein CMA-Patient kann aufgrund von Gedächtniseinschränkungen, Orientierungsstörungen bezüglich der Zeitintervallerfassung und massiver Störungen auf der Ebene der Sicherheitsbedürfnisse, welche sich häufig in übertriebenen Verlust- und Existenzängsten zeigen (Symptome, die bei CMA in dieser Kombination häufig auftreten), kein Ziel akzeptieren, welches nicht in absehbarem Zeitraum zur Erreichung des Herzenswunsches führt. Auch die Flexibilität im Denken, um eine realisierbare Abwandlung des

Herzenswunsches akzeptieren zu können, ist bei diesem Krankheitsbild häufig nicht mehr gegeben. Die Gedankenwelt ist nicht nur in Bezug auf Craving zwangsstörungsartig, sondern auch generell in Bezug auf jeden Lebensaspekt (bis hin zum Sammeln von Lebensmitteln für späteren Verzehr an unbrauchbaren, aber scheinbar vor Kontrolle sicheren Orten, wie in der Schmutzwäsche). Ein überschaubarer Zeitrahmen bewegt sich für CMA-Patienten je nach Gedächtnisleistung zwischen einer Minute und einem Jahr, wobei der Durchschnittswert bei zwei bis maximal vier Wochen zu sehen ist. Ein Ziel, was in dieser Zeit nur annähernd, aber nicht vollständig erreicht wird, ist für einen CMA-Patienten nicht akzeptabel oder verständlich. Aufgrund der Therapieerfahrenheit sind die meisten CMA-Patienten in der Lage, ein Einverständnis mit fast allem vorzutäuschen, wenn sie damit aus der für sie oft unangenehmen Bedarfserfassungssituation entkommen. Der Unmut und das Unverständnis in Bezug auf die vereinbarten längerfristigen Ziele zeigen sich innerhalb der Therapie, wenn die Ziele trotz Unterschrift verneint oder die Zielvereinbarung völlig ausgeblendet werden oder wenn der Grund für das Ziel immer wieder (in Minuten- oder Stundentakt) über Tage hinweg erfragt wird. Um sinnvolle Ziele für und vor allem mit einem CMA-Patienten zu verhandeln, müssen die Ziele eine Sinnhaftigkeit für den CMA-Betroffenen darstellen, das heißt sie müssen auf die Leistungen oder Hilfebedarfe direkt und absolut lebensnah bezogen formuliert werden. Im Sinne von „Dies geschieht, damit es Ihnen besser geht oder damit es nicht schlechter wird." Wenn längerfristige Ziele angestrebt werden, müssen kleinschrittige Teilschritte mit erläutert werden. Wichtig ist die Teilhabebezogenheit und Personenzentrierung. Eine Verbesserung wird nur erreicht werden, wenn das Ziel oder die Leistung Akzeptanz bei dem Betroffenen findet. Das bedeutet, die Ziele und Leistungen müssen nicht nur für die Umwelt, sondern direkt für den Betroffenen selbst verständlich und nachvollziehbar sein und sich direkt auf seinen Alltag beziehen. Aus der aktiven Hilfe ist bekannt, dass die Klientel CMA vorwiegend „Herzenswünsche" wie z.B.: eine eigene Wohnung, die Scheidung rückgängig zu machen, den Kontakt zu den Kindern wiederaufzunehmen, in die alte Arbeitsstelle zurückzukehren und den früheren Gesundheitszustand wiederzuerlangen hat. Ein Ziel muss jedoch auch realistisch sein. Versteckte Bedürfnisse aus solchen Zielen zu regenerieren ist bei CMA-Patienten wenig zielführend. Wird beispielsweise der Wunsch nach der alten Arbeitsstelle als Wunsch nach Anerkennung und Gebrauchtwerden interpretiert und dementsprechend wird dem CMA-Erkrankten ein Platz in einer Behindertenwerkstatt zugewiesen, so klingt dies für den Betreuer oder Mitarbeiter öffentlicher Sozialhilfeträger logisch. Für den CMA-Betroffenen ist der Zusammenhang häufig zu komplex und aufgrund der kognitiven Schädigung nicht nachvollziehbar. Des Weiteren müssen höhere Bedürfnisse, wie Anerkennung, häufig erst wieder geweckt werden und das Konsumbedürfnis überlagern. So besteht bei CMA-Patienten meist nur der diffuse Wunsch nach „so wie früher", da sie sich deutlich an die Zeit vor der Erkrankung erinnern. Im Gegensatz hierzu sind von der Zeit während der akuten Trinkphase inklusive sozialer Vernachlässigung, gesundheitlicher Schädigung und psychischen Beeinträchtigungsphasen keine Erinnerungen vorhanden oder abrufbar. Diese verbleiben oftmals aufgrund hirnorganischer Schädigung vergessen oder im Sinne der Verdrängung eines traumatischen Ereignisses nicht bewusst erreichbar für den CMA-Patienten. Somit ist das Ziel, in die Zeit vor „dem Loch", als „alles gut war", zurückzukehren, nicht gleichzusetzen mit der Befriedigung einzelner vermuteter Hintergrundbedürfnisse. Ziel kann für den CMA-Patienten nur sein, es wird besser (Verbesserung der Teilhabe), es wird nicht schlechter (Erhalt oder Stabilisierung der Teilhabe) oder es wird nur langsamer schlechter, als es ohne Hilfeleistung der Fall wäre (Verlangsamung einer Verschlechterung der Teilhabe), wie die Abbildung 19 darstellt. Diese Zielkategorisierung ist nachvollziehbar, auf alle Hilfe- und Leistungsbedarfe anwendbar und in jedem Fall so positiv formulierbar, dass eine Akzeptanz für den CMA-Patienten möglich wird. Eine Unterscheidung des „es wird nicht schlechter"-Falls in Erhalt und Stabilisierung erscheint zusätzlich für das Verständnis beim Kostenträger sinnvoll. So ist es für das prognostische Verständnis von Interesse, ob ein Stand gerade erstmalig erreicht wurde und nunmehr das Ziel der Bemühung ist (Erhalt) oder ob ein Stand der Ausgangspunkt ist, von dem aus man erhofft, vielleicht schon gelegentlich noch weiter zu kommen (Stabilisierung).

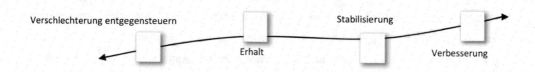

Abb. 19: Zielformulierung für CMA-Patienten gemäß der möglichen Entwicklung

Eine Zielformulierung nach der S.M.A.R.T.-Methode (McPherson, Kayes & Kersten 2014, S. 105 f.) ist für CMA-Patienten unpassend. So ist es für den Kostenträger hilfreich, möglichst genaue, terminierte Festlegungen zu treffen, um eine Wirkungskontrolle der Leistungen und somit eine Rechtfertigung der Finanzierung zu erhalten. Allerdings ist nicht vorhersagbar ob ein Ziel realistisch ist, da die Bedarfe beim CMA-Patienten aufgrund der Komplexität, Wechselwirkung und dem Anteil der psychischen Beeinträchtigungen als höchst instabil anzusehen sind. Ein Ziel, welches heute als erreichbar angesehen werden kann, ist morgen aufgrund der dynamischen Beeinträchtigungsauswirkung nicht mehr sinnvoll anzustreben, da es inzwischen nicht mehr erreichbar ist. Diese Formulierung wäre nur für pauschale langfristige Ziele möglich umzusetzen, wobei dann jedoch wieder der CMA-Patient selbst nicht einbezogen ist.

5.2.6 Schlussfolgerungen und Ergebnis der inhaltlichen Vorüberlegungen

Bei CMA-Patienten ist aufgrund der Altersstruktur sowie der eingeschränkten Lernfähigkeit, das Lernen nicht mehr nur kognitiv, sondern ergänzt durch physische Tätigkeiten, welche über positive Verstärker konditioniert werden, sinnvoll. Wichtig ist die Beachtung der Umweltvariablen, da jede Veränderung eine Verschiebung zu den Bedingungen der Lernumwelt darstellt und somit der Trainingsprozess erneut konditioniert werden muss. Daher ist es sinnvoll, eine Therapie so auszulegen, dass sie auf der Ausprägung von Fertigkeiten und Alltagstätigkeiten beruht oder die Bedürfnisse entsprechend der Bedürfnispyramide wiedergibt. Um das Instrument möglichst lebensnah zu gestalten und die Abbildung der Krankheitsspezifik auch für Nutzer mit geringer Fachkenntnis zu ermöglichen, ist es hilfreich, für den Leistungsbedarf Items zu wählen, welche nachvollziehbar den Therapiealltag widerspiegeln. Diese Items sind in Leistungsbereiche zusammenzufassen, welche das Ziel der Leistung (Ermöglichen oder Erleichtern der Teilhabe) und damit das mögliche Maximalausmaß der Verbesserung der Teilhabe durch die Leistung ausweisen.

Wichtig ist hierbei, zu beachten, dass ein Instrument zur Bedarfserfassung genau das tun muss, was sein Name vorgibt: den Bedarf erfassen, und zwar in verständlicher Weise für alle Prozessbeteiligten. Ein Bedarfserfassungsinstrument ist nicht als Diagnose-Verfahren oder zur Gestaltung des Alltags gedacht, sondern analysiert wertneutral den dargebotenen Zustand. Das Bedarfserfassungsinstrument spiegelt folglich einen Bedarf wider, unabhängig davon, ob er aufgrund von personenzentrierter Unterstützung oder institutionsorientierten Leistungen entsteht. Ob eine Hilfe personenzentriert oder institutionsausgerichtet erfolgt, bestimmt die direkte Arbeit der Einrichtung in Zusammenarbeit mit dem Betroffenen. Je krankheitsspezifischer die Ausrichtung der leistungsbezogenen Items ist, umso höher ist die Chance für ein Erfassungsinstrument, rückwirkend Einfluss auf die aktive Hilfe zu nehmen und diese personenbezogen zu führen, da der Therapeut zur Abrechnung seiner Arbeit versuchen wird, diese den abrechnungsfähigen Aspekten (im Bedarfserfassungsinstrument ausgewiesenen Items) anzupassen.

Für ein neues Instrument muss demzufolge eine Zielorientierung gemäß der vier Grobziele für CMA-Patienten vorgenommen werden:

- Verlangsamen des Fortschreitens der Teilhabebehinderung

- Erhalten des aktuellen Zustandes der Teilhabe

- Stabilisierung und beginnender Ausbau der Teilhabefähigkeit/Teilhabe

- Abbau der Teilhabebehinderung/Erweiterung der Teilhabemöglichkeit

5.3 Vorüberlegungen zur transparenten Berechnung eines differenzierten Finanzierungsbedarfes

5.3.1 Individuelle Vergleichbarkeit der Betroffenen

Da CMA ein außergewöhnlich heterogenes Krankheitsbild ist, weisen kaum zwei betroffene Menschen ähnliche Symptome in gleichem Umfang auf. Dementsprechend ist auch die Höhe der Leistungsansprüche bei fast jedem von CMA betroffenen Menschen individuell ausgeprägt. Eine vollständig differenzierende Finanzierung müsste also für jeden Menschen mit CMA einen persönlichen Kostenbetrag zulassen, da jeder einen individuellen Hilfebedarf und somit einen individuellen Leistungsbedarf hat.

Zu Beginn des Förderprogramms „Aufbruch Psychiatrie" in den 1990er Jahren wurde die Hilfe pauschal gewährt, so dass das Land Brandenburg mit der stationären Therapieeinrichtung einen pauschalen Kostensatz vereinbarte, welche in dieser Einrichtung für jeden Bewohner gleich pro Tag gezahlt wurde. Mit Einführung des Brandenburger Instrumentes wurde eine Vergleichbarkeit der Hilfebedarfe und darüber eine Differenzierung der Finanzierungsbeträge der einzelnen Bewohner angestrebt, um eine differenzierte Finanzierung zu erreichen. Ziel hierbei war, dass Bewohner mit weniger Hilfebedarf weniger Leistung finanziert bekommen, als Bewohner mit höherem Hilfebedarf. Der generell ermittelte Hilfebedarf wurde hierfür dem Leistungsbedarf zur Besserung der Teilhabe gleichgesetzt.

Der jeweilige Finanzbetrag ermittelt sich aus der Höhe des erfassten Hilfebedarfs. Hierfür werden über das Brandenburger Instrument die betroffenen Menschen mit CMA in fünf Hilfebedarfsgruppen eingeteilt. Diese Teilpauschalisierung ermöglicht eine differenziertere Finanzierung als die zuvor geltende Voll-Pauschalisierung.

Eine Teilpauschalisierung über eine fünfstufige Gruppeneinteilung ist jedoch auch ein Kompromiss in Bezug auf eine differenzierte Finanzierung. Optimal wäre für den stationären Bereich eine vollständig individuelle Berechnung des Finanzierungsbetrages für jeden einzelnen Bewohner, wie es beispielsweise auch in der ambulanten Hilfe, über die individuelle Ermittlung des benötigten Leistungsumfangs, umgesetzt wird.

5.3.2 Prognostische Schätzung versus nachträgliche Abrechnung

Aufgrund der psychischen Beeinträchtigung und der Suchterkrankung als Aspekte des Krankheitsbildes ist das Zutagetreten der Symptome äußerst instabil und teilweise innerhalb eines Tages stark schwankend. Somit ist eine prognostische Einschätzung des Leistungsbedarfes nicht präzise möglich.

Um diesem Problem gerecht zu werden, besteht zum einen die Möglichkeit, nachträglich die notwendige Hilfe abzurechnen. Dies ist organisatorisch nicht bewältig bar, da nach jeder Leistung eine Dokumentation über das beobachtete Symptom und die geleistete Hilfe, jeweils in Art und Umfang, erstellt werden müsste, um nach einem gewissen Zeitraum abrechnungsfähig zu sein. Außerdem müsste die Hilfe immer vor der Finanzierung geleistet werden. Somit wären entweder die Kommunen nicht in der Lage, über ihre Kosten mitzubestimmen, oder der Leistungserbringer liefe ständig Gefahr, erbrachte Leistungen rückwirkend nicht anerkannt und finanziert zu bekommen. Eine individuelle, differenzierte Finanzierung wäre so rein unter dem Kostenaspekt gewährleistet. In der Realität wäre dies aus den angesprochenen Aspekten heraus jedoch nicht realisierbar und weder für die kommunalen Kostenträger, den Leistungserbringer noch für den von CMA betroffenen Menschen sinnvoll.

Die Möglichkeit einer prognostischen Schätzung ist immer an eine Teilpauschalisierung und bereits vorhandene Erfahrungswerte im Umgang mit der Klientel gebunden.

Beispiel:

So benötigt eine Person am Montag fünf Minuten beim Hygienetraining, am Dienstag 20 Minuten, Mittwoch reichten wiederum fünf Minuten. Im Durchschnitt benötigt die Person also eine zehn minütige Hilfeleistung, um einer Grundhygiene nachzukommen. Die Leistungen variieren von Montag und Mittwoch „Erinnerung und mündliche Anleitung" bis Dienstag „vollständige Begleitung".

Aufgrund von Erfahrung im Umgang mit der Klientel wird so Art und Umfang der benötigten Leistung geschätzt und als prognostischer Wert für einen gewissen Zeitraum festgelegt. Dieser Wert wird in monetären Aufwand (Finanzierungsaufwand) zur Deckung der durch die Leistung entstandenen Kosten, umgewandelt. Der Leistungserbringer wie auch der von CMA betroffene Mensch müssen im Folgenden während dieses Zeitraums einschätzen, ob dieser Wert im Durchschnitt zutrifft und die Finanzierung die Kosten für die Leistungen deckt, bzw. ob die Leistungen die erhoffte Lebenssituation ermöglichen oder eine deutliche Abweichung auftritt. Ist dies der Fall muss eine neue Schätzung vorgenommen werden. Dieses Verfahren ist zum Teil unausgewogen. So kann es vorkommen, dass über den Zeitraum der Finanzierung in der Summe der bezahlte Wert die für die Leistung entstandenen Kosten übersteigt oder diese nicht deckt. Geschieht dies in einem deutlichen Maß, kommt es zu einer neuen Schätzung und die Unausgewogenheit kann ausgeglichen werden. Ist die Abweichung jedoch nicht deutlich genug, sodass der Aufwand einer neuen Überprüfung als nicht sinnvoll eingeschätzt werden muss, bleibt die Finanzierung für die eine oder andere Seite unausgewogen. Eine vollständig ausgeglichene Finanzierung ist über diese Vorgehensweise nicht garantierbar, sondern entsteht eher zufällig in Abhängigkeit von der Erfahrung der Bewerter im Umgang mit dem Krankheitsbild, die zufällige Stabilität der Symptomausprägungen, wie die individuelle Passung der jeweiligen Leistung für den Betroffenen. In der aktiven Hilfe hat sich diese Herangehensweise dennoch durchgesetzt, da das Risiko auf Gewinn und Verlust für alle Seiten gleich groß erscheint und bei guter Zusammenarbeit aller Zielgruppen ein für alle gut tragbarer Kompromiss erhandelbar ist.

5.3.3 Leistungsbedarf oder Hilfebedarf als Grundlage für die Finanzierung

Die Erfassung des Hilfebedarfes als Grundlage für die Ermittlung des Finanzierungsbedarfes ist sinnvoll. Allerdings erfolgt fast immer eine direkte Umrechnung des Hilfebedarfs als Leistungsbedarf in Form von Gleichsetzung. Dies erzeugt Verzerrungen, welche häufig zur Finanzierung falscher Leistungen oder falscher Leistungsmengen führen.

Finanziert man einen Hilfebedarf, bedeutet dies, man fördert das Erhalten eines Defizites. Denn das Beseitigen dieses Defizites mittels geeigneter therapeutischer Leistung hieße für den Leistungserbringer sich anzustrengen, um anschließend seinen Job zu verlieren. Wird hingegen der Leistungsbedarf finanziert, so fördert man das Erbringen der Leistung, welche die Teilhabe erhöht oder stabilisiert. Das Erreichen dieses Ziels muss nicht automatisch zum Wegfall der Finanzierung führen, da ein Erhalt des Ziels ohne weitere Leistung oft fraglich ist. Somit ist das Abarbeiten von Leistungsbedarfen für den Leistungserbringer bedeutend attraktiver und für den Betroffenen deutlich erfolgsversprechender als das Bearbeiten von Hilfebedarfen.

Bereits das bio-psychosoziale Gesundheitsmodell verweist auf die Notwendigkeit der Einbeziehung der personenbezogenen und Umweltfaktoren, um die Teilhabeziele und Beeinträchtigungen zu individualisieren (Schuntermann 2013). Der personenbezogene Hilfeansatz, welcher im BTHG (§ 118, Kap. 7; SGB IX-neu) gesetzlich vorgeschrieben ist, zeigt die Wichtigkeit der Individualität im Umgang mit dem Betroffenen auf. Es ist weder davon auszugehen, dass die gleiche Hilfeleistung zu demselben Ausmaß einer Verbesserung der Lebenssituation führt, noch das ein und derselbe Hilfebedarf bei zwei verschiedenen Personen dieselben Teilhabebeeinträchtigungen hervorruft.

Auch wenn sich eine Leistung bei verschiedenen Personen aufgrund des gleichaussehenden Hilfebedarfs anbietet, führt sie nicht automatisch zu der gleichen Veränderung der Lebenssituation.

Beispiel:

Hilfebedarf: d630 Zubereiten von Mahlzeiten (ICF)

➢ *Klient A:*

- *78 Jahre alt, seit 12 Jahren Bewohner einer stationären Einrichtung für CMA-Betroffene*
- *Kann keine Mahlzeiten zubereiten, da er es nie gelernt hat (wurde zeitlebens erst von seiner Mutter, dann von seiner Frau bekocht)*
- *Lebt in altem Rollenverständnis und verweigert Küchenarbeit als „Frauenarbeit"*

⇒ *Leistung „Erlernen des Zubereitens von Mahlzeiten" führt zu einer Beeinträchtigung seines Wohlbefindens und fördert somit keine Teilhabe*

➢ *Klient B:*

- *72 Jahre alt, seit 2 Jahren Bewohner einer stationären Einrichtung für CMA-Betroffene*
- *Kann keine Mahlzeiten zubereiten (vergisst Arbeitsschritte, kann auch einfache Arbeitsschritte nicht ohne ständig wiederholte Anleitung ausführen)*
- *War früher beruflich erfolgreicher Koch, genießt Arbeiten in der Küche*

⇒ *Leistung „Erlernen des Zubereitens von Mahlzeiten" führt zu einer Steigerung seines Wohlbefindens und erhöht somit die Teilhabe*

➢ *Klient C:*

- *58 Jahre alt, seit 5 Jahren Bewohner einer stationären Einrichtung für CMA-Betroffene, nunmehr in Vorbereitung auf Trainingswohnen mit anschließendem Übergang in ambulante Hilfe in eigenem Wohnraum*
- *Kann keine Mahlzeiten zubereiten (Antriebsarmut, benötigt Unterstützung in der Planung sowie gelegentlich Anleitung, da er Arbeitsschritte auslässt),*
- *Steht Küchenarbeiten gleichgültig gegenüber*

⇒ *Leistung „Erlernen des Zubereitens von Mahlzeiten" ist eine Notwendigkeit für den Wechsel in ambulante Hilfen, sie führt zu einer Steigerung seiner Selbständigkeit und somit der Teilhabe*

Gleichzeitig bedingt ein Hilfebedarf aufgrund von personellen Faktoren bei verschiedenen Klienten unterschiedliche Hilfeleistungen sowohl in Bezug auf Art als auch auf Umfang. Somit ergeben sich aus der Erfassung von Hilfebedarfen nicht automatisch die notwendigen Leistungen, welche zu einer Verringerung der subjektiven und objektiven Teilhabebeeinträchtigung führen.

Beispiel:

Hilfebedarf: d510 sich waschen, d520 seine Körperteile pflegen (ICF)

➢ *Klient 1:*

- *Wäscht sich nicht, da er vergisst, ob er sich schon gewaschen hat*

⇒ *Leistung: regelmäßiges kurzes Erinnern (täglich 2 Minuten = ¼ Stunde pro Woche, nicht anstrengend)*

> ➤ *Klient 2:*
>
> - *Wäscht sich nicht, weil er eine Ablehnung gegen den Vorgang des Waschens hat (empfindet dies als aufwendig, unangenehm), diskutiert verbal aggressiv, verweigert Hygiene*
>
> ⇒ *Leistung: regelmäßiges intensive Motivieren, Kontrollieren, Gespräche zu Hygienenotwendigkeiten, Verdeutlichen des positiven Gefühls nach dem Waschen (wöchentlich 2 Stunden, sehr anstrengend)*
>
> ➤ *Klient 3:*
>
> - *Wäscht sich nicht, weil er den Handlungsablauf nicht rekonstruieren kann*
>
> ⇒ *Leistung: regelmäßiges Begleiten und Anleiten jedes einzelnen Schrittes, wie: Kleidung ausziehen, unter die Dusche stellen, Wasser andrehen, einseifen, abspülen, Wasser ausdrehen usw. (zweimal wöchentlich 30 Minuten = 1 Stunde pro Woche, nicht anstrengend)*

Da ein Hilfebedarf (bspw. d630 sich waschen), welcher eine Teilhabebeeinträchtigung hervorruft, noch nicht etwas über die Ursache der Beeinträchtigung (bspw. b1442 Abrufen von Gedächtnisinhalten) aussagt, ist eine sinnvolle Ableitung der notwendigen Hilfen allein aus der Erfassung der Teilhabebeeinträchtigungen nicht möglich. Aufgrund der dynamischen Verknüpfung der einzelnen Bereiche und des komplexen Zusammenspiels in Bezug auf die Teilhabe ist die Betrachtung der kognitiven und emotionalen Voraussetzungen und krankheitsbedingten, teilhabeeinschränkenden ursächlichen Aspekte zwingend notwendig. Diese Aspekte lassen sich mit der ICF in den Faktoren „Körperfunktionen", „Körperstrukturen" sowie den „Kontextfaktoren" beschreiben. Eine sinnvolle Leistungserfassung ist nur aus der Verknüpfung von Hilfebedarfen, Barrieren und Förderfaktoren aus allen Bereichen des bio-psychosozialen Modells möglich. Da für die Erfassung der personenbezogenen Faktoren noch keine fertige Ausarbeitung der WHO vorliegt, stützt sich die vorliegende Arbeit auf den Vorschlag der AG „ICF" des Fachbereichs II der Deutschen Gesellschaft für Sozialmedizin und Prävention (DGSMP) (vgl. Grotkamp et al. 2010, Grotkamp et al. 2019). Dieser füllt inhaltlich die Domäne der personenbezogenen Faktoren, angepasst an Aufbau und Form der ICF, mit Items inklusive Nummerierung. Die Items stellen Eigenschaften, Bedingungen oder Aspekte dar, welche einer Person entspringen oder aufgrund ihrer Biographie zugeschrieben werden können und Barrieren oder Förderfaktoren darstellen können (z.B. Alter, Geschlecht, Charakter) (Grotkamp et. al. 2014).

Des Weiteren ist die Verknüpfung des Finanzierungsbedarfes an den Leistungsbedarf zur Validierung der erbrachten Leistung und gewährten Finanzierung wichtig. Das Erreichen eines Ziels (bspw. Verbesserung der Teilhabe) für einen CMA-Betroffenen ist nicht ausschließlich durch das Erbringen einer Therapieleistung gesichert. Die personenbezogenen Faktoren wie z.B. Tagesform oder generelle Therapiebereitschaft beeinflussen das Therapieergebnis genauso wie die krankheitsbedingten Barrieren, welche sich in einem akuten Krankheitsschub oder verminderter Lernfähigkeit zeigen können. Somit kann eine sinnvoll definierte Leistung, welche korrekt erbracht wurde, trotzdem nicht das erhoffte Ergebnis erzielen. Bei ausschließlicher Verknüpfung des Finanzierungsbedarfes an die Zielvereinbarung dürfte in diesem Fall die Leistung nicht bezahlt werden. Gleichzeitig lässt die ausschließliche Verknüpfung des Finanzierungsbedarfes an den Hilfebedarf oder die Zielvereinbarung zu viel Handlungsspielraum in der Leistungserbringung, verhindert eine transparente Abrechnung und kann so zu ungerechtfertigtem Finanzmitteleinsatz führen. Um eine zuverlässige Planung sowie eine klare Abrechnung sowohl der Leistungen als auch der Finanzen zu ermöglichen, ist die Ableitung des Finanzierungsbedarfes aus dem Leistungsbedarf notwendig.

5.3.4 Notwendigkeit einer Teilhaberelevanzprüfung

Wichtig für die Ermittlung des Finanzierungsbedarfes ist die Prüfung sämtlicher Hilfebedarfe auf die Teilhaberelevanz. Ist ein Hilfebedarf nicht teilhabefördernd, so kann er nicht zu einem Leistungsbedarf führen. Beispielsweise ist es möglich, dass ein von CMA betroffener Mensch Analphabet ist, aber sich an seine Lebenssituation so gut angepasst hat, dass dieses Defizit nicht zum Tragen kommt. Eine ausführliche Alphabetisierungshilfe stellt dann möglicherweise keine Teilhabeverbesserung dar, sondern demütigt den Betroffenen und stellt seine Anpassungsleistung in den Hintergrund. Ein daraus resultierender Selbstwertverlust würde seine Lebenszufriedenheit eher beeinträchtigen als fördern. Das bedeutet, ein Bedarf an Hilfeleistung entsteht ausschließlich daraus, dass die Teilhabe beeinträchtigt ist oder mittels Hilfe stabilisiert oder verbessert werden kann. Viele Hilfebedarfe klingen für den Betreuer oder Mitarbeiter der öffentlichen Sozialhilfeträger sinnvoll, da sie den eigenen Wünschen oder Zielen entsprechen oder für die eigene Lebenssituation unverzichtbare Aspekte betreffen. Beispielsweise ist oftmals strittig, was unter einem sauberen Wohnraum zu verstehen ist, wie oft staubgesaugt werden muss oder ob Blumen und Dekoration für einen menschwürdigen Wohnraum unverzichtbar sind. Um die Teilhabe im Sinne von Selbstbestimmtheit für den CMA-Betroffenen zu erhalten, ist es notwendig, die individuelle Lebenszufriedenheit des Betroffenen in den Vordergrund zu rücken und über die eigenen Vorstellungen zu stellen. Einzig im Bereich Lebensqualität kann eine Entscheidung gegen die Wünsche und Ziele desjenigen notwendig sein. Dies ist jedoch nur zulässig, wenn eine realistische Einschätzung krankheitsbedingt nicht möglich ist, und die Selbstbeurteilung zu einer Selbstgefährdung führen würde.

5.3.5 Staffelung des Finanzierungsbedarfes

Für die Ausgabe des Finanzierungsbedarfes gibt es mehrere Modelle, von der vollständigen Individualisierung bis zum Pauschalansatz. Bis zur Einführung des Brandenburger Instrumentes handelte der jeweilige Landkreis mit der stationären Einrichtung einen Kostensatz aus, welcher pauschal für alle betreuten Menschen mit CMA gleichermaßen galt. Dies bedeutete, dass der Finanzierungsbedarf nicht in Abhängigkeit des jeweiligen Bedarfs des CMA-Patienten stand, sondern sich nach den Rahmenbedingungen der jeweiligen Einrichtung richtete. Der Vorteil dieses Modells ist der geringe Verwaltungsaufwand, da nur entschieden werden muss, ob ein Anspruch besteht, nicht jedoch wie hoch der Bedarf auf Hilfe und Finanzierung der einzelnen Leistungen ist. Der Nachteil ist die fehlende Differenzierung zwischen dem individuellen Leistungsaufwand, sodass ein Leistungserbringer bestrebt sein wird, möglichst „einfache" Bewohner aufzunehmen und CMA-Betroffene mit höherem Leistungsbedarf eine Benachteiligung bezüglich der Platzvergabe erfahren.

Das Brandenburger Instrument brachte eine Staffelung in fünf Finanzierungsgruppen, wovon jedoch nur drei in der Praxis tatsächlich Anwendung fanden. Diese sogenannten Hilfebedarfsgruppen schaffen eine Differenzierung hinsichtlich des Betreuungsaufwandes, wobei ein teilweise unzureichendes Verständnis des Krankheitsbildes auf Seiten des Kostenträgers für unrealistische Zuordnungen sorgt. So bedeutet oftmals eine Verbesserung der Teilhabe und Selbstständigkeit gleichzeitig eine Umstufung in eine kleinere und daher billigere Hilfebedarfsgruppe. Eine höhere Selbstständigkeit in den Handlungen und Prozessabläufen bringt jedoch meist auch mehr psychische Verunsicherung und häufig eine Selbstüberforderung, weshalb der eigentliche Betreuungsaufwand in solchen Fällen sogar steigen kann, um den Erfolg zu stabilisieren. Wichtig ist es, für das Ziel einer personenbezogenen Leistung sowie einer differenzierten Finanzierung, über das Schaffen von Kategorien eine nachvollziehbare Abgrenzung zu erzielen. Eine Differenzierung über Bedarfsgruppen ist ein Kompromiss, welcher den Verwaltungsaufwand vertretbar macht, aber die Gerechtigkeit der Finanzierung wenigstens ansatzweise mit fokussiert.

Die Finanzierung über Fachleistungsstunden entspricht der vollständigen Individualisierung. Somit wäre auch der Finanzierungsbedarf vollständig personenbezogen. Teilweise wird dieses Modell auch im ambulanten Sozialhilfebereich durchgeführt. Die Rechnung der einzelnen Stunden ist zu Beginn des Monats für die im vorangegangenen Monat geleisteten Stunden zu stellen. Der Leistungserbringer geht hierbei Gefahr, dass rückwirkend erbrachte Leistungen nicht anerkannt und finanziert werden, wenn dem Kostenträger die Begründung für die Erbringung der Leistung nicht hinreichend erscheint. Gleichzeitig läuft der Kostenträger Gefahr, dass der Leistungserbringer mehr Stunden leistet als absolut notwendig und somit einen Hospitalisierungseffekt beim Klienten hervorruft. Daher wird der Bedarf oft im Vorhinein geschätzt und darf nur nach Absprache überschritten werden. Dieses Modell ist für den stationären Bereich schwierig umsetzbar, da zum einen jeder Betreuungskontakt zeitlich gemessen werden müsste, für jeden Kontakt eine Bewertung bezüglich Fachleistung oder Nichtfachleistung getroffen werden müsste und die Betreuungskontakte tageweise in Anzahl und Umfang schwanken. Gleichzeitig aber stets so zahlreich sind, dass der Dokumentations- und Verwaltungsaufwand in keinem Verhältnis zum Nutzen mehr stehen würde.

Eine Ausgabe des Finanzbedarfs in Bedarfskategorien erscheint daher als bestes Kosten-Nutzen-Verhältnis für besondere Wohnformen mit täglich 24-stündiger Hintergrundbetreuung und soll in Anpassung an das Krankheitsbild und den Therapieverlauf für ein neues Instrument gewählt werden.

5.3.6 Probleme der Messbarkeit eines Aufwands

5.3.6.1 Quantität versus Qualität

Die Messbarkeit des Therapieaufwandes hängt wesentlich davon ab, ob ein Aufwand als quantitativ messbares Kriterium, qualitativ bestimmbare Größe oder als gemischtes Konstrukt mit gleichzeitig qualitativen und quantitativen Eigenschaften interpretiert wird. Eine quantitative Operationalisierung ist sicherlich einfacher, klar abgrenzbar und transparenter zu gestalten. Zum einen stehen hierfür messbare Größen wie der Zeitaufwand oder das Betreuungsverhältnis zur Verfügung. Zum anderen ist es für Außenstehende oft nicht nachvollziehbar, wieso eine Hilfeleistung bei gleichbleibendem Zeitaufwand und Betreuungsverhältnis bei verschiedenen CMA-Patienten trotzdem einen unterschiedlichen Aufwand bedeuten kann. Das bio-psychosoziale Gesundheitsmodell betont in den Kontextfaktoren den Einfluss der Ansicht, Einstellung und Resilienz-Faktoren der Umwelt, also der betreuenden Person, ebenso wie den Einfluss von Ansicht, Einstellungen und Bildungsniveau des CMA-Patienten. Beide Faktoren wirken allein auf die Aktivitäten- und Teilhabemöglichkeiten und stehen auch gegenseitig in Wechselwirkung. Von Seiten des CMA-Patienten wird inzwischen verstanden, dass es eine starke Belastung darstellen kann, eine Hilfeleistung von einer Person zu erhalten, zu welcher man eine negative Beziehung aufgebaut hat, also wo Reibungen auftreten oder einfach die berühmte „Chemie" nicht stimmt. Mit den aktuellen Gesetzesänderungen sollen Menschen mit Behinderung in ihrer Selbstbestimmtheit gestärkt werden, was vor allem auch die Passgenauigkeit der Hilfen nicht nur in Bezug auf Inhalt und Methode, sondern auch die Hilfeleistende Person in Bezug auf Sympathie betrifft. Ähnlich wie beim Menschen mit Behinderung steigt jedoch die psychische Belastung beim Betreuer in Fällen der Antipathie oder wenn bspw. aufgrund der sozialen Desintegration der Betreuer ständig grundlos menschenunwürdig beschimpft wird. Das Verständnis für die psychische Belastung solcher Tätigkeit ist in der Theorie bereits vorhanden (Litzcke & Schuh 2003, Angerer, Petru, Weigl & Glaser 2010), in der Praxis jedoch nur rudimentär und vereinzelt angekommen. So wird überwiegend davon ausgegangen, dass krankheitsbedingte Verhaltensweisen von der Fachkraft als solche toleriert und verstanden werden müssen und die Wahrung der Menschenwürde einseitig auf den Schutz des Menschen mit Behinderung zu verstehen ist. Verletzungen der Menschenwürde des Betreuers aufgrund krankheitsbedingter Störungen werden toleriert und mit dem Hinweis, dass der Betroffene nichts dafürkönne und der Betreuer sich ja schließlich selbst diesen Beruf ausgesucht habe, abgetan. Außerdem ist der Betreuer häufig nicht berechtigt, subjektive Missempfindungen zu äußern, da es als Professionalität betrachtet wird, stets wertneutral und vorurteilsfrei an jeden Klientenkontakt heranzugehen. Diese Argumente sind leider sehr einseitig und lassen den Betreuer hilflos zurück. Zweifellos sind viele (nicht alle) Verhaltensweisen eines CMA-Patienten, welche die Menschenwürde des Betreuers verletzen, krankheitsbedingt und erfordern Verständnis und therapeutische Maßnahmen, um mit dem Betroffenen eine Änderung und normgerechtes Sozialverhalten zu erarbeiten. Gleichzeitig darf der Therapeut nicht als „Freiwild" sozialer Inkompetenz mit den Blanko-Entschuldigungen einer Störung gesehen werden. Es ist vielmehr die Situation als das zu betrachten, was sie ist: verletzend auf Seiten des Betreuers, oft nicht persönlich gemeint auf Seiten des CMA-Patienten, aber insgesamt unschön und belastend für beide. Reflektiert man später einem CMA-Patienten sein Verhalten, zeigt sich oft eine, aufgrund der Gedächtnisstörungen kurzanhaltende, Einsicht, Reue und Scham. Teilweise spiegeln CMA-Patienten auch selbst Ärger und Belastung wider, wenn der Betreuer aufgrund anhaltender Beschimpfungen den Kontakt kurz und nicht überschwänglich freudig gestaltet. Es ist in jedem Fall eine belastende Situation für alle Beteiligten. Solche Situationen sind nicht vermeidbar, aber sie stellen einen erhöhten Aufwand dar. Gerade in Zeiten des Fachkräftemangels darf eine stärkere Beanspruchung und Belastung der Betreuer nicht totgeschwiegen, sondern soll anerkannt werden. Eine authentische, wertfreie Behandlung, geprägt vom Geben und Einfordern eines normalen Verständnisses für einander im Sinne der geltenden sozialen Gesellschaftsnormen, ist für beide Seiten entlastend und angemessen.

Solche qualitativen Kriterien des Hilfeaufwandes operationalisierbar zu machen, ist jedoch schwierig. Ausgleichszeiten können die Erholung nach besonders belastenden Leistungen fördern und so zu einer gerechteren Behandlung führen. Betreuer, welche belastende Leistungen übernehmen, hätten dafür kürzere Zeiteinheiten, mehr Pausen oder könnten eher Erholungszeiten wahrnehmen. Auch resilienz- und entspannungsfördernde Kurse könnten als Ausgleichszeit gesehen werden. Hierfür muss jedoch der Fakt, dass der Leistungsaufwand nicht nur quantitativ, sondern auch qualitativ unterschiedlich ist, anerkannt und in die Bemessung mit aufgenommen werden.

5.3.6.2 Zeit oder Punkte als Aufwandsmaßeinheit

Um den Leistungsbedarf messbar zu machen, muss ein Maß festgelegt werden, wonach der Aufwand beziffert werden kann. Wie bereits erwähnt, hat der Leistungsaufwand sowohl quantitative, und somit bezifferbare, aber auch qualitative Faktoren, welche schwer messbar sind. Die quantitativen Aspekte lassen sich über die Zeit im Eins-zu-Eins-Kontakt darstellen. Bei Gruppenbetreuungen ist die Zeit durch die Anzahl der betreuten Menschen mit CMA zu dividieren und mit der Anzahl der Betreuer zu multiplizieren. Um die Rechnungen möglichst einfach zu gestalten, bieten sich somit Gruppenbetreuungen von 1:3 oder 1:6 bzw. als Großgruppe Verhältnisse von größer 1:6 für die Erfassung an. Das Sächsische Staatsministerium empfiehlt für Abhängigkeitskranke eine Gruppengröße von maximal 8 Personen (Sächsisches Staatsministerium 2016 S. 12). Der Ausschuss für Angelegenheiten der psychiatrischen Krankenversorgung Sachsen-Anhalt erweitert die Gruppegröße auf 8 – 12 Personen (Ausschuss für Angelegenheiten der psychiatrischen Krankenversorgung Sachsen-Anhalt 2004 S. 9). Da die kognitive Aufmerksamkeitsspanne bei maximal 7 gleichzeitig verarbeiteten Stimuli +/- 2 liegt (Miller 1956), ist eine Gruppe über dieser Anzahl eher als Großgruppe zu werten. Hier ist es dem Betreuer nicht möglich, rein kognitiv alle Gruppenmitglieder gleichzeitig auch nur zu bemerken oder die bemerkten Aspekte zu verarbeiten. Daher ist die Festlegung eines Gruppenverhältnisses für direkte Therapiegruppen von 1:3 für Kleingruppen und 1:6 auch im Sinne aller Gruppenteilnehmer. Neben der dem Betreuungsverhältnis angepassten, direkten Kontaktzeit ist für CMA auch zu berücksichtigen, wieviel indirekte Betreuungszeit notwendig ist. So ist in den besonderen Wohnformen oftmals eine Betreuung tagsüber oder sogar 24 Stunden täglich anwesend, welche die Rahmenbedingungen dieser Betreuungsformen gewährleistet und unvorhersehbare Krisensituationen abfängt. Relevante Aufgaben sind hier das Sicherstellen der täglichen Abläufe, Abdecken von unplanbaren Bedarfen (hinsichtlich Craving o.Ä.) sowie Hintergrundbeobachtungen, um zeitnah therapeutisch eingreifen zu können, zukünftige Interventionen zu planen oder auszuwerten. Der Finanzierungsbedarf wird differenziert sowohl durch die indirekten als auch die direkten Betreuungszeiten berechnet, was, bei einer Entscheidung für ein zeitbasiertes System, in der Berechnung transparent gemacht werden muss.

Der Finanzierungsbedarf soll jedoch nicht abrechnend, sondern prognostisch erhoben werden. Aufgrund des Krankheitsbildes sind starke Schwankungen im Leistungsbedarf möglich. Eine Berechnung über Zeitkataloge, in denen einer Tätigkeit eine Durchschnitts- oder Maximalzeit zugeordnet ist, ist für die vorwiegend anleitende, motivierende oder begleitende Hilfe nicht möglich. Die Zeiten schwanken zwischen den betreuten Personen aufgrund individuell verlangsamter Zeiten und Tagesformen zu stark. So ist „Wecken" eine Leistung, welche realistisch bei diesem Krankheitsbild zwischen 30 Sekunden und 30 Minuten dauern kann. Somit sind lediglich Zeitkorridore eine mögliche Abbildungsart. Um die qualitativen Aspekte mit zu berücksichtigen, besteht für das zeitbezogene Abbildungsverfahren die Möglichkeit, Pausenzeiten an erhöhten Aufwand zu koppeln. Die Leistung wäre auf dem Papier dann länger als der direkte Kontakt zu den Bewohnern, weil die Regenerationszeit in die Leistungszeit einfließen würde. Der Vorteil ist die klare Begrenztheit durch die Zahlen, damit ist die Umrechnung Leistungsbedarf in Finanzierungsbedarf an dieser Stelle einfach. Nachteilig ist, dass die Zeitkorridore nach wie vor viel Raum für Unklarheiten und das Gefühl von Ungerechtigkeiten zulassen und die generelle Umrechnung in Zeiteinheiten beim Leistungserbringer ein Gefühl des Zeitdrucks impliziert. Betreuer erhalten das Gefühl, nicht mehr genügend auf den CMA-Patienten eingehen zu können, sondern nur noch „Fließbandarbeit" zu leisten.

Ein anderes Modell mischt qualitative und quantitative Faktoren. Hier werden Wortbezeichungen mit Punkten verknüpft und zueinander gewichtet. Sinnvoll ist eine bekannte Punktskala wie beispielsweise die Schulbenotung von 1 bis 6. Bei dieser Skala ist der Mensch darauf trainiert 1 als das Beste und 6 als das Schlechteste zu bewerten. Somit ist das System selbsterklärend und aufgrund der allgemeinen Schulpflicht bei jeder Person unabhängig von personalen Faktoren relativ gleichmäßig abgestuft verinnerlicht und abrufbar. Dies ist ein Vorteil. Auch das Vermeiden einer Trennung der quantitativen und qualitativen Anteile des Therapieaufwandes ist ein Vorteil, da dies die Realität praxisnah und somit leichter verständlich widerspiegelt. Ein Problem hingegen stellt das Finden von Wortbezeichnungen dar, welche allgemein für jedermann verständlich sind und vor allem von jedem Nutzer möglichst trennscharf gleich definiert werden.

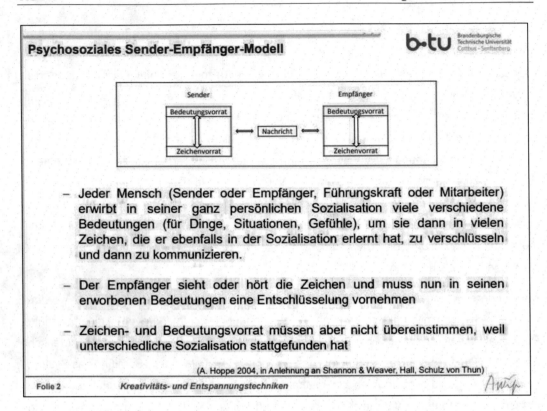

Abb. 20: Psychosoziales Sender-Empfänger-Modell von Annette Hoppe (Hoppe 2020)

Hierbei wird deutlich, dass alle im Bedarfserfassungsprozess eingebundenen Personen einen einheitlichen Zeichenvorrat besitzen müssen, um eine einheitliche Bedeutung zu vermitteln (s. Abb. 20). Das ist momentan nicht gegeben. Sollte dies gelingen, ist diese Methode für den Anwender einfacher umzusetzen als das Messen von Zeiten und, da es von vorneherein qualitative Merkmale einbezieht, zu bevorzugen.

5.3.7 Schlussfolgerungen und Ergebnisse

Um eine differenzierte Finanzierung zu ermöglichen, ist es sinnvoll, dass der Finanzierungsbedarf transparent ist. Das heißt, es muss nachvollziehbar sein, wie die monetäre Summe zustande kommt, auf welchen Grundlagen sie fußt und wer bei der Berechnung beteiligt war. Als Grundlage für den Finanzierungsbedarf ist der Leistungsbedarf heranzuziehen, welcher wiederum auf dem Hilfebedarf basiert. Eine direkte Ableitung des Finanzierungsbedarfes aus dem Hilfebedarf oder der Zielvereinbarung ist nicht sinnvoll, da dies sowohl in der Umsetzung in Leistungen als auch in der Ableitung des Finanzierungsbedarfes zu viel Spielraum und Fehlinterpretationen zulassen würde. Die daraus abgeleitete Abbildung 21 verdeutlicht die Kausalkette einer transparenten Bedarfserfassung:

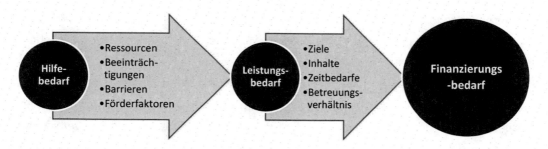

Abb. 21: Kausalkette der transparenten Bedarfserfassung

Eine Ausgabe des Finanzierungsbedarfs ist in Zeiteinheiten und Bedarfskategorien möglich, welche aufgrund des ausgewogenen Kosten-Nutzen-Verhältnisses in Bezug auf instabile Bedarfe zu bevorzugen sind. Bei der Bewertung der Leistungen als Grundlage für den Finanzierungsbedarf sind sowohl qualitative wie auch quantitative Merkmale zu berücksichtigen. Die Beurteilung der Leistungen kann hierfür in Punkten oder als Zeiteinheiten erfolgen. Bei der Ausgabe in Zeiteinheiten müssen die qualitativen Anteile aufgeschlagen oder anderweitig berücksichtigt werden. Der Finanzierungsbedarf an sich kann als nachträgliche Abrechnung erfolgen. Da hier der Einfluss des Kostenträgers jedoch rückwirkend zu gering ist, ist eine prognostische Schätzung des benötigten Bedarfes üblich.

5.4 Vorüberlegungen bezüglich Struktur und Form eines neuen Instrumentes

5.4.1 Getrennte Bearbeitung Hilfebedarf, Leistungsbedarf, Finanzierungsbedarf

Vorliegende Voruntersuchungen ergaben, dass das Ausfüllen des Brandenburger Instrumentes eine kognitive Überforderung darstellt. Concurrent-thinking-aloud-protocols in der Methode nach Häder (Häder 2015) erbrachten, dass gleichzeitig zehn Arbeitsschritte im Kopf durchgeführt werden müssen (vgl. Studie Kapitel 6.3.2.3). Dies stellt eine massive kognitive Überforderung dar, aus welcher Fehler, Vergessen oder Inexaktheiten resultieren (Hofinger 2003). Insbesondere die Verknüpfung von Hilfe- und Leistungsbedarfsbewertung in einem derart komplex auszuführenden Prozess bewirkt, dass die Schwere des Hilfebedarfes nur noch ungefähr in Erinnerung ist, wenn der Leistungsumfang bewertet wird. Der Bewertungsprozess, ob und welche Hilfebedarfe vorliegen, erfordert den geistigen Zugriff auf eine extreme Anzahl von Informationen sowie deren Verarbeitungsergebnissen. Hierzu gehören unter Anderem tägliche Beobachtungen des Verhaltens, der Mimik und der Gestik des CMA-Patienten, Kommunikation mit dem CMA-Betroffenen, die Auswertung dieser Informationen allein und im Zusammenhang mit der jeweiligen Situation, empathische Verknüpfungen um zu bewerten, ob eine Teilhabebeeinträchtigung in Bezug auf die

Lebenszufriedenheit, Selbstbestimmung oder das Einbezogensein in die Lebenssituation entstanden ist sowie der Vergleich mit anderen Menschen mit CMA und Menschen ohne Behinderung um die Teilhabebeeinträchtigung bezüglich der Lebensqualität zu relativieren. Zusammengefasst bedeutet dies die Sichtung und Auswertung von Unmengen an Erinnerungen und Erfahrungswerten. All diese Daten sind zusammenzuführen und zu einer Einschätzung, ob der CMA-Patient in diesem Bereich einen Hilfebedarf hat, zu verbinden. Allein dieser Prozess erfordert kognitiv mehrere einzelne Arbeitsschritte. Für eine möglichst realistische Abbildung der teilhaberelevanten Hilfebedarfe, ist eine Unterstützung der kognitiven Leistung durch das Instrument notwendig. Um den Paradigmenwechsel zu unterstützen, ist die Verwendung des bio-psychosozialen Modells als strukturelle Basis sinnvoll. Hilfebedarfe spiegeln jedoch die Barrieren und Förderfaktoren wider, welche für jeden Menschen individuell auftreten. Die Individualität kommt zum einen aus den personenbezogenen Faktoren, welche auch die Einstellungen, die Art und Weise auf Bedingungen zu reagieren, die Erfahrungswerte, frühkindlichen Prägungen, personenbezogenen Schlüsselreize und viele weitere Aspekte beinhalten. Jeder Mensch geht mit der gleichen Situation anders um. Daher bieten ein und dieselben Bedingungen für verschiedene Menschen verschiedene Voraussetzungen. Trotz gleicher Schädigung kann in derselben Umwelt ein Mensch eine Barriere spüren, an der er verzweifelt, während ein anderer überhaupt kein Problem erkennt. Hinzu kommen die Wechselwirkungen zwischen den Faktoren des bio-psychosozialen Modells. Dies bedeutet, dass es unendliche viele Kombinationen gibt und somit jeder Hilfebedarf persönlich ist, individuell zu bewerten und zu beschreiben ist. Selbst die Begrenzung der Hilfebedarfe auf die ICF-Items wäre eine Einschränkung, welche letztendlich die Passgenauigkeit einer personenzentrierten Hilfe beschneiden würde. Daher ist es sinnvoll, die Hilfebedarfe möglichst individuell und frei von direkten Vorgaben zu erfassen. Eine multiple-choice-Anordnung spezifischer Items wäre selbst bei krankheitsbildspezifischen Items uneffektiv, da das Krankheitsbild selbst bereits eine unübersichtlich große Heterogenität aufweist, welche durch die Wechselwirkung mit den Kontextfaktoren nicht sinnvoll handhabbar sein kann. Eine freie Erfassung im Sinne von Sozialberichten ist jedoch auch nicht effektiv, da keine Vergleichbarkeit zustande kommt, der subjektive Einfluss des Erfassers oft überdurchschnittlich hoch und der Aufwand sowohl im Erstellen als auch im Lesen ebenfalls inakzeptabel hoch ist. Als Kompromiss ist eine freie Erfassung der einzelnen Hilfebedarfe innerhalb einer vorgegebenen Gliederungsstruktur (ähnliche einem Interviewleitfaden) anzustreben. Hierbei bleibt die Individualität erhalten durch die Möglichkeit der freien Beschreibung. Vergleichbarkeit, akzeptable Objektivität und Aufwand sowie die Steuerungsfunktion in Bezug auf die Krankheitsbildspezifik und den Paradigmenwechsel sind hierüber möglich. Die Gliederung sollte sich am bio-psychosozialen Modell orientieren, Defizite, Ressourcen, Barrieren und Förderfaktoren erfassen und Auskunft und die teilhaberelevanten Bedarfe übersichtlich zusammenfassen (Muth 2018). Um die Hilfebedarfe im Zusammenspiel Hilfeempfänger, Kostenträger und Leistungserbringer für alle Parteien verständlich zu erfassen, ist ein Interviewleitfaden zu erstellen, welcher sich der Sprache der ICF bedient, aber mit möglichst gleichem Layout auch in leichter Sprache vorliegt, sodass alle gleichzeitig überlegen, hinterfragen und etwas beitragen können. Diese Verbindung des ICF-Sprachgebrauchs mit der einfachen Sprache als direkte Übersetzung hat den Vorteil, dass der CMA-Patient, auch wenn er die ICF-Begriffe nicht versteht, sich an sie gewöhnt und mit der Zeit eine Verknüpfung zwischen dem in leichter Sprache erklärten Inhalt und den ICF-Begriffen herstellen kann. Ziel ist hierbei nicht, den CMA-Patienten zur Verwendung der ICF-Begriffe zu befähigen, sondern ihm die Angst zu nehmen, wenn er sie in anderem Zusammenhang von gerichtlich gestellten Betreuern, Betreuungsbehörde, Gericht, Gesundheitsamt oder in weiteren Situationen hört. Sie sollen ihm wenigstens bekannt vorkommen und nicht als unverständlich schlimm erscheinen.

Die Leistungsbedarfserfassung basiert auf den erfassten teilhaberelevanten Hilfebedarfen. Da die Leistungen im Gegensatz zu den Hilfebedarfen endlich in Bezug auf die Anzahl der Möglichkeiten sind, ist hier eine Zusammenfassung einzelner Leistungen zu Leistungsbereichen möglich. Die Leistungen selbst orientieren sich zum einen an den notwendigen Tätigkeiten des Lebens und an den Denkmustern des CMA-Patienten, welche sich in seinen Handlungen widerspiegeln. Falls diese nicht frei bestimmt oder ausgeführt werden können, muss eine Leistung in Form von Erinnerung, Motivation, Anleitung, Training, Begleitung oder stellvertretender Ausführung als Unterstützung erbracht werden. Außerdem erfolgen Leistungen zur Prävention bei antizipierten Beeinträchtigungen oder in Funktion eines Spannungsausgleichs und Vermittlers bei emotionalen Spannungen oder Konflikten. Leistungen, welche erbracht werden müssen, jedoch ohne direkten Kontakt zum CMA-Patienten stehen, sind beispielsweise Dokumentationen oder Fallbesprechungen. Eine der wichtigsten Leistungen für das spezifische Krankheitsbild des CMA-Patienten ist jedoch die 24stündige latente Beobachtung, welche darauf fokussiert ist, Abweichungen vom Normalverhalten des jeweiligen CMA-Betroffen zu bemerken. Diese Hintergrundbetreuung ist wichtig, um Cravinganzeichen frühzeitig zu erkennen und durch gezielte Maßnahmen möglichst zu unterbrechen. Da Craving immer zum Verhaltens- und Trinkrückfall führen kann, müssen diese Prozesse so oft wie möglich unterbunden werden. Das ist relevant, da nicht immer klar erkennbar ist, welcher unbewusste Reiz das Craving auslöst und eine Vermeidung dieser Reize nicht vollständig möglich ist. Somit besteht die Gefahr konstant weiter. Da Trinkrückfälle häufig nicht allein auftreten, sondern vielfach weitere und oft auch in ihrer Schwere zunehmende Trinkrückfälle nach sich ziehen, ist das rechtzeitige Erkennen und Unterbinden von Craving eine der Hauptleistungen der stationären Therapie. Wichtig ist dies vor allem, da die körperlichen Schäden jedoch bei CMA fast immer gravierend und die kognitiven und psychischen Auswirkungen der Trinkrückfälle für gewöhnlich nicht vernachlässigbar sind. Neben dem Gesamtumfang der Leistungen ist die Beobachtungsleistung zur Erkennung und Unterbindung von Craving eine Notwendigkeit, welche für die meisten CMA-Erkrankten den Therapieaufenthalt in einer stationären Einrichtung anstelle einer ambulanten Leistungsversorgung darstellt. Generelle Leistungen, wie die eben beschriebene, dienen jedoch nicht der Differenzierung, da sie für alle CMA-Betroffenen gleichermaßen anfallen. Sie müssen somit in den Finanzierungsbedarf einkalkuliert, aber nicht in einem Instrument zur Erfassung des Leistungsbedarfes berücksichtigt werden. Die zu erfassenden Hilfen, sollten den Bedarf des Individuums aufzeigen, aber auch eine Differenzierungsmöglichkeit zwischen den CMA-Patienten in Therapien schaffen, um die Gerechtigkeit der Finanzierung zu unterstützen. Um den Aufwand der Erfassung möglichst gering zu halten, ist die Gruppierung einzelner Leistungen zu Leistungsbereichen sinnvoll. Diese Leistungsbereiche sollten inhaltlich nachvollziehbar, klar voneinander abgegrenzt und überschaubar sein. Sie sollten möglichst nah am Alltag der aktiven Hilfe im aktuellen Lebensraum des CMA-Patienten sein. Des Weiteren müssen sie krankheitsbildspezifisch und leistungsbezogen formuliert werden, um das Verständnis und somit die Bearbeitung zu erleichtern. Eine Orientierung in Anordnung und Reihenfolge am Brandenburger Instrument fördert Wiedererkennungseffekte und stärkt die Einarbeitungsbereitschaft. Zur Sicherstellung, dass trotz fundierter Methodik in der Itempoolerhebung nicht nur die meisten, sondern alle Leistungsbedarfe erfasst werden können, sollten Individualisierungen über freie Textfelder zur Erörterung und Ergänzung möglich sein. Diese sind jedoch als zusätzliche Möglichkeit und nicht als Pflicht zu verstehen. Um den Aufwand nicht übermäßig zu gestalten, wird auf diese Tatsache verstärkt hingewiesen werden müssen. Die Gliederung der Leistungsbedarfserfassung sollte, wie bereits in Kapitel 5.2.3 beschrieben, anhand der Kategorien „Abhängigkeitsspezifische Leistungen", „zu einer Grundteilhabe befähigende Leistungen", „Leistungen zur Unterstützung der Lebensführung", „Leistungen der tagesstrukturierenden Maßnahmen" und „Leistungen zur Unterstützung der sozialen Kompetenz" erfolgen. Diese Untergliederung ist wichtig, um die detaillierte Auseinandersetzung mit den notwendigen Leistungen übersichtlich zu gestalten. Außerdem müssen die einzelnen Gliederungspunkte leitfadenähnlich strukturiert und inhaltlich mit fachlichen Items untersetzt werden. Eine weniger strukturierte Aufzählung der Leistungen, wie bspw. beim ITP-Brandenburg, welche die Leistungen nur anhand der drei Zielbereiche „Persönliche Interessen / Freizeit / Teilhabe am gesellschaftlichen Leben", „Selbstversorgung / Wohnen / Häuslichkeit" und „Arbeit / Beschäftigung / Tagesstruktur / Bildung" unterteilt, aber keine weitere Strukturierung in der Erhebung der notwendigen Leistungen bietet, fördert die Ausrichtung der Leistungen an bereits existierenden Angeboten, was die personenzentrierte Leistungsbestimmung behindert.

Die Bewertung des Leistungsumfanges ist entweder anhand einer Punktskala oder in konkreten Zeitwerten anzugeben. Die Vorüberlegungen wurden hierzu in Kapitel 5.3.6.2 erörtert, eine Entscheidung wird anhand der Evaluationsergebnisse getroffen werden.

Der Finanzierungsbedarf ergibt sich aus der Summe der individuellen Leistungen, anhand welcher sich der Leistungsbedarf der CMA-Patienten voneinander unterscheiden lässt, den generellen Leistungen, welche für alle CMA-Patienten gleichermaßen notwendig sind, sowie den einrichtungsbezogenen Leistungen. Die genaue Zusammensetzung des Finanzierungsbedarfes vor und nach der Umstellung 2020 wurde bereits in anderen Kapiteln näher beleuchtet. Der Anteil, welcher für jeden CMA-Patienten vor und nach dieser Umstellung variiert, ist die Finanzierung der Leistungen, welche als Fachleistungen durchgängig von der Eingliederungshilfe zu tragen sind. Der Finanzierungsbedarf ist nur aus den erhobenen Leistungen abzuleiten. Die Festlegung wird zum Ende der Leistungsbedarfserfassung getroffen. Sie erfolgt somit im Grunde genommen vor der Kenntnis des letztendlichen Finanzierungsbedarfes und ist nur bei Überschreitung der finanziellen Möglichkeiten des jeweiligen öffentlichen Sozialhilfeträgers nach Berechnung des Finanzierungsbedarfes zu verhandeln.

5.4.2 Nutzen einer ausführlichen Instrument-unterstützten Leistungsbedarfsermittlung

Die derzeit üblichen Bedarfserfassungsverfahren konzentrieren sich auf die Erfassung des Hilfebedarfs. Dies ist als Grundlage wesentlich, da sich hierauf auch der rechtliche Anspruch auf eine Leistung beruft. Die Ermittlung und Beschreibung der tatsächlich zu erbringenden Leistungen wird meist nachrangig in der Wichtigkeit betrachtet. In der aktiven Hilfe resultiert daraus viel Versuch-und-Irrtum-Vorgehen. Die Festlegung von Leistungen beruht letztendlich darauf, welche Leistungserbringer dem jeweiligen Kostenträger bekannt sind, wo eine verlässliche Zusammenarbeit zu sehen ist, in letzter Zeit keine Klagen der Aufsicht für unterstützte Wohnformen oder von CMA-Patienten selbst an den Kostenträger herangetragen wurden oder wo gerade ein Platz frei ist. Dies sind jedoch kontextbezogene Kriterien und haben mit personenbezogener Hilfe wenig zu tun. Ein weiterer Aspekt, welcher gegen die angeführte freie Beschreibung des Leistungsbedarfes spricht, ist die kognitive Überforderung im Prozessvorgang. Bei völlig ungeführter Leistungsermittlung stehen fast unbegrenzte Leistungen zur Auswahl. Damit sind die kognitiv maximal handhabbaren sieben Freiheitsgrade weit überschritten und es kommt zu einer Überforderung, welche eine Nichtentscheidung mit Rückkehr in bekannte und somit sichere Entscheidungen bringt. Damit werden stets die Leistungen bevorzugt beschrieben und empfohlen, welche in früheren Fällen funktioniert haben. Aufgrund der Individualität jedes Menschen kann, aber muss dies nicht zum Erfolg führen und eine personenbezogene Ermittlung der Leistungen ist somit Grundlage für personenbezogene Hilfen.

Weitere Vorteile einer gesondert aufgeführten, unterstützten Leistungsermittlung sind:

- Leistungen sind nachprüfbar, daher objektiver abzurechnen

Ob ein Hilfebedarf besteht oder nicht ist aufgrund der krankheitsbedingten Tagesformabhängigkeit und subjektiven Darstellung der Betroffenen gegenüber verschiedenen Personen schwer überprüfbar. Ob und in welchem Umfang eine Leistung erbracht wurde, lässt sich anhand von Dienstbüchern, Therapieplänen, Gesprächsdokumentationen und ähnlichen vorliegenden Dokumenten auch im Nachhinein objektiv prüfen. Somit ist eine unterstützte und aussagekräftige Leistungsermittlung gleichzeitig Absicherung für CMA-Patienten und Kostenträger.

- Hohe Akzeptanz beim Betroffenen

Es fällt einem Menschen allgemein und CMA-Patienten insbesondere schwer, sich Hilfebedarfe einzugestehen, da dies fast immer mit einem Verlust an Selbstwertgefühl einhergeht. Das Erhalten einer Unterstützungsleistung wird hingegen als „eher normal" gewertet („Jeder braucht irgendwo einmal Unterstützung. Dann geht es manchmal halt besser. Deshalb ist man noch lange kein Versager." Zitat eines CMA-Patienten) und führt weniger zu demütigenden Gefühlen. Das Erfassen von Leistungen intendiert eine höhere Akzeptanz bei den Betroffenen und auch die Bereitschaft zur Mitwirkung am Hilfeprozess steigt an.

- Hohe Selbstbestimmung = Verbesserung der Teilhabe

Die Einschätzung eines Hilfebedarfes entspricht nicht immer dem Selbstbild des CMA-Patienten. Dieser Konflikt führt in dem Betroffenen zu dem Gefühl der Fremdbestimmtheit. Um die Notwendigkeit und Wirksamkeit der Leistungen in Bezug auf die Teilhabebeeinträchtigungen einschätzen zu können, ist eine engmaschige Zusammenarbeit mit dem Betroffenen notwendig. Hierdurch erhöht sich das Gefühl der Mitbestimmung und Akzeptanz bei dem Betroffenen und somit wird die Selbstbestimmung gefördert, was zu einer Verbesserung der Teilhabe am gesellschaftlichen Leben führt.

- Hohe Transparenz

Die Erfassung von Leistungen gibt deutlicher Auskunft darüber, welche unterstützenden Maßnahmen der Betroffene erhält. Aufgrund von Training besteht zwar die Möglichkeit, dass der Hilfebedarf per se unverändert bleibt, unter den trainierten Bedingungen trotzdem keine Leistung mehr notwendig ist und somit wenigstens eine begrenzte Selbständigkeit erreicht werden könnte. Dies ist anhand der Erfassung des Hilfebedarfs nicht ersichtlich.

- Verbesserte Kommunikation an der Schnittstelle Kosten- und Leistungsträger

Aus der reinen Erfassung der Hilfebedarfe sind Art und Umfang einer Leistung nicht sicher ableitbar. Diese ungeregelte Übersetzung führt oftmals zu Missverständnissen und Unklarheiten zwischen Leistungs- und Kostenträger, welche erneute Aufwände in der Klärung fordern. Finanziert werden laut Gesetz jedoch nicht die Hilfebedarfe, sondern die Leistungen, welche die Teilhabe ermöglichen oder erleichtern. Eine Fehlableitung „falscher Leistung" aufgrund unzureichender Unterstützung in der Ermittlung führt zu Konsequenzen in der Finanzierung. Daher ist das geführte krankheitsbildspezifische Erfassen der Leistungen zielführender und erhöht die Klarheit in der Kommunikation an der Schnittstelle zwischen Kosten- und Leistungsträger.

- Bestehende Prüfungsgremien = bessere Absicherung der Kostenträger

Derzeit bestehen zwei unabhängige Prüfkommissionen, welche bei Schwierigkeiten eingesetzt werden können und somit den Kostenträger (örtlicher Sozialhilfeträger) absichern. Dies ist die Serviceeinheit Entgeltwesen, welche prüft, ob die erfassten und somit finanzierten Leistungen auch den tatsächlich erbrachten Leistungen entsprechen.

Die Aufsicht für unterstützende Wohnformen prüft, ob das Wohlbefinden eines Bewohners beeinträchtigt ist, was durch zu viel, zu wenig oder falsche Hilfeleistungen möglich ist. Sie hat vorrangig beratende Funktionen, kann jedoch auch bei Beeinträchtigung des Wohlbefindens des Bewohners Strafen bei Nichtveränderung der Umstände aussprechen. Der Bewohner kann sich jederzeit selbständig an die Aufsicht für unterstützende Wohnformen wenden und Beschwerden, Fragen und Hinweise vorbringen. Beide Gremien können bei Zweifel vom Kostenträger zur Prüfung beauftragt werden.

5.4.3 Notwendige Zusatzbögen

Um die Arbeit mit einem Bedarfserfassungsinstrument möglichst effizient zu gestalten ist es sinnvoll, ein Hauptinstrument zu entwickeln, welches die Mehrheit der Bedarfe abdeckt. Gleichzeitig gibt es jedoch auch Situationen, in denen Bedarfe auftreten, welche damit wenig übereinstimmen. Für diese Situationen ist es sinnvoll, andere Erfassungsmöglichkeiten zu schaffen. Hierzu ist zunächst einmal der Therapieverlauf für CMA-Patienten in einer vollzeitbetreuten besonderen Wohnform zu betrachten. Im Rahmen der vorliegenden wissenschaftlichen Arbeit wurden umfassende Dokumentationsstudien durchgeführt, die den Therapieverlauf widerspiegeln (vgl. Kap. 6.3.4.1).

1. Phase: Eingewöhnung

Hier bezieht der CMA-Betroffene die Einrichtung, setzt sich mit dem mittelbaren und unmittelbaren neuen Wohnumfeld sowie den dort geltenden Regeln und Normen auseinander, lernt sein soziales Umfeld kennen und versucht, sich seinen Fähigkeiten entsprechend einzuordnen. Außerdem wird der Therapiealltag mit ihm besprochen, er wird in Gruppen und Abläufe eingeordnet und, wo möglich, die Therapien und Tagesabläufe auf ihn angepasst. Hier ist der Leistungsbedarf nur bedingt prognostizierbar und sollte daher pauschal geschätzt werden. Diese Schätzung sollte anhand der Ergebnisse des Erstgespräches zur Prüfung der Leistungsberechtigung erfolgen und von einer Person mit Kenntnis des Krankheitsbildes, hoher Empathie und möglichst viel Erfahrung im Umgang mit der Klientel durchgeführt werden. Für die Nutzung eines vollständigen Bedarfserfassungsinstrumentes gibt es zu diesem Zeitpunkt nicht genügend Informationen. Einen eigenen Erfassungsbogen für diese Situation zu erstellen, ist nicht zweckmäßig, da sich die möglichen zu erhebenden Daten mit denen doppeln würden, welche zur Prüfung der Leistungsberechtigung bereits erhoben wurden. Mehr Daten als zu dieser Prüfung sind von der Klientel aufgrund der krankheitsbedingten kognitiven Schädigung nur in seltenen Einzelfällen verfügbar.

2. Phase: Therapiealltag innerhalb der Vollzeitbetreuung der besonderen Wohnform

Im Anschluss an die Eingewöhnungsphase erfolgt der Übergang in den normalen Therapiealltag. Hierfür ist der Leistungsbedarf über das zu erarbeitende Instrument zu erfassen.

In einigen Fällen ist nach einem entsprechenden Entwicklungszeitraum eine Stabilisierung der Fähigkeiten und Fertigkeiten sowie der Teilhabe soweit gelungen, dass ein Wechsel in ambulante Hilfeformen möglich ist.

3. Phase: Ambulante Betreuung in eigenem Wohnraum

Die ambulante Betreuung unterscheidet sich von der Vollzeitbetreuung in stationären Einrichtungen vor allem dadurch, dass die Betreuung nur noch stundenweise zu spezifischen Zielstellungen erfolgt. Hilfebedarfe, die außerhalb dieser Zielstellungen liegen, dürfen nur untergeordnet mitbearbeitet werden. Weiteres Unterscheidungsmerkmal ist, dass bei stationären Einrichtungen oder besonderen Wohnformen die Wohnräume der Betroffenen meist innerhalb eines Gebäudes oder innerhalb eines Objekts liegen und zusätzlich Gemeinschaftsräume, wie Speiseraum, Räume zur Wäschepflege oder Therapieräume zur gemeinsamen Nutzung, zur Verfügung stehen. Die ambulante Betreuung erfolgt meist ausschließlich im eigenen Wohnraum oder im Lebensumfeld, z.B. auf dem Weg zum Arzt oder in der Einkaufsbegleitung. Gemeinschaftlich genutzte Räume mehrerer CMA-Patienten sind in der ambulanten Betreuung die Ausnahme.

Aufgrund dieses relativ großen Unterschiedes der Lebensbedingungen fällt der Wechsel zwischen beiden Betreuungsformen vielen CMA-Patienten sehr schwer. Insbesondere der Umgang mit Veränderungen ist aufgrund der kognitiven und psychischen Beeinträchtigung bei diesem Krankheitsbild stark eingeschränkt und bedarf individueller, intensiver Hilfe. Trotz großer Bemühungen der Therapeuten der stationären Einrichtungen, eine möglichst hohe Selbstständigkeit zu fördern, bringt jeder stationäre, längere Aufenthalt eine gewisse Grundhospitalisierung mit sich. So ist der CMA-Betroffene nach einiger Zeit daran gewöhnt, dass jederzeit ein Ansprechpartner da ist, er konsequent Erinnerungen erhält oder dass bei Fehlverhalten, falschen Schlussfolgerungen oder Fehlplanungen im Notfall jemand die Schadensbegrenzung übernimmt, steuert oder wenigstens unterstützt. Des Weiteren sind in einer vollzeitbetreuten besonderen Wohnform immer ausreichend Personen anwesend, sodass einer Einsamkeit oder Langeweile vom Prinzip her grundlegend vorgebeugt werden kann. Dies entspricht nicht immer den Wünschen und Bedürfnissen des jeweiligen CMA-Betroffenen, bedeutet aber, dass sich, im Gegensatz zum eigenen Wohnraum außerhalb einer Einrichtung, grundsätzlich niemand isolieren kann.

Bis nach 2010 war es üblich, diesen Wechsel abrupt vorzunehmen, und von einem auf den anderen Tag vollzog sich der Übergang aus der stationären Einrichtung in den eigenen Wohnraum, bei ambulanter Betreuung von im Höchstfall einigen Stunden am Tag (ohne Wochenendbetreuung). Diese plötzlichen Veränderungen führten dazu, dass die meisten CMA-Patienten aufgrund von Überforderung nach wenigen Monaten zurück in eine vollstationäre Einrichtung mussten oder mittels Trinkrückfällen in alte Verhaltensweisen abrutschten und aus dem Hilfesystem fielen. Wenige bekamen eine erneute Chance und begannen den Hilfeprozess ganz von vorn. In der Miteinander GmbH ergab sich laut Dokumentenstudie zwischen 2006 und 2008 eine Rückfallquote von über 80% für 15 CMA-Patienten, die nach abruptem Übergang von stationärer auf ambulante Betreuung starke Trink- und Verhaltensrückfälle innerhalb eines Jahres aufwiesen. Bei 67% wurde hieraufhin die Hilfe von Seiten der Kostenträgers eingestellt, 20% kehrten in die Einrichtung zurück, 13% verstarben. Der Erfahrungsaustausch in den in Kapitel 2.4.5 beschriebenen Arbeitskreisen ergab ähnliche Resultate in der CMA-Hilfe in diesem Zeitraum in ganz Brandenburg. Ein längerfristiger und schrittweiser Übergang, wie in den letzten 10 Jahren mehrheitlich durchgeführt, zeigte hingegen gute Ergebnisse und konnte, wenn auch nicht bei allen, so doch bei der Mehrheit der CMA-Patienten einen stabilen Verbleib in eigener Wohnung oder Wohngemeinschaft für mehrere Jahre oder generell erreichen. So lebten von den 16 CMA-

Patienten, welche im Zeitraum 2014 – 2016 in eigenen Wohnraum mit ambulanter Betreuung nach einer schrittweisen Übergangsphase gewechselt waren, 75% auch nach zwei Jahren noch in der eigenen Wohnung. Bei 19% hiervon konnte die Hilfe um fast die Hälfte der Fachleistungsstunden reduziert werden, 63% behielten das anfängliche Leistungsbedarfsvolumen bei oder wiesen leichte Reduzierungen auf, bei 31% musste das Leistungsvolumen erhöht werden, 6% erhielten nach zwei Jahren keine Hilfe mehr.

Der Übergang von stationärer Einrichtung in den eigenen Wohnraum mit ambulanter Bereuung erfolgt sinnvoller Weise mittels stark individualisierter Hilfeleistungen. Hier ist noch mehr Personenzentriertheit in der Arbeit möglich als in der vollstationären Einrichtung, weil die Betreuung fast immer 1:1 erfolgt und nicht an Gruppenabläufe gebunden ist. Somit ist jedoch auch ein allgemein nutzbares Bedarfserfassungsinstrument uneffektiv. Die spezifischen Hilfen in ihrer Chronologie sollten in einem Zusatzbogen abbildbar sein.

Zweckmäßig für einen möglichst stabilen Wechsel der Betreuungsform zeigte die Dokumentenanalyse von 29 Bewohnerdokumentationen der Jahre 2014 – 2019 der Einrichtungen der Miteinander GmbH eine Übergangsphase in drei Schritten. Die nachfolgende Abbildung 22 verdeutlicht diese sowie die phasenweise Zuordnung des Erfassungsbogens schematisch.

Zuerst ist eine Vorbereitungsphase notwendig, in welcher der CMA-Klient weiter in der stationären Einrichtung wohnt. Von hier aus wird eine Wohnung durch den gerichtlich gestellten Betreuer oder, jedoch selten, durch den CMA-Betroffenen selbst mit oder ohne Unterstützung der Einrichtung gesucht. Nach dem Einrichten der Wohnung erfolgt die zweite Phase, das Auswohntraining. Hier hält sich der CMA-Betroffene für einige Stunden am Tag in der Wohnung auf und übt bestimmte Tätigkeiten, wie beispielsweise Essen zubereiten, Abwasch, Wäsche waschen, Kontakt zu den Nachbarn falls möglich und weitere Alltagstätigkeiten. Diese Phase wird individuell geplant und ist geprägt von intensivem Kontakt zum Therapeuten zwecks regelmäßiger Vor- und Nachbereitung der Aufenthalte in der Wohnung. Auch wenn vorher ein ungefährer Zeitraum veranschlagt wird, was wichtig ist zur Orientierung für den CMA-Betroffenen, ist eine individuelle Verlängerung oder auch Verkürzung aufgrund der Entwicklung jederzeit möglich. Anschließend erfolgt die letzte Phase des Übergangs, in welcher der CMA-Betroffene in der Wohnung wohnt und nur noch stundenweise den Kontakt zur Einrichtung sucht. Hier erfolgt die Ablösung von der stationären Einrichtung. Neben den betreuerischen Leistungen ist hier wiederum die Beobachtungsleistung auf Anzeichen von Überforderung oder Craving zu sehen, sowie die bestätigenden Gespräche, um positive Verstärkungsreize zur Stabilisierung zu setzen.

1. Stufe: Vorbereitungsphase			
Wohnsituation	**Ziel**	**Umfang der Hilfe**	**Ort der Erfassung im IBUT-CMA**
Erfolgt aus der stationären Einrichtung heraus	*Schaffen der Möglichkeit des Übergangs in eigenen Wohnraum*	*Zunehmend* *(insbesondere Hilfe bei Planung des Vorhabens, Findung und Einrichtung des Wohnraumes sowie Umzug)*	➡

2. Stufe: Trainingsphase			
Wohnsituation	**Ziel**	**Umfang der Hilfe**	**Ort der Erfassung im IBUT-CMA**
Erfolgt im Übergang von der stationären Einrichtung und dem eigenen Wohnraum	*Stabilisierung und Übertragung der erarbeiteten Fähigkeiten auf die neue Situation*	*Hoch* *(insbesondere latente Beobachtung und intensive Reflektion zur Prävention destruktiver Krisen)*	➡

3. Stufe: Ablösephase			
Wohnsituation	**Ziel**	**Umfang der Hilfe**	**Ort der Erfassung im IBUT-CMA**
Erfolgt im eigenen Wohnraum	*Selbstbestimmtes Wohnen*	*Abnehmend* *(insbesondere Unterstützung des Ablöseprozesses und Umgewöhnung auf neues Personal der ambulanten Hilfe)*	➡

Abb. 22: Phasenweise Zuordnung im Auswohntraining

In dem Erfassungsbogen sind alle drei Phasen einzeln zu erfassen, da alle drei Phasen unterschiedliche Leistungen benötigen. Aufgrund der Individualisierung ist eine freie Beschreibung der einzelnen Leistungsbedarfe notwendig. Festlegungen von Teil- und Gesamtzielen, vereinbarten Zeiträumen und Verantwortlichkeiten sollten in dem Erfassungsbogen aufgenommen werden. Für CMA-Patienten, welche aktuell keinen Wechsel der Betreuungsform durchlaufen, ist dieser Bogen nicht zu erheben.

Ein weiterer gesonderter Erfassungsbogen ist für die Beschreibung zeitbegrenzter schwerer Krisen notwendig. Immer wieder treten bei dem Krankheitsbild CMA schwere Krisen auf, welche nachvollziehbar zeitlich begrenzt einen außergewöhnlichen Leistungsbedarf benötigen. In Krisen, wie beispielsweise einer Krebserkrankung, besteht das Ziel der Therapie zwar weiter in der Förderung der Teilhabe, jedoch rückt der Aspekt der medizinischen Gesundung in den Vordergrund, während das Training der Verselbständigung meist vorübergehend zum Erliegen kommt. Daher ist für diesen Fall eine Neuerfassung der aktuellen Hilfe- und Leistungsbedarfe notwendig. Ist jedoch von vorneherein absehbar, dass die Leistungen der üblichen Therapie mit den Leistungen zur Unterstützung der Heilung wenig gemein haben werden, können die normalen Erfassungsbögen wenig Aussage liefern. In diesem Fall ist eine gesonderte individuelle Kurzbeschreibung der Leistungen in Bezug auf das Aufwand-Nutzen-Verhältnis effektiver und für den Betroffenen mit weniger Anstrengung verbunden. Wichtig ist, dass es sich nachvollziehbar um eine zeitlich vorübergehende Krise handelt. Neben zeitlich begrenzten Erkrankungen kann dies beispielsweise eine stark ausgeprägte depressive Phase, ein überdeutlich starker Rückzug aufgrund von Trauer um verlorene Familienmitglieder oder ähnliche, schwere psychische Krisen auslösende Ereignisse sein. Sollte sich abzeichnen, dass die Krise dauerhaft ist, so ist die Überführung in eine angepasste Hilfeform anzuregen.

5.4.4 Nutzerfreundlichkeit

Wichtig für eine nutzerfreundliche Anwendung eines Instrumentes sind zum einen die Verständlichkeit und die Sinnhaftigkeit, aber auch dass es überschaubar gestaltet ist, den Nutzer logisch führt und steuert, sich weitest gehend selbst erklärt und im Umfang nicht erdrückend erscheint, trotz lesbarer Schriftgröße. Für eine gute Verständlichkeit und Selbsterklärung ist die Verwendung einer zielgruppenangepassten Sprache wichtig. Da über die ICF-Verankerung im BTHG eine verbreitete Nutzung der ICF-Begrifflichkeiten zu erwarten ist, sollte dies auch in der Hilfebedarfserfassung zum Tragen kommen. Gleichzeitig sind jedoch für den CMA-Patienten einfache Erklärungen im Sinne einer Übersetzungsschablone in leichter Sprache notwendig. Schablonenartig sollten die Kommunikationshilfen deshalb sein, damit der CMA-Patient bereits vom ersten Eindruck her erkennt, dass alle Mitwirkenden dieselben Inhalte, nur jeder in seiner Sprache, bearbeiten. Zum einen schafft dies mehr Vertrauen für alle Beteiligten und gleichzeitig erleichtert es auch die Kommunikation (bspw. „zweiter Kasten von oben"). Um das Verständnis und somit die Bearbeitung zu unterstützen, ist es vorteilhaft, auch in der Art der Formulierung die inhaltliche Trennung zwischen Hilfebedarf und Leistungsbedarf zu unterstützen. Die Erhebungsform sollte dem zu erhebenden Konstrukt angepasst sein, um die formalen kognitiven Einordungsprozesse zu erleichtern. Wichtig für einen möglichst einfachen Umgang ist eine klare Abgrenzung der Items untereinander ohne die Möglichkeit der Mehrfacheinordnung. Der Aufbau des Instrumentes muss möglichst praxisnah gestaltet sein in Reihenfolge und Gliederung, da dies den Zugriff auf die entsprechenden benötigten Informationen erleichtert. Auch hier soll auf Effekte des situationsgestützten Gedächtnisses zurückgegriffen werden. Außerdem erleichtert eine Praxisnähe den Wiedererkennungseffekt und Realitätsbezug für den CMA-Patienten und fördert somit die Mitwirkungsmöglichkeit. Gewohnheitseffekte sollten auch bezüglich der Kostenträger und Leistungserbringer genutzt werden. So ist eine Ähnlichkeit zum Brandenburger Instrument in Bezug auf einige Item-Formulierungen oder Layout-Gestaltungen hilfreich, da Wiedererkennungseffekte Sicherheit vermitteln und somit die Bereitschaft zur Einarbeitung und Nutzung des neuen Instrumentes steigt. Wichtig ist es, bei der Gestaltung des Instrumentes vor allem darauf zu achten, dass es bei dem Betroffenen die Grundlage bildet, sich vertrauensvoll zu öffnen und seine ihm oftmals peinlichen oder verleugneten Schwächen zu offenbaren. Außerdem muss es dem Erfasser die Möglichkeit bieten, ein echtes und authentisch wirkendes Interesse an der betroffen, ihm fremden Person zu entwickeln. Beides sind Voraussetzungen für einen optimalen Bedarfserfassungsprozess und müssen innerhalb kürzester Zeit in der Erfassungssituation erarbeitet und deshalb zwingend durch die Gestaltung des Instrumentes gefördert werden. Zusammenfassend konnten acht Kriterien erarbeitet werden und Umsetzungsmöglichkeiten für die Gestaltung eines nutzerfreundlichen Instrumentes, die notwendig zu betrachten sind. Sie werden in Abbildung 23 dargestellt.

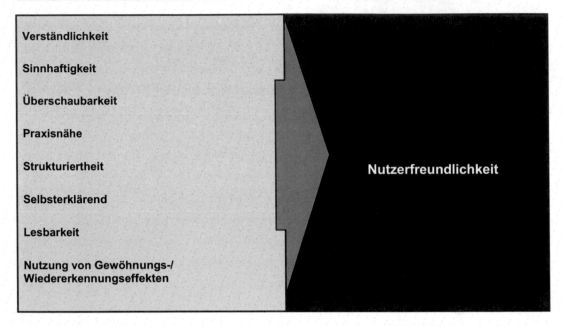

Abb. 23: 8 Kriterien für Nutzerfreundlichkeit

5.4.5 Farbgestaltung/Layout

Die Nutzung eines Instrumentes zur Ermittlung von Bedarfen erfordert einen hohen Grad an kognitiver wie auch psychisch-empathischer Fähigkeiten. Arbeiten dieser Art können nach Spath durch die individuellen Bedürfnisse in Ergebnis und Leistung beeinflusst werden (Spath et al. 2004). Einflussfaktoren sind nach Puybaraud (in Mühlstedt, Glöckner & Spanner-Ulmer 2011, S. 4) „Licht, Farbe und Arbeitsumgebung". Dies bedeutet, dass sich die Farbgestaltung des Instrumentes gerade für die Phase der Umgewöhnung auf ein neues Verfahren, förderlich auswirken kann. Mühlstedt, Glückner und Spanner-Ulmer zeigen in ihrer vergleichenden Studie zur Farbgestaltung im Wohnraum, dass die Farbgestaltung sowohl auf das Wohlbefinden als auch auf die Leistung als beeinflussend eingeschätzt wird. Die bevorzugten Farben am Arbeitsplatz weichen hierbei von den Lieblingsfarben ab. Als besonders positiv für den Arbeitsplatz wird die Farbe Grün eingeschätzt. Danach folgen in der Reihenfolge Orange, Blau und Rot. Alle Farben sollten am Arbeitsplatz dezent und hell auftreten. Außerdem wird es als förderlich eingeschätzt, wenn wenige Farben eingesetzt werden. Laugwitz et al. konnten einen Zusammenhang zwischen Farbgestaltung und usability nicht replizieren und schließen eher auf einen gerichteten Zusammenhang „what is usable is beautiful" (Laugwitz et al. 2009, S. 224). Grün wird auch in der bundesdeutschen Öffentlichkeit und Zusammenhang mit Gesundheit (bspw. Gestaltung von Arztpraxen oder OP-Kleidung) oder Handlungsmöglichkeit (bspw. grünes Ampelmännchen) gebracht. Auch erhält eine hellgrüne Fragebogengestaltung bei schwarzer Schrift sowohl Lesbarkeit als auch Akzentuierung selbst bei gängiger schwarz-weiß Kopierweise.

Neben der Farbgestaltung ist die Lesbarkeit zu beachten. Dies bedeutet, dass die Schriftart üblich sein und eine gut erkennbare Mindestgröße nicht unterschreiten darf. Schriftarten wie Old English mit Verschnörkelungen oder dem Altdeutschen ähnlichen Schriftzeichenausführungen erschweren das Lesen und vergrößern so den Bearbeitungsaufwand in Zeit und Motivation. Da das Instrument nicht nur der Erfassung, sondern auch für die Akten der Dokumentation des Entwicklungsverlaufes sowie der gewährten Hilfen dient, ist die Ausführung im Hochformat sinnvoll. Papiere im Querformat erfordern nach dem Einheften mehr Umstände beim Lesen, was kein ausschlaggebender, aber im Gesamtbild mitwirkender Faktor ist, besonders in Bezug auf die Motivation zum Umgang mit dem Instrument.

5.4.6 Paper'n'Pen- versus computergestützte Ausführung

Im Zeitalter der zunehmend allumfassenden Digitalisierung ist es sinnvoll, eine computergestützte Version des Instrumentes zu erstellen. Das bisher genutzte Brandenburger Instrument wurde von der Firma MOVEO erarbeitet und bereitgestellt. Es kann neben der Unterstützung der Hilfebedarfserfassung auch Dokumentationsfunktionen übernehmen und somit die Kommunikationslogistik erleichtern. Um die Einarbeitung zu erleichtern, ist es sinnvoll, für ein neues Instrument eine computerunterstützte Form zu erstellen, welche den bisher genutzten Programmen in der Oberfläche und Bedienung ähnlich ist. Die Firma MOVEO zeigte bei Gesprächen großes Interesse daran ihre Software auf ein neues Instrument anzupassen. Allerdings besteht vorwiegend bei privaten Leistungserbringern die Möglichkeit, eine käuflich zu erwerbende Software zu nutzen, während Mitarbeiter der öffentlichen Sozialhilfeträger vorwiegend auf frei nutzbare Programme angewiesen sind. Daher ist eine sinnvolle Variante in Excel oder als PDF-Formular zu überdenken. Diese sollten den Möglichkeiten des Programms entsprechend an die MOVEO-Version angepasst werden, um eine einheitliche Verständigungsbasis zu schaffen. Eine Paper'n'Pen-Version ist trotz allem notwendig. Oftmals ist es sinnvoll, aufgrund der kognitiven wie psychischen Beeinträchtigungen der CMA-Patienten das Verfahren auf mehrere Termine verteilt zu vollziehen und Teile, welche sich der Betroffene allein durchlesen kann oder welche bereits ausgefüllt wurden, mit zu Händen zu geben. Die wenigsten CMA-Patienten können derzeit selbstständig mit Computerprogrammen umgehen, sodass die Aushändigung der Materialien als Papierversion erfolgen sollte. Handelt es sich hierbei um einen ausschließlich als computergestützte Version erarbeiteten Ausdruck, sind die Schriftgröße sowie die Freifelder oft unangemessen klein, sodass eine Weiterbearbeitung durch den CMA-Patienten nicht möglich wäre. Daher muss das Instrument von Anfang an so erarbeitet werden, dass es als Paper'n'Pen-Version funktionstüchtig ist, selbst wenn die digitale Form häufiger genutzt wird.

5.4.7 Schlussfolgerungen und Ergebnis der Vorüberlegungen bezüglich Struktur und Form

Für ein neues Instrument sind die folgenden Ergebnisse der Vorüberlegungen relevant:

1. Es ist eine getrennte Erhebung von Hilfebedarf, Leistungsbedarf und Finanzierungsbedarf sinnvoll. Diese Trennung sollte sich auch in der Formulierung widerspiegeln.

2. Um die Mitwirkungsmöglichkeit des CMA-Patienten zu verbessern, sind der Interviewleitfaden zu Hilfebedarfserfassung sowie eine Erklärungsschablone für die Leistungserfassung in leichter Sprache zu ergänzen.

3. Die Phasen des Übergangs von stationärer in ambulante Hilfen sowie der Eingewöhnung im eigenen Wohnraum sind in einem Extra-Bogen erfassbar zu machen, um flexibel die Leistungen personenbezogen darstellen zu können. Auch für zeitlich begrenzte Krisen ist ein Extra-Bogen hilfreich, da hier die Individualität der Krise beachtet werden muss, aber auch gleichzeitig kein unangebrachter Zusatzaufwand entstehen soll.

4. Um die Eingewöhnungsbereitschaft zu erhöhen, sollen Gewöhnungs- und Wiedererkennungseffekte in der Formulierung, Reihenfolge und Anordnung genutzt werden.

5. Das Design ist übersichtlich zu gestalten und im Hochformat sowohl als Paper'n'Pen- als auch als PC-gesteuerte Version zu erstellen.

6 Methodisches Vorgehen

6.1 Datenschutzrechtlicher Umgang

Für mehrere methodische Ansätze ist die Erhebung, Auswertung und Interpretation personenbezogener Daten unumgänglich. Daher sind sowohl ein ethisch vertretbarer Umgang und der Schutz der Persönlichkeitsrechte sowie personenbezogener Daten wichtig. Der Umgang mit den Daten, welche mit den folgenden Methoden erhoben wurden, geschah unter Beachtung mehrerer Grundsätze und unter Nutzung aktueller Datenschutzrichtlinien:

- Freiwilligkeit der Teilnahme

Die Freiwilligkeit der Teilnahme an Datenerhebungen im Rahmen dieser Arbeit erfolgte in jeglicher Hinsicht. Dies bedeutet, sowohl die Experten, welche Einschätzungen vornahmen, als auch die von CMA betroffenen Menschen wurden im Voraus vollständig über die Datenerhebung aufgeklärt und entschieden eigenständig über ihre Teilnahme.

- Transparenz

Alle Teilnehmer wurden im Voraus über Ziel, Methodik, Umfang und Verwendung der Datenerhebung aufgeklärt. Auch während und nach der Datenerhebung bestand jederzeit die Möglichkeit, diese in jeglicher Form zu hinterfragen oder die Befragung jederzeit abzubrechen.

- Anonymität der Datensätze

Alle Datensätze wurden bereits während der Erhebung anonymisiert, sodass eine Rückverfolgung auf eine spezifische Person weder bei der Verarbeitung der Interpretation noch bei der Präsentation der Daten möglich wurde.

- Begrenzung der erhobenen Daten nach Notwendigkeit für eine sinnvollen Aussage

Die zu erhebenden Daten wurden so ausgewählt, dass sie eine sinnvolle Aussage im Rahmen der vorliegenden Arbeit ermöglichen. Die Erhebung von Daten, welche hierfür nicht benötigt wurden oder über die notwendigen Aussagen hinausgehen, wurde von vorneherein vermieden oder ausgeschlossen.

- Sichere Aufbewahrung der Daten

Alle Datensätze werden zur Überprüfbarkeit innerhalb der gesetzlich vorgeschriebenen Fristen sicher vor Zugriff Unbefugter aufbewahrt.

- Vernichtung der Daten nach Ablauf der Aufbewahrungsfrist

Nach Ablauf der vorgeschriebenen Aufbewahrungsfristen werden alle Materialien, welche personenbezogene Daten enthalten, vernichtet.

6.2 Versuchsdesign und methodisches Vorgehen

Im Rahmen dieser Arbeit waren aus methodischer Sicht verschiedene Studien und Untersuchungen notwendig. Diese werden im Folgenden in sachlogischer Reihenfolge den Arbeitsschritten zugeordnet dargestellt. Die folgende Abbildung (Abb.24) stellt das methodische Design grafisch als Überblick dar:

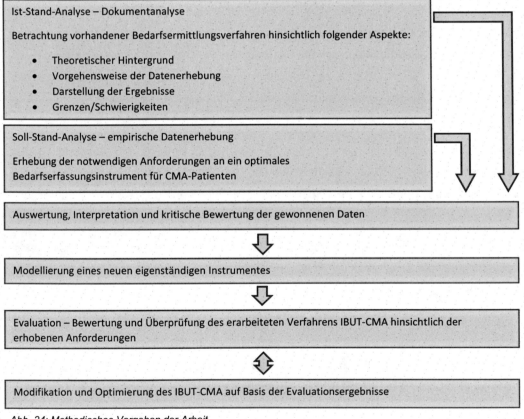

Abb. 24: Methodisches Vorgehen der Arbeit

Jeder dieser sechs Arbeitsschritte

- Ist-Stand-Analyse – Dokumentenanalyse
- Soll-Stand-Analyse – Empirische Datenerhebung
- Auswertung, Interpretation und kritische Bewertung der gewonnenen Daten
- Modellierung eines neuen eigenständigen Instrumentes

- Evaluation – Bewertung und Überprüfung des erarbeiteten Verfahrens IBUT-CMA hinsichtlich der erhobenen Anforderungen
- Modifikation und Optimierung des IBUT-CMA auf Basis der Evaluationsergebnisse

erfordert verschiedene methodische Verfahren. Ausführlich erörtert werden die einzelnen Methoden im Kapitel 6.3 dieser Arbeit. Als Übersicht und Beleg der Zielgerichtetheit des methodischen Vorgehens erfolgt nunmehr eine Zuordnung der durchgeführten Studien und angewandten methodischen Verfahren mit dem jeweiligen Ziel und Stichprobenumfang zu den oben genannten Arbeitsschritten.

Die Ist-Stand-Analyse dient der Prüfung bestehender Verfahren, in Bezug auf ihre Anwendbarkeit unter den Forderungen des BTHG und den Spezifika des Krankheitsbildes CMA. Die Ergebnisse wurden in Kapitel 4 zusammengefasst dargestellt. Als Methoden wurden neben der Dokumentenanalyse schriftliche Befragungen, empirische Studien zur Objektivität sowie thiking-aloud-protocols angewendet (vgl. Übersicht Tab. 3).

Ist-Stand-Analyse:

Dokumentenanalyse bestehender Verfahren zur Bedarfsermittlung für CMA-Patienten

Brandenburger Instrument

Methode	N	Ziel
Dokumentenanalyse	-	Erfassen von Informationen bzgl.: • Theoretischer Hintergrund • Vorgehensweise der Datenerhebung • Darstellung der Ergebnisse • Positive Aspekte/Vorteile • Schwachstellen
Empirische Datenerhebung durch Leistungserbringer (LE) und Kostenträger (KT) mittels schriftlicher teilstrukturierter Befragung (vgl. Anhang 03)	56 (LE) 12 (KT)	• Generierung eines Meinungsbildes der Nutzergruppen LE und KT bzgl. Akzeptanz, Nutzerfreundlichkeit, Schwierigkeiten, Vorteile des Verfahrens
Offene explorative Befragung vollstationär untergerbachter CMA-Patienten (vgl. Anhang 05)	17	• Generierung eines Meinungsbildes der Nutzergruppe CMA-Patienten bzgl. Akzeptanz, Nutzerfreundlichkeit, Schwierigkeiten, Vorteile des Verfahrens
Arbeitsschrittzerlegung mittels thinking-aloud-protocols (vgl. Anhang 07)	23	• Erfassung der Anzahl gedanklich gleichzeitig auszuführender Arbeitsschritte zur Bewertung möglicher kognitiver Überforderung

Empirische Studie zur Nutzerobjektivität	7x6*	• Überprüfung der Unabhängigkeit des Verfahrensergebnisses vom Erfasser

* (6 vollstationäre CMA-Patienten wurden jeweils von 7 Mitarbeitern der betreuenden Einrichtung anhand des Brandenburger Instrumentes eingeschätzt)

Vergleich der Items mit krankheitsspezifischer Literatur	-	• Überprüfung der Passgenauigkeit des Verfahrens für die Bedarfsermittlung für Betroffene mit dem Krankheitsbild CMA

Freie Sozialberichte

Methode	**N**	**Ziel**
Dokumentenanalyse	-	Erfassen von Informationen bzgl.: • Theoretischer Hintergrund • Vorgehensweise der Datenerhebung • Darstellung der Ergebnisse • Positive Aspekte/Vorteile • Schwachstellen
Empirische Vergleich freier Sozialberichte (vgl. Anhang 01)	4	Überprüfung des Verfahrens hinsichtlich: • Vergleichbarkeit • Objektivität • Krankheitsspezifik • Aussagekraft bzgl. Hilfebedarfserfassung • Aussagekraft bzgl. Leistungsbedarfserfassung • Aussagekraft bzgl. Finanzierungsbedarfserfassung

Weitere Verfahren: ITP-Brandenburg $^{(Version\ 01.01.2018)}$*, BEI-NRW*

Methode	**N**	**Ziel**
Dokumentenanalyse	-	Erfassen von Informationen bzgl.: • Theoretischer Hintergrund • Vorgehensweise der Datenerhebung • Darstellung der Ergebnisse • Positive Aspekte/Vorteile • Schwachstellen

Tab. 3: Methodik der Ist-Standanalyse

Die Soll-Stand-Analyse erfolgte zeitgleich zur Erhebung des Ist-Standes. Hier wurden die notwendigen Anforderungen eruiert und Zielindikatoren operationalisiert, welche ein Verfahren für die Bedarfsermittlung im Land Brandenburg im Bereich Eingliederungshilfe für CMA-Patienten möglichst optimal gestalten. Die verwendeten Methoden hierfür waren Literaturanalysen und schriftliche Befragungen mit teils explorativem Charakter (s. Übersicht Tab. 4). Die Ergebnisse der Literaturanalyse werden in Kapitel 5 ausführlich beschrieben. In

Kapitel 6.3.4 werden die Ergebnisse der Befragungen präsentiert und interpretiert. Die Interpretationen fließen zusammenfassend jedoch in die Vorüberlegungen in Kapitel 5 bereits mit ein.

Soll-Stand-Analyse:		
Erhebung der notwendigen Anforderungen an ein optimales Bedarfserfassungsinstrument für CMA-Patienten		
Brandenburger Instrument		
Methode	**N**	**Ziel**
Dokumentenanalyse	-	Analyse der: • Allgemeinen Anforderungen an ein Bedarfserfassungsinstrument • Krankheitsspezifischen Anforderungen bzgl. der Zielgruppe CMA-Patienten • Gesetzlichen Grundlagen • Inhaltlichen Grundlagen • Faktoren einer differenzierten Finanzierung • Möglichkeiten bzgl. Struktur und Form
Empirische Datenerhebung durch Leistungserbringer (LE) und Kostenträger (KT) mittels schriftlicher teilstrukturierter Befragung (vgl. Anhang 03)	56 (LE) 12 (KT)	• Erfassung von Wünschen und Ansprüchen von Kostenträgern und Leistungserbringern bzgl. Bedarfserfassungsverfahren
Offene explorative Befragung vollstationär untergerbachter CMA-Patienten (vgl. Anhang 05)	17	• Generierung eines Meinungsbildes der Nutzergruppe CMA-Patienten bzgl. Akzeptanz, Nutzerfreundlichkeit, Schwierigkeiten, Vorteile des Verfahrens

Tab. 4: Methodik der Soll-Stand-Analyse

Zur Erarbeitung eines neuen eigenständigen Instrumentes, werden theoretische Argumente, aus Dokumenten- und Literaturanalysen, wie auch eigene Studien und Befragungen herangezogen sowie Zeit-Kontakt-Protokolle erhoben. Ziel ist die Erarbeitung zweckmäßiger Skalen und Kriterien sowie die Generierung eines sinnvollen Itempools und dessen Eingrenzung. Am Ende dieses Arbeitsschrittes entsteht der Prototyp eines Instrumentes zur Bedarfserfassung für CMA-Betroffene. Die angewandten Methoden werden im Überblick in Tabelle 5 dargestellt.

Modellierung eines neuen eigenständigen Instrumentes

IBUT-CMA

Methode	N	Ziel
Literaturanalyse	-	• Erhebung des Itempools
Empirische Datenerhebung durch Leistungserbringer (LE) und Kostenträger (KT) mittels schriftlicher teilstrukturierter Befragung (vgl. Anhang 03)	56 [LE] 12 [KT]	• Erhebung des Itempools
Offene explorative Befragung vollstationär untergerbachter CMA-Patienten (vgl. Anhang 05)	17	• Erhebung des Itempools
Schriftliche Expertenbefragung zur Eingrenzung des Itempools (vgl. Anhang 10)	44	• Festlegung der finalen Items
Erfassung und Zuordnung der Beurteilungskriterien (vgl. Anhang 12)	27	• Auswahl der Kriterien und Skalen
Empirische Datenerhebung der Leistungsverteilung mittels Datenanalyse	156	• Ermittlung eines durchschnittlichen Therapieverlaufsschemas für stationär betreute CMA-Patienten in Hinblick auf den Therapieaufwand
Empirische Datenerhebung durch schriftliche Testerfassung zur Erstevaluation des IBUT-CMA (vgl. Anhang 13)	41	• Bereinigung des Itempools • Prüfung der Leistungspunktskala
Kurz-Screening mittels Zeit-Kontakt-Protokollen (vgl. Anhang 08)	6	• Erfassung der Echtzeit-Kontakt-Quantität • Grundlage als Einschätzung wie realistisch die ermittelten Verfahrensergebnisse einzuschätzen sind

Tab. 5: Methodisches Stufenkonzept zur Erstellung eines wissenschaftlich begründeten neuen Verfahrens

Die Evaluation des Instrumentes erfolgt anhand der Prüfung der Gütekriterien (Objektivität, Reliabilität, Validität) sowie der Erfüllung der in der Soll-Stand-Analyse erarbeiteten Anforderungen. Hierfür werden Literaturanalysen, Befragungen, sowie empirische Testverfahren und Studien zur Objektivitätsbestimmung eingesetzt (s. Übersicht Tab. 6). Ergebnisse, welche unbefriedigend waren, führten zu einer Modifikation des ursprünglichen

Verfahrens, welches anschließend erneut einem Iterationsprozeß unterzogen wurde. Dies betraf insbesondere die Eingrenzung des Itempools, wo sich nach Berechnung der Trennschärfen die Notwendigkeit der Anpassung ergab. Außerdem wurden anhand der schriftlichen Befragungen einige Formulierungsanpassungen vorgenommen. Genaue Beschreibungen der Ergebnisse erfolgen in Kapitel 6.3.6.

Evaluation:

Bewertung und Überprüfung sowie Modifikation des neuen wissenschaftlichen hinsichtlich der erhobenen Anforderungen

IBUT-CMA

Methode	N	Ziel
Analyse krankheitsspezifischer Literatur	-	• Prüfung der Inhaltsvalidität
Objektivitätsstudie	8x1**	• Prüfung der internen Konsistenz
**(beide Instrumente wurden für einen vollstationär betreuten CMA von 8 Mitarbeitern der betreuenden Einrichtung eingeschätzt)		
Korrelationsanalyse durch Diskussion der Trennschärfen mittels PSPP (vlg. Anhang 11)	41	• Prüfung der internen Konsistenz
2 Schriftliche teilstrukturierte Befragung (vgl. Anhang 14/17)	$N_{Ev.1}$=31 $N_{Ev.2}$=30	Erfassung von Daten bzgl. ➢ Möglichkeit der vollständigen Abbildung ➢ Verständlichkeit ➢ Nutzerfreundlichkeit ➢ Effektivität ➢ Mehrwert gegenüber dem bisherigen Verfahren ➢ Bereitschaft zur Anwendung

Tab. 6: Methodenüberblick des Evaluationsprozesses

Die in Kapitel 3 eruierten Forschungsfragen beziehen sich auf den abschließenden Vergleich des neu entwickelten wissenschaftlichen Verfahrens IBUT-CMA mit dem derzeit genutzten Brandenburger Instrument. In diesem Arbeitsschritt gilt es nachzuweisen, inwieweit es anhand der vorliegenden Arbeit gelungen ist, ein Instrument zu erarbeiten, welches für die Bedarfserfassung bei CMA-Klientel optimaler ist, als das aktuelle Brandenburger Instrument. Die angewandten Methoden werden im Überblick in Tabelle 7 benannt. Die Beantwortung der Forschungsfragen erfolgt in Kapitel 7.1.

Vergleich des Brandenburger Instrumentes mit dem wissenschaftlich neuerstellten Instrument zur Beantwortung der Forschungsfragen

IBUT-CMA vs. Brandenburger Instrument

Methode	N	Ziel
Vergleich der Ergebnisse beider Instrumente mit der pauschalen Expertenbeurteilung zur Bewertung der Reliabilität der ermittelten Hilfebedarfe (vgl. Anhang 16)	41	• Bewertung der Realitätstreue der ermittelten Ergebnisse
Schriftliche Befragung der Kostenträger und Leistungsempfänger zur Nutzerfreundlichkeit des IBUT-CMA, Brandenburger Instrumentes und den ergänzenden Entwicklungsberichten (vgl. Anhang 14)	31	• Bewertung der Nutzerfreundlichkeit und Akzeptanz der drei Verfahren im Vergleich
Empirische Studie zur Nutzerobjektivität	7x6***	• Bewertung der Unabhängigkeit der Verfahren vom Erfasser

***(6 vollstationäre CMA-Patienten wurden jeder von 7 Mitarbeitern der betreuenden Einrichtung anhand des Brandenburger Instrumentes eingeschätzt)

Tab. 7: Methodenüberblick des Vergleichs des erarbeiteten Instruments mit dem Brandenburger Instrument

Die Studien wurden alle im Land Brandenburg durchgeführt. Sowohl bei Teilnehmern der Zielgruppe Leistungserbringer als auch bei Mitarbeitern der Kostenträger wurde darauf geachtet, dass praktische Erfahrung im Umgang mit der Klientel CMA von mindestens drei Jahren, sowie theoretische Kenntnisse bezüglich des Krankheitsbildes vorhanden sind.

6.3 Beschreibung der angewandten Verfahren, Darstellung und Interpretation der gewonnenen Daten

6.3.1 Theoretische Datenerhebung mittels Dokumentenanalyse als arbeitsschrittübergreifende Methode

Ziel der Methode:

Übergeordnetes Ziel der Dokumentenanalyse war das Vorbereiten und Ausrichten der jeweiligen Arbeitsschritte, das wissenschaftliche Belegen und Untermauern der gewonnenen Ergebnisse sowie das Unterstützen der jeweiligen Dateninterpretation. Die Feinziele wurden dem jeweiligen Arbeitsschritt angepasst (s. Kap. 6.2).

Beschreibung des methodischen Vorgehens:

Die Dokumentenanalyse von Fach- und fachübergreifender Literatur wurde grundlegend oder unterstützend für folgende Arbeitsschritte angewendet:

- Explorative Analyse des Brandenburger Instrumentes nach H. Metzler
- Analyse freier Sozialberichte als Alternative
- Explorative Voruntersuchungen zur Leistungsverteilung
- Explorative Voruntersuchungen zur Zielstellung „Teilhabe"
- Erhebung des Itempools
- Erarbeitung der Kriterien
- Auswahl der Items, Kriterien, Skalen

Quellen waren hierfür aktuelle Fachbücher, sonstige Fachliteratur, Fachzeitschriften, internetpublizierte Artikel sowie weitere Internetquellen, welche im Literaturverzeichnis benannt werden.

Aufbereitung und Interpretation der empirisch erhobenen Daten:

Die Ergebnisse der Literatur- und Dokumentenanalyse sind sehr vielfältig und bilden die Grundlage für fast alle Teilschritte dieser Arbeit. Besonders deutlich werden die Ergebnisse in den Kapiteln 2, 4 und 5. Des Weiteren wurden Literatur- und Dokumentenanalysen häufig unterstützend und ergänzend in Zusammenhang mit den anderen Methoden angewandt. Die Ergebnisse dieser Dokumentenanalyse sind im Rahmen der vorliegenden Arbeit jeweils inhaltszugehörig eingearbeitet und sollen an dieser Stelle nicht noch einmal wiederholt dargestellt werden.

6.3.2 Explorative Analyse des Brandenburger Instrumentes nach H. Metzler

Das Brandenburger Hilfebedarfserfassungsinstrument wurde, unter anderem bei den in Kapitel 2.4.5 benannten betroffenen CMA und Arbeitspartnern der aktiven Hilfe, häufig als „problematisch" kritisiert. Um die Kritik zu spezifizieren und somit operationalisierbar zu machen, wurde als erster Schritt eine explorative Problemanalyse erstellt. Ziel war es, zu erfassen, ob die genannten Beschwerden berechtigte Grundlagen oder nur gefühltes Unbehagen zur Ursache haben. Da alle Zielgruppen des Leistungsdreiecks (Kostenträger, Leistungserbringer, CMA-Patient) konstante Unzufriedenheit mit dem Brandenburger Instrument äußern, ist eine explorative Erhebung der Informationen mit allen drei Zielgruppen notwendig. Im Folgenden werden die hierfür angewandten Methoden einzeln betitelt, beschrieben und die jeweils gewonnenen Daten dargestellt und interpretiert.

6.3.2.1   Empirische Datenerhebung der Leistungserbringer und Kostenträger mittels teilstrukturierter schriftlicher Befragungen (Bortz, Döring & Pöschl 2016)

Ziel der Methode:

Um die geäußerten Schwierigkeiten im Umgang mit dem Brandenburger Instrument zu erfassen und genauer analysieren zu können, wurde eine empirische Datenerhebung mittels teilstrukturierter schriftlicher Befragungen unter den Leistungserbringern und Kostenträgern durchgeführt (vgl. Anhang 03).

Beschreibung des methodischen Vorgehens:

Die Fragebögen enthielten geschlossene Fragen mit vorgegebenen Antwortmöglichkeiten sowie offene Teile zur freien Beschreibung und Ergänzung. An der Studie nahmen 56 Mitarbeiter aus elf Einrichtungen der stationären CMA-Hilfe von acht Leistungserbringern im Land Brandenburg teil. Im Land Brandenburg gibt es unter der Bezeichnung „CMA-Heimleiter" eine Arbeitsgruppe, welche sich drei- bis viermal pro Jahr in einer Einrichtung der Mitglieder trifft und aktuelle Fragen, Gesetzesänderungen, Therapiemethoden sowie ausgewählte Fallsituationen diskutiert. Teilnehmer der Runde sind jeweils Geschäftsführer oder Einrichtungsleiter. Die Gruppe agiert verbandsübergreifend in Bezug auf die freien Wohlfahrtsverbände der LIGA und basiert auf freiwilliger Teilnahme. Alle 18 in Brandenburg existierenden Einrichtungen für CMA-Erkrankte sind in der Teilnehmerliste geführt und wurden für die Studie um Mitwirkung gebeten. Die Stichprobe generierte sich anhand der angeschriebenen Teilnehmer dieser Personengruppe und den von den angeschriebenen Teilnehmern angefragten Mitarbeitern. Bezüglich der Qualifikationen setzte sich die Stichprobe aus Heilerziehungspflegern, Diplom/BA/MA Sozialarbeiter/Sozialpädagogen, Ergotherapeuten, Krankenschwestern/-pflegern, Diplom Psychologen, BA Heilpädagogen, BA Medizinpädagogen, sowie vereinzelte Nichtfachkräfte aus dem Wirtschaftsbereich mit Zertifikatsabschluss Suchttherapeut zusammen.

Für die Erhebung von Seiten der Kostenträger wurden für die Studie alle Sozialämter in Brandenburg angefragt. Vor Zusendung/Übergabe der Fragebögen wurde telefonisch beim jeweiligen Amtsleiter angefragt, ob den Mitarbeitern eine Teilnahme erlaubt sei. Von den achtzehn Landkreisen und kreisfreien Städten nahmen neun an der Umfrage teil. Die anderen Landkreise lehnten eine Teilnahme meist aus Gründen des temporären oder generellen Personalmangels ab. Die Stichprobe der Teilnehmer setzte sich letztendlich aus zwölf Mitarbeitern von neun Landkreisen bzw. kreisfreien Städten des Landes Brandenburg zusammen. Alle Mitarbeiter waren in den entsprechenden Sozialämtern als Socialcase-Manager angestellt. Insgesamt gaben alle Teilnehmer der Stichprobe an, bereits mit dem Brandenburger Instrument gearbeitet zu haben. Über die Bedingungen während des

Beantwortens kann keine Angabe gemacht werden. Gruppenarbeiten von mehreren Mitarbeitern auf einem Befragungsbogen sind nicht völlig auszuschließen, was inhaltlich jedoch kein Problem darstellt. Auf einigen Bögen sind mehrere Berufe vermerkt worden. Da es sich jedoch auch um Personen mit mehreren Abschlüssen handeln kann, wurde für die Angabe der Stichprobenzahl die Anzahl der ausgefüllten Fragebögen gewertet. Alle Bögen wurden vollständig und lesbar ausgefüllt und konnten somit verwendet werden.

Aufbereitung und Interpretation der empirisch erhobenen Daten:

Probleme in der Anwendung der aktuellen Version ergaben sich aus den Befragungen bei Leistungserbringern wie Kostenträgern gleichermaßen, weshalb eine Unterscheidung der Stichproben (N_{gesamt} = 68) bei der Auswertung nicht durchgeführt werden musste. Die Tabellen 8 und 9 stellen die Befragungsergebnisse dar, wobei die Zahlen, welche in die Mehrheitsbildung einfließen, hervorgehoben sind.

Allgemeine Aussagen	Stimme vollständig zu	Stimme meistens zu	Stimme bedingt zu	Stimme weniger zu	Stimme kaum zu	Stimme gar nicht zu	Mehrheit in %
	1	2	3	4	5	6	
Ich fühle mich sicher in der Benutzung des Systems.	**18**	**35**	2	13	0	0	78
Das System ist übersichtlich.	7	**50**	1	1	8	1	74
Das System hilft bei der Beschreibung des Krankheitsbildes CMA.	10	2	2	**43**	11	0	79
Alle wichtigen Schwerpunkte der Hilfe für CMA lassen sich mit dem System darstellen.	0	0	0	0	14	**54**	100
Das System hilft dem Therapeuten bei der Beschreibung der aktuellen Teilhabe des CMA.	2	7	2	1	0	**56**	82
Es fällt schwer, die Hilfebedarfe des CMA anhand der Items zu beschreiben.	**65**	0	3	0	0	0	96
Wenn verschiedene Personen das System für einen Patienten ausfüllen, kommen sie alle stets zum selben Ergebnis.	8	8	1	**43**	8	0	63
Die Aussagen und das Ergebnis ermöglichen eine individuelle Therapieplanung.	1	1	2	9	**34**	21	81
Die Aussagen und Ergebnisse des Systems sind hilfreich für die Therapieplanung.	1	1	2	14	**30**	20	94
Aussagen und Ergebnisse des Systems stehen in sinnvollem Verhältnis zum Zeitaufwand beim Erstellen.	0	0	0	0	17	**51**	100
Die Aussagen und Ergebnisse des Systems stehen in sinnvollem Verhältnis zum Energieaufwand (persönliches Empfinden, wie schwierig das Bearbeiten ist) beim Erstellen.	0	0	2	0	**23**	**43**	97
Die Aussagen und Ergebnisse des Systems sind leicht erkennbar.	**20**	**27**	8	6	5	0	69
Die Aussagen und Ergebnisse des Systems sind verständlich.	**17**	**35**	6	5	5	0	76
Die Aussagen und das Ergebnis unterstützen die Therapiemotivation des Patienten.	0	2	4	14	**34**	14	91
Die Aussagen und das Ergebnis ermöglichen eine differenzierte Finanzierung.	2	5	**17**	**25**	9	10	62
Das System ermöglicht es dem Sozialamt zu erkennen, welche Therapie notwendig ist und warum genau die Therapieform bezahlt werden sollte.	2	0	**20**	**29**	13	4	91
Das System unterstützt das Sozialamt beim Verstehen des jeweiligen Finanzierungsbedarfes.	2	2	**13**	**30**	12	9	81

Das System hilft dem Patienten seinen Hilfebedarf zu erkennen.	0	3	0	**20**	**27**	**18**	96
Das System hilft dem Patienten seinen Hilfebedarf zu beschreiben.	0	5	0	**18**	**27**	**18**	93
Das System hilft dem Patienten seinen Hilfebedarf zu verändern.	0	0	0	0	0	**68**	100
Das Ziel des Systems ist für die Patienten mit Hilfe klar erkennbar.	0	1	**17**	**47**	0	3	94
Das Ziel des Systems ist für die Patienten ohne Hilfe klar erkennbar.	0	0	12	**36**	**15**	3	75
Die Patienten haben Schwierigkeiten die Items zu verstehen.	**23**	**27**	11	7	0	0	74

Tab. 8: Daten der Befragung von Leistungserbringern und Kostenträger in Bezug auf das Brandenburger Instrument - I

Item- und kriterienbezogene Aussagen	Stimme vollständig zu	Stimme meistens zu	Stimme bedingt zu	Stimme weniger zu	Stimme kaum zu	Stimme gar nicht zu	Mehrheit in %
	1	2	3	4	5	6	
Mit dem System lässt sich der Hilfebedarf von CMA gut abbilden.	0	0	0	**45**	11	12	66
Die Items (1-36) sind umfassend und ausreichend.	0	6	**22**	**28**	12	0	74
Alle wichtigen Schwerpunkte der Hilfe für CMA lassen sich mit dem System darstellen.	1	3	7	**15**	**30**	**12**	84
Die Items (1-36) lassen sich klar voneinander abgrenzen, so dass jeder Hilfebedarf eindeutig zugeordnet werden kann.	0	0	4	**44**	12	8	65
Es gibt wichtige Aspekte von CMA, die das System nicht berücksichtigt.	**56**	6	5	0	0	1	82
Die Items (1-36) sind verständlich formuliert.	**40**	12	12	0	2	2	59
Die Items (1-36) sind zum Teil nicht auf CMA zutreffend.	**46**	**20**	0	0	1	1	97
Die Items (1-36) vermischen sich teilweise.	**52**	0	0	0	2	4	76
Die Items (1-36) sind übersichtlich geordnet.	**26**	**32**	8	1	1	0	85
Die Unterteilung der Items (1-36) in Gruppen unterstützt die Verständlichkeit.	**21**	**34**	11	2	0	0	81
Es ist eindeutig, welche realen Schwierigkeiten und Defizite welchem Item (1-36) zuzuordnen sind.	3	1	5	**18**	**23**	**18**	87
Es ist eindeutig, welche Aspekte zu einem Item (1-36) gehören und welche nicht.	2	0	**31**	**31**	3	1	91
Der Hilfebedarf ist den Bewertungskriterien (A;B;C;D) eindeutig zuordenbar.	2	0	**30**	**32**	3	1	91
Die Bewertungskriterien (A;B;C;D) sind verständlich formuliert.	**36**	0	13	10	8	1	53
Die Bewertungskriterien (A;B;C;D) sind schlecht voneinander zu unterscheiden.	3	4	**22**	**32**	5	2	79
Es ist unterstützend die Bewertung „Kann", „Kann mit Hilfe", „Kann nicht" durchzuführen.	**43**	6	18	0	0	1	63
Es ist unwichtig, dass Skala „Kann-Kann nicht" keine Bepunktung erfährt.	1	1	6	10	**44**	8	65
Es ist unwichtig, dass die Items zur Tagesstruktur keine Bepunktung erfahren.	0	3	0	15	**38**	12	56
Die Items zur Tagesstruktur sind unwichtig, da sie nicht bepunktet werden und sollten weggelassen werden.	2	1	0	16	**44**	5	67

Tab. 9: Daten der Befragung von Leistungserbringern und Kostenträger in Bezug auf das Brandenburger Instrument – II

Zusammenfassend ergab sich mehrheitlich folgendes Meinungsbild.

Aussagen, welche für die Anwendung des Brandenburger Instrumentes sprechen:

- Die Teilnehmer fühlen sich sicher in der Bearbeitung (78%) und finden das Brandenburger Instrument übersichtlich (74%).
- Insbesondere die Gliederung fördert die Verständlichkeit (81 – 85%).
- Die Bewertungskriterien (A, B, C, D) sind verständlich formuliert (53%).
- Die Aussagen und Ergebnisse sind leicht erkennbar (69%) und verständlich (76%).
- Das Brandenburger Instrument ermöglicht bedingt eine differenzierte Finanzierung (62%).

Aussagen, welche gegen die Anwendung des Brandenburger Instrumentes sprechen:

- Die Erfasser-Objektivität wird angezweifelt (63%).
- Die Beschreibung des Krankheitsbildes CMA ist schwierig (96%), da sich die Hilfebedarfe (66%) und die Teilhabe schwer darstellen lassen (82%), CMA-spezifische Bedarfe fehlen (82 – 84%) und die Abgrenzung der Hilfebedarfe untereinander nicht eindeutig ist (65 – 91%).
- Die Bewertungskriterien (A, B, C, D) sind nur bedingt voneinander abgegrenzt operationalisiert (79 – 91%).
- Die Aussagen und Ergebnisse helfen nicht bei der individuellen Therapie-planung (81 – 94%).
- Der Kosten-Nutzen-Aufwand ist hinsichtlich des Zeitaufwands (100%) und des Energieaufwands (97%) nicht ausgewogen.
- Das Instrument ist nicht förderlich für die Therapiemotivation (91%), für den CMA-Patienten schwer verständlich (74%) und hilft ihm weder seinen Hilfebedarf zu erkennen (96%), zu beschreiben (93%) oder zu verändern (100%).
- Das Ziel des Brandenburger Instrumentes ist ohne (75%) und mit Hilfe (94%) für den CMA-Patienten nur bedingt erkennbar.
- Das Nichteinfließen der Skala „kann – kann nicht" (65%) sowie der Items zur Tagesstruktur (67%) aufgrund fehlender Bepunktung wird als Mangel empfunden.
- Das Brandenburger Instrument zeigt dem öffentlichen Kostenträger weniger, welche Therapie wofür notwendig ist (91%) oder wie sich der Finanzierungsbedarf zusammensetzt (81%).

Einige Fragen wurden mehrfach in verschiedenen Formulierungen gestellt, um Antworttendenzen und ähnliche Verzerrungseffekte zu minimieren. In diesen Fällen wurden die Bereiche angegeben, in welchen die Prozentzahlen der jeweiligen Mehrheit lagen. Die vollständigen Daten sind in Anhang 04 einzusehen.

Die explorative Befragung der Kostenträger und Leistungserbringer bezüglich des Brandenburger Instrumentes brachte ein sehr einheitliches Meinungsbild, wie es eher unüblich ist. Eine Erklärung ist vermutlich in der starken Vernetzung der Stichprobenteilnehmer zu sehen, welche dieses Thema bereits über einen Zeitraum von mehreren Jahren diskutiert haben. Daher ist unabhängig der durchgeführten Studie ein Meinungsabgleich zu vermuten, welcher letztendlich auch die Motivation und Relevanz der vorliegenden Arbeit widerspiegelt.

Die Mehrheit der Teilnehmer ist bereit, mit dem Brandenburger Instrument weiter zu arbeiten (75%), jedoch nicht aus Überzeugung, sondern aus Alternativlosigkeit (63%). Dies bedeutet gleichzeitig die Bereitschaft, ein neues Instrument zu akzeptieren.

Bezüglich der Erarbeitung eines neuen Instrumentes konnten leider wenig differenzierte Aussagen getroffen werden. Bei der Frage: „Wenn Sie völlig frei (gemäß dem Motto: ‚Wünsch dir was!') ein neues Instrument erfinden könnten, welches Ihre Arbeit unterstützt und im Ergebnis eine Finanzierung der Hilfe ermöglicht, was wäre Ihnen wichtig?" wurde leider keine einzige Antwort vergeben. Es besteht die Vermutung, dass die vorangegangenen Fragen nach Veränderungswünschen des Brandenburger Instrumentes die Ideen bereits erschöpft hatten. Auch wurden auf die Frage, welche Aspekte für ein neues Instrument wichtig erscheinen würden, einheitlich alle Schwerpunkte (Objektivität, Eindeutigkeit der Items, flexible Items, einfach auszufüllen, Spezifität auf CMA-Erkrankung, Individualität für jeden CMA-Betroffenen, verständliche Sprache, Kompatibilität mit ICF und ICD-10-GM, Knappheit des Systems, Ausführlichkeit) als „absolut wichtig" oder „ziemlich wichtig" benannt. Ergänzungen gab es keine. Auch die aufgeführten Items und Inhalte wurden einheitlich alle als wesentlich angekreuzt. So scheint es sowohl Mitarbeitern von Kostenträgern als auch von Leistungserbringern schwer zu fallen, Prioritäten in der Betrachtung des Hilfeplanungsprozesses zu setzen. Ein neues Instrument muss daher die abzufragenden Bereiche sowie die Priorisierungen vorgeben. Da jedoch die Personenbezogenheit der Hilfeerfassung eine große Individualisierung erfordert, wird als Kompromiss das Vorgeben von Items mit freier, erklärender oder ergänzender Möglichkeit erforderlich sein. Wichtig ist hierbei, die Länge des Gesamtinstrumentes nicht aus dem Auge zu verlieren. So liegt der ideale Umfang nach Ansicht der Befragten zwischen zwei bis fünf Seiten Minimum und sieben bis fünfzehn Seite Maximum. Durchschnittswert waren fünf bis elf Seiten. Als Bearbeitungszeit wurden minimal fünf Minuten und maximal 30 Stunden für Therapeut und Kostenträger angegeben. Durchschnittlich sollte die Bearbeitungszeit durch Fachkräfte 2,5 Stunden nicht überschreiten. Für den CMA-Betroffenen wurde eine maximale Bearbeitungsdauer des Instrumentes von 20 Minuten gewünscht. Als Mitwirkende wurden Vertreter des Kostenträgers, des Leistungserbringers und der CMA-Patient selbst benannt. Aus der Endaussage des Instrumentes sollte der Hilfebedarf, der angestrebte Entwicklungszeitraum, das Entwicklungsziel, der quantitative (Zeit und Personalanzahl) sowie der qualitative (Art und Inhalt der Leistung) Therapiebedarf, der Grad der Lebensqualität und der Grad der Teilhabe zu erkennen sein. Diese Informationen bilden die Grundlage für die differenzierte Ermittlung der Kosten für die personenbezogene Hilfeleistung. Der letztendliche Finanzierungsbedarf muss in seiner Entstehung nachvollziehbar und als Summe klar darstellbar sein.

6.3.2.2   Offene explorative Befragung der CMA-Betroffenen (Bortz, Döring & Pöschl 2016)

Ziel der Methode:

Um die geäußerten Schwierigkeiten im Umgang mit dem Brandenburger Instrument zu erfassen und genauer analysieren zu können, wurde eine empirische Datenerhebung mittels teilstrukturierter schriftlicher Befragungen unter den CMA-Betroffenen durchgeführt (vgl. Anhang 05).

Beschreibung des methodischen Vorgehens:

Jeder mit dem Brandenburger Instrument beschriebene CMA-Erkrankte erhält vor Beendigung des Erfassungsprozesses Einblick in die Aussagen. Sollte der Betroffene in der Lage gewesen sein, am Erfassungsprozess mitzuwirken, geschieht dies in einer Art Beglaubigungsprozess, bei welchem der Betroffene das Brandenburger Instrument prüft, ob die getroffenen Aussagen, mit den erarbeiteten übereinstimmen. Ist der Betroffene jedoch nicht zu einer intensiven Mitwirkung in der Lage, muss trotz kognitiver, psychischer oder anderweitiger Beeinträchtigungen der Inhalt des fertig ausgefüllten Instrumentes inklusive Entwicklungsbericht ihm vorgestellt und mittels Gespräche erklärt und verdeutlicht werden. Da die Merkfähigkeit vieler CMA-Patienten stark beeinträchtigt ist, erfolgt die Befragung zum Brandenburger Instrument direkt im Anschluss an solch ein erklärendes Gespräch. Es wurden siebzehn CMA-Patienten aus drei Einrichtungen mittels eines teilstrukturierten Fragebogens befragt (vgl. Anhang 05). Die Befragung wurde bei 16 CMA-Patienten durch die Bezugsbetreuer der Einrichtung geleitet, wobei diese sowohl die Fragen als auch die Antworten vorlasen. Sechs von diesen CMA-Patienten benötigten zusätzlich weiterführende Erklärungen. Ein CMA-Patient beantwortete den Fragebogen ohne Hilfe.

Aufbereitung und Interpretation der empirisch erhobenen Daten:

Die schriftliche Befragung der 17 CMA-Patienten wurde mehrheitlich mit Unterstützung durchgeführt. Von den Befragten waren sechs Personen seit mehr als drei Monaten bis hin zu drei Jahren in stationärer Hilfsform und elf weitere zwischen drei und zehn Jahren. Alle hatten bereits mit dem Brandenburger Instrument gearbeitet. Die Befragung insgesamt ergab ein relatives Desinteresse. So wurden die offenen Felder nur von einem CMA-Patienten ausgefüllt. Die frei geschriebene Antwort bestand in jedem Feld aus dem Wort „gut". Da diese Antwort sowohl auf die Frage „Was gefällt Ihnen an dem Instrument?" als auch auf die Frage „Was würden Sie gerne verändern?" gegeben wurde, lässt sich keine wirkliche Aussage ableiten.

Folgende Daten ergab der multiple-choice-Teil der Befragung (vgl. Tab. 10).

	Stimme vollständig zu	Stimme meistens zu	Stimme bedingt zu	Stimme weniger zu	Stimme kaum zu	Stimme gar nicht zu
	1	**2**	**3**	**4**	**5**	**6**
Ich verstehe, warum das System durchgeführt wird.	16	0	0	0	0	1
Ich verstehe, was mit den einzelnen Punkten (1-36) gemeint ist.	16	0	0	0	0	1
Ich verstehe die Bewertungskriterien (A,B,C,D).	16	0	0	0	0	1
Das System ist übersichtlich.	1	0	14	0	1	1
Das System ist zu lang.	10	0	5	0	0	2
Das System ist zu kurz.	0	0	7	0	5	5
Die Punkte, wo ich Hilfe brauche, werden in dem System angesprochen.	1	0	0	0	1	15
Es gibt Dinge, wo ich Hilfe brauche, die in dem System nicht vorkommen.	0	0	0	0	1	16
Das System fragt Sachen ab, die nichts mit mir zu tun haben.	0	0	17	0	0	0
Das System hilft mir zu verstehen, warum ich manche Therapien bekomme.	0	0	17	0	0	0
Wenn ich das System mit meinem Betreuer besprochen habe, fühle ich mich motiviert.	0	0	16	0	1	0
Wenn ich das System mit meinem Betreuer besprochen habe, fühle ich mich schlecht.	0	0	17	0	0	0
Ich finde es gut, dass jemand, der mehr Hilfe braucht, mehr Hilfe kriegt.	1	0	15	0	0	1
Jeder sollte gleich viel Hilfe kriegen, egal wieviel er braucht.	0	0	0	0	1	16
Das System zeigt mir, wo ich Hilfe brauche.	0	0	15	0	1	1
Das System zeigt, was ich nicht kann.	2	0	15	0	0	0
Das System zeigt, was ich kann.	0	0	17	0	0	0

Tab. 10: Daten der Befragung von CMA-Betroffenen in Bezug auf das Brandenburger Instrument

Bei den Items wurde die sechsstufige Skala von den Befragten nur teilweise benutzt. Die Antwortspalten „stimme meistens zu" und „stimme weniger zu" wurden von allen gemieden. Somit ist zu vermuten, dass eine Differenzierung in Bezug auf die persönliche Meinung zum Brandenburger Instrument nur hinsichtlich einer positiven Meinung, einer negativen Meinung und einer relativen Mitte erfolgt. Unterstützende Betreuer berichteten, dass die Antworten wörtlich lauteten „ja", „nein", „ach naja" und der Betreuer nach mehrmaligem Nachfragen versuchte dies im Sinne des CMA-Betroffenen der jeweiligen Spalte zuzuordnen. Ein Instrument, an dem CMA-Erkrankte aktiv mitwirken können, darf folglich keine zu komplexe Skala aufweisen. Entweder ist die Skala dem CMA-Patienten geläufig, wie beispielsweise die Schulnotenskala, oder sie ist maximal vierstufig.

Mehrheitlich vollständig abgelehnt wurde das Item „Jeder sollte gleich viel Hilfe kriegen, egal wieviel er braucht." Dies kann für ein ausgeprägtes Gerechtigkeitsgefühl sprechen und spiegelt den typisch starken Drang des Krankheitsbildes, sich mit anderen ständig zu vergleichen. Insbesondere auffallend ist die starke Ablehnung der Aussage, da die vorangegangenen fünf Aussagen sowie die folgenden drei Aussagen mehrheitlich mit „stimme bedingt zu" (jeweils 15–16 Stimmen von 17) bewertet wurden. Somit zeigt sich eine persönliche Bedeutsamkeit dieses Items für den CMA-Patienten im Vergleich zu den anderen Items. Dies bedeutet für ein neues Instrument, dass die Items persönliche Bedeutsamkeit für den CMA-Betroffenen aufweisen müssen, um den CMA-Erkrankten zu aktivieren, eine differenziertere Bewertung vorzunehmen und zu äußern. Die krankheitsbildbezogene Auswahl und Formulierung der Items ist folglich ein wichtiger Aspekt für die Förderung der Selbstbestimmtheit als Teilhabefaktor und somit auch für die differenzierte Ermittlung des Finanzierungsbedarfes.

Der zweite Teil der Befragung nahm Wünsche bezüglich eines „idealen Instrumentes" auf. Hier zeigte sich deutlich der Wunsch nach einem Instrument mit möglichst nur „Ankreuzantworten" (17 von 17), welches zwischen einer und drei Seiten Umfang habe und in fünfzehn bis zwanzig Minuten ausfüllbar sein sollte. Nur ein CMA-Patient gab an, ein Instrument von maximal 10 Seiten zu wünschen, welches auch zwei Stunden Bearbeitungsdauer umfassen könnte. Einheitlich wurden als Inhalte die Wünsche geäußert: „Wo ich Hilfe brauche", „Warum ich welche Therapie bekomme", „Wie lange ich welche Therapie bekomme" und „Ob ich mich durch die Therapie besser fühle". Zweimal wurde weiterhin als Inhalt „Wieviel Geld die Therapie kostet" benannt. Auffällig ist, dass kein Interesse an dem Item „Meine persönlichen Ziele im Leben" gezeigt wurde. Aus psychologischer Sicht ist das Ziel der Ausgangspunkt, um auf etwas hin arbeiten zu können, wohingegen sich in den Wünschen der CMA-Betroffenen eher der gegenwartsbezogene Standpunkt widerspiegelt. Auch die Bewertung hinsichtlich Verbesserung und Verschlechterung scheint unbedeutend, da diese von keinem Teilnehmer gewählt wurden. Die Relevanz der personenbezogenen Hilfe zeigt sich in dem einheitlich von allen angekreuzten Wunsch nach der Berücksichtigung der Wirksamkeit der Therapie in Bezug auf die individuelle Lebenszufriedenheit. Auch hier wird in der Wahl der zu erfassenden Inhalte deutlich, dass die Items eine persönliche Bedeutsamkeit aufweisen müssen. Dies unterstreicht erneut die Notwendigkeit einer krankheitsbildspezifischen Ausrichtung des Instrumentes, um eine differenzierte Finanzierung einer personenbezogenen Hilfe zu erreichen. Auf die Frage nach den Mitwirkenden wurde einheitlich der Mitarbeiter des Leistungserbringers als Betreuer benannt. Mehrheitlich wurde weiterhin der CMA-Betroffene von 11 der 17 Befragten angekreuzt. Weitere Mitwirkende (z.B. gerichtlich gestellte Betreuer, Angehörige, zuständiger Mitarbeiter des Sozialamtes) wurden einheitlich nicht angekreuzt. Dies ist in Hinblick auf die in der UN-BRK geforderte Selbstbestimmung bemerkenswert, da ein Drittel der Befragten CMA-Patienten ihre Mitspracherechte von vorneherein nicht als wichtig anzuerkennen scheinen. Dies mag zum einen aus der krankheitsbedingten Antriebsarmut resultieren oder daraus, dass Menschen dieses Krankheitsbildes nicht mehr gewohnt sind, selbst Entscheidungen bezüglich ihres Lebens treffen oder mittreffen zu dürfen.

6.3.2.3 Arbeitsschrittzerlegung mittels thinking-aloud-protocols (Häder 2015)

Ziel der Methode:

Im Rahmen der vorliegenden Arbeit war das Ziel, mit Hilfe der thinking-aloud-protocols herauszufinden, wo die genauen Ursachen für die Schwierigkeiten im Umgang mit dem Brandenburger Instrument liegen. Da eine kognitive Überforderung vermutet werden kann, können thinking-aloud-protocols Aufschluss geben, an welcher Stelle diese auftritt, und die konkrete Art kann identifiziert werden.

Beschreibung des methodischen Vorgehens:

Thinking-aloud-protocols werden eingesetzt in der pädagogischen, soziologischen und psychologischen Forschung, um Denk- und Verarbeitungsstrukturen sichtbar zu machen. Hierbei kommuniziert die Testperson laut alles, was ihr während des Prozesses durch den Kopf geht. So werden sowohl Gedanken, Handlungen, Gefühle und Empfindungen, aber auch Blickziele, Ablenkungen oder subjektive Zusammenhänge für den Beobachter deutlich. Die Stichprobe bestand für die Untersuchung aus 23 Personen, welche bereits mehr als drei Jahre mit CMA-Patienten und auch regelmäßig mit dem Brandenburger Instrument arbeiten. Die Teilnehmer hatten Ausbildungen als Psychologe, Sozialpädagoge/Sozialarbeiter, Heilpädagoge, Heilerziehungspfleger, Ergotherapeut, Krankenschwester, Suchttherapeut sowie berufsfremde Ausbildungen wie je einmal Koch, Landwirt, Klempner und Schweißer. Die Probanden wurden ermutigt, alle Arbeitsschritte laut zu kommentieren. Die Beobachtung und Notiz erfolgten aus dem Hintergrund. Eingegriffen wurde ausschließlich, wenn die geäußerten Arbeitsschritte zu allgemein waren (z.B. „Dann fülle ich jetzt den Bogen aus."). In solchen Fällen wurde wertneutral um Präzision des Arbeitsschrittes gebeten. Im Verlauf konnten diese Hinweise vollständig eingestellt werden. Im Anschluss an die schriftliche Aufnahme der Arbeitsschritte wurden die Aufzeichnungen gefiltert und um inhaltslose Äußerungen wie „da denke ich jetzt drüber nach" oder „ich lese lieber nochmal" bereinigt. Die standardisierte Einleitung und Hinweisformulierung sind in Anhang 07 beigefügt.

Aufbereitung und Interpretation der empirisch erhobenen Daten:

Als Ergebnis der thinking-aloud-protocols konnten zehn Arbeitsschritte als Durchschnitt ermittelt werden (s. Abb. 25), wobei mindestens zehn Arbeitsschritte und maximal elf Arbeitsschritte von den Teilnehmern vollzogen wurden. Damit stellt das Instrument kognitive Anforderungen an den Erfasser, welche zu Überforderung und damit zu fehlerbelasteten Ergebnissen führen (Cowan 2001).

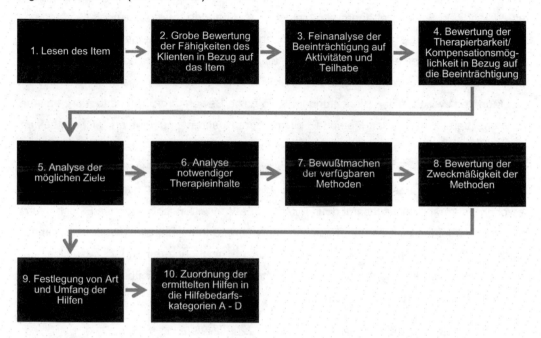

Abb. 25: Kognitive Arbeitsschrittzerlegung zur Bearbeitung des Brandenburger Instrumentes

Für ein neues Instrument ist zu beachten, dass die Gestaltung eine einfache Denkstruktur in der Arbeitsweise erfordert, weniger Komplexität und eine geringe Arbeitsschrittanzahl. Empfohlen werden vier plus/minus ein Arbeitsschritt (Cowan 2001), wobei eine Orientierung an der unteren Marke sinnvoll ist, um auch CMA-Betroffenen mit kognitiven Einschränkungen eine Mitwirkung zu ermöglichen. Hierzu ist eine jeweils getrennte Ermittlung des Hilfebedarfes, des Leistungsbedarfes und des Finanzierungsbedarfes sinnvoll.

6.3.2.4 Empirische Studie zur Nutzerobjektivität

Ziel der Methode:

Ziel der Objektivitätsstudie war es, herauszufinden, ob die Erfassung der Daten mit dem Brandenburger Instrument unabhängig vom jeweiligen Erfasser ist.

Beschreibung des methodischen Vorgehens:

Um die Objektivität in Bezug auf den Erfasser zu ermitteln, wurde das Brandenburger Instrument für sechs Bewohner von jeweils sieben Mitarbeitern derselben Einrichtung eingeschätzt. Von diesen sechs Bewohnern führen zwei eine Beziehung miteinander. Beide haben einen stationären Therapieplatz jedoch in unterschiedlichen Einrichtungen. Dies ist mit den zuständigen Sozialhilfeträgern abgesprochen und hat den therapeutischen Hintergrund, dass beide bei zu großer Routine und Gewöhnung zu Trinkrückfällen neigen, welche aufgrund des individuellen Krankheitsbildes der Frau ein überdurchschnittlich hohes letales Risiko bergen. Aus diesem Grund wechselt das Paar in meist regelmäßigen Abständen von ein bis zwei Monaten zwischen den Einrichtungen, ist in beide Bewohnergruppen integriert, hält die Abstinenz bereits mit dieser Methode seit mehreren Jahren und gibt an, sich in beiden Einrichtungen und mit dem Gesamtengagement wohl zu fühlen. Da dieses Bewohnerpaar in beiden Einrichtungen regelmäßig lebt, sich jedoch den jeweiligen Bedingungen stets angepasst zeigt, wurde die Studie auf beide Einrichtungen ausgedehnt. Für dieses Bewohnerpaar nahmen insgesamt neun Mitarbeiter aus zwei Einrichtungen die Einschätzung vor. Die Mitarbeiter erledigten die Einschätzung während ihres Dienstes, wobei sie zumeist allein im Büro waren. Sie wurden angewiesen, nicht untereinander bezüglich der Einschätzungen zu kommunizieren. Eine unterbrechungsfreie Bearbeitung aller Bögen war aufgrund der Dienstorganisation nicht möglich.

Aufbereitung und Interpretation der empirisch erhobenen Daten:

Die Objektivitätsstudie ergab, dass das Brandenburger Instrument keine nutzerunabhängige Erfassung ermöglicht. Tabelle 11 fasst die Hilfebedarfsgruppen je Urteiler und Bewohner zusammen.

Bewohner Urteiler	1	2	3	4	5	6	7	8	9
1	2	2	3	2	3	3	2	2	3
2	2	3	4	4	4	3	3	2	2
3	2	4	4	3	3	4	4	5	3
4	3	3	4	4	4	4	3	3	4
5	2	2	3	2	2	2	3	3	3
6	4	4	4	4	5	4	4	4	3
7	2	4	2						
8	2–3	4–5	4						
9	3	3	3						

Tab. 11: Anhand des Brandenburger Instrumentes ermittelte Hilfebedarfsgruppen

Diese starke Schwankung ist nicht über subjektive Sichtweise und soziale Beziehungen zu erklären. Das bedeutet, dass der Umfang des Hilfebedarfes, welcher mit dem Brandenburger Instrument ermittelt wird, nicht den tatsächlichen Hilfebedarf des Betroffenen abbildet, sondern auch die persönliche Meinung, Schwerpunktsetzung und möglicherweise Interaktion des Erfassers in Bezug auf den Betroffenen widerspiegelt. Um diese Aussage zu bestätigen wären weitere Studien auch mit größerem Stichprobenumfang wünschenswert, welche derzeit jedoch noch nicht vorhanden sind. Für ein neues Instrument sollten geringere Schwankungen und damit eine höhere Objektivität Ziel sein, um eine interpersonell vergleichbare Finanzierung zu ermöglichen.

6.3.2.5 Vergleich der Items mit krankheitsbildspezifischer Fachliteratur (s. Literaturverzeichnis)

Ziel der Methode:

Ziel des Itemvergleichs war die Überprüfung der Passgenauigkeit der Items des Brandenburger Instrumentes mit den in der Fachliteratur genannten Hilfe- und Leistungsbedarfen von CMA-Betroffenen.

Beschreibung des methodischen Vorgehens:

Da häufig eine fehlende Zuordnung der tatsächlichen Hilfebedarfe zu den Items des Brandenburger Instrumentes in den vorangegangenen Explorationen genannt wurde, erfolgte ein Vergleich der Items mit in gängiger krankheitsbildspezifischer Fachliteratur genannten Hilfebedarfen. Hierfür wurden aktuelle Fachbücher und -zeitschriften, andere Hilfebedarfserfassungsverfahren, Core-Sets bezüglich Abhängigkeit und den häufigsten komorbiden Störungsbildern sowie verschiedene krankheitsbildspezifische und krankheitsbildähnliche Studien genutzt.

Aufbereitung und Interpretation der empirisch erhobenen Daten:

Die Items des Brandenburger Instrumentes sind für CMA-Betroffene generell zutreffend. Allerdings sind sie häufig zu allgemein betitelt und operationalisiert (z.B. „Umgang mit Alkohol"), sodass eine konkrete Zuordnung zu CMA-Symptomatik und daraus resultierenden Hilfe- und Leistungsbedarfen (bspw. Umgang mit Rückfall, Rückfallprävention, Einsicht in das Krankheitsbild, Suchtverlagerung) schwerfällt. Mehrere Hilfe- und Leistungsbedarfe, welche sich aus häufig bei CMA auftretender Symptomatik (z.B. Gedächtnisproblemen) ergeben, werden nicht konkret als einzelnes Item benannt, sondern ordnen sich in mehrere Items ein. Hieraus resultieren Zuordnungsschwierigkeiten und Ungenauigkeiten in der Erfassung.

Zusammenfassung

Zusammenfassend ergab der Arbeitsschritt „Explorative Analyse des Brandenburger Instrumentes nach H. Metzler" wichtige Ergebnisse, welche im Folgenden hervorgehoben werden sollen.

Das Brandenburger Instrument weist verschiedene Schwachstellen auf. Diese zeigen sich vor allem in der fehlenden Spezifizierung auf das Krankheitsbild, der gleichzeitigen und nicht klar voneinander getrennten Erfassung von Hilfebedarf und Leistungsbedarf und der defizitorientierten, teilhabevernachlässigenden Ausrichtung. Es stellt folglich kein optimales Bedarfserfassungsinstrument für CMA-Betroffene dar. Positiv wurde die erstmalige Begriffsvereinheitlichung und beginnende Differenzierung in der Beurteilung der Betroffenen hervorgehoben.

Während dieses Arbeitsschrittes ergaben sich folgende Kriterien, welche für ein optimales Instrument zur Ermittlung des Finanzierungsbedarfes für CMA zu berücksichtigen sind:

- Die Items müssen persönlich bedeutsam sein. Eine krankheitsbildspezifische Ausrichtung von Inhalt und Formulierung der Items ist sinnvoll.
- Das Instrument muss die Fragen nach dem konkreten Hilfebedarf, dem Entwicklungsziel (wenigstens tendenziell), dem konkret benannten Leistungsbedarf (quantitativ und inhaltlich), dem Finanzierungsbedarf und der persönlichen Teilhaberelevanz der Leistung beantworten können.
- Um kognitive Überforderung zu vermeiden, ist eine getrennte Bedarfserfassung von Hilfe-, Leistungs- und Finanzierungsbedarf sinnvoll.
- Die Beteiligung des Kostenträgers, eines Betreuers des Leistungserbringers und des CMA-Betroffenen selbst an der Erfassung ist notwendig.
- Das Instrument sollte möglichst mit multiple-choice-Antworten gestaltet sein, einen geringen Umfang in Zeit und Blattanzahl aufweisen und im Ergebnis

unabhängig vom Nutzer sein (Nutzerobjektivität). Um die Mitwirkungsmöglichkeit der CMA-Patienten zu verbessern, dürfen die Skalen maximal vierstufig sein.

6.3.3 Analyse freier Sozialberichte als Alternative

Ziel der Methode:

Die freien Sozialbereichte wurden vor Einführung des Brandenburger Instrumentes zur Bedarfserfassung genutzt. Ziel der Analyse ist es, herauszufinden, ob sie eine echte Alternative zu dem Brandenburger Instrument oder anderen Bedarfserfassungsinstrumenten darstellen und ein Wechsel zurück auf diese Methode empfehlenswert ist. Dies ist der Fall, wenn die Kritikpunkte der Methode „freie Sozialberichte" gering und das Aufwand-Nutzen-Verhältnis ausgewogen erscheinen. Die folgende Analyse soll hierzu Daten liefern.

Beschreibung des methodischen Vorgehens:

Um die Erhebungsmethode „freier Sozialbericht" auf ihren Nutzen, als Grundlage zur Bedarfserfassung und Kostenermittlung zu analysieren, wurden in der vorliegenden Arbeit verschiedene Kriterien festgelegt. Hinsichtlich der Kriterien wurden qualitative Pauschalurteile nach einmaligem Lesen gebildet auf einer vierstufigen Skala: „erfüllt / eher erfüllt / eher nicht erfüllt / nicht erfüllt". Hierbei ging es um den ersten Eindruck, ob die Berichte ein Bild des Antragstellers dem Leser vermitteln können. Der erste Eindruck ist hierbei entscheidend, da in der realen Bearbeitung ein Bericht nur einmal gelesen wird und bereits dabei seine volle Aussagekraft entfalten muss. Außerdem wurden quantitative Aspekte für jedes Kriterium erfasst. Die eruierten Kriterien für die Erhebung von Hilfe- und Leistungsbedarf als Grundlage für die Finanzierung können wie folgt identifiziert werden:

- Vergleichbarkeit

  ⇒ Sind verschiedene freie Sozialberichte hinsichtlich Gliederung, Schreibstil, Schwerpunkte untereinander vergleichbar?

- Objektivität

  ⇒ Sind die freien Sozialberichte wert- und meinungsneutral in Schreibstil und Darstellung der Bedarfe?

- Krankheitsspezifik

  ⇒ Ist die Spezifik des Krankheitsbildes CMA als Teilhabebeeinträchtigung erkennbar?

- Aussagekraft bzgl. Hilfebedarfserfassung

⇒ Lassen sich Hilfebedarfe, Ressourcen, Beeinträchtigungen und Fähigkeiten aus den freien Sozialberichten benennen, verständlich begründen und in Art und Umfang abschätzen?

- Aussagekraft bzgl. Leistungsbedarfserfassung

  ⇒ Lassen sich Leistungsbedarfe benennen, verständlich begründen und in Art und Umfang abschätzen?

Für die Bewertung der Berichte hinsichtlich der Kriterien und ihrer Operationalisierungsaspekte wurde eine Tabelle erstellt (vgl. Anhang 01).

Bezüglich des Kriteriums Vergleichbarkeit wurden Zählungen hinsichtlich der Anzahl der Übereinstimmung von Gliederungspunkten und Schwerpunkten vorgenommen. Der Schreibstil wurde anhand der Aspekte: Länge und Komplexität der Sätze, sachlich neutraler versus romanartiger Schreibstil sowie Verwendung und Erklärung von Fachbegriffen bewertet. Die Länge der Sätze wurde mittels der vierstufigen Skala: „kurz" (max. 1 Zeile), „mittel" (1–2-zeilig), „lang" (ab 3 Zeilen pro Satz) und „gemischt" bemessen. Hierbei wurde die Mehrheit der Sätze zugrunde gelegt. War keine Satzlänge mehrheitlich vertreten, wurde das Urteil „gemischt" vergeben. Die Komplexität der Sätze wurde anhand der Skala: „einfach" (überwiegend Sätze ohne Schachtelung), „mittel" (überwiegend einmal geschachtelte Sätze) und „hoch" (überwiegend mehrfach geschachtelte Sätze) sowie „gemischt" (Sätze unterschiedlicher Komplexität zu gleichen Anteilen) analysiert. Die Bewertung des Schreibstils erfolgte hinsichtlich der beiden Pole „romanhaft" und „sachlich neutral". Hierfür wurde eine dreistufige Skala: „vollständig oder überwiegend romanartig", „wechselhafter Schreibstil", „sachlich neutral" angewandt. Die Einschätzung „romanartiger Schreibstil" erfolgte bei Häufung von Abschweifungen, Verwendung ausschmückender nicht inhaltlich notwendiger Adjektive oder subjektiv anmutender Behauptungen. Bei einer eher präzisen klaren Sprachverwendung mit Darstellung von ausschließlich nachprüfbaren Fakten erfolgte die Einschätzung „sachlich neutraler Schreibstil". Wechselten sich die Schreibstile ab oder konnte keiner der beiden Schreibstile als überwiegend festgestellt werden, wird der Bericht in die Kategorie „wechselhafter Schreibstil" geordnet.

Weiterhin wurden die Anzahl der verwendeten Fachbegriffe sowie die Anzahl der davon erklärten Fachbegriffe für jeden Begriff ausgezählt.

Zur Bewertung der Objektivität wurde die Anzahl der Verwendung nicht-wertneutraler oder meinungsneutraler Formulierungen pro Bericht erhoben.

Die Berichte wurden weiterhin hinsichtlich der Art und Anzahl der Bezugnahme auf das Krankheitsbild CMA überprüft. Für jeden Bericht wurde für das Kriterium „Hilfebedarfe" gefiltert wie viele Ressourcen, Beeinträchtigungen, Barrieren und Förderfaktoren benannt wurden und wie viele davon begründet werden konnten. Diese wurden in der Tabelle jeweils als Anzahl erfasst. In ähnlicher Weise wurden die Leistungsbedarfe analysiert. Hierbei wurde die Anzahl der benannten Leistungsbedarfe erhoben, wieviel begründet wurden und von wie vielen sich der Umfang und Bezug zu einem oder mehreren Hilfebedarfen klar herauslesen ließ.

Die Stichprobe bestand aus 47 freien Sozialberichten. Die beschriebenen Personen waren in allen Berichten voneinander verschieden, hatten alle die Diagnose CMA und erhielten stationäre Therapie in einer von drei Einrichtungen eines Leistungserbringers. Adressaten waren Sachbearbeiter der Sozialämter der Brandenburger Landkreise Spree-Neiße, Elbe-Elster, Oder-Spree-Lausitz, Dahme-Spree sowie der kreisfreien Städte Frankfurt Oder und Cottbus.

Aufbereitung und Interpretation der empirisch erhobenen Daten:

Die Analyse der freien Sozialberichte ergab eine Einschränkung in der Methode selbst. So wurden die Berichte als Ergänzung zum Brandenburger Instrument geschrieben und richteten sich, trotz fehlender Vorgabe, einheitlich in der Gliederung nach den sleben Abschnitten des Brandenburger Instrumentes. Auch innerhalb der Abschnitte wurden die Schwerpunkte häufig anhand der einzelnen Items des Brandenburger Instrumentes abgearbeitet. Somit war klar erkennbar, dass die Berichte in Ergänzung zum Brandenburger Instrument erstellt und nicht als freie Sozialberichte erarbeitet wurden. Der Versuch, freie Sozialberichte für eine Analyse im Rahmen dieser Arbeit erstellen zu lassen, scheiterte. Trotz ausdrücklicher Aufforderung, den Bericht frei, ohne Vorgaben zu schreiben und zusätzlich mit ausführlicher Erläuterung des Ziels der Untersuchung, hielten sechs von acht Berichten erneut die vorherige Gliederung in Inhalt und Reihenfolge vollständig ein. Beide andere Berichte erschienen im oberflächlichen Lesen relativ zusammenhanglos geschrieben. Allerdings wurde von den Verfassern nachträglich erklärt, dass es ihnen nicht möglich war, etwas außerhalb der gewohnten Gliederung zu schreiben, so dass sie diese erst eingehalten und nach Beendigung des Berichtes die Aspekte umsortiert hätten. Somit konnte die Methode „freie Sozialberichte" nicht als solche bezeichnet werden, da aufgrund intensiver Gewöhnungseffekte kein wirklich freier Sozialbericht erhaltbar war.

Die Analyse der 47 Sozialberichte als Ergänzung zum Brandenburger Instrument ergaben folgende Daten.

Die pauschale Beurteilung nach dem ersten Lesen ergab, dass zwei Berichte nachvollziehbar ein Bild des CMA-Patienten lieferten, welches klar die Hilfe- und Leistungsbedarfe abzeichnet. Die krankheitsbildbezogene Darstellung begründet dem Leser, wo, warum und welche Hilfe notwendig ist. 21 Berichte erreichten die Bewertung „eher erfüllt" hinsichtlich dieser

Bedingung. Bei 23 Berichten war es schwierig, ein stimmiges Bild zu ermitteln, und es traten nach dem ersten Lesen mehrere Fragen auf. Bei einem Bericht konnten diese Frage auch nach mehrmaligem Lesen aufgrund von Widersprüchen und fehlenden Informationen nicht beantwortet werden. Nach erstmaligem Lesen gelingt es nur knapp bei der Hälfte aller Berichte, ein verständliches Bild der beschriebenen Person zu vermitteln.

Es konnten folgende Daten ermittelt werden:

Gliederung:

Die Gliederung ist im Wesentlichen in allen Berichten gleich, sowohl in den Gliederungspunkten als auch in den bearbeiteten Schwerpunkten. Dies ist auf die Ergänzungsfunktion der Berichte zum Brandenburger Instrument zurückzuführen. Zusätzlich zu dieser allgemeinen Gliederung wurden jedoch leichte Abweichungen erkennbar. So enthielten 32 Berichte einen vorgesetzten Gliederungspunkt, welcher zumeist mit „einführende Erläuterung" betitelt wurde. Hier wurden Hilfebedarfe und Leistungsbedarfe beschrieben, welche nicht in den Items des Brandenburger Instrumentes auftauchten und sich aber vollständig inhaltlich der Krankheitsspezifik CMA zuordnen lassen. Gleichzeitig wurde auf die Instabilität der Bedarfe aufgrund des Krankheitsbildes hingewiesen. 12 Berichte waren Ersterfassungen und enthielten in der Einführung eine Erklärung über die Schwierigkeit der Bedarfsfeststellung während der Eingewöhnungsphase. Es war festzustellen, dass diese vorgesetzten Abschnitte in Wortlaut einzelner Formulierungen, teilweise aber auch in mehreren aufeinanderfolgenden Sätzen bei vielen Berichten übereinstimmten. So ist vermutlich per „copy-paste-Verfahren" eine Übernahme allgemeingültiger Passagen erfolgt, um den Aufwand des Erfassens zu verringern. Da es sich um die Beschreibungen der Instabilität der Bedarfe aufgrund des Krankheitsbildes sowie um die Schwierigkeiten der Bedarfserfassung in der Eingewöhnungsphase handelt, gehen den Berichten trotzdem keine individuellen Aussagen verloren.

Schwerpunkte:

Die Vergleichbarkeit bezüglich der Schwerpunktsetzung ist oberflächlich gegeben. So wurden als Schwerpunkte die einzelnen Items des Brandenburger Instrumentes abgearbeitet. In dieser Hinsicht war eine völlige Vergleichbarkeit der Berichte zu erkennen. Hinsichtlich der Ausarbeitung der Schwerpunkte unterschieden sich die Berichte jedoch stark. Zusammenhänge zwischen der Ausführlichkeit der Beschreibung und der Schwere der Beeinträchtigung oder der Intensität der Änderung der Beeinträchtigung innerhalb des letzten Berichtzeitraumes waren zu erkennen. Gleichzeitig gab es aber auch ausführliche Beschreibungen von Aspekten, wo keine deutliche Beeinträchtigung oder Veränderung erkennbar war. Hier bestehen verschiedene Erklärungsansätze. Zum einen ist es möglich, dass die Beschreibung unzureichend trotz des Umfangs ist und den eigentlichen Bedarf nicht wiedergeben kann. Gleichzeitig gibt es auch die Möglichkeit der subjektiven Einfärbung, wonach Aspekte beschrieben werden, weil sie dem Verfasser selbst als bedeutsam oder besonders verständlich erscheinen. In diesem Fall fehlt die objektive Distanzierung zwischen persönlicher Meinung des Verfassers und dem Ziel des Berichtes. Insgesamt ist eine grobe Vergleichbarkeit vorhanden, welche jedoch oberflächlich ist und sich ausschließlich aus der Ergänzungsfunktion des Berichtes zum Brandenburger Instrument ergibt. Außerhalb dieser Aspekte besteht keine Vergleichbarkeit, was den Verfassungsprozess wie auch den Prozess der Auswertung und Interpretation erschwert und keine ausreichende Grundlage für eine objektive Finanzierung darstellt.

Schreibstil:

Sowohl in Satzlänge, Komplexität der Sätze und Schreibstil sind große Unterschiede festzustellen. 32% schreiben bevorzugt in langen Sätzen über mehr als 3 Zeilen. Es scheint eine positive Korrelation zu geben zwischen Satzlänge und Komplexität der Sätze. 21% bevorzugen kurze einfache Sätze. Bei den anderen Berichten wechseln die Verfasser in den Längen und der Komplexität der Sätze. Der Schreibstil ist zu 13% als romanhaft zu bezeichnen. Diese Berichte waren sprachlich angenehm zu lesen, wobei das Filtern der benötigten Erkenntnisse aus den teilweise umfangreichen und ausschweifenden Beschreibungen jedoch aufwendig war. Hier fällt vor allem die Ausschmückung der Sätze mittels häufiger Adjektivverwendung auf, welche jedoch nicht wesentlich die Aussagekraft zu erhöhen vermochte. Auch waren subjektive, nicht faktisch belegte Behauptungen wie beispielsweise „Ich glaube, Klient X will es einfach nicht verstehen." gehäuft zu finden. 68% nutzten vorwiegend einen neutralen, sachlichen Schreibstil und bezogen sich in ihren Schlussfolgerungen auf nachvollziehbare Beobachtungen, Therapieergebnisse oder protokollierte Gesprächsinhalte. Bei 19% war kein durchgängiger Schreibstil erkennbar. Hier besteht die Möglichkeit einer Gruppenarbeit.

Es konnten keinerlei Gewöhnungseffekte, im Sinne von gleichbleibender Gliederung und gleichbleibenden Schwerpunkten oder ähnlichen Schreibstilen, beim Lesen angenommen werden.

Krankheitsspezifik:

Bezüglich der Krankheitsbildspezifik wiesen die Berichte große Unterschiede auf. So wurden spezifische Beeinträchtigungen, welche sich aus dem Krankheitsbild CMA ergeben (wie bspw. Gedächtnisprobleme oder Cravingsymptome), in 22 Berichten ausführlich erwähnt, während neun Berichte eine pure Abarbeitung der Beschreibung der Items des Brandenburger Instrumentes aufwiesen. Dies war umso bezeichnender, da in diesen Berichten selbst das Item „Umgang mit Abhängigkeiten" des Brandenburger Instrumentes nur als „schwer" beschrieben wurde, jedoch in keiner Form der individuelle Umgang, die Beeinträchtigungen oder die daraus abzuleitenden Bedarfe Erwähnung fanden. In den anderen Berichten wurden die Items vereinzelt mit krankheitsspezifischen Begründungen der Bedarfe versehen oder mit oberflächlichen Formulierungen „aufgrund von CMA" ergänzt. Ein direkter Krankheitsbezug erscheint über diese Methode möglich, wird jedoch nicht durch die pure Verwendung der Methode garantiert.

Objektivität:

In 42 Berichten wurden Wertungen gefunden oder Formulierungen, welche die subjektive Ansicht des Verfassers widerspiegeln, bspw.: „Herr X trinkt zu viel Cola.", „Frau Y richtet sich nicht nach den Ratschlägen der Betreuer.", „Herr Z schafft es nicht, seine Freizeit sinnvoll zu gestalten."

Aussagekraft bezüglich der Hilfe- und/oder Leistungsbedarfe:

Bezüglich der Beschreibung der Hilfebedarfe fehlte in 12 Berichten jegliches Eingehen auf vorhandene Ressourcen. Die anderen Berichte wiesen zwischen drei und sechs Beschreibungen von vorhandenen zu fördernden Fähigkeiten auf. Beeinträchtigungen wurden in allen Berichten aufgeführt. In 14 Berichten waren die Beeinträchtigungen identisch mit einer Aufzählung einiger Items des Brandenburger Instrumentes. Hier wurde keine Spezifizierung oder Begründung gegeben und auch Leistungsbedarfe wurden nicht abgeleitet. Barrieren und Förderfaktoren wurden insgesamt in zwei Berichten erwähnt. Dies waren als Förderfaktor: „freundschaftliche Beziehungen zwischen Zimmernachbarn" und als Barrieren „nicht fußläufig erreichbare Einkaufsmöglichkeiten", „nicht fußläufig erreichbare Ärzte" und „Schwierigkeiten in der Akzeptanz einer Krankenschwester der häuslichen Krankenpflege". Weiterer Bezug auf Umweltbedingungen oder personenbezogene Faktoren konnte nicht gefunden werden. Die Leistungsbedarfe waren in 39 Berichten vorhanden. In 32 der 39 Berichte wurde jedoch nur oberflächlich angedeutet, dass eine Beeinträchtigung auch eine Leistung erfordere. In sieben Berichten war der Umfang der Leistung mittels der Adjektive „intensive Hilfe", „feinfühlige Hilfe", „ständige Hilfe", „erinnernde Hilfe", „motivierende Hilfe" und „geringe Hilfe" angegeben. In zwei dieser sieben Berichte wurde eine detaillierte Begründung und Zielsetzung der Veränderungen durch die konkrete Hilfe angegeben. Die finanzielle Ableitung ist hierdurch nicht sinnvoll möglich.

Aufwand:

Zusätzlich zum Protokoll wurde von jedem Bericht die Länge in Seiten erfasst. Hierbei ist zu beachten, dass die reine Länge des Berichtes erfasst wurde und sonstige Angaben, wie Sozial- oder diagnostische Daten aufgrund der Unterschiedlichkeit der Formatierung abgezogen wurden. Die Schriftart und Schriftgröße waren einheitlich in Times New Roman 12, was die Verwendung desselben Basisschreibprogrammes aller Verfasser vermuten lässt, aber gleichzeitig einen Vergleich ermöglicht. Die Berichte waren zwischen 7 und 21 Seiten lang, wobei die durchschnittliche Seitenanzahl 13,7 Seiten betrug. Michelmann (Michelmann & Michelmann 1998, S. 37) erklärt 200–250 Wörter pro Minute zum Normalmaß. Bei Times New Roman 12, ergeben sich pro Seite ungefähr 350 Wörter pro Seite, was ungefähr 1,5 Minuten bedeutet. So ist für die untersuchten Berichte eine Lesezeit von 10,5 bis 31,5 Minuten zu veranschlagen. Im Durchschnitt werden bei 13,7 Seite rund 20,55 Minuten Lesezeit benötigt. Diese Zahlen sind grobe Schätzungen und beachten nicht die Existenz von langsamen und schnellen Lesern. Sie verdeutlichen aber eindrücklich den Aufwand des Beurteilers zumindest formal. Allerdings ist hier auch noch nicht die Zeit veranschlagt, welche benötigt wird, um den Bericht ein zweites Mal auf der Suche nach spezifischen Informationen zu bearbeiten.

Insgesamt verdeutlichen die vorher benannten Zeiten, dass ein sehr hoher Aufwand in der Auswertung und Interpretation der Daten liegt, was zusätzlich erhöht wird durch die mangelhafte Vergleichbarkeit, unzureichende Krankheitsspezifik und fehlende Objektivität. Auch die Beschreibung der Bedarfe ist sowohl für die Hilfebedarfe als auch die Leistungsbedarfe unzureichend. Positiv ist die mögliche Individualisierung, welche jedoch nur teilweise beobachtbar war, und das Halten an Vorgaben, wie eine einheitliche Gliederung, welche nach einer gewissen Gewöhnungszeit so stark in Fertigkeiten übergeht, dass sie schwer bis nicht spontan ablegbar ist. Das legt nahe, dass die Gewöhnungseffekte an Vorgaben von Instrumenten auch einen Einfluss auf die Denk- und Arbeitsweise der damit Beschäftigten haben. Die Methode „Sozialbericht" ist als Ersatz für das Brandenburger Instrument aufgrund der oben genannten Mängel nicht zu empfehlen und stellt keine ausreichende Grundlage für eine differenzierte Ermittlung des Finanzierungsbedarfes dar.

6.3.4 Explorative Voruntersuchungen

6.3.4.1 Empirische Erhebung der Leistungsverteilung mittels Datenerfassung durch Dokumentenanalyse

Ziel der Methode:

Ziel der Untersuchung war es, herauszufinden, ob es einen typischen Therapieverlauf bei CMA-Betroffenen gibt und wie dieser aussieht. Diese Ergebnisse sind notwendig, um eine Entscheidung zu treffen, ob Finanzierungskategorien möglich sind und wie diese gestaffelt werden könnten oder ob eine vollständig individuelle Finanzierung notwendig ist.

Beschreibung des methodischen Vorgehens:

Die Miteinander GmbH ist ein Brandenburger Unternehmen, welches seit 1993 in der stationären Hilfe für chronisch Suchtkranke und CMA-Betroffene arbeitet. Die Daten (Sozialberichte, Hilfebedarfserfassungsinstrumente, Gesprächsprotokolle, Therapiepläne u.Ä.) aller in dieser Zeit betreuter Klienten wurden in Archiven aufbewahrt und standen für diese Studie zur Verfügung. Aus den Daten wurden 156 Fälle ausgesucht, welche einen durchgängigen Therapieaufenthalt von mindestens drei Jahren sowie eine lückenlose Dokumentation der Entwicklungsberichte, Therapiepläne und Gesprächsprotokolle aufwiesen. Weiteres Auswahlkriterium war eine möglichst präzise Benennung der Hilfe- und Leistungsbedarfe in Art und Umfang. Anhand dieser Daten wurde herausgearbeitet, wie ein durchschnittlicher Therapieverlauf eines stationär behandelten CMA-Erkrankten in Hinblick auf den Therapieaufwand aussieht. Hierfür wurden Beschreibungen und Wortbewertungen in Punkte umgewandelt und eine stilisierte Therapieverlaufskurve hinsichtlich des Leistungsumfangs, abgetragen auf die Therapiedauer, für jeden Fall erarbeitet. Diese Punktzahlen wurden in ein Zeit-Leistungs-Diagramm abgetragen. Als Beginn wurde das Aufnahmedatum mit dem Leistungsumfang Null gesetzt. Mithilfe der jährlichen Entwicklungsberichte, welche Hilfebedarf und Leistung beschreiben, wurde anschließend für jeden Berichtszeitraum ein Punktäquivalent für den jeweiligen zu finanzierenden Leistungsumfang generiert. Die daraus entstehende Kurve wurde verfeinert und ergänzt durch eine monatliche Auswertung der verfügbaren Daten (Einzelgespräche, Dienstbücher, Therapiepläne, Gesprächsprotokolle von Teambesprechungen etc.). Hierfür wurden Punkte, bei mehr Leistung hinzugefügt oder Punkte bei weniger Leistung abzogen. Da die Dokumentationen von unterschiedlichen Verfassern stammen, muss davon ausgegangen werden, dass gleiche Wertungsbegriffe unterschiedlich besetzt sind. Um eine wenigstens minimale Vereinheitlichung zu erreichen, wurde eine eigene Punkteskala entwickelt, auf der alle Wortbewertungen nach Auftreten einem Punktwert zugeordnet wurden. Dieser Wert wurde dann für alle Dokumentationen beibehalten. Anschließend wurden die Kurvenverläufe auf Ähnlichkeiten bezüglich der Verlaufsform analysiert.

Weiterhin wurden die erarbeiteten einzelnen 156 Therapieverläufe genutzt, um einen Querschnitt des Leistungsbedarfes zu ermitteln. Hierfür wurden die Therapieverläufe in ein Zeitraster überführt, bei welchem die reale Zeit auf der X-Achse beibehalten wurde, während die Y-Achse den Leistungsumfangs zum jeweiligen Zeitpunkt abbildete. Wichtig ist die Beibehaltung der realen Zeit, um ein Abbild des Leistungsspektrums zum jeweils gewählten Zeitpunkt zu erhalten. Aufgrund der unterschiedlichen Urheber der einzelnen Quellen ergaben sich unterschiedliche Maßstäbe in den einzelnen Kurven. Für die Erstellung der Durchschnittskurve wurden diese zueinander ins Verhältnis gesetzt. In regelmäßigen

Abständen wurden nun die Werte des Leistungsumfangs abgetragen und quantitativ geordnet als Kurve dargestellt. Aus diesen Einzelquerschnitten konnte die Durchschnittskurve ermittelt werden, welche folglich die Leistungsverteilung innerhalb des Krankheitsbildes der CMA-Betroffenen zu einem beliebigen Zeitpunkt abbildet.

Aufbereitung und Interpretation der empirisch erhobenen Daten:

Aufgrund der starken Heterogenität des Krankheitsbildes wurde ein stark individueller, voneinander abweichender Therapieverlauf antizipiert. Die Analyse der 156 Dokumentationen konnte dies jedoch nur für die Therapieinhalte und die relative Therapiedauer bestätigen. Für die Abfolge des benötigten Leistungsumfangs des Gesamttherapieprozesses konnte hingegen eine starke Verbesserung der Teilhabe und Lebensqualität für die ersten drei bis sechs Monate bei jedoch sehr starkem Leistungsumfang verzeichnet werden. Dies spricht dafür, dass die Eingewöhnungsphase für CMA-Patienten eine Dauer von drei bis sechs Monaten einnimmt. In dieser Zeit werden Hilfe- und Leistungsbedarf ständig neureguliert, da sich der CMA-Patient erst an die neue Situation, die bestehenden Regeln und Normen gewöhnen und dementsprechend auch seine Grenzen und Schwierigkeiten im neuen Umfeld ausloten muss. Dokumentiert wird dieses Ergebnis in überdurchschnittlich vielen Einzelgesprächen, „Schnupperkursteilnahmen", vermehrten Aufgabenumverteilungen, aber auch in erhöhtem Konfliktaufkommen mit anderen Bewohnern als nach diesem Zeitraum. In der Eingewöhnungszeit ist ein hoher Leistungsaufwand notwendig, da neue Gewohnheiten erst geschaffen und alte durchbrochen werden müssen, um eine gute Integration in den Therapiealltag, aber auch eine gute Anpassung des Leistungsspektrums und Leistungsumfangs auf den CMA-Patienten zu erreichen. Hieraus folgen vermehrte direkte Kontakte aber auch indirekte Betreuung in Form von Beobachtung, vermehrter Dokumentation und analytischen Team-Fallbesprechungen, was sich in den Akten anhand von Gesprächs- und Teamsitzungsprotokollen, Dienstbucheintragungen zur Information anderer Mitarbeiter und mehrfach wechselnden Therapieplänen innerhalb kürzester Zeit nachvollziehen lässt.

Im Anschluss an die Eingewöhnungsphase konnten fünf „Verlaufskategorien" herausgefiltert werden, in welche sich alle Betroffenen einordnen lassen. So gibt es einen konstant ansteigenden Verlauf (s.Abb. 26), welcher eine stetige Verbesserung der Selbständigkeit und der Rückgewinnung der Fähigkeiten zeigt und somit einen Übergang in eine ambulant betreute Wohnform ermöglicht.

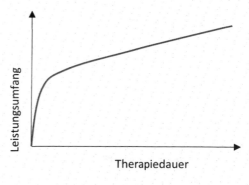

Abb. 26: Verlauf der konstanten Verbesserung

Des Weiteren gibt es den geradlinig oder sägezahnartig abfallenden Therapieverlauf (s.Abb. 27/28), welcher trotz intensiver individueller Therapieleistungen in seiner Entwicklung stetig Rückschritte im Sinne von Fähigkeitsverlusten zu verzeichnen hat.

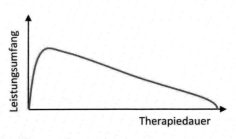

Abb. 27: Geradlinig abfallender Therapieverlauf

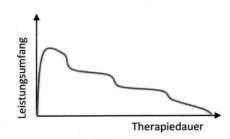

Abb. 28: Sägezahnartig abfallender Therapieverlauf

Oftmals sind diese Verläufe auch von Krankheitsschüben begleitet, wo eine Zeitlang ein rapider Abfall der Fähigkeiten zu verzeichnen ist, welcher mit erhöhtem Leistungsaufwand nur teilweise zur Stagnation oder Verlangsamung gebracht werden kann. Diese Verläufe enden meist mit dem Übergang ins Pflegeheim, Hospiz, Krankenhaus oder mit dem Versterben in der Einrichtung.

Dann gibt es den hügelförmigen Verlauf (s. Abb. 29), welcher zuerst von Verbesserung, dann von Stagnation und anschließend nicht aufzuhaltender Verschlechterung gekennzeichnet ist. Die Länge der Stagnationsdauer ist unterschiedlich. Der Abwärtstrend nimmt seinen Beginn häufig mit speziellen Ereignissen, wie z.B. einem Trinkrückfall, einem Krankenhaus-aufenthalt (trotz Genesung), oder zunehmendem Alter.

Viele Teilnehmer zeigten auch Erhaltungs-Verläufe, welche durch anfängliche Steigerung der Fähigkeiten, der Lebensqualität und der Teilhabe gekennzeichnet sind (s. Abb. 30). Für den Betroffenen und die Umwelt ist anscheinend damit ein gut aushaltbares Niveau erreicht, welches für lange Zeit (oft mehrere Jahre) oder auch bis Ende der Dokumentation verbleibt.

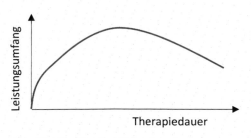

Abb. 29: Hügelförmiger Therapieverlauf

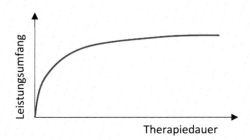

Abb. 30: Erhaltender Therapieverlauf

Alle Fälle wurden in dem Verlauf des Leistungsumfangs grafisch dargestellt und übereinandergelegt. Allerdings wurde die reale Dokumentationszeit beibehalten, sodass einige Verlaufskurven sich gar nicht berührten, weil die Bewohner zeitlich nacheinander in der Therapie waren. Anschließend wurde zu verschiedenen Zeitpunkten im 3-Monats-Abstand der Querschnitt analysiert oder dokumentiert. Hierbei wurde für jeden Zeitpunkt ausgewertet, wie viele Teilnehmer wieviel Leistung erhalten. Die so entstandenen Kurven zeigten das benötigte Spektrum an aufzuwendender Leistung zu dem jeweiligen Zeitpunkt. Diese Kurven ähnelten einander trotz teilweise unterschiedlicher Teilnehmer stark, sodass eine stilisierte Durchschnittskurve ermittelt werden konnte (Abb. 31). Diese Kurve wiederum zeigt einen generell aufsteigenden Leistungsbedarf. Stagnation zeigt sich beim Übergang in die Pflegeleistungen, was sich aus der Vermischung der Leistungen der Eingliederungshilfe und der Pflege ergibt, welche zu diesem Zeitpunkt schwer trennbar und daher in den Dokumentationen relativ einheitlich pauschal beschrieben wurden. Eine weitere Stagnation ergibt sich während des Übergangs in ambulant betreute Wohnformen. Hierbei erhöht sich der Aufwand zunächst, stagniert kurzzeitig und sinkt dann ab, bevor der Übergang vollständig vollzogen ist und der Teilnehmer aus der stationären Hilfe ausscheidet.

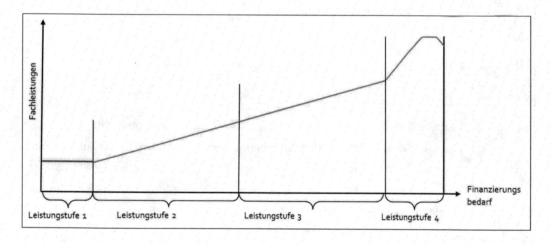

Abb.31: Steigender Leistungsaufwand in Bezug auf die Leistungsstufen

Ein wichtiges Ergebnis dieser wissenschaftlichen Arbeit ist die Einteilung in vier Leistungsstufen, welche anhand der beschriebenen Studie erarbeitet werden konnten. Die Ableitung der Stufen wird in Abbildung 31 veranschaulicht. Diese Einteilung konnte bisher in keiner theoretischen Fachliteratur gefunden werden. Sie ist aber dringend notwendig, um den Leistungsaufwand zu verdeutlichen und für die Finanzierung der Leistungen planbar zu machen.

Die ermittelte Leistungsbedarfskurve zeigt die Verteilung der Leistungen in vier ineinander übergehende Abschnitte, genannt Leistungsstufen. Mit dem Anstieg der

Leistungsbedarfskurve ist auch ein Anstieg des Finanzierungsbedarfes zu verstehen, da ein höherer Leistungsbedarf mehr monetäre Mittel zur Umsetzung benötigt.

Nachfolgend ist ein Überblick über die Leistungsstufen in Abbildung 32 aufgezeigt.

Leistungsstufe 1 (LS 1) = Übergangsstufe	Leistungsstufe 1 umfasst Bewohner, bei welchen die gesundheitlichen Gegebenheiten so stark abgebaut haben, dass sie vermehrt auf Leistungen der Pflege angewiesen sind. Die Leistungsstufe 1 ist zu vergeben, wenn ein Betroffener deutlich mehr Leistungen zur Pflege erhält als Unterstützungsfachleistungen zum Ermöglichen oder Erleichtern der Teilhabe. Sie wird auch als Übergangsstufe bezeichnet, da sie den Übergang zwischen Pflege und Eingliederungshilfe darstellt.
Leistungs- stufe 2 (LS 2) Leistungs- stufe 3 (LS 3)	Die Leistungsstufen 2 und 3 umfassen die Klienten, welche im stationären Rahmen überwiegend Unterstützungsfachleistungen für das Ermöglichen und Erleichtern der Teilhabe bekommen. Dies ist die Mehrheit der Betroffenen.
Leistungsstufe 4 (LS 4) = Übergangsstufe	Leistungsstufe 4 ist, wie Leistungsstufe 1 eine Übergangsstufe zu einer passenden Hilfeform. In diesem Fall wird der Übergang in die ambulante Hilfe vorbereitet und trainiert, um die erreichten Entwicklungserfolge stabil zu erhalten und möglichst nahtlos an höhere Selbstständigkeit (trotz geringerer institutioneller Hilfe) anzuschließen.

Abb. 32: Leistungsstufen der CMA-Therapie

Zwei Leistungsstufen stellen Übergangsstufen dar, in denen es zu einer Vermischung verschiedener Leistungsbereiche kommen kann. So kann in Leistungsstufe 1 als Übergangsstufe zwischen Eingliederungshilfe und Pflege ein Mix aus Leistungen dieser beiden Bereiche für eine optimale Versorgung und Förderung des CMA-Patienten notwendig werden. Leistungsstufe 4 kann als Übergangsstufe in eine größere Selbstständigkeit eine Mischform der Leistungen aus dem Bereich stationäre und ambulante Pflege erfordern. Die Umsetzung der Übergangsstufen ist organisatorisch umso schwieriger, wenn verschiedene Leistungserbringer aus den einzelnen Bereichen die Leistungen übernehmen. Hierfür ist ein hoher ethischer Anspruch zu stellen, da, im Sinne der personenbezogenen Hilfe, immer die bestmögliche Teilhabe des CMA-Patienten im Vordergrund stehen muss und ein „Gerangel um Leistungsvergabe" dies nicht behindern darf. Als notwendige Voraussetzungen für eine gelingende Umsetzung der Übergangsstufen konnten abgeleitet werden:

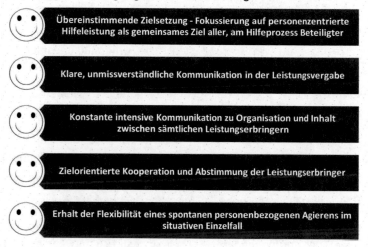

Abb. 33: Voraussetzungen gelingender Mischfinanzierung während der Übergangsstufen

Die inhaltlichen Bedeutungen der vier Leistungsstufen, werden im Folgenden näher erläutert und in Abbildung 34 schematisch dargestellt.

Leistungsstufe 1 (Übergangsstufe)

Eine außergewöhnliche Lebenssituation liegt vor, wenn ein Klient aufgrund gesundheitlicher oder anderer Schwierigkeiten in seiner Möglichkeit zur Teilhabe am Leben in der Gesellschaft so stark beeinträchtigt ist, dass die Teilhabe zur Pflege oder anderer Leistungen überwiegen. Dies ist beispielsweise bei schweren Krebserkrankungen der Fall. Zu unterscheiden sind die außergewöhnlichen Lebenssituationen in Bezug auf die zeitliche Dauer und ob sie einen Wechsel der Hilfeform im Sinne der Lebensqualität des Betroffenen erforderlich machen. Bei dauerhaft geänderter Lebenssituation ist ein Wechsel in eine Hilfeform sinnvoll, welche den Bedürfnissen im Sinne der Lebensqualität gerechter wird. Oftmals wird dies bspw. ein Pflegeheim, eine Palliativstation oder ein Hospiz sein. Sobald die Notwendigkeit des Wechsels erkannt ist, sollte dies beantragt werden. In dieser Übergangszeit liegt das Hauptaugenmerk nicht mehr auf Leistungen zur Förderung der gesellschaftlichen Teilhabe, sondern diese erhalten in Hinblick auf die Gesamtlebensqualität des Betroffenen nachrangigen Charakter hinter den Leistungen der Teilhabe zur Pflege. Dementsprechend ist hier Leistungsstufe 1 über die örtlichen Sozialhilfeträger zu finanzieren, während die Leistungen zur Pflege über die Pflege- oder Krankenkasse zu finanzieren sind.

Leistungsstufe 2

Hier liegt das Hauptaugenmerk auf dem Ermöglichen der Teilhabe. Zwar erhalten diese Klienten auch Unterstützungsfachleistungen zum Erleichtern der Teilhabe, sind jedoch in ihrer Fähigkeit zur Teilhabe krankheitsbedingt so stark beeinträchtigt, dass das grundlegende Ermöglichen der Teilhabe im Vordergrund steht. Die Unterstützungsfachleistungen sind hierbei oftmals deutlich weniger in Bezug auf Quantität und Vielfalt. Vielfach müssen Leistungen konstant mehrfach täglich (teilweise im Minutentakt) wiederholt werden. Bspw. Finden des eigenen Wohnraums oder der Toilette bei Orientierungslosigkeit. Aufgrund der kognitiven und sozio-emotionalen Beeinträchtigungen sind diese Unterstützungsfachleistungen oftmals qualitativ aufwendiger in der Durchführung, benötigen jedoch deutlich weniger Aufwand in Analyse und Vorbereitung der Maßnahmen. Insbesondere die persönliche Möglichkeit zur Teilhabe im Sinne der Selbstbestimmung ist aufgrund der krankheitsbedingten Beeinträchtigungen in dieser Leistungsstufe oftmals eingeschränkt. Es ist daher ein geringerer Finanzierungsbedarf als in Leistungsstufe 3 notwendig, da die Förderung und Unterstützung der Mitbestimmung im Teilhabeprozess unbedingt zu versuchen, oftmals aber nicht umsetzbar sein wird.

Ein Sonderfall der Leistungsstufe 2 ist die außergewöhnliche Lebenssituation, wenn diese zeitlich begrenzt ist. Dies ist beispielweise der Fall, wenn ein Bewohner eine Krebstherapie mit günstiger Prognose durchlebt. In diesem (oder vergleichbarem) Fall überwiegen die Leistungen der Teilhabe zur Pflege oftmals quantitativ die Leistungen zur gesellschaftlichen Teilhabe. Dennoch sind die Leistungen der Wiedereingliederungshilfe zur gesellschaftlichen Teilhabe in diesem Fall immanent, da sie oftmals die Grundvoraussetzung darstellen, um therapeutische, ärztliche und pflegerische Maßnahmen wirksam werden zu lassen. So benötigen viele CMA-Betroffene besonders viel Motivation, um medizinische Hilfen zuzulassen, und vermittelnde Unterstützung, um dem Pflegepersonal den Zugang zu den chronisch sozialdesintegrierten Personen zu ermöglichen. Auch der Erhalt der Grund-Teilhabefähigkeit im Rahmen der gewohnten Gemeinschaft erfordert erhöhten Aufwand sowohl in Bezug auf den mediativen Aspekt zu den Mitbewohnern als auch in Hinblick auf den Betroffenen selbst, welcher oftmals keine Einsicht in die Notwendigkeit während dieser Phase aufbringen kann. Dieser Aufwand ist sowohl für Betreuer wie auch den Betroffenen selbst sehr anstrengend, jedoch lohnenswert, wenn die Prognose besteht, dass nach Abschluss dieser außergewöhnlichen Lebenssituation eine Anknüpfung an vorherige Lebens- und Entwicklungsverhältnisse möglich ist. Daher ist in diesem Fall Leistungsstufe 2 als Finanzierungsaufwand gerechtfertigt.

Leistungsstufe 3

Diese Leistungsstufe umfasst quantitativ die Hauptgruppe der CMA-Betroffenen mit Anrecht auf Leistungen der Wiedereingliederungshilfe im stationären Bereich. Neben Unterstützungsfachleistungen zum Ermöglichen der Teilhabe werden hauptsächlich Unterstützungsfachleistungen zum Erleichtern der Teilhabe gegeben. Außer der direkten Hilfe im Umgang mit dem Betroffenen spielt hier der Aufwand zur Vor- und Nachbereitung inklusive der Analyse der Entwicklung sowie in Bezug auf Art und Umfang der Maßnahme eine große Rolle. CMA-Betroffene der Leistungsstufe 3 weisen oftmals geringere kognitive Defizite auf, als Patienten der Leistungsstufe 2. Daraus resultiert sowohl die Möglichkeit als auch die Notwendigkeit, sie stärker in die Planung und Bewertung der Unterstützungsfachleistungen einzubeziehen, insbesondere hinsichtlich ihrer Wirksamkeit auf die subjektive individuelle Teilhabe. Um die Selbstbestimmung im Sinne der Teilhabe zu erhalten, ist diese Leistung wichtig, jedoch aufgrund der krankheitsbedingten Beeinträchtigungen zumeist sehr aufwendig. Daraus resultiert auch letztendlich der höhere Finanzierungsbedarf als in Leistungsstufe 2.

Leistungsstufe 4 (Übergangsstufe)

In diesem Übergang ist zunächst ein Anstieg der Quantität der Unterstützungsfachleistungen zu erkennen. Dies beruht darauf, dass dem Betroffenen im Trainingswohnen der engmaschige stationäre Rahmen langsam entzogen wird und alle erarbeiteten Fähigkeiten und Fertigkeiten in die vollständige oder zumindest stärkere Selbständigkeit übertragen werden müssen. Dies erfordert insbesondere ein überdurchschnittlich hohes Maß an 1:1-Betreuung, da eine Verallgemeinerung der Maßnahmen weder in der Analyse, noch in der Planung, Vor- oder Nachbereitung oder in der Umsetzung hierfür möglich ist. Jeder Schritt muss individuell erfolgen und mit dem Betroffenen gemeinsam erarbeitet und ausgewertet werden. Hinzu kommt die engmaschige bis später sporadische Beobachtung, um Misserfolge und Rückschläge, welche aufgrund der Tragweite der Veränderung nicht ausbleiben können, frühzeitig zu erkennen und abzufangen. Der Betroffene lernt in dieser Phase die erhöhte Selbstbestimmung aber auch Eigenverantwortung und benötigt hierfür Begleitung, welche für ihn spürbar ist und ihm Sicherheit gibt, aber auch Begleitung, welche er nicht bemerkt um seine Selbständigkeit ohne Schaden zu trainieren.

Vom Ablauf her steigt der leistungsbezogene Aufwand während der Vorbereitung und ersten Durchführung verstärkt gegenüber den anderen Leistungsstufen an. In der Trainingsphase ist der Aufwand weiterhin leicht erhöht, sinkt dann jedoch, um den Betroffenen an das geringere Ausmaß der Unterstützungsleistungen im ambulanten Hilfebereich zu gewöhnen. Dieser Ablöseprozess ist insbesondere wichtig, um den Betroffenen der Sicherheit einer graduellen

Fremdbestimmung zu entwöhnen und das Gefühl der Selbständigkeit zu manifestieren. Die Leistungen erfolgen hier meist in einer Mischung aus geplanten und ungeplanten Unterstützungsfachleistungen, da ein Großteil der Hilfe beratend in dieser Phase ist und somit auf „Abruf" des Betroffenen oder nach Notwendigkeit der Situation erfolgen muss. Der quantitativ höhere Aufwand bedingt den höheren Finanzierungsbedarf und belegt ihn insbesondere, da bei Übergang in die ambulante Hilfe der Finanzierungsbedarf sinkt und somit die Leistungsstufe 4 als Investitionskosten anzusehen sind.

Die folgende Darstellung zeigt auf, wonach die Zuordnung des Finanzierungsbedarfes anhand der Leistungsstufen inhaltlich vornehmbar beziehungsweise nachvollziehbar ist. Die gleichzeitige Möglichkeit der Berechnung des Finanzierungsbedarfes anhand des Instrumentes, wie auch die Überprüfbarkeit der korrekten Zuordnung anhand der inhaltlichen Klassifizierung, ermöglichen allen Beteiligten eine höhere Transparenz und somit mehr Vertrauen in eine differenzierte Finanzierung.

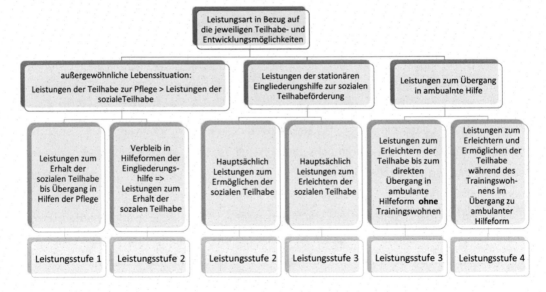

Abb. 34: Inhaltliches Zuordnungsschema der Leistungsstufen

6.3.4.2 Kurz-Screening mittels Zeit-Kontakt-Protokollen

Ziel der Methode:

Um einschätzen zu können, wie realistisch die vorgegebenen Zeitkorridore und die in der Evaluation erfassten Zeiten für die Leistungsbedarfserfassung sind, wurden Zeit-Kontakt-Protokolle erstellt (vgl. Anhang 08). Gleichzeitig war es Ziel dieser Untersuchung die Vergleichsvariable „pauschale Expertenschätzung" abzusichern.

Beschreibung des methodischen Vorgehens:

Diese Protokolle werden durch einen oder mehrere Beobachter erhoben, welche für 24 Stunden für einen Bewohner sämtlich Kontakte mit Betreuern tabellarisch dokumentieren. Hierbei werden die Zeit des Kontaktbeginns, die Kontaktdauer, das Anzahlverhältnis CMA-Patienten zu Betreuer und der Kontaktinhalt erfasst. Außerdem wird für jeden Kontakt angegeben, ob der CMA-Patient oder der/die Betreuer Initiator des Kontaktes war.

Die erfassten Daten beziehen sich auf sechs Bewohner einer stationären Therapieeinrichtung für CMA-Betroffene und wurden an drei durchschnittlichen Wochentagen sowie an einem Sonnabend jeweils zwischen 0.00 Uhr und 24.00 Uhr erhoben. Die Stichprobe wurde nachfolgenden Kriterien ausgesucht: es sollten die Extremgruppen, welche überdurchschnittlich viel und überdurchschnittlich wenig Kontakt üblicherweise benötigen, in der Stichprobe enthalten und gekennzeichnet sein, um die Extremwerte bezüglich der Zeitkorridore erfassen zu können. Die anderen CMA-Patienten sollten eher durchschnittliche Kontaktbedürfnisse aufweisen. Limitiert wurde die Auswahl durch das Freiwilligkeitsgebot der Teilnahme in Bezug auf die beobachteten CMA-Patienten, weshalb die Studie lediglich sechs Probanden aufweisen konnte. Sie wird deshalb in die qualitative Erhebung eingeordnet.

Aufbereitung und Interpretation der empirisch erhobenen Daten:

Das Kurz-Screening mittel Zeit-Kontakt-Protokollen ergab, dass der überwiegende Anteil der direkten Leistungen am CMA-Patienten im 1:1-Setting oder als Beobachtungsarbeit erfolgt. Dennoch zeigten sich bei jeder Person auch Gruppenbetreuungen mit mehreren Betreuern pro CMA-Patient und mehreren CMA-Patienten pro Betreuer. Daher ist es wichtig, neben der reinen Zeit für die Berechnung der Leistungsstufe auch das Betreuungsverhältnis anzugeben. Die Beobachtungsarbeit sollte als indirekte Betreuung/Hintergrundbetreuung beziffert werden, da auch hierfür Kosten entstehen und Personal vorgehalten werden muss. Diese fließt somit in den Finanzierungsbedarf mit ein und sollte transparent dargestellt werden. Die Kontakte, welche zu einer Betreuungsleistung führten, gingen zu ungefähr gleichen Teilen vom Betreuer wie auch vom CMA-Betroffenen selber aus. Die Zeiten variierten von 20,8 Minuten bis 62,4 Minuten pro Tag in 1:1-Betreuung (vgl. Tab.12).

	P 1	P 2	P 3	P 4	P 5	P 6
Direkte Kontakt-Zeit in Minuten/24Stunden *Die einzelnen Kontakte wurden bezüglich der jeweiligen Betreuungsverhältnisse auf eine 1:1-Betreuung umgerechnet und anschließend summiert.*	62	55	35	30	30	21

Tab. 12: Direkte Kontaktzeiten

Eine gleichzeitig erhobene Einschätzung, bei welcher Experten ein Pauschalurteil bezüglich des Umfangs des Therapiebedarfes abgaben, zeigte eine vergleichbare Datenlage wie die Zeit-Kontakt-Protokolle für dieselbe Stichprobe (vgl. Abbildung 35). Somit kann die Methode der Expertenschätzung als Vergleichsvariable für reliabel betrachtet werden. Die Vergleichsvariable „pauschale Expertenschätzung" dient in späteren Studien der vorliegenden Arbeit zur Bewertung der Reliabilität der Ergebnisse des IBUT-CMA.

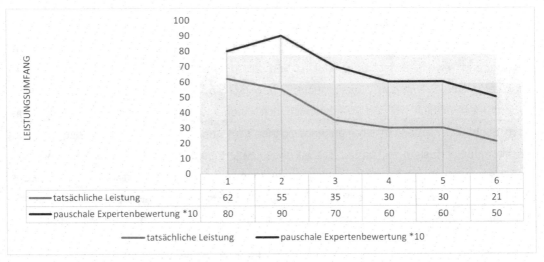

	1	2	3	4	5	6
tatsächliche Leistung	62	55	35	30	30	21
pauschale Expertenbewertung *10	80	90	70	60	60	50

tatsächliche Leistung   pauschale Expertenbewertung *10

Abb. 35: Vergleich pauschaler Expertenbewertung mit real erhobener Betreuungszeit pro Tag

6.3.5 Erhebung des Itempools

Ziel der Methode:

Ziel dieses Arbeitsschrittes war das Zusammentragen möglicher Items zur Erstellung eines Itempools für das zu erarbeitende Instrument IBUT-CMA.

Beschreibung des methodischen Vorgehens:

Der Itempool ergab sich aus dem aktuellen Stand der Forschung in der explorativen Dokumentenanalyse der Fachliteratur, welche in Kapitel 5.2 dieser Arbeit bereits dargestellt wurde. Weiterhin wurde eine empirische Datenerhebung mittels teilstrukturierter schriftlicher Befragungen der Leistungserbringer und Kostenträger mit explorativem Charakter zur Ergänzung des Itempools (vgl. Anhang 03) durchgeführt. Die Daten wurden zusammen in einem Bogen mit den Daten zur Analyse des Brandenburger Instrumentes bei Kostenträgern und Leistungserbringern erhoben und beziehen sich somit auf dieselbe Stichprobe von N=56 Mitarbeitern der Leistungsträger und N=12 Mitarbeitern verschiedener Kostenträger. (Genaue Beschreibung siehe Kapitel 6.3.2.1) Es waren alle Rückläufe lesbar und wurden in die

Auswertung einbezogen, auch wenn die Bögen nur teilweise ausgefüllt waren, um die Aussagen einzelner Items in ihrer Relevanz aufzuwerten.

Aufbereitung und Interpretation der empirisch erhobenen Daten:

Als Ergebnis der beschriebenen Methoden konnten 78 Items generiert werden, welche in der aktiven Hilfe für CMA-Betroffene eine Relevanz besitzen und institutionelle Hilfen erfordern (s. Tab. 13).

	Abhängigkeitserkrankung: Beschreibung des Sucht- und Rückfallverhaltens
1	Krankheitseinsicht (Akzeptanz des Alkoholmissbrauchs, der eigenen Abhängigkeit und Bewertung der Krankheit sowie deren Folgen und Begleiterscheinungen als negativ)
2	Drang nach Suchtmitteln (Stärke der Fixierung auf das Suchtmittel)
3	Häufigkeit des Rückfallverhaltens (Trink- und Verhaltensrückfälle)
4	Schwere und Dauer des Rückfallverhaltens (Trink- und Verhaltensrückfälle)
5	Mit Trigger-Reizen umgehen (Art mit den Situationen umzugehen, welche in der Vergangenheit zu Trink- oder Verhaltensrückfällen geführt haben)
6	Erkennbare Suchtverlagerung mit gesundheitsgefährdenden Symptomen
	Soziale Desintegration – Wohnen
7	Essverhalten, nicht gesundheitsschädliche Ernährung
8	Tag-, Nachtrhythmus
9	Transportmittel benutzen
10	Körperpflege
11	Die Toilette benutzen und sauber verlassen
12	Sich kleiden
13	Auf eine gesunde Lebensweise achten
14	Wohnraum beschaffen
15	Wohnraum gestalten
16	Einkaufen
17	Mahlzeiten vorbereiten (außerhalb der Gemeinschaftsversorgung)
18	Kleidung und Wäsche waschen und trocknen (oder hierfür vorbereiten/abgeben)
19	Den Wohnbereich reinigen
20	Ordnung im eigenen Wohnbereich erhalten
21	Umgang und Einteilung der vorhandenen finanziellen Mittel
22	Medikamente, Arztbesuche (Verordnungen verstehen und umsetzen)
23	Gesundheitliche Selbstwahrnehmung
	Soziale Desintegration – soziale Beziehungen
24	Kommunikation (Sprache, Mimik, Gestik, Körpersprache) als Sender verstehen und anwenden
25	Kommunikation (Sprache, Mimik, Gestik, Körpersprache) als Empfänger verstehen und anwenden
26	Konversation

27	Diskussion
28	Empathie
29	Anerkennung in Beziehungen
30	Toleranz in Beziehungen
31	Kritik in Beziehungen
32	Umgang mit Konflikten
33	Sozialen Regeln gemäß interagieren
34	Sozialen Abstand wahren (Nähe-/Distanzverhalten)
35	Familienbeziehungen
36	Items des Bereiches:
37	Intime Beziehungen
38	Gemeinschaftsleben in selbstgewählten Gruppen
39	Gemeinschaftsleben in vorgegebenen Gruppen
40	Hilfe annehmen
41	Hilfe selbst leisten

Soziale Desintegration – Tagesstruktur

42	Einfache Aufgaben verstehen
43	Einfache Aufgaben planen/vorbereiten
44	Einfache Aufgaben umsetzen/durchführen
45	Einfache Aufgaben abschließen
46	Einfache Aufgaben selbstständig wiederholen können/festigen
47	Komplexe Aufgaben verstehen
48	Komplexe Aufgaben planen/vorbereiten
49	Komplexe Aufgaben umsetzen/durchführen
50	Komplexe Aufgaben abschließen
51	Komplexe Aufgaben selbständig wiederholen können/festigen
52	Freizeit und Erholung (Ruhephasen und Aktivitäten nach eigenen Wünschen so gestalten, dass man sich wohl fühlt und Vereinsamung, Antriebslosigkeit, Depression, Rückfallverhalten, Überforderung etc. vorgebaut wird)

Psychische Beeinträchtigung inkl. Persönlichkeitsveränderungen

53	Negative Grundeinstellung
54	Überdurchschnittlich große oder geringe Spannbreite an Emotionen
55	Sehr geringe Affektkontrolle
56	Sehr geringe psychische Stabilität
57	Situationsangemessenheit der Emotionen
58	Überdurchschnittlich hohes oder geringes Selbstvertrauen/Selbstwertgefühl
59	Mit Veränderungen umgehen
60	Antriebslosigkeit
61	Mit Stress/Anspannung umgehen
62	Aggressivität (inklusive verbale Aggressivität)

63	Erhöhter Drang nach Aufmerksamkeit
64	Mangelnder Realitätssinn/verzerrte Wahrnehmung (in Bezug auf sich selbst und andere)
Physische Beeinträchtigung inkl. kognitive Schädigungen	
65	Einschränkung im Sehen
66	Einschränkung im Hören
67	Einschränkungen im Temperaturempfinden
68	Einschränkungen im Schmerzempfinden
69	Einschränkungen der Belastbarkeit bzgl. Herz-Kreislauf und/oder Atmung
70	Inkontinenz
71	Einschränkungen der Beweglichkeit, Kraft und Ausdauer (inkl. Lähmung, Spastik,
72	Amputationen, Tremor etc.)
	Items des Bereiches:
73	Kurzzeitgedächtnis
74	Langzeitgedächtnis
75	Denktempo
76	Entscheidungen treffen
77	Kulturtechniken (Lesen, Schreiben, Rechnen)
78	Lernfähigkeit

Tab. 13: Items des IBUT-CMA

6.3.6 Auswahl der Items, Kriterien, Skalen

6.3.6.1 Erfassung und Zuordnung der Beurteilungskriterien

Ziel der Methode:

Ziel der Methode war es, ein Schema zu erstellen, mit welchem über eine Punktevergabe eine Bewertung der Hilfe- und Leistungsbedarf vorgenommen werden kann.

Beschreibung des methodischen Vorgehens:

Die Beurteilungskriterien der Leistungsbedarfserfassung bestehen aus Leistungsbegriffen, wie bspw. „Erinnern", „Begleiten" oder „Anleiten". Teilweise sind Gruppengrößen oder maximal Zeitangaben hinzugefügt. Zur Erhebung dieser Daten wurden die benannte Stichprobe der Sozialberichte (N=56) genutzt und alle benannten Leistungen herausgefiltert. Diese Liste wurde anschließend durch eine Expertenstichprobe von 27 Mitarbeitern eines Leistungserbringers ergänzt. Anschließend wurde dieser Liste eine sechsstufige Zahlenskala zugefügt. Die Zahlen von Eins bis Sechs entsprechen der Schulnotenskala des deutschen Schulsystems. Somit sind sie allgemein in ihrer Wertigkeit bekannt, wobei die Eins mit etwas

Positivem, Richtigem, Leichtem verbunden wird und die Sechs mit Negativ, Falsch oder Schwer. Dieser kognitiv konditionierte Zusammenhang wurde genutzt, um die Bewertung zu erleichtern. So ist dem jeweiligen Leistungsbereich eine Bedarfspunktzahl zuzuordnen zwischen Eins und Sechs, welche angibt, wie hoch der Bedarf ist. Da die Skala bekannt ist, kann von einer gewissen intuitiven Bedienung ausgegangen werden, welche eine relative Objektivität der Bewerter vermuten lässt. Gleichzeitig werden den Notenpunkten im Instrument, Fachleistungspunkte benannt, Leistungsbegriffe zugeordnet, welche als Kriterien einen weiteren Anhaltspunkt für eine sichere Bewertung geben. Um sicherzustellen, dass die Zuordnung der Leistungsbegriffe zu den Fachleistungspunkten möglichst objektiv erfolgt und so ein intuitives Arbeiten unterstützt, wurden insgesamt 44 Mitarbeiter von Kostenträgern wie auch von Leistungserbringern gebeten, nach ihren Erfahrungen die Zuordnung auf vorgefertigten Listen vorzunehmen (vgl. Anhang 12).

Aufbereitung und Interpretation der empirisch erhobenen Daten:

Als Ergebnis der Auswahl und Zuordnung der Beurteilungskriterien ergab sich folgende Übersicht (Abb. 36). Sie ist gegliedert in qualitative Aspekte, welche den Grad der psychischen und kognitiven Beanspruchung des Betreuers während der Leistung wiedergeben, und in quantitative Aspekte, welche die zeitliche Dauer und die Häufigkeit bemessen. Beide Aspekte zusammen ergeben dann den jeweiligen Leistungspunkt. So ist eine Einordnung neben dem intuitiven Bauchgefühl unter Nutzung der Schulnotenskala Eins bis Sechs auch eine inhaltliche Zuordnung der Fachleistungspunkte durch Abgleich der Leistung mit der nachfolgenden Darstellung (Abb. 36) möglich. Die Trennung in qualitative und quantitative Aspekte einer Leistung erhebt keinen Anspruch auf Vollständigkeit, sondern entstand aus den in der Studie am häufigsten genannten Assoziationen. Hierbei ging es vor allem darum, ein vorherrschendes, mehrheitliches „Bauchgefühl" zu verschriftlichen, um ein möglichst einheitliches Bewertungsschema zu erreichen. Wissenschaftlich korrekte Vermischungen qualitativer und quantitativer Teilaspekte wurden daher nicht korrigiert, sondern bewusst in Kauf genommen und so belassen, damit sich die Mehrheit der Probanden in der Benennung wiederfindet.

Aufgrund der Evaluationsergebnisse, welche im Kapitel 6.3.7 näher erörtert werden, wurde jedoch die Punkteskala verworfen und durch eine zeitbasierte Bewertungsform ersetzt.

Vergabe der **Fachleistungspunkte** (FLP): Einstufung der Unterstützungsfachleistungen			
FLP	**Aufwandsbezogene Einstufung der Unterstützungsfachleistungen**		
	Qualitative Aspekte (psychische + kognitive Beanspruchung des Betreuers)	Quantitative Aspekte (zeitliche Dauer + Häufigkeit der Leistung)	Allgemeines Aufwandsempfinden
1	• Kontaktaufnahme damit ruhige und problemarme Klienten nicht zu wenig Aufmerksamkeit bekommen	• Gelegentliche Beratung • Gelegentliches Erinnern • Gelegentliches Kontrollieren	Gelegentlicher Aufwand
2	• Kontrollieren (geringer Aufwand) • Stellvertretende Übernahme (geringer Aufwand)	• Regelmäßiges Erinnern • Gelegentliches Motivieren • Regelmäßiges kurzes Kontrollieren • Regelmäßige kurze Gespräche (max. 5 Min.)	Geringer Aufwand
3	• Motivieren (normaler Aufwand) • Kontrollieren (erhöhter Aufwand) • Individuelle Beratung • Analysearbeit (ohne Bewohner) bzgl. einer Maßnahme • Vor- und Nachbereitung einer Maßnahme (geringer Aufwand) • Stellvertretende Übernahme (hoher Aufwand)	• Regelmäßiges kurzes Motivieren • Stellen/Einfordern/Kontrollieren enger Rahmenbedingungen • Trainieren/Konditionieren (regelmäßiges Abfragen, damit Erfolg erhalten bleibt) • Gelegentliches Begründen der Maßnahme für den Betroffenen	Durchschnittlicher Aufwand
4	• Anleiten • Vor- und Nachbereitung einer Maßnahme (normaler Aufwand) • Konstante Begleitung (Kleingruppe max. 5 Pers.) • Regelmäßiges Kontrollieren (hoher Aufwand) • Leistungsbewertung bzgl. der objektiven Teilhabewirkung	• Anleiten • Vor- und Nachbereitung einer Maßnahme (normaler Aufwand) • Regelmäßige Gespräche (5–20 Min.) • Trainieren/Konditionieren (Trainingswiederaufnahme nach Pause) • Regelmäßiges Begründen der Maßnahme für den Betroffenen	Leicht erhöhter Aufwand
5	• Begleitung von größeren Gruppen (5–10 Pers.) • Individuelles Beobachten um bei Notwendigkeit intervenieren zu können • Vor- und Nachbereitung einer Maßnahme (hoher Aufwand) • Regelmäßiges Motivieren (hoher Aufwand) • Inhaltlich aufwendige Analysearbeit (mit Bewohner) bzgl. einer Maßnahme • Leistungsbewertung bzgl. der subjektiven Teilhabewirkung	• Häufiges Beobachten um bei Notwendigkeit intervenieren zu können • Intensive Vor- und Nachbereitung einer Maßnahme • Regelmäßiges länger dauerndes Motivieren • Zeitlich aufwendige Analysearbeit (mit Bewohner) bzgl. einer Maßnahme • Trainieren/Konditionieren	Erhöhter Aufwand
6	• Begleitung (Großgruppe ab 10 Pers.) • Individuelle Krisenintervention • Konstante Begleitung 1:1 bei sozio-emotional schwierigen Klienten • Trainieren/Konditionieren (Anfangsphase)	• Zeitlich andauernde Krisenintervention, Konstante länger dauernde Begleitung 1:1, Trainieren/Konditionieren (Anfangsphase)	Stark erhöhter Aufwand

Abb.36: Bewertungsschema – Zuordnung der Leistungspunkte

6.3.6.2 Schriftliche Expertenbefragung zur Eingrenzung des Itempools

Ziel der Methode:

Ziel dieser Bewertung durch Experten war die Eingrenzung des Itempools hinsichtlich der Kriterien „Notwendigkeit der Erfassung" und „Verständlichkeit der Formulierung".

Beschreibung des methodischen Vorgehens:

Die aus den Voruntersuchungen und der Literaturanalyse erarbeiteten Items wurden anhand einer Liste von Experten bewertet (vgl. Anhang 10). Hierbei wurde jeweils eine vierstufige Skala gewählt, um einen eindeutigen Entscheidungsprozess herbeizuführen. An dieser Befragung nahmen 47 Mitarbeiter von Leistungserbringern und 21 Mitarbeiter von öffentlichen Leistungsträgern teil. Alle Teilnehmer der Studie arbeiteten mindestens drei Jahre mit CMA-Patienten und der Bedarfserfassung für diese Klientel. Items, welche überwiegend als nicht sinnvoll eingeschätzt wurden, sind nicht in das Instrument aufgenommen. Formulierungen, welche als unklar bewertet wurden, wurden bei Aufnahme der Items in das Instrument modifiziert und erneut gegengelesen. Damit wurde ein sinnvoller Iterationsprozess vollzogen.

Aufbereitung und Interpretation der empirisch erhobenen Daten:

Anhand der Expertenbefragung konnte der Itempool von 80 vorgeschlagenen Items auf 30 finale Items verdichtet werden. Für diesen Prozess wurden alle Items (15) aussortiert, welche in der Befragung mehrheitlich als unwichtig deklariert wurden. Die verbleibenden 65 Items wurden hinsichtlich Verständlichkeit bewertet und entsprechend angepasst. Vermerkt wurde vor allem die Kritik der Vermischung von Hilfe- und Leistungsbedarfserfassung, und dass die Items der Leistungsbedarfserfassung nicht deutlich leistungsbezogen formuliert waren. Dies unterstreicht die Wichtigkeit der Trennung von Leistungs- und Hilfebedarf.

Die Hilfebedarfserfassung wurde inhaltlich und strukturell vollständig an die ICF angepasst. Sie bietet freie Beschreibungsmöglichkeiten für Ressourcen und Defizite und eine vierstufige Zielskala. Aufgrund der großen Heterogenität der Hilfebedarfe bezüglich des Krankheitsbildes ist so relativ aufwandsarm eine personenbezogene Erfassung möglich (vgl. Kap. 5.4.1).

Für die Leistungsbedarfserfassung wurden mehrere Items aus dem Itempool leistungsbezogen umformuliert und zusammengefasst. Die vorgeschlagenen Skalen wurden mehrheitlich aufgrund zu geringer Operationalisierung und mangelnder Transparenz abgelehnt und dementsprechend verworfen. Sie wurden durch die Ergebnisse weiterer Studien ersetzt (vgl. Kap. 6.3.4, Kap. 6.3.6, Abb. 31, Abb. 32, Abb. 34). Die Gliederungspunkte „Soziale Beziehungen", „Wohnen", „Tagesstruktur" und „Abhängigkeitserkrankung" konnte im Wesentlichen bestätigt werden, wobei für den Begriff „Wohnen" mehrheitlich der allgemeinere Begriff „Lebensführung" vorgeschlagen wurde. Die Gliederungspunkte „Psychische und

Physische Beeinträchtigungen" wurden aufgrund der Studienergebnisse verworfen. Sie wurden mehrheitlich (38 Teilnehmer) als „unverständlich", „nicht hilfreich", „verkomplizierend" bewertet. Stattdessen wurde die von 11 Teilnehmern vorgeschlagene Gliederung „soziale Teilhabe ermöglichen" und „soziale Teilhabe erleichtern" in Anlehnung an den Gesetzestext § 113 Abs. 1 SGB IX umgesetzt.

Die Items des Leistungsbedarfserfassungsbogens wurden durch die Expertengruppe in die fünf Bereiche, welche sich auf zwei Abschnitte aufteilen, eingeordnet.

„ABSCHNITT I: Beschreibung der Fachleistungen, welche die soziale Teilhabe ermöglichen" beinhaltet die Bereiche „Abhängigkeitsinterventionen – Fachleistungen zum Ausbau der Abstinenzphasen" und „Befähigungsleistungen – Grundlegende Fachleistungen zum Ermöglichen der Teilhabe". Hier werden besonders die krankheitsbildspezifisch begründeten Leistungen erfasst, sowie grundlegende Leistungen, ohne welche eine Teilhabe selbst in Grundzügen nicht erreicht werden kann. Die zugeordneten Items lauten wie folgt:

<u>Abhängigkeitsinterventionen – Fachleistungen zum Ausbau der Abstinenzphasen</u>

A1   Unterstützung beim Umgang mit dem Krankheitsbild

A2   Präventive Unterstützung bei akuter Rückfallgefährdung

A3   Krisenintervention bei Rückfall

A4   Umgang mit Suchtverlagerung

<u>Befähigungsleistungen – Grundlegende Fachleistungen zum Ermöglichen der Teilhabe</u>

B1   Unterstützung zur Orientierung (zeitl., räuml., org., zur Person) bei Schwierigkeiten im Gedächtnis

B2   Unterstützung zur Annahme der Therapie und zur Leistung des notwendigen Eigenanteils des Betroffenen an der institutionellen Hilfe in Form von Motivation und aktiver Anwesenheit

B3   Unterstützung bei Antriebsstörungen

B4   Unterstützung zum Umgang mit Veränderungen

B5   Unterstützung im Umgang mit organisatorischen Dingen und Formalitäten des alltäglichen Lebens

B6   Unterstützung beim Erarbeiten, Verstehen und Organisieren des Hilfeprozesses und sinnvoller Zukunftsplanung

„ABSCHNITT II: Beschreibung der Fachleistungen, welche die soziale Teilhabe erleichtern" beinhaltet die Bereiche: „Fachleistungen zur Teilhabeförderung im Bereich ‚Lebensführung' (Selbstversorg./Wohnen)", „Fachleistungen zur Teilhabeförderung im Bereich ‚soziale Beziehungen'" und „Fachleistungen zur Teilhabeförderung im Bereich ‚Tagesstrukturierung'". Hier geht es um Leistungen, welche primär die Grund- und Sicherheitsbedürfnisse regenerieren, anschließend die selbstverantwortliche Lebensführung fördern und unterstützen und damit den Beeinträchtigungen der Skala „Wohnen" des CMA-Index entgegenwirken. Die

Leistungen zur Teilhabeförderung im Bereich „soziale Beziehungen" unterstützen die Befriedigung sozialer Bedürfnisse, schaffen und fördern Kompetenzen des gemeinschaftlichen Miteinanders und wirken den Beeinträchtigungen der Skala „Familie" des CMA-Index entgegen. Leistungen zur Teilhabeförderung im Bereich der „Tagesstrukturierung" dienen als arbeitsähnliche Tätigkeiten der Befriedigung der höheren Bedürfnisse und steuern gegen die Beeinträchtigungen der Skala „Arbeit" des CMA-Index. Folgende Items wurden den Bereichen zugeordnet:

Fachleistungen zur Teilhabeförderung im Bereich ‚Lebensführung' (Selbstversorg./Wohnen)

L1   Unterstützung einer nicht-gesundheitsgefährdenden Ernährung

L2   Unterstützung bei der persönlichen Hygiene

L3   Unterstützung beim Gestalten und wohnlich Halten des Lebensraumes

L4   Unterstützung beim Umgang mit technischen Alltagsgeräte im Bereich Wohnen

L5   Unterstützung beim Einkaufen und im Umgang mit Geld

L6   Beobachten von Krankheitszeichen und Unterstützung bei gesundheitlichem Verständnis

L7   Unterstützung beim Umgang mit medizinischen Hilfen

Fachleistungen zur Teilhabeförderung im Bereich ‚soziale Beziehungen'

S1   Unterstützung beim Erkennen, Anerkennen und Einhalten von sozialen Normen,
      Werten und Regeln

S2   Unterstützung in sozialen Situationen, in denen die Teilhabe aufgrund von
      Konfabulationen, Gedächtnisproblemen oder falscher Selbst- und Fremdeinschätzung
      gefährdet ist

S3   Unterstützung sich in eine Gruppe zu integrieren

S4   Unterstützung sich in einer Gruppe, Partnerschaft, Freundschaft, Familie
      durchzusetzen bzw. zu schützen, die eigenen Interessen zu vertreten

S5   Unterstützung beim Umgang mit Konflikten

S6   Unterstützung beim Aufnehmen und Halten von Kontakten zur Familie oder
      Freundeskreis, Angehörigenarbeit

Fachleistungen zur Teilhabeförderung im Bereich ‚Tagesstrukturierung'

T1   Unterstützung zur Erarbeitung und Übernahme einer regelmäßigen Strukturierung des   Tages

T2   Unterstützung beim Finden und Gestalten arbeitsähnlicher tagesstrukturierender
      Aufgaben (sinngebende Beschäftigung)

T3   Unterstützung bei der Gestaltung freier Zeit und dem Umgang mit Festen und Feiern

T4   Unterstützung beim Strukturieren, Planen und Durchführen von konkreten Aufgaben

T5   Unterstützung bei Überforderung, welche nicht aufgrund sozialer Beziehungen erwachsen

T6   Unterstützung beim Erkennen und Relativieren verzerrter Selbstwahrnehmung

T7   Unterstützung beim Ausbau der Selbständigkeit, Förderung eigenständiger realistischer
      Planung und Umsetzung von individuellen Interessen, Lebenszielen und Aspekten zur
      Steigerung der eigenen Lebensqualität

6.3.6.3 Korrelationsanalyse durch Diskussion der Trennschärfen

Ziel der Methode:

Ziel dieser Methode war die Prüfung der internen Konsistenz der Leistungsbedarfserfassung des IBUT-CMA.

Beschreibung des methodischen Vorgehens:

Zur Überprüfung der Items bezüglich ihres Aussagewertes und der Korrelation zur Gesamtaussage des Instrumentes in Hinblick auf die Leistungsbedarfserfassung wurden die Trennschärfen der Items in Bezug auf die Abschnitte, die Bereiche als auch die gesamte Leistungsbedarfserfassung mit Hilfe der Statistik-Software PSPP bestimmt. Die Berechnung erfolgte mit Part-Whole-Korrektur, bei welcher die Korrelation durch Vergleich des jeweiligen Items mit der Summe der übrigen Items der Skala (Abschnitt, Bereich bzw. Gesamttest) ermittelt wird. Grundlage für die Berechnung waren 41 ausgefüllte Leistungsbedarfs-erfassungen, welche in drei stationären Einrichtungen der CMA-Hilfe durch Mitarbeiter mit mindestens dreijähriger Berufserfahrung erhoben wurden

Aufbereitung und Interpretation der empirisch erhobenen Daten:

Die Korrelationsanalyse für die finalen Items ergab für das IBUT-CMA Trennschärfen der einzelnen Items in Bezug zu den Abschnitten von meist über 0,5, was auf eine gute bis sehr gute Trennschärfe hinweist. Die Items messen also dasselbe Merkmal wie der Gesamttest: Jemand, der einen hohen Betreuungsumfang in einem Item zeigt, benötigt mit hoher Wahrscheinlichkeit auch insgesamt mehr Leistungen.

Einzig die Items des Bereichs „Abhängigkeitsinterventionen" fallen mit niedrigeren Werten auf, sowie die Einzelitems L1 mit $r_{L1}=0{,}46$ und S6 mit $r_{S6}=0{,}48$, welche mit gerundet 0,5 allerdings immer noch akzeptabel sind (vgl. Anhang 11). Die niedrigen Trennschärfen der Abhängigkeitsinterventionen mögen auf die inhaltliche Besonderheit dieses Abschnittes zurückzuführen sein. So sind diese Interventionen sehr spezifisch und können im Gegensatz zu anderen Leistungen auch nur phasenweise nicht benötigt werden, während Cravingprozesse jedoch die einzig umsetzbaren Leistungen darstellen. Eine hohe Korrelation des Bedarfes dieser Leistungen mit dem Gesamtleistungsbedarf ist daher nicht zu erwarten.

Reliabilitätsstatistiken

Cronbach's Alpha	N der Items
,95	30

Item-Gesamt Statistiken

	Skalenmittelwert wenn Item gelöscht	Skalenvarianz wenn Item gelöscht	Korrigierte Item- Gesamt- Korrelation	Cronbachs Alpha wenn Item gelöscht
L1	100,28	731,66	,46	,95
L2	100,41	700,88	,77	,95
L3	100,39	717,79	,74	,95
L4	100,78	720,45	,62	,95
L5	100,15	706,40	,81	,95
L6	99,76	720,18	,67	,95
L7	100,59	711,24	,69	,95
S1	99,89	731,04	,51	,95
S2	99,98	707,87	,74	,95
S3	99,80	711,06	,72	,95
S4	100,41	718,56	,69	,95
S5	99,67	722,99	,61	,95
S6	101,11	729,86	,48	,95
T1	100,54	689,48	,85	,95
T2	100,20	707,61	,75	,95
T3	100,15	713,94	,67	,95
T4	99,85	701,81	,82	,95
T5	100,13	712,03	,77	,95
T6	100,07	717,14	,76	,95
T7	99,59	719,56	,72	,95
A1	100,11	754,41	,12	,96
A2	100,50	752,48	,15	,96
A3	101,41	747,29	,20	,96
A4	100,63	745,64	,26	,96
B1	100,98	700,83	,80	,95
B2	100,02	696,74	,83	,95
B3	100,37	706,19	,69	,95
B4	99,67	726,99	,62	,95
B5	99,67	710,31	,70	,95
B6	99,41	719,88	,71	,95

Tab. 14: *PSPP-Datenausdruck für Korrelationsanalyse*

Die hohen Trennschärfen weisen auch auf eine hohe Homogenität im Sinne von Interkorrelation hin. Cronbachs α (entspricht τ-äquivalenter Reliabilität ρ_T) liegt bei α=0,95, was außerdem für eine sehr gute interne Konsistenz spricht. Für den Leistungskatalog des IBUT-CMA bedeutet dies, dass die Zuverlässigkeit der Erfassung des Konstruktes Leistungsbedarf sehr hoch ist.

6.3.7 Evaluation des neuen Instrumentes

Die Evaluation des fertigen IBUT-CMA erfolgt zum Teil in Hinsicht auf die gängigen psychologischen Hauptgütekriterien Validität, Reliabilität und Objektivität (Moosbrugger & Kelava 2012). Eine vollständige Überprüfung in Bezug auf die Merkmale ist nicht möglich, da es sich nicht um ein Instrument zur Messung handelt, sondern es der Abbildung und Beschreibung dient. Das IBUT-CMA bietet, ähnlich einem Leitfaden, die Struktur, um klar geordnet und vollständig zu beschreiben, welche Ressourcen und Beeinträchtigung in Bezug auf die Teilhabe eines CMA-Patienten bestehen, welche Leistungen in welchem Umfang erfüllt werden sollen und welcher Finanzierungsbedarf sich daraus ergibt.

Für ein Erfassungsinstrument sind folgende Aspekte der Gütekriterien sinnvoll:

- Inhaltsvalidität: Prüfung, ob das zu erfassende Konstrukt vollständig abgebildet wird
- Objektivität: Prüfung, ob verschiedene Testanwender unabhängig zu demselben Ergebnis kommen
- Ergebnisreliabilität: Prüfung, ob die erhaltenen Ergebnisse zuverlässig sind
- Interne Konsistenz: Prüfung, ob die einzelnen Items mit dem Gesamttest korrelieren, d.h. ob jedes einzelne Item dasselbe Konstrukt abbildet wie der Gesamttest

Weiterhin wurde das IBUT-CMA zu folgende Kriterien hinterfragt und geprüft:

- Möglichkeit der vollständigen Abbildung
- Verständlichkeit
- Nutzerfreundlichkeit
- Effektivität
- Mehrwert gegenüber dem bisherigen Verfahren
- Bereitschaft zur Anwendung

Zur Analyse wurden verschiedene Methoden angewandt, welche im Folgenden vorgestellt und ausgewertet werden.

6.3.7.1 Vergleich der Instrumente: Brandenburger Instrument und IBUT-CMA mit pauschaler Expertenbeurteilung zur Bewertung der Reliabilität der ermittelten Hilfebedarfe

Ziel der Methode:

Ziel ist die Überprüfung der Ergebnisreliabilität der beiden Instrumente.

Beschreibung des methodischen Vorgehens:

Um zu ermitteln, ob das neue Instrument tatsächlich ein realistisches Ergebnis im Leistungsbedarf abbildet und somit eine differenzierte Finanzierung unterstützen kann, wurden pauschale Expertenbewertungen des Leistungsbedarfes erhoben (vgl. Anhang 15). Für 41 CMA-Patienten wurden Fachkräfte eines Leistungserbringers, welche in drei stationären Einrichtungen der CMA-Hilfe seit mindestens drei Jahren in direktem Kontakt mit den CMA-Patienten arbeiten, befragt. Auf einer offenen Skala von Eins bis Zehn, wobei Eins für „keine Unterstützung/Leistung erforderlich" und Zehn für „24 Stunden am Tag anspruchsvolle 1:1-Betreuung" steht, sollte der Leistungsbedarf anhand der Erfahrungen gekennzeichnet werden. Anhand der in den Zeit-Kontakt-Protokollen ermittelten tatsächlichen Zeitwerte für den Therapiebedarf konnte nachgewiesen werden, dass die pauschalen Expertenbewertungen zuverlässige Werte ergeben (vgl. Kap. 6.3.4.2). Diese dienen daher als Vergleichsvariable. Gleichzeitig wurden von denselben Fachkräften für dieselben CMA-Patienten das Brandenburger Instrument und das IBUT-CMA ausgefüllt. Die dreimal 41 Ergebnisse wurden mittels einer Bedarfskurve verglichen.

Aufbereitung und Interpretation der empirisch erhobenen Daten:

Die Evaluation des IBUT-CMA unterzieht sich verschiedenen Ansprüchen. Frei auszufüllende Bögen, wie die Hilfebedarfserfassung, die Sozialdaten, die Krisenbeschreibung und der Bogen bezüglich des Auswohntrainings, können nicht auf Gütekriterien wie Reliabilität oder Objektivität überprüft werden. Hier sollen die Kriterien der Nutzerfreundlichkeit eine bewertende Aussage über die Güte des Instrumentes treffen. Da diese Kriterien auch für den Leistungsbedarfserfassungsteil zutreffen und daher für das gesamte Instrument überprüft wurden, werden diese an späteren Stellen dieses Kapitels zusammengefasst ausgewertet. Die Leistungsbedarfserfassung nach Leistungspunkten wurde weiterhin in Bezug auf das Ergebnis mit dem Brandenburger Instrument und der erhobenen pauschalen Experteneinschätzung verglichen. Hierbei stellte sich keine signifikante Korrelation zwischen den Ergebnissen heraus. So stellten sich für die Stichprobe N=41 die drei Variablen als unabhängig voneinander heraus (vgl. Tab. 15, Abb. 37), was in Abbildung 37 grafisch veranschaulicht wird.

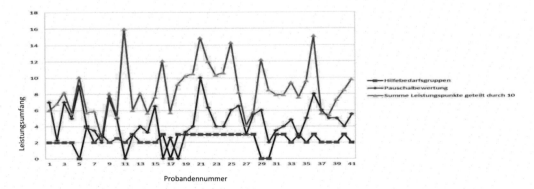

Abb. 37: Vergleich der quantitativen Bedarfe zwischen IBUT-CMA-Leistungserfassung, der Hilfebedarfsgruppen nach Brandenburger Instrument und der pauschalen Expertenbewertung

Probandnr.	Hilfe-bedarfs-gruppe	Pauschale Experten-wertung	Summe LP geteilt durch 10	Probandnr.	Hilfe-bedarfs-gruppe	Pauschale Experten-wertung	Summe LP geteilt durch 10
1	2	7,00	6,00	22	3	6,30	12,00
2	2	2,30	6,80	23	3	4,00	10,30
3	2	7,00	8,20	24	3	4,00	10,60
4	2	5,00	5,60	25	3	6,00	14,30
5	.	9,00	10,10	26	3	6,50	8,20
6	4	3,80	5,70	27	3	3,00	4,10
7	2	3,50	5,90	28	3	5,50	5,80
8	3	2,00	2,50	29	.	6,00	12,20
9	2	7,50	8,10	30	.	2,00	8,50
10	2	5,00	5,20	31	3	3,50	7,90
11	2	0,00	16,00	32	3	4,00	7,90
12	3	3,00	6,00	33	2	4,80	9,40
13	2	4,00	8,10	34	3	2,60	7,60
14	2	3,25	5,65	35	2	5,00	9,60
15	2	6,50	7,65	36	3	8,00	15,10
16	3	0,00	12,10	37	2	6,00	5,60
17	.	2,60	5,70	38	2	5,00	5,40
18	3	0,00	9,20	39	2	5,00	7,30
19	3	3,30	10,20	40	3	4,00	8,50
20	3	4,00	10,50	41	2	5,50	9,80
21	3	10,00	14,90				

Tab. 15: Daten des Vergleichs „pauschale Expertenbewertung", „Hilfebedarfsgruppe" und „IBUT-CMA"

Die nichtvorhandenen Korrelationen zum Brandenburger Instrument können dadurch erklärt werden, dass das Ergebnis des Brandenburger Instrumentes eine Mischung aus Hilfe- und Leistungsbedarf darstellt, während die beiden anderen Ergebnisse sich nur auf den Leistungsbedarf beziehen. Zu vermuten ist eine Ungenauigkeit in der Abbildung des tatsächlichen Leistungsaufwands über die Leistungspunkte. Die Vermischung qualitativer und quantitativer Merkmale könnte das individuelle Verständnis beeinflussen, da jeder Erfasser möglicherweise andere Bewertungsschwerpunkte setzt. Um eine objektive Bewertung und ein stabil vergleichbares Ergebnis zu erhalten, ist eine Änderung des Bewertungsmaßstabes notwendig. Bereits in den Vorüberlegungen wurde in Kap. 5.3.6.2 als weitere Möglichkeit die Nutzung einer zeitbasierten Bewertung diskutiert. Die Zeit-Kontakt-Protokolle liefern einen Anhaltspunkt über die tatsächlich benötigte Zeit im jeweiligen Betreuungsverhältnis. Ein Vergleich zwischen pauschaler Expertenbewertung, der tatsächlichen Zeit im Zeit-Kontakt-Protokoll sowie einem Testlauf der modifizierten zeitbasierten IBUT-CMA-Leistungsbedarfserfassung zeigt gute Übereinstimmungen.

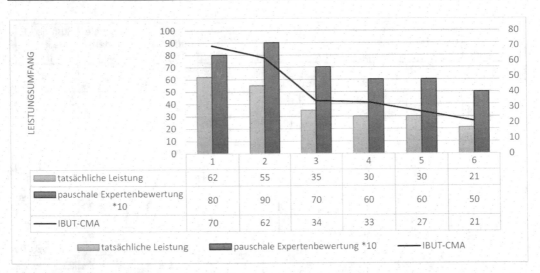

	1	2	3	4	5	6
tatsächliche Leistung	62	55	35	30	30	21
pauschale Expertenbewertung *10	80	90	70	60	60	50
IBUT-CMA	70	62	34	33	27	21

Abb.38: Vergleich tatsächlich erbrachte Leistung, pauschale Expertenbewertung und IBUT-CMA-Leistungsbedarfserfassung

Allerdings ist zu bemerken, dass die Stichprobe mit sechs betrachteten CMA-Patienten sehr klein ausfällt, so dass das Ergebnis nur als tendenzielle Aussage gewertet werden kann. Eine größere Stichprobe ließ sich aufgrund des hohen Zeitaufwandes in der Erfassung der Werte für das Zeit-Kontakt-Protokoll nicht gewinnen. Als verzerrender Effekt ist zu beachten, dass entgegen der ausdrücklichen Anforderung, die Leistungsbedarfserfassung im Dialog zwischen CMA-Patienten, Leistungserbringer und Kostenträger zu erarbeiten, der Testlauf nur von Vertretern des Leistungserbringers durchgeführt wurde. Auch wurde die Leistungsbedarfserfassung ohne die eigentlich zugrunde liegende Hilfebedarfserfassung erhoben. Daher sind die Ergebnisse unter Vorbehalt zu verwenden und erlauben derzeit keine generalisierende Aussage bezüglich der Ergebnisqualität. Trotzdem ist qualitativ ausgewertet das Ergebnis als „gut" zu bezeichnen.

Das gesamte IBUT-CMA ergab weiterhin gute Evaluationsergebnisse. Die Inhaltsvalidität hinsichtlich des erfassten Konstruktes „Hilfebedarf für CMA-Betroffene" (erfasst mit dem Hilfebedarfserfassungsbogen) ist aufgrund der vollständigen Basis der ICF als gut zu bewerten. Für die Leistungsbedarfserfassung ist die Inhaltsvalidität aufgrund der iterativen Bearbeitung des Itempools durch eine Expertengruppe ebenfalls als gut anzusehen. Außerdem wurde für diesen Teil des Instrumentes die Reliabilität in Form der internen Konsistenz bereits in Kap. 6.3.6.3 bewertet. Die Objektivitätsstudie bezüglich des IBUT-CMA mit Leistungspunkten als Beurteilungskriterien wurde verworfen, da der Vergleich der Ergebnisse zwischen IBUT-CMA, pauschaler Expertenbewertung und Brandenburger Instrument ergab, dass diese Beurteilungsskala nicht anwendbar ist. Da das hervor gebrachte Ergebnis nicht verlässlich erscheint, wurde von einer weiteren Analyse diesbezüglich abgesehen.

6.3.7.2 Empirische Studie zur Nutzerobjektivität

Ziel der Methode:

Ziel der Studie war die Unabhängigkeit des Instrumentes von der Person des Erfassers zu beurteilen.

Beschreibung des methodischen Vorgehens:

Um die Objektivität in Bezug auf den Erfasser zu ermitteln, wurde das neuentwickelte Instrument zweimal getestet. So erfolgte die erste Testphase für die Erfassung der Leistungsbedarfe anhand von Punkteinschätzungen. Hier wurde das Instrument für sechs Bewohner von jeweils sieben Mitarbeitern derselben Einrichtung eingeschätzt. Stichprobe sowie Methode sind identisch mit der Prüfung der Nutzerobjektivität des Brandenburger Instrumentes (siehe Kap. 6.3.2.4). Aufgrund des durchgeführten Vergleichs zwischen pauschaler Expertenbewertung, Brandenburger Instrument und IBUT-CMA ergab sich eine Änderung der Bewertungsskala der Leistungsbedarfsermittlung. Für die Evaluation der modifizierten zeitbasierten Erfassung wurde das angepasste IBUT-CMA für einen CMA-Patienten von acht Betreuern ausgefüllt. Die Betreuer waren angewiesen, keine diesbezügliche Kommunikation untereinander zu führen. Die Teilnehmer waren zwischen 18 und 65 Jahren alt, betreuten den entsprechenden CMA-Erkrankten seit mehr als einem Jahr und hatten Ausbildungen als Krankenschwester und Einrichtungsleiter, Ergotherapeut, Heilerziehungspfleger und Suchttherapeut. Eine Person war als Nichtfachkraft in Vorbereitung der Ausbildung angestellt. Alle diese Ausbildungsberufe sind in der aktiven Hilfe für diese Tätigkeit zugelassen und werden dementsprechend eingesetzt.

Aufbereitung und Interpretation der empirisch erhobenen Daten:

Bezüglich der Leistungsbedarfserfassung wurden dreiviertel der angekreuzten Items von allen Erfassern gewählt. Bei einer zulässigen Differenz von maximal 15 Minuten pro Woche lagen 63% der Gesamtzeitergebnisse. Die Spitzenwerte wichen um knapp eine Fachleistungsstunde pro Woche voneinander ab. Zwei Erfasser kodierten eine höhere Leistungsstufe als die übrige Mehrheit. Jedoch lagen alle Ergebnisse an der Grenze zwischen Leistungsstufe 2 und 3, sodass die reinen zeitlichen Ergebnisse dennoch nah beieinander liegen (vgl. Tab. 15). Die höhere Leistungsstufe wurde jeweils dort kodiert, wo eine subjektiv empfundene höhere Belastung des Therapeuten aufgrund personenbezogener Faktoren des CMA-Betroffenen angegeben wurde. Damit ist das Ausmaß der subjektiven Empfindung der Schwere der Arbeit Einflussfaktor auf die Art der Bewertung des Erfassers. Diese Erkenntnis hebt die Wichtigkeit

Probanden-nummer	Erfasster Leistungsbedarf in Minuten/Woche	Leistungs-stufe
1	$\sum_1$=317min/Woche	3
2	$\sum_2$=309min/Woche	2
3	$\sum_3$=252min/Woche	2
4	$\sum_4$=321min/Woche	3
5	$\sum_5$=312min/Woche	2
6	$\sum_6$=311min/Woche	2
7	$\sum_7$=280min/Woche	2
8	$\sum_8$=280min/Woche	2

Tab. 15: Daten der Objektivitätsstudie zum IBUT-CMA

der dialogischen Erarbeitung der Leistungsbedarfserfassung hervor und legt nahe, entweder im Therapeutenteam eine Gruppenbewertung durchzuführen, welche den Vertreter des Leistungserbringers zur finalen Erfassung mitbringt, oder mehrere Vertreter des Leistungserbringers direkt an der Erfassung beteiligt. Das Einbeziehen mehrerer Personen kann individuelle Belastungsverzerrungen relativieren. Um das Aussage-Kräfte-Verhältnis nicht zu verschieben, ist das Einbeziehen einer multipersonalen Vor-Erfassung, welche durch einen Vertreter des Leistungserbringers übermittelt wird, sinnvoll. Insgesamt zeigen diese Zahlen eine gute Objektivität, da zu bedenken ist, dass keine Einarbeitungszeit und kein Manual den Teilnehmern der Untersuchung zur Verfügung standen. Die Erfasser verfügten über unterschiedliche Qualifikationen und Erfahrungshintergründe bezüglich ihrer Arbeit mit beeinträchtigten Menschen. Da keine einheitliche Denk- oder Arbeitsweise für eine unabhängige Erfassung notwendig zu sein scheint, wird die Objektivität weiter bestätigt.

6.3.7.3 Empirische Datenerhebung bezüglich der Nutzerfreundlichkeit der Instrumente Brandenburger Instrument und IBUT-CMA

Ziel der Methode:

Es wurden zwei schriftliche Befragungen hierfür durchgeführt. Ziel der ersten Befragung (vgl. Anhang 14) war der Vergleich von Akzeptanz und Bewertung der Nutzerschaft zwischen dem IBUT-CMA und dem Brandenburger Instrument sowie den ergänzenden Entwicklungsberichten. Die zweite Befragung (vgl. Anhang 17) galt der Nutzerfreundlichkeit des IBUT-CMA auf Zeitbasis.

Beschreibung des methodischen Vorgehens:

Die erste Befragung wurde mit dem, auf dem Leistungspunkteschema basierenden IBUT-CMA und einer Teilnehmerzahl von N=31 durchgeführt (vgl. Kap. 6.3.7.3). Um die Nutzerfreundlichkeit des IBUT-CMA zu bewerten und mit der des Brandenburger Instrumentes zu vergleichen, wurden schriftliche teilstandardisierte Fragebögen erstellt (vgl. Anhang 14). Mittels dieser Fragebögen wurden für Bewohner und CMA-Patienten die Verständlichkeit, Einarbeitungsschwierigkeiten, Aussagekraft, Eindeutigkeit, Krankheitsspezifik, Klarheit der Formulierung sowie der Wunsch, mit dem Instrument zu arbeiten, für das Brandenburger Instrument, den ergänzenden Sozialbericht und das IBUT-CMA ermittelt. Die Items waren in Aussageform. Die Bewertungsskala war vierstufig mit den Operationalisierungen „stimme zu", „stimme eher zu", „stimme eher nicht zu", „stimme nicht zu". Weiterhin wurde für alle drei Instrumente die durchschnittliche Bearbeitungsdauer erfasst. An dieser Befragung nahmen zehn Sachbearbeiter von Kostenträgern aus drei Landkreisen sowie 21 Mitarbeiter von fünf stationären Therapieeinrichtungen dreier Leistungserbringer teil.

Eine zweite, umfangreichere Befragung (vgl. Anhang 17) zur Nutzerfreundlichkeit des IBUT-CMA wurde in schriftlicher Form anhand einer Tabelle mit 30 positiv wie negativ formulierten Aussagen und einer vierstufigen Skala mit den Operationalisierungen „stimme zu", „stimme eher zu", „stimme eher nicht zu", „stimme nicht zu" vorgenommen. Zusätzlich war ein offener Teil für Anmerkungen, Fragen, Lob und Kritik beigefügt. An dieser Befragung nahmen 30 Mitarbeiter aus drei stationären Therapieeinrichtungen für CMA-Betroffene eines Leistungserbringers teil (vgl. Kap. 6.3.7.3).

Aufbereitung und Interpretation der empirisch erhobenen Daten:

Die Befragung ergab folgende Daten (s.Tab.16–18), wobei sich die Bewertung des IBUT-CMA auf die Leistungspunkt-basierte Version bezog.

IBUT-CMA	1	2	3	4
Das IBUT-CMAs ist für Betreuer verständlich.	31	0	0	0
Das IBUT-CMAs ist für Bewohner ohne Unterstützung verständlich.	1	12	17	1
Das IBUT-CMAs ist für Bewohner mit Unterstützung verständlich.	3	22	6	0
Nach dem Einarbeiten fällt mir das Ausfüllen des IBUT-CMAs leicht.	2	28	1	0
Ich kann alle wichtigen Informationen mit dem IBUT-CMAs erfassen.	3	25	3	0
Beim IBUT-CMAs kann ich nicht alle Informationen eindeutig zuordnen.	0	0	1	30
Das IBUT-CMAs bildet das Krankheitsbild gut ab.	31	0	0	0
Die Formulierungen des IBUT-CMAs sind unklar oder unzureichend.	1	0	5	25
Es gibt wichtige Informationen, die ich mit dem IBUT-CMAs nicht erfassen kann.	1	0	5	25
Ich würde gerne mit dem IBUT-CMAs arbeiten.	30	0	1	0

Tab. 16: Daten der Befragung zur Nutzerfreundlichkeit des IBUT-CMA

Kreuztabelle des „Metzler-Bogens"	1	2	3	4
Die Kreuztabelle des „Metzler-Bogens" ist für Betreuer verständlich.	31	0	0	0
Die Kreuztabelle des „Metzler-Bogens" ist für Bewohner ohne Unterstützung verständlich.	0	0	0	31
Die Kreuztabelle des „Metzler-Bogens" ist für Bewohner mit Unterstützung verständlich.	0	0	28	3
Nach dem Einarbeiten fällt mir das Ausfüllen der Kreuztabelle des „Metzler-Bogens" leicht.	0	25	6	0
Ich kann alle wichtigen Informationen mit der Kreuztabelle des „Metzler-Bogens" erfassen.	0	3	23	5
Bei der Kreuztabelle des „Metzler-Bogens" kann ich nicht alle Informationen eindeutig zuordnen.	22	8	0	1
Die Kreuztabelle des „Metzler-Bogens" bildet das Krankheitsbild gut ab.	0	3	27	1
Die Formulierungen der Kreuztabelle des „Metzler-Bogens" sind unklar oder unzureichend.	22	5	4	0
Es gibt wichtige Informationen, die ich mit der Kreuztabelle des „Metzler-Bogens" nicht erfassen kann.	24	6	0	1
Ich würde gerne weiter mit der Kreuztabelle des „Metzler-Bogens" arbeiten.	1	0	28	2

Tab.17: Daten der Befragung zur Nutzerfreundlichkeit des Brandenburger Instrumentes

Ergänzender Bericht des „Metzler-Bogens"	1	2	3	4
Der ergänzende Bericht ist für Betreuer verständlich.	0	21	10	0
Der ergänzende Bericht ist für Bewohner ohne Unterstützung verständlich.	0	0	0	31
Der ergänzende Bericht ist für Bewohner mit Unterstützung verständlich.	30	0	0	1
Nach dem Einarbeiten fällt mir das Schreiben des ergänzenden Berichtes leicht.	0	0	0	31
Ich kann alle wichtigen Informationen mit dem ergänzenden Bericht erfassen.	28	3	0	0
Beim ergänzenden Bericht kann ich nicht alle Informationen eindeutig zuordnen.	0	0	0	31
Der ergänzende Bericht bildet das Krankheitsbild gut ab.	0	20	11	0
Die Formulierungen des ergänzenden Berichtes sind unklar oder unzureichend.	1	10	20	0
Es gibt wichtige Informationen, die ich mit dem ergänzenden Bericht nicht erfassen kann.	0	0	0	31
Ich würde gerne weiter mit dem ergänzenden Bericht arbeiten.	0	0	0	31

Tab.18: Daten zur Befragung zur Nutzerfreundlichkeit der ergänzenden Sozialberichte

Hierbei zeigte sich, dass vor allem das Schreiben der ergänzenden Berichte als schwierig empfunden (100%) und abgelehnt (100%) wurde, obwohl man das Krankheitsbild hiermit verständlich (68%) und vollständig abbilden (65%) könne. Vermutlich liegt dies unter anderem an der hohen Bearbeitungszeit von über 2 Stunden beim Kostenträger und nahezu 12,5 Stunden beim Leistungserbringer. Des Weiteren gab es den Hinweis auf die sehr unterschiedliche Qualität der Berichte. Das Brandenburger Instrument wurde mehrheitlich „eher" negativ bewertet (vgl. Anhang 15). Der IBUT-CMA wurde positiv bewertet. Insbesondere bei der freien Äußerung wurden verschiedene positive, die Akzeptanz des Instrumentes betreffende Aussagen gemacht. Außerdem erfolgte der Hinweise, dass für CMA-Patienten eine noch einfachere Formulierung sinnvoll sei, weshalb eine Version in Anlehnung an leichter Sprache speziell für diese Zielgruppe bei gleichbleibendem Layout und Inhalt ergänzt wurde, welche am Ende der vorliegenden Arbeit beigefügt ist. Mit durchschnittlich 41 Minuten Bearbeitungszeit, liegt das Instrument über der durchschnittlichen Bearbeitungszeit für das Brandenburger Instrument (Kreuztabelle 29 Minuten), jedoch weit unter den ergänzenden Berichten, welche zwischen 2 Stunden 12 Minuten Bearbeitungszeit beim Kostenträger und 12 Stunden 27 Minuten beim Leistungserbringer benötigen. Da das IBUT-CMA keine ergänzenden Berichte benötigt, erscheint die durchschnittliche Bearbeitungszeit als effektiv. Die Zeitwerte für die Bearbeitung wurden für das IBUT-CMA auf Leistungspunktbasis erhoben. Dass diese Werte für das zeitbasierte IBUT-CMA vergleichbar sind, kann nur vermutet werden. Eine erneute Erhebung konnte im Rahmen der vorliegenden Arbeit aufgrund organisatorischer Schwierigkeiten nicht durchgeführt werden.

Die zweite Befragung (vgl. Anhang 17) galt der Nutzerfreundlichkeit des IBUT-CMA auf Zeitbasis und ergab folgende Daten (Tab. 19).

IBUT-CMA auf Zeitbasis	1	2	3	4
Das IBUT-CMA ist verständlich formuliert.	24	3	3	0
Das IBUT-CMA bildet das Krankheitsbild gut ab.	19	11	0	0
Aus dem IBUT-CMA geht für mich klar hervor, welche Leistungen im Sinne des BTHG zum Ermöglichen und Erleichtern der sozialen Teilhabe der öffentliche Sozialhilfeträger bezahlen soll.	28	2	0	0
Das IBUT-CMA enthält alle Informationen, um den Finanzierungsbedarf für die zu bezahlenden Leistungen sicher zu ermitteln.	20	8	0	2
Nach dem Einarbeiten fällt mir das Erfassen der relevanten Informationen mit dem IBUT-CMA leicht.	19	6	4	1
Das IBUT-CMA empfinde ich als auch nach der Einarbeitung als aufwendig.	2	1	0	27
Es gibt wichtige Informationen, die ich mit dem IBUT-CMAs nicht erfassen kann.	0	5	5	20
Die Formulierungen des IBUT-CMA sind unklar oder unzureichend.	0	0	3	27
Das Manual des IBUT-CMA ist verständlich und hilft bei der Einarbeitung.	27	0	2	1
Ich habe nach dem Durchlesen des Manuals noch viele offene Fragen.	1	1	26	2
Ich fühle mich nach dem Lesen des Manuals in der Lage mit dem IBUT-CMA zu arbeiten.	26	1	3	0
Das Layout des IBUT-CMA ist übersichtlich.	24	1	5	0
Das Layout des IBUT-CMA ist ansprechend gestaltet.	24	0	6	0
Die Einteilung in 4 Leistungsstufen ist für mich nachvollziehbar.	22	3	5	0
Die Einteilung in 4 Leistungsstufen empfinde ich als realitätsnah.	18	2	6	4
Die inhaltliche Zuordnung der Einstufung finde ich gut.	23	4	3	0
Die leistungsbezogene Bewertung finde ich hilfreich.	23	5	1	1
Die leistungsbezogene Erfassung ist für mich ungewohnt.	23	7	0	0
Die leistungsbezogene Erfassung finde ich praxisnah.	25	3	0	2
Mir fehlt die direkte Erfassung der Hilfebedarfe.	10	0	0	20
Die Bemerkungszeile finde ich überflüssig.	0	0	5	25
Die Bemerkungszeile finde ich zu kurz.	8	4	1	17
Ich glaube, dass das IBUT-CMA die Verständigung zum örtlichen Sozialhilfeträger erleichtert. (Im Vergleich zum bisherigen verfahren)	20	6	4	0
Ich glaube, dass das IBUT-CMA die Verständigung zum örtlichen Sozialhilfeträger erschwert. (Im Vergleich zum bisherigen Verfahren)	0	1	11	18
Ich glaube, dass das IBUT-CMA die Akzeptanz der Bedarfserfassung bei den Bewohnern erhöht.	20	3	2	5
Ich glaube, dass das IBUT-CMA die Akzeptanz der Bedarfserfassung bei den Bewohnern erschwert.	0	2	10	18
Ich glaube, dass sich Bewohner im IBUT-CMA wiederfinden und das Verfahren akzeptieren können.	26	4	0	0
Ich glaube, das IBUT-CMA den Prozess der Teilhabeförderung unterstützt.	27	1	2	0
Ich glaube, dass das IBUT-CMA den Prozess der Teilhabeförderung behindert.	0	0	0	30
Ich kann mir vorstellen mit dem IBUT-CMA zu arbeiten.	23	5	2	0

Tab.19: Befragung zur Nutzerfreundlichkeit des zeitbasierten IBUT-CMA

Das zeitbasierte IBUT-CMA wird von den Befragten positiv aufgenommen. Die Befragung ergab zusammengefasst folgendes Meinungsbild:

- Das IBUT-CMA ist übersichtlich (80%) und ansprechend (80%) gestaltet.
- Die Formulierungen der Items (80%) sowie das Manual (90%) sind verständlich. Die Bemerkungszeile ist hilfreich (83%) und ausreichend (57%).
- Nach der Einarbeitung fällt das Erfassen der relevanten Informationen mit dem IBUT-CMA der Mehrheit (63%) leicht.
- Die Bedarfe für Personen mit dem Krankheitsbild CMA lassen sich vollständig (63%) und praxisnah (83%) darstellen. Die Einteilung in 4 Leistungsstufen wird als nachvollziehbar (73%) und realitätsnah (60%) empfunden.
- Der Finanzierungsbedarf ist sicher ermittelbar (67%). Die Leistungen, welche über den Finanzierungsbedarf bezahlt werden sollen, sind transparent sichtbar (93%).
- Das Instrument fördert die Kommunikation im Bedarfserfassungsprozess (67%) sowie die Prozesse der Teilhabeförderung (90%).
- Die Mehrheit der Teilnehmer glaubt, dass sich Menschen mit dem Krankheitsbild CMA in dem IBUT-CMA wiederfinden und eine Bedarfserfassung damit akzeptieren können (86%). Mehr als dreiviertel der Teilnehmer (77%) können sich vorstellen mit dem Instrument zu arbeiten.

Die Einarbeitung benötigt, wie bei jedem neuen Instrument, auch beim IBUT-CMA zunächst einmal einen gewissen Schulungsaufwand. Durch die übersichtliche Struktur und die bedarfs- bzw. leistungsbezogene Formulierung wird jedoch ein intuitives Arbeiten gefördert. Dies ist umso wichtiger, als dass keine einheitlichen Voraussetzungen bezüglich Qualifikation und Erfahrung bei allen Nutzern vorausgesetzt werden können. Der selbsterklärende praxisnahe Aufbau des IBUT-CMA ist demnach ein deutlicher Vorteil, erleichtert die Einarbeitung und verkürzt die Einarbeitungszeit. Die relativ „hohe" Seitenzahl des Instrumentes an sich wird relativiert durch den phasenartigen Aufbau des Instruments, wonach die Instrumentteile flexibel benutzt werden können. Aufgrund der realitätsnahen Formulierung, Strukturierung und Inhalte ist eine Ergänzung des Instrumentes durch Entwicklungsberichte nicht notwendig. Zusätzliche Aspekte können direkt an der Stelle, wo sie wichtig werden, über die Bemerkungszeilen erfasst werden, was weiterhin Zeit spart und das Verständnis, wie auch die Übersicht erhöht.

7 Ergebnisse

7.1 Beantwortung der Forschungsfragen

1. Forschungsfrage

Gibt es ein Bedarfserfassungsinstrument, mit welchem passgenau personenzentrierte Hilfen und ein differenzierter Finanzierungsbedarf für CMA-Patienten im Rahmen der neuen Gesetzgebung und der Umsetzung des Paradigmenwechsels ermittelt werden können?

Hypothese 1:

> *Es ist zu vermuten, dass das Brandenburger Instrument in der Hilfebedarfserfassung für CMA-Betroffene zu Ungenauigkeiten und somit zu Anwendungsproblemen in der Ermittlung personenzentrierter Hilfen und der Berechnung eines differenzierten Finanzierungsbedarfes führt.*

Hypothese 2:

> *Es ist zu vermuten, dass andere bereits vorhandene Bedarfserfassungsinstrumente nicht hinreichend und zielführend zur Ermittlung von personenzentrierten Hilfen und der Ermittlung eines differenzierten Finanzierungsbedarfes für Personen mit CMA sind.*

Beantwortung der 1. Forschungsfrage:

Im Rahmen dieser Arbeit wurden Bedarfserfassungsinstrumente geprüft und wiesen Mängel auf. Eruiert wurden z.B. fehlende Passgenauigkeit der Items auf das Krankheitsbild CMA, fehlende Unterstützungs-Regularien für die konkrete Einbindung des CMA-Betroffenen, hohe Voraussetzungen an fachspezifischen Kenntnissen bzgl. des Krankheitsbildes CMA sowie möglicher Hilfeleistungen sowie die Transparenz in der Ermittlung der notwendigen Leistungen (Kap. 4). Insbesondere das Brandenburger Instrument zeigt Mängel bzgl. Transparenz, Krankheitsbildspezifik, Ableitbarkeit konkreter Leistungen und Abgrenzung der einzelnen Items untereinander (vgl. Kap. 2.4.5, Kap. 4.5, Kap. 6.3.2). Des Weiteren wurden der ITP (Kap. 4.3), der ITP-Brandenburg „Version 0" (Kap. 4.4), das BEI-NRW (Kap. 4.6) sowie der Barthel-Index (Kap. 4.7) geprüft. Auch hier konnte keine hinreichende Eignung für die Ermittlung des Finanzierungsbedarfes für personenzentrierte Hilfen bei CMA-Betroffen festgestellt werden (Kap. 4.8). Die Hypothesen 1 und 2 konnten somit angenommen werden.

© L. Muth 2023, *Ermittlung der Teilhabeförderung und des Finanzierungsbedarfs bei Chronisch Mehrfachgeschädigt/Mehrfachbeeinträchtigt Abhängigkeitskranken – Modellierung und Evaluation eines Instrumentes (IBUT-CMA)*, https://doi.org/10.1007/978-3-658-39487-5_7

2. Forschungsfrage

Können aus dem aktuellen Stand der Wissenschaft und Forschung Kriterien und Forderungen für ein optimales Bedarfserfassungsinstrument für CMA-Betroffene ermittelt und abgeleitet werden?

Hypothese 3:

> *Es ist zu vermuten, dass aufgrund der Komplexität des Krankheitsbildes CMA sowie der Umsetzung im Rahmen des Paradigmenwechsels ein spezifisches Bedarfserfassungsinstrument für CMA-Patienten notwendig ist.*

Hypothese 4:

> *Es ist zu vermuten, dass im Rahmen der neuen Gesetzgebung, der Umsetzung des Paradigmenwechsels, der Krankheitsspezifik CMA sowie in der Umsetzung der aktiven Hilfen sich Ansprüche und notwendige Forderungen eruieren lassen, anhand welcher Kriterien für ein optimales Bedarfserfassungsinstrument für CMA-Betroffene ableitbar sind.*

Beantwortung der 2. Forschungsfrage:

Wie angenommen lassen sich verschiedene Kriterien aus dem aktuellen Stand der Wissenschaft, der aktuellen Gesetzgebung, vorhandenen ethischen Richtlinien sowie der aktiven Hilfe ableiten (vgl. Kap. 5, Kap. 6.3.4, Kap. 6.3.6). Einige werden in den Abbildungen 10, 14 und 23 im Rahmen dieser Arbeit grafisch hervorgehoben. Neben der Nutzerfreundlichkeit (Kap. 5.4.4), der ICF-Orientierung (§ 118 SGB IX-neu), der personenzentrierten selbstbestimmten Mitwirkungsmöglichkeit (Kap. 5.1.6) und der Krankheitsspezifik (vgl. Kap. 5.1.5, Kap. 5.2.3, Abb. 17) sind weiterhin das Comforting (Kap. 5.1.2) sowie die Beachtung der Kausalkette der Bedarfserfassung (vgl. Kap. 5.3.8, Kap. 5.4.1, Abb. 21) als besonders wichtig zu erkennen. Die persönliche Bedeutsamkeit der Items ist wichtig, um die Motivation der CMA-Patienten zur selbstbestimmten Mitwirkung zu verbessern. Hierfür ist es hilfreich, wenn die Items sich nachvollziehbar auf konkrete Lebensinhalte und -situationen beziehen. Die krankheitsspezifische Ausrichtung des Instrumentes ist somit notwendig für die Förderung der Teilhabe im Erfassungsprozess (Kap. 6.3.2). Beide Hypothesen konnten somit im Rahmen der vorliegenden Arbeit angenommen werden.

3. Forschungsfrage

Lässt sich ein Bedarfserfassungsinstrument für CMA-Betroffene erstellen, welches die eruierten Kriterien optimal erfüllt und somit passgenauere Ergebnisse den Hilfe-, Leistungs- und Finanzierungsbedarf betreffend ermittelt?

Hypothese 5:

Es ist zu vermuten, dass das im Rahmen der vorliegenden Arbeit erstellte Bedarfserfassungsinstrument IBUT-CMA für die Zielgruppe CMA-Betroffene passgenau, zuverlässig und objektiv ist im Vergleich mit dem Brandenburger Instrument.

Hypothese 6:

Es ist zu vermuten, dass das im Rahmen der vorliegenden Arbeit erstellte Bedarfserfassungsinstrument IBUT-CMA die ermittelten Ansprüche an ein optimales Bedarfserfassungsinstrument für CMA-Betroffene erfüllt.

Beantwortung der 3. Forschungsfrage:

Durch Untersuchungen (Kap. 6.3.2, Kap. 6.3.4) konnte bestätigt werden, dass das IBUT-CMA eine passgenauere Ermittlung des Hilfe-, Leistungs- und Finanzierungsbedarfes ermöglicht als das Brandenburger Instrument und es die Daten objektiver und zuverlässiger erfasst (Kap. 6.3.2, Kap. 6.3.6). Das IBUT-CMA berücksichtigt die ermittelten Kriterien möglichst umfassend (Kap. 5.1.7, Kap. 5.2.6, Kap. 5.3.8, Kap. 5.4.7, Kap. 6.3.4, Kap. 6.3.5). Auch die Evaluationsergebnisse belegen dies (Kap. 6.3.7). Die Erfüllung aller ermittelten Kriterien ist für kein Bedarfserfassungsinstrument vollständig möglich, da sich Kriterien wie z.B. hohe methodische Standardisierung und Personenzentrierung bzw. Comforting gegenseitig behindern (Kap. 5.1.2, Kap. 5.1.6). Das IBUT-CMA verfolgt in diesen Fällen einen Kompromiss, weshalb es trotz dieser Einschränkung in der Kriterienerfüllung als optimales Instrument angesehen werden kann. Eine Übersicht der Vorteile des IBUT-CMA wird noch einmal zusammenfassend in Kap. 7.2 aufgezeigt.

7.2 IBUT-CMA als Bedarfserfassungsinstrument

Das IBUT-CMA ist ein Bedarfserfassungsinstrument, welches neben der ICF-orientierten Hilfebedarfserfassung krankheitsbildspezifisch für CMA-Patienten die Möglichkeit der Beschreibung des individuellen, quantitativen als auch qualitativen Leistungsbedarfes bietet. Es stellt somit die Grundlage zur Ausrichtung einer personenbezogenen Therapie dar. Dadurch dient es als Beleg für eine transparente, gerechtfertigte Finanzierung. In der nachfolgenden Grafik (Abb. 39) wird das IBUT-CMA zusammenfassend dargestellt.

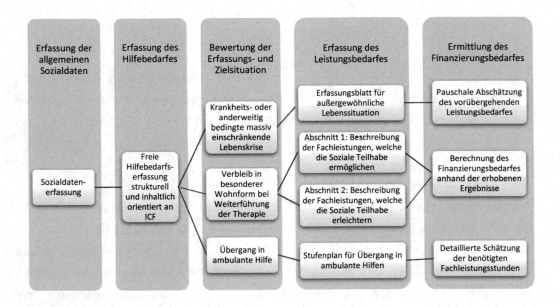

Abb. 39: Modell IBUT-CMA

Das IBUT-CMA als Bedarfserfassungsinstrument stellt einen wichtigen Schritt auf dem Weg der Umsetzung des Paradigmenwechsels dar. Die gängigen deutschsprachigen Verfahren wurden angelegt, um einen Verwaltungsakt zu vollziehen. Sie versuchen Daten übersichtlich zu erheben und zur Weiterverarbeitung aufzubereiten. Der Prozess der Bedarfserfassung ist jedoch weit entfernt von einem Verwaltungsakt. Es bedeutet vielmehr, dass ein Mensch mit Behinderung, welcher aufgrund seiner Beeinträchtigungen häufig Ablehnung und Zurückweisung erlebt hat, sich einem Fremden öffnen und alles anvertrauen soll, was für ihn privat, eventuell peinlich oder belastend ist. Das bloße Heranziehen einer Vertrauensperson ist hierfür nicht ausreichend. Da die Erfassungssituation eine emotionale Öffnung für den Betroffenen benötigt, ist von einer hohen psychischen Belastung für den CMA-Patienten auszugehen. Meist sind die Zeit und das Bewusstsein für die Emotionalität einer Situation nicht ausreichend vorhanden. Das Instrument muss dann eine Situation schaffen, welche dem

Betroffenen Vertrauen ermöglicht und die Funktion erfüllt, alle Teilnehmenden möglichst stabil durch die Bedarfserhebung zu führen. Das IBUT-CMA unterstützt die Mitwirkung der Betroffenen durch gezielte Kommunikationshilfen. Die Anleitungen im Manual, wie z. B. mit Konflikten und schwierigen Situationen umgegangen werden kann, sind notwendige Hilfen. Die Bedarfserfassung erfolgt in engster Zusammenarbeit mit dem CMA-Betroffenen, wobei nicht nur die Erfassung der Meinungen und Aussagen des CMA-Patienten wichtig ist, sondern auch auf sein Befinden während der Erfassungssituation Rücksicht genommen wird. So ist das Instrument darauf ausgerichtet, den Dialog zwischen Hilfeempfänger, Kostenträger und Leistungserbringer zu stärken und eine gemeinschaftliche Kommunikationsbasis sowie eine verständnisvolle Gesprächssituation zu generieren. Hierzu trägt vor allem bei, dass die Sprache sich sowohl an der ICF wie auch der praktischen Hilfe orientiert und gleichzeitig Übersetzungen in leichter Sprache bietet. Somit sind alle Beteiligten auf ihrer Ebene gleichzeitig angesprochen und in der Lage, trotz unterschiedlicher Ausgangssituationen sich miteinander zu verständigen und gleichwertig Informationen beizutragen. Das Instrument bietet die Möglichkeit für den CMA-Patienten, trotz Beeinträchtigungen sich zu verständigen und verstanden zu fühlen, und für den Kostenträger als Außenstehenden, trotz der kurzen Momentaufnahme die Beeinträchtigungen ganzheitlicher zu verstehen. Dabei wird nicht nur auf die Möglichkeit der Überforderung des CMA-Patienten im Erfassungsprozess eingegangen, sondern auch auf mögliche Überforderungen auf Seiten von Kostenträger oder Leistungserbringer. Dies ist wichtig, da diese während des Erfassungsprozesses als Umweltvariable auf den CMA-Patienten mit einwirken und nicht nur den Erfassungsprozess, sondern auch die Teilhabe des CMA-Patienten während des Prozesses beeinflussen. Durch das Einbeziehen aller drei Parteien als gleichberechtigte Partner gewinnt das Bedarfserfassungsverfahren Zugang zu einer großen Menge an Daten, wodurch Verzerrungseffekte verringert werden können. Weiterhin gibt es einen Erfassungsbogen, welcher die Lebenszufriedenheit des CMA-Patienten abbilden soll. Dieser ist auch getrennt vom Erfassungsprozess, in einer für den CMA-Patienten entspannten Situation ausfüllbar. Das Instrument ist so angelegt, dass nicht nur der beschriebene Mensch mit größtem Respekt behandelt wird, sondern auch die Erfasser geachtet werden. Dies zeigt sich darin, dass das Instrument als Schnittstelle und Werkzeug verstanden wird, welches zum einen ein möglichst gutes Ergebnis liefern soll, andererseits aber auch in seiner Bedienungsoberfläche und -abläufen den Benutzer überzeugen muss. Es soll durch inhaltliche wie äußerliche Gestaltung die natürlichen Schwächen eines Menschen, wie begrenzte kognitive Kapazität, möglicherweise geringe Motivation den Prozess durchzuführen, fehlender fachlicher Hintergrund, mangelnde Empathiebereitschaft oder -vermögen und Ähnliches, ausgleichen und die Benutzer führen, ohne sie einzugrenzen. Dies ist vor allem möglich durch die angepasste Strukturierung. Die Trennung der Bedarfserfassung erfolgte in Hilfebedarf,

Leistungsbedarf und Finanzierungsbedarf sowie der Ausrichtung der einzelnen Teile hinsichtlich des Ziels, des Inhaltes und der Methode nach dem jeweils zu erhebenden Bedarf. Außerdem ist die Aufteilung der Leistungsermittlung in Therapiephasen, welche den realen Praxisabläufen entnommen sind, zwingend notwendig. Durch diese offensichtliche Wertschätzung der Leistung der Nutzer während der Erfassung, gelingt es, eine höhere Motivation für den Prozess der personenbedingten Hilfeplanung zu erreichen, und erbringt somit bessere Ergebnisse für das Individuum. Ein weiterer Vorteil der getrennten Bedarfserfassung ist die Förderung des Vertrauens der Gesprächspartner untereinander. Dadurch, dass die erhobenen Einzelbedarfe jeweils nur Hilfebedarfe oder Leistungsbedarfe darstellen, ist die kognitiv zu verarbeitende Datenmenge geringer, verbraucht weniger Kapazität und der Prozess wird daher als nachvollziehbar und weniger anstrengend empfunden. Außerdem erfolgt anhand der einzelnen Teile des IBUT-CMA der begleitete Transfer von Informationen aus den einzelnen Phasen in die jeweils nächste. So ist die Ableitung der Leistungen aus der Ermittlung des Hilfebedarfs und des Ziels sehr gut möglich. Die Berechnung des Finanzierungsbedarfes aus dem Leistungsbedarf durch das Instrument wird ebenfalls sehr gut kleinschrittig begleitet. Dies verleiht dem Nutzer Sicherheit und erhöht die Validität des Ergebnisses. Die nachfolgende abgeleitete Grafik (Abb. 40) veranschaulicht dies.

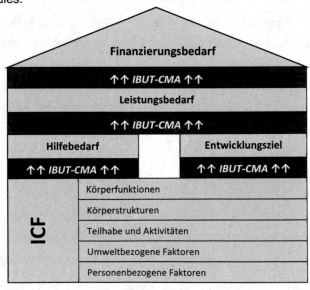

Abb. 40: IBUT-CMA als Leitsystem im Bedarfserfassungsprozess

Gleichzeitig entsteht das Gefühl durch die Einbeziehung aller drei Partner, dass alle Ansichten verhandelbar sind und keiner dem anderen etwas vorschreibt oder „aufdrückt". Somit besteht eine größere Möglichkeit, dass alle zufrieden aus dem Prozess gehen, und die Bereitschaft wächst, Hilfen anzunehmen. Gleichzeitig erhöht sich die Bereitschaft, Hilfe individueller zu gewähren. Damit ist eine optimale Finanzierung jedes einzelnen CMA-Patienten möglich. Insgesamt kombiniert das Instrument praktische Vorgehensweisen mit wissenschaftlich fundiertem Wissen, weshalb eine ganzheitliche Betrachtung realitätsnah ermöglicht wird. Das phasengetrennte Leistungsbedarfsmodell bezieht insbesondere auch die Einflüsse und Wechselwirkungen der Kontextfaktoren mit ein.

Das Instrument wurde wissenschaftlich unter starker praktischer Einbeziehung von CMA-Patienten, Leistungserbringern und Kostenträgern entwickelt. Es ist daher wissenschaftlich fundiert und in seinem Aufbau sehr lebensnah, was den Umgang deutlich vereinfacht. Dennoch ist jeder Prozess auch kritisch zu betrachten. Ziel wissenschaftlichen Arbeitens muss, neben der Generalisierung aktueller Vorgänge und Bereitstellen neuer gesicherter Erkenntnisse, vor allem auch das Korrigieren von Fehlern, das Anregen zum Hinterfragen und der Anstoß zu notwendigen Umdenkprozessen sein. Gerade das ist mit dem Instrument als gelungen zu bewerten, wie die Aussagen der befragten Experten deutlich machen. Der Neuwert besteht im Fall des IBUT-CMA darin, dass Kenntnisse, welche in unterschiedlichen Studien getrennt voneinander vorlagen und bereits seit Jahren umgesetzt sein sollten, wie die Grundlagen und Forderungen der ICF und UN-BRK, in einen wissenschaftlich eruierten, strukturellen Zusammenhang gebracht wurden und nun über dieses Instrument endlich Zugang zur Ebene des direkten Umgangs mit dem Menschen mit Behinderung finden. Die Praxis, welche derzeit oft auf dem „Bauchgefühl", der Intuition, des Idealismus und der Empathie fußt, wird somit auf eine wissenschaftlich fundierte und politisch abgesicherte Grundlage gestellt. In Abbildung 41 sind die Vorteile des IBUT-CMA zusammenfassend abgeleitet und übersichtlich dargestellt.

Vorteile des IBUT-CMA

Gute Ergebnistransparenz - hoher Auskunftswert des Ergebnisses

• *Die erforderlichen Leistungen in Art und Umfang sind direkt ablesbar und zur Therapieplanung können sowohl für die Berechnung des Finanzierungsbedarfes als auch für die gezielte Suche nach Leistungserbringern genutzt werden. Eine Mischfinanzierung mehrerer Leistungserbringer ist transparent umsetzbar.*

Transparentes Verfahren in Bezug auf die personenbezogene Bedarfsermittlung

• *Eine getrennte Bedarfserfassung von Hilfe-, Leistungs- und Finanzierungsbedarf erhöht die Nachvollziehbarkeit der einzelnen Schritte.*

Transparentes Verfahren in Bezug auf die Berechnung des Finanzierungsbedarfes

• *Ein übersichtliches Durchlaufen der Kausalkette der Bedarfserfassung hilft beim Verständnis für den resultierenden Finanzierungsbedarf.*

Gute Ergebnisreliabilität - Realitätsnahe, krankheitsbildspezifische Items für Leistunsbereiche und das Einbeziehen einer hohen Informationsbreite fördern eine bessere Abbildung der Bedarfe

• *Realistische Darstellung der Bedarfe und personenbezogene Ermittlung der benötigten Leistungen durch passgenaue Items. Das tatsächliche Einbeziehung mehrerer Quellen bei der Erhebung der Bedarfe führt zu verläßlichen Ergebnissen und hilft krankheitsbedingte Wahrnehmungsverzerrungen von CMA-Betroffenen zu kompensieren, ohne sie in ihrer Beteiligung im Erfassungsprozess einzuschränken.*

Realitätsnahe Items für Leistungsbereiche verbessern das Verständnis und die Akzeptanz des CMA-Betroffenen für das Erfassungsverfahren

• *Durch die Praxisnähe der verwendeten Kategorien und Begrifflichkeiten erhöht sich das Verständnis für den CMA-Betroffenen und somit auch die Bereitschaft und Möglichkeit zur Selbstauskunft im Verfahren.*

Layoutidentische Erfassung in leichter Sprache fördert die Mitwirkung der Betroffenen am Erfassungsprozess

• *Layoutgleiche Versionen in leichter und schwerer Sprache fördern das Vertrauen in den Erfassungsprozess und die Selbstständigkeit in der Mitwirkung der CMA-Betroffenen.*

Comforting durch Kommunikationshilfen im Manual in Bezug auf Sensibilisierung gegenüber dem Krankheitsbild, Planung der Erfassungssituation und Umgang mit schwierigen Situationen

• *Anregungen zum Umgang mit krankheitsbildspezifischen Reaktionen der Betroffenen erleichtern die Kommunikation während der Bedarfserfassung und verringern die Gefahr der Überforderung aller Beteiligten. Des Weiteren helfen die Anregungen dabei, eine vertrauensvolle Basis und angstmindernde Situation zu schaffen und fördern so den offenen respektvollen Umgang mit emotionalen und persönlich sensiblen Themen im Rahmen der Bedarfserfassung.*

Unterstützung des Paradigmenwechsels durch geführte Umsetzung der ICF, UN-BRK und fachspezifischen Erkenntnissen zum Krankheitsbild CMA

• *Die Verwendung von inhaltlichen und sprachlichen Grundlagen der benannten Richtlinien fördert die Gewöhnung an eben diese im täglichen Umgang und hilft somit den Paradigmenwechsel voranzutreiben.*

Optimierung des Bearbeitungsprozesses durch phasenbezogene Leistungsbedarfserfassung

• *Die Optimierung des Bearbeitungsprozesses ergibt sich, da nur zutreffende Bögen bearbeitet werden müssen.*

Ableitung von Therapieansätzen und Interventionsmethodik aus der Erfassung der Leistungsbedarfe sind möglich

• *Die konkrete, detaillierte, krankheitsbildspezifische Erfassung der Leistungen ermöglicht eine personenbezogene Ableitung von Herangehensweisen im Therapieprozess.*

Abb. 41: Vorteile des IBUT-CMA

Nachteil des IBUT-CMA im Vergleich mit anderen Verfahren ist die starke Begrenztheit der Zielgruppe, welche dem Prozess und Ergebnis förderlich ist, jedoch eine Übertragung auf andere Zielgruppen nur eingeschränkt zulässt. Eine Übertragbarkeit des Instrumentes vom stationären in den ambulanten Bereich ist möglich, allerdings auch nur auf das Klientel CMA bezogen. Weiterhin ist die Zielgruppe, im Gegensatz zu anderen Verfahren, nur auf Erwachsene begrenzt. Außerdem sind derzeit noch keine Gesamtplanunterlagen erstellt, was bei Verfahren, welche bereits breitflächig eingesetzt werden, der Fall ist. Die Kritikpunkte sind im Folgenden in Abbildung 42 abgeleitet.

Kritikpunkte am IBUT-CMA

Hohe Begrenztheit

• *Die krankheitsbildspezifische Ausrichtung auf erwachsene CMA-Patienten stellt eine Limitierung der Einsetzbarkeit dar.*

Fehlende Gesamtplanunterlagen

• *Gesamtplanunterlagen müssen jeweils bundeslandbezogen erarbeitet werden.*

Abb.42: Kritikpunkte am IBUT-CMA

Die Verknüpfung vieler bereits angewandter und bewehrter Vorgehensweisen und Erkenntnisse mit mehr oder weniger neuem, international anerkanntem ethisch-moralischem Gedankengut schafft Sicherheit, Stabilität und fördert so die Qualität der Arbeit als einheitliche Arbeitsgrundlage über das Instrument. Dies wiederum kann Basis sein für weitere, über eine Festigungsphase hinausgehende neue Erkenntnisse. Das vollständige Instrument, das Instrument in Anlehnung an leichte Sprache sowie das vollständige Manual sind für eine bessere Lesbarkeit der vorliegenden Arbeit am Ende beigefügt, ebenso das Windradmodell als Bastelbogen zur Darstellung des Teilhabebegriffs.

7.3 Zusätzliche Ergebnisse

7.3.1 Teilhabe – eine Begriffsdefinition als dynamisches Modell

Die inhaltliche Definition des Konstruktes Teilhabe als dynamisches Modell mit vier Wirkfaktoren unterstützt die personenzentrierte Vorgehensweise im Hilfeprozess. Nicht nur, dass der Begriff nahbarer wird durch die Versinnbildlichung, er wird damit auch für den Menschen mit Behinderung transparenter. In der wissenschaftlichen Fachliteratur wird der Begriff der Teilhabe inhaltlich nicht konsistent oder genormt gebraucht (siehe Kap. 2.4.4).

Umgangssprachlich erschließt sich der Begriff auch nicht eindeutig. TEILhabe macht nicht deutlich, welcher Teil wovon. TeilHABEN sagt auch nicht eindeutig, ob man behalten soll, was man schon hat, oder ob man etwas Neues bekommt. Zusätzlich erfolgt in der aktiven Hilfe aufgrund der Wortähnlichkeit häufig eine synonyme Verwendung beziehungsweise Gleichsetzung der Begriffe „Teilhabe" mit „Teilnahme". Deshalb ist in der vorliegenden wissenschaftlichen Arbeit eine theoretische Standortbestimmung als Definition erarbeitet worden (Kap. 2.4.4).

Der Begriff der sozialen Teilhabe als Zielkonstrukt institutioneller Hilfen beschreibt das individuell optimale Verhältnis aus den, in höchstmöglichem Maß, anzustrebenden Faktoren ‚Selbstbestimmtheit', ‚Einbezogensein in die Lebenssituation', ‚Lebensqualität' und ‚Lebenszufriedenheit'.

Die Forderung nach mehr Teilhabe ist für viele, aufgrund des fehlenden inhaltlichen Verständnisses, bisher nicht interpretierbar. Die Übersetzung in leichter Sprache als Möglichkeit mitzumachen (vgl. Hep Hep Hurra e.V. Hurrika) umfasst nicht alle Aspekte und schränkt somit den Menschen mit Behinderung ein. Er kann nur an der Erreichung eines Ziels mitwirken, wenn er es voll und ganz verstehen kann. Deshalb wurde die Definition der Teilhabe zum besseren Verständnis als dynamisches Windradmodell umgesetzt. Das Windradmodell ist sogar tatsächlich als Windmühle baubar (vgl. Kapitel 11). Es lässt sich daran deutlich auch für einen Menschen mit kognitiven Beeinträchtigungen nachvollziehen, dass man alle Faktoren berücksichtigen muss, damit es funktioniert. Damit stellen die Definition und das Modell für den Prozess der Teilhabeförderung einen Förderfaktor dar. Sie ermöglichen eine klare Abgrenzung des Zielkonstruktes Teilhabe gegenüber ähnlichen Begriffen wie „Integration", „Teilnahme" und synonym gebrauchten Begriffen. Gleichzeitig benötigt eine Faktorenklassifikation weniger kognitive Kapazität in der Hilfeplanung, da die einzelnen Aspekte nach einander geprüft und bearbeitet werden können und erst im Schluss die Wechselwirkung als Gesamtbild erprobt wird. Auch können die Maßnahmen gezielter geplant werden, da die Ursachenforschung einfacher steuerbar ist. Die visualisierte Form der Definition des Begriffs Teilhabe hilft als Windrad-Modell besonders CMA-Betroffenen, den Inhalt zu verstehen und damit in der Umsetzung persönlich aktiv zu werden.

Insgesamt war die Definition eine Grundlage für die Erarbeitung des Instrumentes, ist aber gleichzeitig als wesentliches Teilergebnis anzusetzen, da sie das Verständnis und auch den Paradigmenwechsel weit über das Instrument hinaus unterstützen, beflügeln und die Kommunikation zwischen den Ebenen der Menschen mit Behinderungen, der Hilfeleistenden, der Kostenträger und der Politik vermitteln kann.

7.3.2 Merkmale einer arbeitsähnlichen Tätigkeit

In der Arbeit mit Menschen mit Behinderung werden häufig Begriffe wie „Beschäftigungstherapie" oder „geschütztes Basteln" für Tätigkeiten verwendet, welche im Tagesablauf eines Menschen mit Behinderung den Stellenwert eines Arbeitsplatzes einnehmen. Die Tätigkeiten sind häufig unentgeltlich und dennoch nicht ehrenamtlich, da sie selten ausschließlich intrinsisch motiviert sind und auch häufig nicht der freien Entscheidung des Ausführenden unterliegen. Damit jedoch trotzdem der Wert, welchen ein Arbeitsplatz im Rahmen der Anerkennungs- und Selbstverwirklichungsbedürfnisse einnimmt, auch auf diese Tätigkeiten übertragbar und damit dem Menschen mit Behinderung zugänglich ist, bedarf eine Tätigkeit verschiedener Merkmale. Diese sind in der aktuellen Literatur und Forschungslage nicht klar definiert. Anhand dieser Merkmale lassen sich jedoch besser Tätigkeiten finden und personenzentriert anpassen, um dem Ausführenden die psychisch positiven Auswirkungen einer geregelten Arbeit zukommen zu lassen und somit seine Teilhabe am Leben in der Gemeinschaft maßgeblich zu steigern. Die Analyse und Definition der Merkmale einer arbeitsähnlichen Tätigkeit, Regelmäßigkeit, Sinnhaftigkeit und Anspruch (vgl. Kap. 5.2.3) ist daher ein wesentliches und sinnvolles Ergebnis der vorliegenden Arbeit.

7.3.3 Kausalkette der Bedarfserfassung

Ein wesentliches Problem der Bedarfsbestimmung anhand des Brandenburger Instrumentes ist die gleichzeitige Erfassung des Hilfe- und Leistungsbedarfes. Diese Vermischung mindert das Verständnis sowie die Transparenz in der darauffolgenden Finanzierungsberechnung. So resultiert ein Leistungsbedarf häufig aus einem Hilfebedarf, kann jedoch auch seinen Ursprung in dem Wunsch, Ressourcen zu stärken, zu erhalten oder neue zu erschließen, finden. Auch ziehen Hilfebedarfe nicht automatisch einen Leistungsbedarf und somit nicht immer eine Finanzierungsnotwendigkeit nach. In der wissenschaftlichen Fachliteratur, wie auch in der aktiven Hilfe, fehlt bislang das klare Bewusstsein einer notwendigen und offensichtlichen Trennung der einzelnen Bedarfsarten. Es ist jedoch zwingend notwendig die Bedarfserfassung als dreischrittigen Prozess zu betrachten und alle Schritte als abgegrenzt, aber gleichwertig anzuerkennen. Die Erarbeitung der Kausalkette der Bedarfserfassung (Abb. 21) ist daher ein wesentliches Ergebnis dieser Arbeit.

7.3.4 Eruierung der Therapieverlaufskategorien und der Leistungsstufen für CMA

Als Arbeitsergebnis konnte der Verlauf der Therapie bei CMA-Patienten analysiert und in verschiedene Kategorien gefiltert dargestellt werden. Somit ist erstmals eine grafische Übersicht über die verschiedenen durchschnittlichen Therapieverläufe ermöglicht worden (vgl.Abb. 26–30). Die Leistungsstufen zeigen die querschnittsmäßige Entwicklung des Leistungsbedarfs für das Krankheitsbild CMA (Abb. 31). Auch dies ist in der aktuellen wissenschaftlichen Fachliteratur nicht in dieser Form vorhanden. Beides sind wichtige Ergebnisse, da somit ein besseres Verständnis für das Krankheitsbild und auch eine bessere Therapieplanung in der aktiven Hilfe möglich wird. Zu beachten ist, dass die Verlaufskategorien nicht als dogmatisch angesehen werden dürfen, da sie ein Schaubild sind und keine individuelle, personenzentrierte Bedarfsplanung ersetzen. Dennoch fördern sie, wie auch die Abbildung der Leistungsstufen, das Verständnis des Kostenträgers für die prognostische Entwicklung von Finanzierungsbedarfen.

7.3.5 Modell der Beeinträchtigung und Förderung der Teilhabe für CMA (MBFT)

Ein weiteres Ergebnis dieser Arbeit ist die Erstellung des Modells der Teilhabebeeinträchtigung für CMA-Klientel, welches in Kapitel 5.2.3 ausführlich beschrieben wird. Anhand dieses Modells wird deutlich, welche Schädigungen und Beeinträchtigungen das Krankheitsbild mit sich bringt, wie diese einschränkend auf die Teilhabe wirken und weshalb eine stationäre Unterbringung in besonderen Wohnformen mit Tagesstrukturierungsmaßnahmen eine sinnvolle Unterstützung für die Wiederherstellung und Stärkung der Teilhabe ist. Bringt man es in Verbindung mit dem Windrad-Modell der Teilhabe als Zielkonstrukt institutioneller Hilfen (Kapitel 2.4.4) und der, in den Voruntersuchungen eruierten Leistungskurve des Therapieverlaufes (Kapitel 6.3.4.1) so entsteht das Modell der Beeinträchtigung und Förderung der Teilhabe (MBFT) für CMA (Abb. 43).

Das Modell ist ein wichtiges Ergebnis, weil es mehrere komplexe Prozesse, Theorien und Teilmodelle in sich vereint, die Ergebnisse abstrahiert und generalisiert zusammengefasst darstellt. Dieser Überblick ermöglicht ein Verständnis für die Wechselwirkungsprozesse der einzelnen Beeinträchtigungen des Krankheitsbildes an sich aber auch in Zusammenhang mit den Ebenen der Teilhabe und den Teilbereichen der institutionellen Hilfen. Auch wenn 2020 die stationären Einrichtungen im Sinne des BTHG abgeschafft und durch besondere Wohnformen mit therapeutischem Angebot ersetzt werden, bekommt das Modell geradezu eine neue Bedeutung. Die inhaltlichen Strukturbereiche der Hilfe: tagesstrukturierende Maßnahmen im Sinne einer arbeitsähnlichen Tätigkeit, Maßnahmen zur Förderung sozialer Beziehungsfähigkeit, Maßnahmen zur Förderung einer selbstverantwortlichen Lebensführung (Wohnen) sind von den gesetzlichen Änderungen nicht betroffen. Mit dem MBFT (vgl. Abb. 43) ist eine grundsätzlich transparente und strukturierte Arbeit mit CMA-Betroffenen möglich.

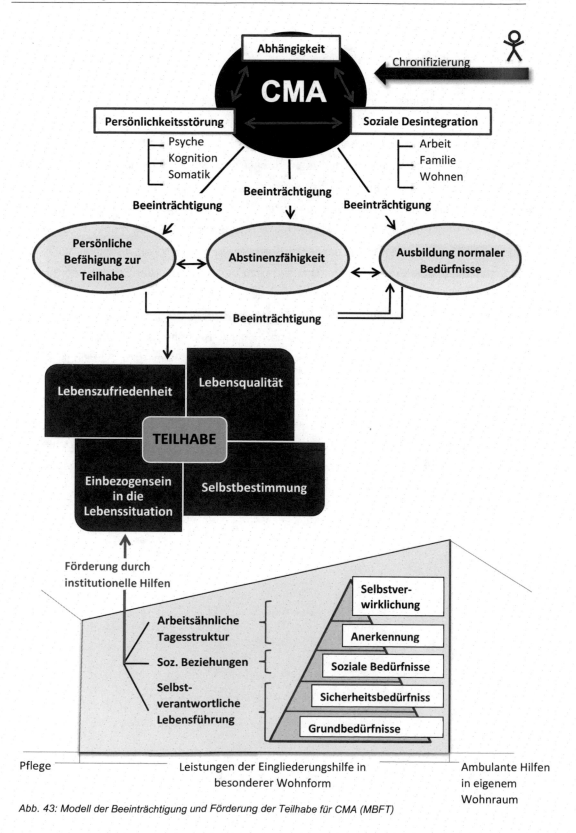

Abb. 43: Modell der Beeinträchtigung und Förderung der Teilhabe für CMA (MBFT)

7.3.1 Einfluss der Erkenntnisse auf den Paradigmenwechsel

Der Einfluss der Erkenntnisse der vorliegenden Arbeit auf den Paradigmenwechsel wird zu einem Teil davon abhängig sein, inwieweit es gelingt, das Instrument in der Praxis zu etablieren. Nach Umsetzung wird die durch das Instrument gestützte Denkweise den Paradigmenwechsel sowohl in der Einzelarbeit, aber auch vor allem in der Kommunikation zwischen den Zielgruppen unterstützen und fördern. Die Studie zur Untersuchung freier Entwicklungsberichte zeigte, dass der Versuch, Entwicklungsberichte völlig frei nach eigenen Gesichtspunkten zu schreiben, an der Gewohnheit im Umgang mit dem Brandenburger Instrument gescheitert ist. Die Teilnehmer waren nicht in der Lage, sich von der Gliederung als gedanklichem Prozessleitfaden, wie auch von den bewerteten Schwerpunkten zugunsten eigener Erfahrungen mit dem Krankheitsbild zu lösen. Somit ist zu vermuten, dass ein Instrument allein durch regelmäßigen Umgang nicht nur Routine in der Bearbeitung erlangt, sondern auch die Denk- und Handlungsweisen des Nutzers nachhaltig prägt und langfristig beeinflusst. Die Implementierung des IBUT-CMA in Brandenburg würde eine nachhaltige Änderung der Einstellungen und Hilfesituation möglich machen. Jedes neue Überdenken, Vorstellen, Diskutieren des Instrumentes IBUT-CMA unabhängig vom Situationsrahmen fördert die Umstellung der Wahrnehmung von Menschen mit Behinderung, die Denkweise bezüglich des Umgangs, baut Vorurteile und Kontaktängste ab. Während der Erstellung der Arbeit, der dazugehörigen Befragungen und Diskussionen mit öffentlichen Sozialhilfeträgern, freien Leistungserbringern, gerichtlich gestellten Betreuern oder Betroffenen konnte ein schrittweises Umdenken analysiert werden. Das IBUT-CMA ist eine neue, wissenschaftlich fundierte Möglichkeit, schrittweise neue Wege zu gehen.

8 Diskussion

8.1 Methodenkritik

Kritisch zu hinterfragen ist bei der vorliegenden Arbeit die Größe, Zusammensetzung und Akquise der Stichproben. So sind häufig kleine Stichprobenzahlen zu beachten, welche eine Generalisierung der Ergebnisse einschränken und auch Verzerrungseffekte hervorrufen können. Da die Teilnahme an den Studien und Befragungen stets auf Freiwilligkeit beruhte, ergaben sich phasenweise starke Limitierungen (vgl. Kapitel 6.3.2.1). Gründe hierfür waren auf der Seite der Kostenträger und Leistungserbringer starke Krankheitsbelastungen sowie geringe freie Kapazitäten aufgrund der bereits starken Belastung durch die Einarbeitung in das BTHG. Außerdem bestand eine große Verunsicherung auf der Seite der Kostenträger und des LASV, ob eine Teilnahme rechtlich abgesichert und vom MASGF erlaubt sei. Das Ministerium gab zwar mündlich „grünes Licht", verweigerte jedoch eine schriftliche Aussage, dass keine Einwände gegen die Teilnahme an Befragungen oder Studien im Rahmen der vorliegenden Arbeit beständen, da dies als „Beauftragung" durch das MASGF hätte ausgelegt werden können. Weiterhin waren Teilnahmen stark abhängig von der subjektiven Wahrnehmung einer einzuhaltenden Reihenfolge der Angesprochenen. Die politisch nicht geklärten Zuständigkeiten, zukünftigen Hierarchien und personellen Besetzungen verschiedener Stellen führten häufig zu Ablehnung und Konflikten, ob überhaupt Anfragen zugelassen gewesen wären. Von der Seite der Leistungserbringer führten vor allem Unsicherheiten bezüglich der Umsetzung des BTHG und der sogenannten „Abschaffung von Wohnstätten" zu Teilnahmeablehnungen.

Ein weiteres Problem ist die Rekrutierung der Stichprobe, welche vor allem auf persönlichen Kontakten zu Gremien, Ansprechpartnern bei Kostenträgern und Leistungserbringern basiert. Dies kann zu einer Verzerrung der Ergebnisse geführt haben, da nunmehr nur Probanden mit ähnlichen Ansichten, Denkweisen und Handlungszielen, sowie generell großem Engagement für Menschen mit Behinderung an den Studien teilnahmen. Positiv ist allerdings zu erwähnen, dass über den Kontakt in der Gruppe „Heimleitertreffen für CMA-Wohnstätten" alle stationären Einrichtungen für CMA-Betroffene organisiert sind. Auch wenn nicht alle immer an den Treffen teilnehmen können, konnten über den E-Mail-Verteiler dieser Gruppe alle Einrichtungen dieser Art des Landes Brandenburg erreicht werden. In Bezug auf die Kostenträger wurden alle Landkreise und kreisfreie Städte Brandenburgs angesprochen bzw. angeschrieben. Von den vier kreisfreien Städten nahmen zwei, von den vierzehn Landkreisen nahmen sieben teil, was einer Rücklaufquote von 50% entspricht und als repräsentativ eingeschätzt werden kann.

© Der/die Autor(en) 2023
L. Muth, *Ermittlung der Teilhabeförderung und des Finanzierungsbedarfs bei Chronisch Mehrfachgeschädigt/Mehrfachbeeinträchtigt Abhängigkeitskranken*, https://doi.org/10.1007/978-3-658-39487-5_8

Weiterhin ist anzumerken, dass die Durchführung weiterer ergebnissichernder Evaluationsstudien sinnvoll ist. Eine Überprüfung der Re-Test-Reliabilität in Bezug auf die Leistungsbedarfserfassung wäre interessant, wurde jedoch aufgrund der Instabilität der Bedarfe hinsichtlich des Krankheitsbildes verworfen. Um die Instabilität zu relativieren, wären kleine Zeitintervalle notwendig, welche jedoch zu hohe Erinnerungseffekte der erfassenden Person befürchten lassen. Daher ist von dieser Untersuchung aufgrund der geringen Aussagekraft des Ergebnisses abgesehen worden.

8.2 Das IBUT-CMA als Instrument zur Erfassung des Finanzierungsbedarfs im Vergleich mit anderen Instrumenten

Das IBUT-CMA ist ein Instrument zur Bedarfserfassung für CMA-Betroffene. Gemeinsame grundlegende Basis mit den in der vorliegenden Arbeit untersuchten Verfahren sind ICF, UN-BRK und BTHG. Des Weiteren arbeiten mehrere Verfahren (IBUT-CMA, ITP, BEI_NRW u.Ä.) nicht mehr defizitorientiert, sondern versuchen Ressourcen, Ziele und Wünsche der Betroffenen zu respektieren. Die Einbeziehung und Selbstbestimmtheit des Betroffenen wird bei allen Verfahren postuliert und mehr oder weniger effektiv umgesetzt. Hier kommt die Besonderheit des CMA-Betroffenen zum Tragen, weshalb die Einbeziehung über die in der vorliegenden Arbeit untersuchten, nicht krankheitsspezifischen Instrumente weniger gut bis gar nicht umsetzbar ist. Im Unterschied dazu ist die Einbeziehung der Klientel beim IBUT-CMA weitestgehend möglich und wird explizit gefördert. Allerdings ist die Generalisierbarkeit durch die krankheitsbildspezifische Ausrichtung beim IBUT-CMA stark eingeschränkt, was bei anderen Verfahren, wie dem ITP oder BEI-NRW, besser gegeben ist.

Aufbauend auf der Hilfebedarfserfassung erfolgt im IBUT-CMA eine detaillierte krankheitsspezifische, leistungsbezogen formulierte Leistungsbedarfserfassung. Diese ist in ihrer Detailliertheit und Krankheitsspezifik neu im Vergleich mit den anderen Instrumenten und als wichtiges Unterscheidungsmerkmal zu sehen. Diese Erfassung und Beschreibung der Leistungsbedarfe bewirkt sowohl eine Unterstützung in der Leistungsplanung und -umsetzung als auch eine höhere Transparenz im Finanzierungsbedarf. Gleichermaßen unterstützt sie den Paradigmenwechsel, da das Ergebnis der Leistungsbedarfserfassung eine qualitative und quantitative Aufstellung der benötigten oder gewünschten Leistungen darstellt, mit welcher nunmehr Angebote von Leistungserbringern eingeholt werden können. Der ITP wie auch das Brandenburger Instrument sind darauf angewiesen, dass Leistungsträger in ihrem Angebot bekannt sind und dementsprechend den Hilfebedarfen bzw. Zielen und Wünschen zugeordnet werden. Über die Leistungsbedarfserfassung des IBUT-CMA erfolgt die Hilfeplanung daher deutlich personenbezogener und weniger institutionsbezogen. Gleichzeitig erhält der

Leistungserbringer bei Vorlage der Liste Anhaltspunkte zur Gestaltung seiner Therapieangebote und kann gegebenenfalls das Leistungsangebot umstrukturieren und an die Wünsche und Notwendigkeiten anpassen. Das ermöglicht eine spezifische und optimale Finanzierung der Leistungen.

Das IBUT-CMA liefert die Grundlage für die Erfassung des Hilfebedarfs mittels einer ganzheitlichen, freien Bedarfserfassung, welche sich in Gliederung, Sprache und Schwerpunktsetzung an der ICF orientiert. Hierfür werden, wie in anderen Verfahren auch, die Begrifflichkeiten der Items der ICF aufgenommen und auch die personen- und umweltbezogenen Faktoren konsequent einbezogen. Alleinstellungsmerkmal unter den Bedarfserfassungsverfahren ist dem IBUT-CMA das Begreifen der Bedarfserfassung als Bestandteil des Bedarfs und der Erfassungssituation als entscheidenden Einflussfaktor auf das Ergebnis der Bedarfserhebung. Die Erfassungssituation darf den CMA-Betroffenen nicht dazu verleiten, sich anders darzustellen, als er ist, da sonst die Bedarfe verfälscht und eine inadäquate Hilfeleistung und somit Finanzierung festgelegt wird. Dies führt dann direkt zu einem falschen Finanzierungsbedarf und kann indirekt weitere Nachfinanzierungen durch bspw. Mehraufwand aufgrund von Korrekturen, Therapieabbrüche o.Ä. entstehen lassen. Das IBUT-CMA begreift den Erfasser sowie die Erfassungssituation folglich als Umweltfaktor und den CMA-Betroffenen in Bezug auf die Erfassungssituation als personenbezogenen Faktor. Der Einfluss dieser Faktoren auf den letztendlichen Bedarf ist nicht zu unterschätzen und findet im IBUT-CMA die dringend notwendige Beachtung. Das Instrument unterstützt daher sowohl die Gestaltung der Erfassungssituation und leitet die Teilnehmer durch den Prozess. Somit wird das bio-psychologische Gesundheitsmodell durch das IBUT-CMA konsequenter umgesetzt, als es in anderen Instrumenten der Fall ist.

Weiterhin unterscheidet sich das IBUT-CMA von anderen Verfahren durch die transparente Berechnung wie auch die flexible Ergebnisausgabe des Finanzierungsbedarfes. Dieser kann in Zeiteinheiten in Bezug auf Einzel- oder Gesamtleistungen, als auch in inhaltlich und zeitlich klar abgegrenzte Leistungsstufen ausgegeben werden. Dies ermöglicht einen variablen Einsatz des Instrumentes in verschiedene Prozessführungen der einzelnen öffentlichen Sozialhilfeträger.

Der Unterschied zu den Verfahren, welche in Kapitel 4 der vorliegenden Arbeit untersucht wurden besteht zusammenfassend vor allem in folgenden Aspekten:

- Klar voneinander abgetrennte Erhebung der Hilfe-, Leistungs- und Finanzierungsbedarfe
- Modulare Nutzbarkeit der einzelnen Bedarfserfassungsbögen
- Transparente Erhebungswege der Bedarfe und geführte Überleitung zwischen den Bedarfserhebungen

- Einbeziehen der personenbezogenen Faktoren des CMA-Betroffenen nicht erst in den ermittelten Bedarf, sondern bereits in die Erfassungssituation
- Begreifen der Erfassungssituation als umweltbezogene Einflussvariable auf den Bedarf des Betroffenen
- Konsequentes Aufgreifen der Comforting- und Situationsgestaltungsfunktion durch das IBUT-CMA
- Personenbezogene Leistungsermittlung
- Transparente Ermittlung sowie flexible Ergebnisausgabe des Finanzierungsbedarfes

8.3 Schlussbetrachtung, Ergebnisbewertung und Ausblick

Ziel der vorliegenden Arbeit war es, ein Instrument zu finden oder zu entwickeln, mit welchem der Finanzierungsbedarf gezielt für CMA-Betroffene personenbezogen und differenziert ermittelt werden kann.

Im Rahmen dieser Arbeit konnten die Probleme des aktuell eingesetzten Brandenburger Instrumentes wissenschaftlich analysiert, eingegrenzt und benannt werden. Um eine differenzierte Finanzierung der geleisteten Hilfe in der Therapie für CMA-Erkrankte in besonderen Wohnformen zu erreichen, ist das Brandenburger Instrument ungeeignet. Weitere Hilfebedarfserfassungsinstrumente wurden kurz analysiert und die Ergebnisse wissenschaftlich aufbereitet. Für die Erarbeitung eines neuen Instrumentes wurden Grundlagen des Krankheitsbildes CMA, der Finanzierung der Eingliederungshilfe, des Paradigmenwechsels sowie verschiedene Blickwinkel in Bezug auf Anforderungen an ein Bedarfserfassungsinstrument erörtert. Anhand der Ergebnisse wurde das Instrument zur Bedarfserfassung und Teilhabesicherung für Chronisch Mehrfachgeschädigt/Mehrfach-beeinträchtigt Abhängigkeitskranke (IBUT-CMA), als neues Instrument zur Bedarfserfassung unter Beachtung wissenschaftlicher Kriterien modelliert, modifiziert und evaluiert.

Die eingesetzten Methoden:

- Literaturanalyse
- Teilstrukturierte schriftliche und mündliche Befragungen
- Arbeitsschrittzerlegung mittels thinking-aloud-protocols
- Empirische Studien zur Nutzerobjektivität
- Empirischer Vergleich freier Sozialberichte
- Erfassung und Zuordnung von Beurteilungskriterien
- Korrelationsanalyse durch Diskussion der Trennschärfen

- Dokumentenanalyse zur Ermittlung typischer Leistungsverlaufskurven und der Leistungsverteilung
- Kurz-Screening mittels Zeit-Kontakt-Protokollen

erwiesen sich als zielführend. Die Stichprobe der Probanden ist ausreichend, ein höherer Stichprobenumfang wäre trotzdem wünschenswert gewesen. Dies war aufgrund der Gegebenheiten jedoch nicht umsetzbar.

Die Ergebnisse der vorliegenden Arbeit sind insgesamt positiv zu werten. Die Forschungsfragen konnten beantwortet und die Annahmen bestätigt werden. Das entstandene Instrument erfüllt die gestellten Kriterien, kann bei Einsatz den Paradigmenwechsel vorantreiben und eine differenzierte Finanzierung unterstützen. Das Instrument selbst übernimmt im Hilfeplanungsprozess eine Steuerungsfunktion, durch welche die personenzentrierte und krankheitsbildspezifische Leistungsplanung auch ohne große Voraussetzungen möglich wird. Weiterhin fördert das Instrument die Teilhabe des CMA-Patienten, sowie den Dialog an der Schnittstelle zwischen Bedarf, Finanzierung und Erbringung der Leistung.

Anhand der Trennung der Bedarfserfassungen kann sichergestellt werden, dass die Finanzierung sich direkt auf die Leistungen und nicht auf die Hilfebedürftigkeit bezieht. Der Leistungsbedarf ist deutlich abgegrenzt, über die Erfassung werden die Leistungsinhalte, Zeitbedarfe und notwendige Mindestbetreuungsverhältnisse angeben. Das Ziel der Leistung wurde klar definiert und über die vier Faktoren: Selbstbestimmtheit, Einbezogensein in die Lebenssituation, Lebenszufriedenheit und Lebensqualität operationalisiert. Somit erschließt sich der Finanzierungsbedarf nachvollziehbar und zu jedem Zeitpunkt transparent aus der erarbeiteten Kausalkette der Bedarfserfassung (Abb. 21).

Der Vorteil des nun vorliegenden Instrumentes liegt in der wissenschaftlich vorgenommenen Krankheitsspezifik, welche eine klare Abbildung der tatsächlichen Bedarfe realitätsnah, transparent und verständlich ermöglicht. Konzipiert wurde das IBUT-CMA für die Erfassung der Bedarfe für CMA-Patienten in vollstationären therapeutischen Einrichtungen. Da die Erfassung der Hilfe- und Leistungsbedarfe jedoch personenbezogen und wenig institutionsgebunden erfolgt und der Finanzierungsbedarf auch als Summe der Fachleistungsstunden im direkten Klientenkontakt ausgegeben wird, ist eine Nutzung für ambulante Hilfe problemfrei möglich. Das stellt einen zusätzlichen positiven Nutzen für die Praxis der vorliegenden wissenschaftlichen Arbeit dar. Das IBUT-CMA ist somit für besondere Wohnformen mit vollständiger oder zeitweiser Hintergrundbetreuung sowie für Hilfeleistungen in eigener Wohnform mit und ohne Bereitschaftsleistungen einsetzbar und somit auch für die neue Gesetzlage ab 1. Januar 2020 im SGB IX-neu anwendbar.

Der Nachteil aus Sicht des Finanzierungsbedarfes ist, dass das Instrument auf CMA spezialisiert wurde und somit nur auf diese Zielgruppe mit diesem Krankheitsbild anwendbar ist. Einzelbestandteile sind auf andere Behinderungsformen übertragbar, ergeben losgelöst jedoch keine vollständige Kausalkette zur Berechnung des Finanzierungsbedarfes. Im Rahmen der vorliegenden Arbeit war es jedoch das Ziel, ein Instrument für direkt diese Zielgruppe zu schaffen und in diesem Rahmen eine differenzierte Finanzierung durch eine nachvollziehbar belegbare Berechnung des Finanzierungsbedarfes zu erreichen.

Die zusätzlichen Ergebnisse der vorliegenden wissenschaftlichen Arbeit sind zusammengefasst in sieben Ergebniskategorien:

- Die einheitliche Definition des Begriffs Teilhabe

- Das „Windrad-Modell" der Teilhabefaktoren

- Die Merkmale einer arbeitsähnlichen Tätigkeit

- Die Kausalkette der Bedarfserfassung

- Die Darstellung der Therapieverlaufskategorien

- Die Eruierung der Leistungsstufen

- Das Modell der Beeinträchtigung und Förderung der Teilhabe bei CMA-Patienten

Diese Ergebnisse dienen dem Verständnis und bilden die Grundlage einer differenzierten Leistungsfinanzierung.

Ansatzpunkte für fortführende wissenschaftliche Arbeiten sind vor allem in der Weiterentwicklung des IBUT-CMA hinsichtlich einer Anwendbarkeit auf weitere Klientel bis hin zu allen Behinderungsformen zu sehen. Auch die Gruppe der Kinder- und Jugendlichen benötigt für die Übertragbarkeit des Instrumentes weitere wissenschaftliche Forschungsarbeit für Anpassungen. Vorstellbar wäre für eine solch umfassende generalisierte Anwendbarkeit ein Modulsystem, in dem Module für allgemeine, behinderungsformübergreifende und auch behinderungsformspezifische Aspekte existieren. Auf diese Weise könnte die Forderung der Personenbezogenheit durch hohe Individualisierungsmöglichkeit auch dafür erfüllt werden. Gleichzeitig ermöglicht die Anwendung der stets gleichbleibenden Prozedur mit unterschiedlichen Modulinhalten und frei zusammenstellbaren Modulen einen zeitoptimierten Aufwand. Eine wissenschaftliche Herangehensweise an die Themen der Zukunft, gerade im Pflege- und Gesundheitsbereich, wird immer notwendiger und ist gezielt möglich.

Druckvorlagen:

Das Instrument IBUT-CMA

Das Instrument IBUT-CMA in (Anlehnung an) leichter Sprache

Bastelbogen: Das Teilhabe-Windrad

IBUT-CMA

nstrument zur Bedarfserfassung und Teilhabesicherung für Chronisch Mehrfachgeschädigt/Mehrfachbeeinträchtigt bhängigkeitskranke

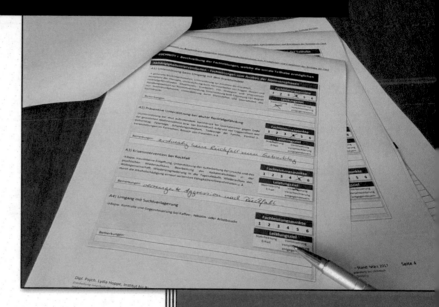

. Muth 2023, *Ermittlung der Teilhabeförderung und des anzierungsbedarfs bei Chronisch Mehrfachgeschädigt/Mehrfachbeeinträchtigt hängigkeitskranken – Modellierung und Evaluation eines Instrumentes UT-CMA)*, https://doi.org/10.1007/978-3-658-39487-5_9

Dipl. Psych. Lydia Muth

Version 3.0 Stand Oktober 2020

DATEN DES LEISTUNGSEMPFÄNGERS

Name, Vorname: _____ Geburtsdatum: _____

Adresse des Leistungserbringers

_____

_____

Telefon:

Ansprechpartner:

Gerichtlich gestellte Betreuung

Name:

Erreichbar unter:

_____

Zuständigkeitsbereiche:

_____

_____

Ersterfassung: ☐

Anschlusserfassung: ☐

Erfassung nach Einrichtungswechsel: ☐

Erfassungszeitraum der beschriebenen Leistungen

_____

Klinische Diagnosen nach ICD

_____

_____

_____

Schwerbeschädigtenausweis

GdB [ ]   GdS [ ]   Merkzeichen [ ]

Pflegegrad | Kein Pflegegrad [ ] | 1 | 2 | 3 | 4 | 5 | Pflegegrad beantragt [ ]

Angestrebtes Ziel in Bezug auf Teilhabe für den folgenden Entwicklungszeitraum

Verschlechterung entgegensteuern [ ]   [ ]   Stabilisierung   [ ]

Erhalt   [ ]   Verbesserung

Bewilligte Leistungsstufe/Fachleistungsstunden für den benannten Entwicklungszeitraum

Außerordentliche Lebenssituation   Leistungsstufe: [1] [2]

→ Zeitlich begrenzte Krise: ☐

→ Übergang in andere Hilfeform notwendig ☐   Zeitraum: [ ]

Fachleistungen zum Ermöglichen und Erleichtern der Teilhabe (Abschnitt I+II)

→ Fachleistungsstunden (dir. Kontakt) in ^{h}/Woche: [ ]   Leistungsstufe: [2] [3]

→ Hintergrundbetreuung: [ ]

Übergang in ambulante Hilfeform ☐   Summe der FL-St: [ ]

→ ohne Trainingswohnen (Abschnitt I+II) ☐

→ mit Trainingswohnen (Abschnitt I+II+Stufenplan) ☐   Leistungsstufe: [3] [4]

Eigene Teilhabeeinschätzung *auszufüllen durch den Leistungsempfänger*

Beurteilung der individuellen Lebenszufriedenheit in Bezug auf die Hilfe* durch den Leistungsempfänger					
	Ja! ☺☺	Eher ja! ☺	Weiß nicht. / Ist mir egal. ?	Eher nein! ☹	Nein! ☹☹
Ich fühle mich in meinem Leben jetzt wohl.					
Ich bin im Moment mit meinem Leben insgesamt zufrieden.					
Die Hilfe, die ich kriege, tut mir gut.					
Ich brauche mehr Hilfe.					
Ich brauche andere Hilfe.					
Die Hilfe ist mir zu viel.					

*Hiermit ist die Gesamtsituation der Hilfe gemeint. Einzelne Maßnahmen, welche im Gegensatz zum Gesamteindruck stehen, können im Folgenden einzeln erfasst und erklärt werden.

Informationen, Wünsche und Anmerkungen, welche aus Sicht des Bewohners für die Planung und Umsetzung der Hilfe wichtig sind

Ergebnisbericht:

Die Vereinbarung wird zwischen folgenden Partnern geschlossen:

	(Leistungsempfänger)

	(Kostenträger)

Ermittelte Schwerpunkte der Hilfebedarfserfassung:

- •
- •
- •

- •
- •
- •

Ermittelte Schwerpunkte der Leistungsbedarfserfassung:

- •
- •
- •

- •
- •
- •

Folgende Wünsche des Leistungsempfängers sollen berücksichtigt werden:

Finanzierungsbedarf in _____ :
Finanzierungsbedarf zur Rahmen-/Hintergrundbetreuung/Woche:

Dies entspricht Leistungsstufe: [1] [2] [3] [4]

Unterschrift aller, am Erfassungsprozess beteiligter Personen

Name, Vorname:	Funktion/Amt:	Unterschrift:	Beteiligung an folgenden Abschnitten der Bedarfserfassung *(Zutreffendes ankreuzen)*	Hilfe-bedarf	Leistungs-bedarf	Finanzierungs-bedarf
_____	_____	_____				
_____	_____	_____				
_____	_____	_____				
_____	_____	_____				

Datum der Erfassung _____ **Ort der Erfassung** _____

Erfassung des Hilfebedarfes

1. Körperfunktionen

Ressourcen (als ICF-Item oder in verbaler Beschreibung)	Teilhabe- und aktivitätsorientiertes Ziel in Bezug auf den angestrebten Leistungszeitraum:			
	Verschlechterung verlangsamen	Situation stabilisieren	Situation erhalten	Potential ausbauen/ Situation verbessern

Defizite (als ICF-Item oder in verbaler Beschreibung)	Teilhabe- und aktivitätsorientiertes Ziel in Bezug auf den angestrebten Leistungszeitraum:			
	Verschlechterung verlangsamen	Situation stabilisieren	Situation erhalten	Situation verbessern

2. Körperstrukturen

Ressourcen (als ICF-Item oder in verbaler Beschreibung)	Teilhabe- und aktivitätsorientiertes Ziel in Bezug auf den angestrebten Leistungszeitraum:			
	Verschlechterung verlangsamen	Situation stabilisieren	Situation erhalten	Potential ausbauen/ Situation verbessern

Defizite (als ICF-Item oder in verbaler Beschreibung)	Teilhabe- und aktivitätsorientiertes Ziel in Bezug auf den angestrebten Leistungszeitraum:			
	Verschlechterung verlangsamen	Situation stabilisieren	Situation erhalten	Situation verbessern

3. Aktivitäten und Teilhabe

3.1 Lernen und Wissensanwendungen

Ressourcen (als ICF-Item oder in verbaler Beschreibung)	Teilhabe- und aktivitätsorientiertes Ziel in Bezug auf den angestrebten Leistungszeitraum:			
	Verschlechterung verlangsamen	Situation stabilisieren	Situation erhalten	Potential ausbauen/ Situation verbessern

Defizite (als ICF-Item oder in verbaler Beschreibung)	Teilhabe- und aktivitätsorientiertes Ziel in Bezug auf den angestrebten Leistungszeitraum:			
	Verschlechterung verlangsamen	Situation stabilisieren	Situation erhalten	Situation verbessern

3. Aktivitäten und Teilhabe

3.2 Allgemeine Aufgaben und Anforderungen

Ressourcen (als ICF-Item oder in verbaler Beschreibung)	Teilhabe- und aktivitätsorientiertes Ziel in Bezug auf den angestrebten Leistungszeitraum:			
	Verschlechterung verlangsamen	Situation stabilisieren	Situation erhalten	Potential ausbauen/ Situation verbessern

Defizite (als ICF-Item oder in verbaler Beschreibung)	Teilhabe- und aktivitätsorientiertes Ziel in Bezug auf den angestrebten Leistungszeitraum:			
	Verschlechterung verlangsamen	Situation stabilisieren	Situation erhalten	Situation verbessern

3. Aktivitäten und Teilhabe

3.3 Kommunikation

Ressourcen (als ICF-Item oder in verbaler Beschreibung)	Teilhabe- und aktivitätsorientiertes Ziel in Bezug auf den angestrebten Leistungszeitraum:			
	Verschlechterung verlangsamen	Situation stabilisieren	Situation erhalten	Potential ausbauen/ Situation verbessern

Defizite (als ICF-Item oder in verbaler Beschreibung)	Teilhabe- und aktivitätsorientiertes Ziel in Bezug auf den angestrebten Leistungszeitraum:			
	Verschlechterung verlangsamen	Situation stabilisieren	Situation erhalten	Situation verbessern

3. Aktivitäten und Teilhabe

3.4 Mobilität

Ressourcen (als ICF-Item oder in verbaler Beschreibung)	Teilhabe- und aktivitätsorientiertes Ziel in Bezug auf den angestrebten Leistungszeitraum:			
	Verschlechterung verlangsamen	Situation stabilisieren	Situation erhalten	Potential ausbauen/ Situation verbessern

Defizite (als ICF-Item oder in verbaler Beschreibung)	Teilhabe- und aktivitätsorientiertes Ziel in Bezug auf den angestrebten Leistungszeitraum:			
	Verschlechterung verlangsamen	Situation stabilisieren	Situation erhalten	Situation verbessern

3. Aktivitäten und Teilhabe
3.5 Selbstversorgung

Ressourcen (als ICF-Item oder in verbaler Beschreibung)	Teilhabe- und aktivitätsorientiertes Ziel in Bezug auf den angestrebten Leistungszeitraum:			
	Verschlechterung verlangsamen	Situation stabilisieren	Situation erhalten	Potential ausbauen/ Situation verbessern

Defizite (als ICF-Item oder in verbaler Beschreibung)	Teilhabe- und aktivitätsorientiertes Ziel in Bezug auf den angestrebten Leistungszeitraum:			
	Verschlechterung verlangsamen	Situation stabilisieren	Situation erhalten	Situation verbessern

3. Aktivitäten und Teilhabe
3.6 Häusliches Leben

Ressourcen (als ICF-Item oder in verbaler Beschreibung)	Teilhabe- und aktivitätsorientiertes Ziel in Bezug auf den angestrebten Leistungszeitraum:			
	Verschlechterung verlangsamen	Situation stabilisieren	Situation erhalten	Potential ausbauen/ Situation verbessern

Defizite (als ICF-Item oder in verbaler Beschreibung)	Teilhabe- und aktivitätsorientiertes Ziel in Bezug auf den angestrebten Leistungszeitraum:			
	Verschlechterung verlangsamen	Situation stabilisieren	Situation erhalten	Situation verbessern

3. Aktivitäten und Teilhabe
3.7 Interpersonelle Interaktion und Beziehung

Ressourcen (als ICF-Item oder in verbaler Beschreibung)	Teilhabe- und aktivitätsorientiertes Ziel in Bezug auf den angestrebten Leistungszeitraum:			
	Verschlechterung verlangsamen	Situation stabilisieren	Situation erhalten	Potential ausbauen/ Situation verbessern

Defizite (als ICF-Item oder in verbaler Beschreibung)	Teilhabe- und aktivitätsorientiertes Ziel in Bezug auf den angestrebten Leistungszeitraum:			
	Verschlechterung verlangsamen	Situation stabilisieren	Situation erhalten	Situation verbessern

3. Aktivitäten und Teilhabe

3.8 Bedeutende Lebensbereiche

Ressourcen (als ICF-Item oder in verbaler Beschreibung)	Teilhabe- und aktivitätsorientiertes Ziel in Bezug auf den angestrebten Leistungszeitraum:			
	Verschlechterung verlangsamen	Situation stabilisieren	Situation erhalten	Potential ausbauen/ Situation verbessern

Defizite (als ICF-Item oder in verbaler Beschreibung)	Teilhabe- und aktivitätsorientiertes Ziel in Bezug auf den angestrebten Leistungszeitraum:			
	Verschlechterung verlangsamen	Situation stabilisieren	Situation erhalten	Situation verbessern

3. Aktivitäten und Teilhabe

3.9 Gemeinschafts-, soziales und staatsbürgerliches Leben

Ressourcen (als ICF-Item oder in verbaler Beschreibung)	Teilhabe- und aktivitätsorientiertes Ziel in Bezug auf den angestrebten Leistungszeitraum:			
	Verschlechterung verlangsamen	Situation stabilisieren	Situation erhalten	Potential ausbauen/ Situation verbessern

Defizite (als ICF-Item oder in verbaler Beschreibung)	Teilhabe- und aktivitätsorientiertes Ziel in Bezug auf den angestrebten Leistungszeitraum:			
	Verschlechterung verlangsamen	Situation stabilisieren	Situation erhalten	Situation verbessern

4. Umweltfaktoren

Förderfaktoren (als ICF-Item oder in verbaler Beschreibung)	Ziel der institutionellen Hilfe in Bezug auf die vorhandene Situation im angestrebten Leistungszeitraum:			
	Kein Eingreifen notwendig	Verschlechterung verlangsamen	Situation erhalten	Situation verbessern

Barrieren (als ICF-Item oder in verbaler Beschreibung)	Ziel der institutionellen Hilfe in Bezug auf die vorhandene Situation im angestrebten Leistungszeitraum:			
	Kein Eingreifen notwendig	Verschlechterung verlangsamen	Situation erhalten	Situation verbessern

5. Personenbezogene Faktoren

Förderfaktoren (als ICF-Item oder in verbaler Beschreibung)	Ziel der institutionellen Hilfe in Bezug auf die vorhandene Situation im angestrebten Leistungszeitraum:			
	Kein Eingreifen notwendig	Verschlechterung verlangsamen	Situation erhalten	Situation verbessern

Barrieren (als ICF-Item oder in verbaler Beschreibung)	Ziel der institutionellen Hilfe in Bezug auf die vorhandene Situation im angestrebten Leistungszeitraum:			
	Kein Eingreifen notwendig	Verschlechterung verlangsamen	Situation erhalten	Situation verbessern

Ergänzungen zum Hilfebedarf oder sonstige wichtige Informationen:

Erfassung des Leistungsbedarfes

ABSCHNITT I: Beschreibung der Fachleistungen, welche die soziale Teilhabe ermöglichen

Abhängigkeitsinterventionen – Fachleistungen zum Ausbau der Abstinenzphasen

A1) Unterstützung beim Umgang mit dem Krankheitsbild

→Bspw. Unterstützung zur Annahme der Krankheit, generelle Rückfallprävention, Akzeptanz der Therapie, Unterstützung beim Herausarbeiten von Triggerreizen und rückfallgefährdenden Situationen, Erarbeiten von Strategien und alternativen Handlungsweisen zur Rückfallvermeidung, Unterstützung beim Erkennen des Beginns von Suchtdruckphasen, Unterstützung beim Durchstehen und Überwinden des Suchtdrucks, Umgang mit Stigmatisierung, Umgang mit den und Akzeptanz der Auswirkungen des Krankheitsbildes bei anderen

Betreuungs-verhältnis	Betr.aufwand Min/Woche
2 : 1	
1 : 1	
bis 1 : 3	
bis 1 : 6	
1 : > 6	
Keine Hilfe notwendig	

Bemerkungen:

A2) Präventive Unterstützung bei akuter Rückfallgefährdung

→Bspw. Unterstützung bei akut auftretendem Suchtdruck bei Quartalstrinkern gegen Ende der gewohnten Abstinenzphase bzw. bei Suchtdruck aufgrund von Triggerreizen wie Geburtstag, Feiertage, Scheidungsjubiläum, Todesfälle in der Familie, Formel-1-Veranstaltungen im Fernsehen, Besuch von Freunden o.ä.

Betreuungs-verhältnis	Betr.aufwand Min/Woche
2 : 1	
1 : 1	
bis 1 : 3	
bis 1 : 6	
1 : > 6	
Keine Hilfe notwendig	

Bemerkungen:

A3) Krisenintervention bei Rückfall

→Bspw. Hausinterne Entgiftung, Unterstützung der Aufarbeitung der Ursache und des psychischen Wiederaufbaus, Bearbeitung der Kollateralschäden in der Wohngemeinschaft, Eingliederung in die Tagesabläufe, Wiederaufbau der, durch die Alkoholschädigung, erneut verlernten Fähigkeiten/Gewohnheiten u. Ä.

Betreuungs-verhältnis	Betr.aufwand Min/Woche
2 : 1	
1 : 1	
bis 1 : 3	
bis 1 : 6	
1 : > 6	
Keine Hilfe notwendig	

Bemerkungen:

A4) Umgang mit Suchtverlagerung

→Bspw. Kontrolle und Gegensteuerung bei Kaffee-, Nikotin- oder Arbeitssucht oder anderen Suchtverlagerungen

Betreuungs-verhältnis	Betr.aufwand Min/Woche
2 : 1	
1 : 1	
bis 1 : 3	
bis 1 : 6	
1 : > 6	
Keine Hilfe notwendig	

Bemerkungen:

Befähigungsleistungen – Grundlegende Fachleistungen zum Ermöglichen der Teilhabe

B1) Unterstützung zur Orientierung (zeitl., räuml., org., zur Person) bei Schwierigkeiten mit dem Gedächtnis

→Bspw. Finden von Räumlichkeiten, Toilettentraining, Wegetraining, Erinnern an Mahlzeiten, Gespräche zu Geschehenem etc.

Betreuungs-verhältnis	Betr.aufwand Min/Woche
2 : 1	
1 : 1	
bis 1 : 3	
bis 1 : 6	
1 : > 6	
Keine Hilfe notwendig	

Bemerkungen:

B2) Unterstützung zur Annahme der Therapie und zum Nachkommen der Mitwirkungspflicht

→Bspw. Unterstützung damit die Teilnahme an Maßnahmen erfolgt, Erarbeiten der individuellen Sinnhaftigkeit der Maßnahmen für die subjektive Teilhabe, Finden von Maßnahmen, welche der Betroffene besser annehmen kann etc.

Betreuungs-verhältnis	Betr.aufwand Min/Woche
2 : 1	
1 : 1	
bis 1 : 3	
bis 1 : 6	
1 : > 6	
Keine Hilfe notwendig	

Bemerkungen:

B3) Unterstützung bei Antriebsstörungen

→Bspw. regelmäßiges aus dem Bett holen, motivieren, begleiten, aufmuntern bei starker Antriebsschwäche, Depressiver Tendenz, medikamentöser Ruhigstellung u. Ä. oder erhöhte Fürsorge im Einhalten von Pausen bei übersteigertem Antrieb und Unruhe etc.

Betreuungs-verhältnis	Betr.aufwand Min/Woche
2 : 1	
1 : 1	
bis 1 : 3	
bis 1 : 6	
1 : > 6	
Keine Hilfe notwendig	

Bemerkungen:

B4) Unterstützung zum Umgang mit Veränderungen
→Bspw. Emotionale Stabilisierung, Erarbeitung der Veränderungen, Schaffen von neuer Routine und Sicherheit u. Ä.

Betreuungs-verhältnis	Betr.aufwand Min/Woche
2 : 1	
1 : 1	
bis 1 : 3	
bis 1 : 6	
1 : > 6	
Keine Hilfe notwendig	

Bemerkungen:

B5) Unterstützung im Umgang mit Organisatorischen Dingen und Formalitäten des alltäglichen Lebens

→Bspw. Umgang mit Behörden, Unterstützung gerichtlich gestellter Betreuer, Anträge stellen, Termine vereinbaren und koordinieren (bei Arzt, Amt, gerichtlich gestelltem Betreuer…)

Betreuungs-verhältnis	Betr.aufwand Min/Woche
2 : 1	
1 : 1	
bis 1 : 3	
bis 1 : 6	
1 : > 6	
Keine Hilfe notwendig	

Bemerkungen:

B6) Unterstützung beim Erarbeiten, Verstehen und Organisieren des Hilfeprozesses und sinnvoller Zukunftsplanung

→Bspw. Unterstützung bei der Erarbeitung des Maßnahmenplans, der Therapieschwerpunkte und Ziele zur Teilhabeförderung; Dokumentation der Entwicklung; Alternativpläne zu unrealistischen Zielen entwickeln, Rückschläge aufarbeiten; Erklären und Verdeutlichen der Inhalte und Ziele der Maßnahmen; Anregen, Motivieren und Einfordern der aktiven Mitwirkung etc.

Betreuungs-verhältnis	Betr.aufwand Min/Woche
2 : 1	
1 : 1	
bis 1 : 3	
bis 1 : 6	
1 : > 6	
Keine Hilfe notwendig	

Bemerkungen:

ABSCHNITT II: Beschreibung der Fachleistungen, welche die soziale Teilhabe erleichtern

Fachleistungen zur Teilhabeförderung im Bereich „Lebensführung" _(Selbstversorg./Wohnen)_

L1) Unterstützung einer nicht-gesundheitsgefährdenden Ernährung

→Bspw.: Vermeiden von lebensgefährdendem Übergewicht oder Untergewicht, Vermeiden von zu einseitiger Ernährung, Vermeiden gesundheitsgefährdender Nahrungsmittel wie z.B. verschimmeltes Obst oder insektenbefallener Süßigkeiten o. Ä.

Betreuungs-verhältnis	Betr.aufwand Min/Woche
2 : 1	
1 : 1	
bis 1 : 3	
bis 1 : 6	
1 : > 6	
Keine Hilfe notwendig	

Bemerkungen:

L2) Unterstützung bei der persönlichen Hygiene

→Bspw. Körperhygiene auf dem Maß halten, dass keine Gesundheitsgefährdung und keine Teilhabebeeinträchtigung im sozialen Umgang besteht; Wäschewechsel, Auswahl/Pflege der Kleidung den sozialen Normen entsprechend

Betreuungs-verhältnis	Betr.aufwand Min/Woche
2 : 1	
1 : 1	
bis 1 : 3	
bis 1 : 6	
1 : > 6	
Keine Hilfe notwendig	

Bemerkungen:

L3) Unterstützung beim Gestalten und wohnlich Halten des Lebensraumes

→Bspw. Unterstützung beim Schaffen und Einhalten einer Grundordnung und Grundhygiene im eigenen Wohnraum, Unterstützung beim Schaffen von wohnlicher Atmosphäre

Betreuungs-verhältnis	Betr.aufwand Min/Woche
2 : 1	
1 : 1	
bis 1 : 3	
bis 1 : 6	
1 : > 6	
Keine Hilfe notwendig	

Bemerkungen:

L4) Unterstützung beim Umgang mit technischen Alltagsgeräten (Wecker, Radio, Fernseher, Herd, Waschmaschine, Toaster etc.) im Bereich Wohnen

Betreuungs-verhältnis	Betr.aufwand Min/Woche
2 : 1	
1 : 1	
bis 1 : 3	
bis 1 : 6	
1 : > 6	
Keine Hilfe notwendig	

Bemerkungen:

L5) Unterstützung beim Einkaufen und beim Umgang mit Geld

→ Bspw.: Ermittlung des persönlichen Bedarfs, Begleitung des Einkaufs, Wegetraining, Setzen von Prioritäten bei Geldknappheit, Unterstützung beim Preis-Leistungs-Vergleich, Unterstützung bei der Einteilung von Finanzen etc.

Betreuungs-verhältnis	Betr.aufwand Min/Woche
2 : 1	
1 : 1	
bis 1 : 3	
bis 1 : 6	
1 : > 6	
Keine Hilfe notwendig	

Bemerkungen:

L6) Beobachten von Krankheitsanzeichen, körperlichen Teilhabebeeinträchtigungen und Unterstützung bei gesundheitlichem Verständnis

→Bspw. Erläutern von gesundheitlich notwendigen Lebensregeln, erkennen von Krankheitsanzeichen als solche und korrekte Einschätzung deren Schwere, Motivation zur Medikamenteneinnahme und Durchführung von therapeutischen Maßnahmen, Motivation zum Durchhalten der Therapiemaßnahmen, Motivation zum Arztbesuch/Krankenhausaufenthalt, Absicherung bei epilept. Anfällen usw.

Betreuungs-verhältnis	Betr.aufwand Min/Woche
2 : 1	
1 : 1	
bis 1 : 3	
bis 1 : 6	
1 : > 6	
Keine Hilfe notwendig	

Bemerkungen:

L7) Unterstützung beim Umgang mit medizinischen Hilfen und beim Trainieren/Anleiten von gesundheitlichen Präventiv-Maßnahmen

→Bspw. Anleitung beim richtigen Einsetzen von Hörgeräten, Gebiss oder Prothesen, Anleitung zur Blutdruckmessung, Anleitung zum korrekten Ablesen beim Insulinmessgerät, Wegetraining bei Sehbehinderung, Sturzprävention etc.

Betreuungs-verhältnis	Betr.aufwand Min/Woche
2 : 1	
1 : 1	
bis 1 : 3	
bis 1 : 6	
1 : > 6	
Keine Hilfe notwendig	

Bemerkungen:

Fachleistungen zur Teilhabeförderung im Bereich „soziale Beziehungen"

S1) Unterstützung beim Erkennen, Anerkennen und Einhalten von sozialen Normen, Werten und Regeln

→Bspw. Unterstützung beim „sich an Regeln halten", Hilfe beim Anerkennen von Grenzen, Toleranz in Gruppen fördern, etc.

Betreuungs- verhältnis	Betr.aufwand Min/Woche
2 : 1	
1 : 1	
bis 1 : 3	
bis 1 : 6	
1 : > 6	
Keine Hilfe notwendig	

Bemerkungen:

S2) Unterstützung in sozialen Situationen, in denen die Teilhabe aufgrund von Konfabulationen, Gedächtnisproblemen oder falscher Selbst- und Fremdeinschätzung gefährdet ist

→Bspw. Sorgen für Akzeptanz und Verständnis in der Gruppe, Vermitteln und Erklären bei Ablehnung, „Übersetzen" wenn Inhalte durch Konfabulation unlogisch/unverständlich werden u. Ä.

Betreuungs- verhältnis	Betr.aufwand Min/Woche
2 : 1	
1 : 1	
bis 1 : 3	
bis 1 : 6	
1 : > 6	
Keine Hilfe notwendig	

Bemerkungen:

S3) Unterstützung sich in eine Gruppe zu integrieren

→Bspw. Hilfe bei zu starkem Rückzug, Unsicherheit, zu starkem Aufmerksamkeitsdrang; Vermittlung, wenn die Gruppe durch den Einzelnen gestört wird; Vermittlung und Unterstützung bei Provokationen oder wenn sich ein Gruppenmitglied durch krankheitsbedingte Schwächen eines anderen Gruppenmitgliedes provoziert fühlt, Unterstützung bei schwierigem Nähe-Distanzverhalten etc.

Betreuungs- verhältnis	Betr.aufwand Min/Woche
2 : 1	
1 : 1	
bis 1 : 3	
bis 1 : 6	
1 : > 6	
Keine Hilfe notwendig	

Bemerkungen:

S4) Unterstützung sich in einer Gruppe, Partnerschaft, Freundschaft, Familie durchzusetzen bzw. zu schützen, die eigenen Interessen zu vertreten

→Bspw. Hilfe wenn die eigene Meinung zu stark zurückgenommen wird, kein Durchsetzungsvermögen besteht; Unterstützung bei zu dominanten Verhaltensmustern (wenn dadurch die Teilhabe anderer (Partner, Gruppe o.Ä.) beeinträchtigt ist), Alternative Einstellungs- und Verhaltensmuster zu erarbeiten; Unterstützung die eigene Meinung und das eigene Wohl zu erkennen; etc.

Betreuungs- verhältnis	Betr.aufwand Min/Woche
2 : 1	
1 : 1	
bis 1 : 3	
bis 1 : 6	
1 : > 6	
Keine Hilfe notwendig	

Bemerkungen:

S5) Unterstützung beim Umgang mit Konflikten

→Bspw. Unterstützung, Vermittlung, Intervention bei Streit, Ärger, Frust, Nichtgelingen, zu hohen eigenen Erwartungen, Ärger über sich selbst etc.

Betreuungs-verhältnis	Betr.aufwand Min/Woche
2 : 1	
1 : 1	
bis 1 : 3	
bis 1 : 6	
1 : > 6	
Keine Hilfe notwendig	

Bemerkungen:

S6) Unterstützung beim Aufnehmen und Halten von Kontakten zu Familie oder Freundeskreis, Angehörigenarbeit

→Bspw. Motivation und Verdeutlichen der notwendigen Verselbständigung der Betroffenen, wenn Eltern zu sehr klammern; Arbeit mit Angehörigen der Betroffenen in dem Rahmen und Umfang, wie es für die Verbesserung/Stabilisierung/Erhalt der Teilhabe des Betroffenen notwendig ist

Betreuungs-verhältnis	Betr.aufwand Min/Woche
2 : 1	
1 : 1	
bis 1 : 3	
bis 1 : 6	
1 : > 6	
Keine Hilfe notwendig	

Bemerkungen:

Fachleistungen zur Teilhabeförderung im Bereich „Tagesstrukturierung"

T1) Unterstützung zur Erarbeitung und Übernahme einer regelmäßigen Strukturierung des Tages

→Bspw. Regelmäßiges Holen zu Maßnahmen, erneutes Holen nach Pausen, Begleiten, damit die Maßnahme bis zum Ende durchgehalten wird; Erinnern an Termine, Trainingshilfen (z.B. Tagesabläufe ausdrucken), Regelmäßigkeiten im Tagesablauf schaffen und trainieren, bis diese als Gewohnheiten übernommen werden und selbstständig durchgeführt werden können, Stellen engmaschiger Rahmenbedingungen etc.

Betreuungs-verhältnis	Betr.aufwand Min/Woche
2 : 1	
1 : 1	
bis 1 : 3	
bis 1 : 6	
1 : > 6	
Keine Hilfe notwendig	

Bemerkungen:

T2) Unterstützung beim Finden und Gestalten arbeitsähnlicher tagesstrukturierender Aufgaben (sinngebende Beschäftigung)

→Bspw. mit Bewohner Aufgaben finden, die derjenige als „Seine" akzeptieren kann, die sein Selbstwertgefühl steigern und die Möglichkeit zur Anerkennung, zur Auslastung des Tages schaffen und ihm Lebenssinn in der Gemeinschaft vermitteln; Begleiten, Motivieren und Trainieren dieser Aufgaben, Abläufe konstant und konsequent wiederholen, Unterstützung übernommene Aufgaben bis zum Ende auszuführen, Motivation Aufgaben zu übernehmen, lernen selbstständig Aufgaben zu finden etc.

Betreuungs-verhältnis	Betr.aufwand Min/Woche
2 : 1	
1 : 1	
bis 1 : 3	
bis 1 : 6	
1 : > 6	
Keine Hilfe notwendig	

Bemerkungen:

T3) Unterstützungen bei der Gestaltung freier Zeit und dem Umgang mit Festen und Feiern

→Bspw. Unterstützung bei der Gestaltung der Freizeit; Ideenfindung zum Gestalten von Leerlaufzeiten; Langeweile vorbeugen, wenn diese zu Rückfallverhalten, depressiven Tendenzen o.Ä. führt; Pausen aushalten ohne in emotionales Ungleichgewicht zu fallen, Freude an Festen finden, Erkennen des Wertes gemeinschaftlicher Aktivitäten, etc.

Betreuungs-verhältnis	Betr.aufwand Min/Woche
2 : 1	
1 : 1	
bis 1 : 3	
bis 1 : 6	
1 : > 6	
Keine Hilfe notwendig	

Bemerkungen:

T4) Unterstützung beim Strukturieren, Planen und Durchführen von konkreten Aufgaben

→Bspw. Untergliedern der Aufgabe in Arbeitsschritte, Arbeitspläne erarbeiten, Unterstützung bei der Umsetzung der Aufgabe, Prioritäten in der Reihenfolge von Aufgaben absprechen etc.

Betreuungs-verhältnis	Betr.aufwand Min/Woche
2 : 1	
1 : 1	
bis 1 : 3	
bis 1 : 6	
1 : > 6	
Keine Hilfe notwendig	

Bemerkungen:

T5) Unterstützung bei Überforderungen, welche nicht aufgrund sozialer Beziehungen erwachsen

→Bspw. Unterstützung bei Überforderungen durch selbstgesetzten Anforderungsdruck, durch Ungleichgewicht kognitiver und physischer Fähigkeiten, durch Reizüberflutung, durch zu komplexe Anforderungen/Situationen etc.

Betreuungs-verhältnis	Betr.aufwand Min/Woche
2 : 1	
1 : 1	
bis 1 : 3	
bis 1 : 6	
1 : > 6	
Keine Hilfe notwendig	

Bemerkungen:

T6) Unterstützung beim Erkennen und Relativieren verzerrter Selbstwahrnehmung

→Bspw. Schutz vor Selbst- oder Fremdgefährdung durch Selbstüberschätzung; Intervention bei Teilhabebeeinträchtigung durch verzerrte Selbstwahrnehmung; Präventives Unterstützen beim Finden eines realen Selbstbildnisses im Rahmen der Teilhabeförderung etc.

Betreuungs-verhältnis	Betr.aufwand Min/Woche
2 : 1	
1 : 1	
bis 1 : 3	
bis 1 : 6	
1 : > 6	
Keine Hilfe notwendig	

Bemerkungen:

T7) Unterstützung beim Ausbau der Selbständigkeit

→Bspw. Üben Verantwortung für sich und andere zu übernehmen, Motivation/Begleitung Pflichten als solche wahrnehmen, anerkennen und übernehmen, eigene Bedarfe selbständig regeln/sich darum kümmern, regelmäßige möglichst unauffällige Beobachtung ob Selbständigkeit funktioniert-sonst unterstützen/anleiten

Betreuungs-verhältnis	Betr.aufwand Min/Woche
2 : 1	
1 : 1	
bis 1 : 3	
bis 1 : 6	
1 : > 6	
Keine Hilfe notwendig	

Bemerkungen:

Stufenplan für den Übergang in Hilfeformen in eigenem Wohnraum

1. Stufe → Vorbereitungsphase

Geplanter Zeitraum von: bis:

Ziele und Arbeitsschwerpunkte:	Übernommene Aufgaben/Verantwortlichkeiten:
	Bewohner:
	Einrichtung:
	Gerichtl. gestellte Betreuung:
	Sonstige:

2. Stufe → Trainingsphase

Geplanter Zeitraum von: bis:

Ziele und Arbeitsschwerpunkte:	Übernommene Aufgaben/Verantwortlichkeiten:
	Bewohner:
	Einrichtung:
	Gerichtl. gestellte Betreuung:
	Sonstige:

3. Stufe → Ablösephase

Geplanter Zeitraum von: bis:

Ziele und Arbeitsschwerpunkte:	Übernommene Aufgaben/Verantwortlichkeiten:
	Bewohner:
	Einrichtung:
	Gerichtl. gestellte Betreuung:
	Sonstige:

Erfassung des Finanzierungsbedarfes

Betreuungs-verhältnis	Summe des Betreuungsaufwandes je Bereich in Minuten/Woche					Gesamtsumme des Betr.aufwandes in Minuten/Woche im jeweiligen Betr.-verhältnis $\sum(A+B+L+S+T)$	Angleichung der Betreuungsverhältnisse	
	A	B	L	S	T		Berechnungsvorschrift	Wert
2 : 1							$\sum(A+B+L+S+T)^{2:1}$ * 2 =	
1 : 1							$\sum(A+B+L+S+T)^{1:1}$ =	
bis 1 : 3							$\sum(A+B+L+S+T)^{b.1:3}$ / 3 =	
bis 1 : 6							$\sum(A+B+L+S+T)^{b.1:6}$ / 6 =	
1 : > 6							$\sum(A+B+L+S+T)^{1:>6}$ / 12 =	
							Gesamtsumme (Summe der darüberstehenden Einzelsummen)	

Berechnungsvorschrift	Maßeinheit	Finanzierungsbedarf für den Direktkontakt
Gesamtsumme	Minuten pro Woche	
Gesamtsumme / 60	Fachleistungsstunden pro Woche	
Gesamtsumme / 420	Fachleistungsstunden pro Tag	

Voraussichtliche Hintergrundbetreuung (anzugeben in Stunden)

Montag		Dienstag		Mittwoch		Donnerstag		Freitag		Samstag		Sonntag	
Tag	Nacht	Tag	Nacht	Tag	Nacht	Tag	Nacht	Tag	Nacht	Tag	Nacht	Tag	Nacht

Dies entspricht Leistungsstufe: [1] [2] [3] [4]

(Leistungsstufeneinteilung ist nur für besondere Wohnformen mit tgl. 24h-Betreuung vorzunehmen)

Erfassungsblatt für außergewöhnliche Lebenssituationen

Beschreiben Sie kurz die vorliegende außergewöhnliche Lebenssituation

Beschreiben Sie kurz die derzeit häufigsten Fachleistungen zum Erhalt oder Ermöglichen der grundlegenden Teilhabe

Instrument zur Bedarfserfassung und Teilhabesicherung für Chronisch Mehrfachgeschädigt/Mehrfachbeeinträchtigt Abhängigkeitskranke

MANUAL

Dipl. Psych. Lydia Muth
Version 3.0 Stand Oktober 2020

1 Einführung

Das IBUT-CMA ist ein Instrument zur begleiteten Bedarfserfassung bei Chronisch Mehrfachgeschädigt/Mehrfachbeeinträchtigt Abhängigkeitskranken (CMA). Es dient als Werkzeug im Gesamtplanverfahren zur Ermittlung des Hilfe-, Leistungs- und Finanzierungsbedarfes personenzentrierter Hilfen im Rahmen der Eingliederungshilfe nach SGB IX. Grundlage hierfür ist der Teilhabebegriff der Internationalen Klassifikation für Funktionsfähigkeit, Behinderung und Gesundheit (ICF) sowie das Verständnis für Menschen mit Behinderung im Sinne der Behindertenrechtskonvention der Vereinten Nationen (UN-BRK). Das IBUT-CMA ist als Prozess-Leitfaden und Dokumentationshilfe für die Erfassung des Hilfebedarfs, Leistungsbedarfs und Finanzierungsbedarfs zu verstehen.

2 Inhaltliche Grundlagen

2.1 Das Krankheitsbild

Chronisch Mehrfachgeschädigt/Mehrfachbeeinträchtigt Abhängigkeitskrank (CMA) ist die Bezeichnung eines Krankheitsbildes, welches sich insbesondere durch Heterogenität auszeichnet. Die Heterogenität des Krankheitsbildes bezieht sich sowohl auf das Auftreten der Symptome in Art und Anzahl wie auch auf deren Ausprägungsgrad. Es ist ein komplexes Krankheitsbild, welches sich in seinem Erscheinen aus dem Zusammentreffen verschiedener einzelner Krankheitsbilder darstellt und ursprünglich mit der Bezeichnung „Depravierte" zusammengefasst wurde. Allen Chronisch Mehrfachgeschädigt Abhängigkeitskranken gleich ist die Grunderkrankung der chronifizierten Alkoholabhängigkeit.

„Chronisch mehrfachgeschädigt ist ein Abhängigkeitskranker, dessen chronischer Alkohol- bzw. anderer Substanzkonsum zu schweren beziehungsweise fortschreitenden physischen und psychischen Schädigungen (incl. Comorbidität) sowie zu überdurchschnittlicher bzw. fortschreitender sozialer Desintegration geführt hat bzw. führt, so dass er seine Lebensgrundlagen nicht mehr in eigener Initiative herstellen kann und ihm auch nicht genügend familiäre oder andere personale Hilfe zur Verfügung steht, wodurch er auf institutionelle Hilfe angewiesen ist." (Leonhardt/Mühler 2006, Chronisch Mehrfachgeschädigt Abhängigkeitskranke, S. 27)

Auch wenn die Definition sich nicht ausdrücklich auf eine Abhängigkeitsart festlegt, so wird als Grundlage für CMA in der Praxis konstant von einer Abhängigkeit vom Alkohol ausgegangen. Die Abgrenzung des Chronisch Mehrfachgeschädigt Abhängigkeitskranken vom allgemeinen Krankheitsbild des Abhängigkeitskranken erfolgt wie in der Definition ersichtlich vor allem durch die bereits irreversiblen, manifestierten Veränderungen der Persönlichkeit als Folge des langjährigen Alkoholmissbrauchs, den ebenfalls chronifizierten psychischen wie körperlichen Erkrankungen und den, zu einem Großteil irreparablen, gravierenden kognitiven Einschränkungen. Hierdurch erleben die Betroffenen hinsichtlich ihrer Teilhabe am gesellschaftlichen Leben, Arbeit, Bildung und Pflege krankheitsbedingt große Beeinträchtigungen. Ein Hauptmerkmal des Krankheitsbildes CMA ist die soziale Destrukturierung, welche sämtliche Lebensfelder sowie Denk- und Einstellungsstrukturen, Verhaltensmuster sowie die Norm- und Wertkultur der Betroffenen in der Kompatibilität mit einem Leben in der Gesellschaft, und somit sie selbst in ihrer Teilhabe am Leben in der Gesellschaft, weiter beeinträchtigt und einschränkt.

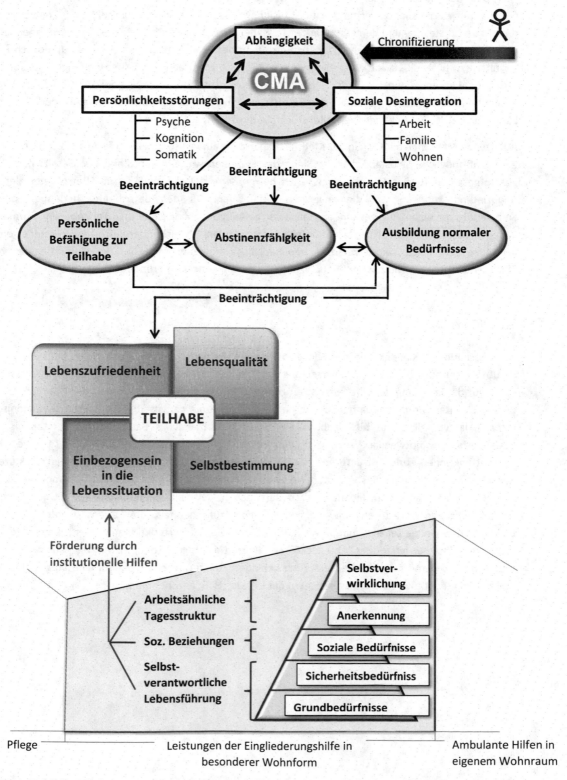

Abb.1: Modell der Teilhabe-Beeinträchtigung für Chronisch Mehrfachgeschädigte Abhängigkeitskranke (L. Muth 2020)

Aufgrund der massiven krankheitsbedingten Beeinträchtigung in der Teilhabe am Leben in der Gesellschaft ist die Klientel verstärkt auf institutionelle Hilfen angewiesen. Hierbei ist das Ziel vor allem die Wiederherstellung und Verbesserung der Teilhabefähigkeit sowie der Teilhabe der Betroffenen. Eine dauerhafte Abstinenz zu erreichen, ist für Betroffene des Krankheitsbildes selten bis unmöglich (vgl. Leonhardt/Mühler, 2010, Rückfallprävention für Chronisch Mehrfachgeschädigte Abhängigkeitskranke). Erreicht werden können häufig jedoch längere Abstinenzphasen sowie ein durchgängig gesellschaftsverträgliches Verhalten der Betroffenen, auch wenn sich phasenweise wiederkehrender Suchtdruck als auch Trink- oder Verhaltensrückfälle einstellen.

Auch wenn Menschen mit CMA in der Mehrheit lebenslang auf institutionelle Hilfe angewiesen sind, liegt eine größtmögliche Selbständigkeit im Sinne des Einzelnen wie auch im Sinne der Gesellschaft. Aus gesamtgesellschaftlicher Sicht verringert sich bei größerer Selbstständigkeit des Betroffenen der zu finanzierende Aufwand für die jeweiligen Hilfeformen. Für den Betroffenen bedeutet höhere Selbständigkeit einen Rückgewinn an Selbstwertgefühl, Unabhängigkeit und Teilhabe am normalen Leben. Im besten Fall kann eine Stabilisierung erreicht werden, in welcher der Betroffene in einer eigenen Wohnung lebt, sich selbst versorgt und lediglich stundenweise Hilfe zur Unterstützung von Einzelschwerpunkten wie z.B. Konfliktbewältigung oder Tagesstrukturierung benötigt.

2.2 ICF 2005

Die Internationale Klassifikation der Funktionsfähigkeit, Behinderung und Gesundheit (ICF) der World Health Organization (WHO) in der Übersetzung von 2005 stellt die Grundlage für die Hilfebedarfserfassung sowie für die Erfassung der hilfebedarfsbezogenen Leistungskomplexe dar. Neben der Übernahme der Begrifflichkeiten um die Vereinheitlichung der Sprache und ein gegenseitiges besseres Verständnis zu fördern, ist vor allem das bio-psychosoziale Gesundheitsmodell als Basis für das Verständnis der Bedarfserfassung notwendig. Wichtig ist, dass neben den Faktoren „Aktivitäten und Teilhabe" und „Körperfunktionen und -strukturen" auch die „Umwelt- und personenbezogenen Faktoren" Berücksichtigung finden, da insbesondere sie einen sehr hohen Einfluss auf die Lebenssituation und somit auf Hilfe-, Leistungs- und Finanzierungsbedarf haben. Oftmals beeinflussen die „Umwelt- und personenbezogenen Faktoren" die individuelle Lebenszufriedenheit, die Lebensqualität sowie das Einbezogensein in die Lebenssituation weitaus mehr, als die „Körperfunktionen und -strukturen", da sie nicht nur selbst Barrieren oder fehlende Förderfaktoren darstellen, sondern teilweise auch aktiv eine Änderung und damit mögliche Verbesserung behindern können (bspw. wenn jemand aufgrund seines Rollen- oder Identitätsverständnisses nicht in der Lage ist, Hilfe anzunehmen).

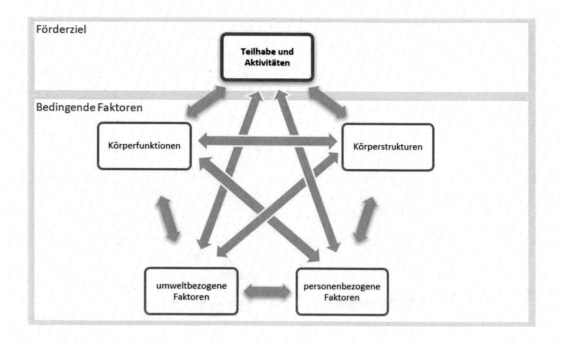

Abb.2: Visualisiertes bio-psychosoziales Gesundheitsmodell von Lydia Muth (Muth,L. 2018)

Die ICF-Orientierung ist in der Strukturierung der Hilfebedarfserfassung deutlich zu erkennen. Für die Erfassung des Leistungsbedarfes fasst das IBUT-CMA jeweils mehrere ICF-Domänen, welche ähnliche Hilfen zur Minderung der Beeinträchtigungen benötigen, zu Leistungskomplexen zusammen. Größtenteils sind Domänen der Komponenten „Aktivitäten und Partizipation (Teilhabe)" aufgeführt. Die Krankheitsspezifik führt aber auch häufig zu Beeinträchtigungen im Wohlbefinden des Betroffenen aufgrund von anderen Komponenten. Da sich die Komponenten untereinander bedingen, führen Beeinträchtigungen anderer Komponenten ebenfalls rückwirkend zu Beeinträchtigungen der Teilhabe. Dementsprechend sind in der Auflistung auch Domänen der Komponenten „Körperfunktionen" und „Umweltfaktoren" enthalten, welche aufgrund des Krankheitsbildes zu Teilhabebeeinträchtigungen führen können. Die Zuordnung ist in der folgenden Tabelle ersichtlich. Sie ist ein Anhaltspunkt, sollte jedoch immer personenbezogen individuell gehandhabt werden.

Items des IBUT-CMA		Domäne der ICF 2005
A1	Unterstützung beim Umgang mit dem Krankheitsbild	d5702 Seine Gesundheit erhalten, b117 Funktionen der Intelligenz, b1263 Psychische Stabilität, b1301 Motivation, b1303 Drang nach Suchtmitteln, b1304 Impulskontrolle, b140 Funktionen der Aufmerksamkeit, b144 Funktionen des Gedächtnisses
A2	Präventive Unterstützung bei akuter Rückfallgefährdung	d5702 Seine Gesundheit erhalten, b1263 psychische Stabilität, b 1265 Optimismus, b1266 Selbstvertrauen, b1301 Motivation, b1303

		Drang nach Suchtmitteln, b1304 Impulskontrolle,
A3	Krisenintervention bei Rückfall	d5702 seine Gesundheit erhalten, b110 Funktionen des Bewusstseins, b1303 Drang nach Suchtmitteln
A4	Umgang mit Suchtverlagerung	d5702 Seine Gesundheit erhalten, b1263 psychische Stabilität, b1303 Drang nach Suchtmitteln, b1304 Impulskontrolle,
B1	Unterstützung zur Orientierung (zeitl., räuml., org., zur Person) bei Schwierigkeiten mit dem Gedächtnis	b114 Funktionen der Orientierung, b144 Funktionen des Gedächtnisses
B2	Unterstützung zur Annahme der Therapie und zum Nachkommen der Mitwirkungspflicht	B1644 Das Einsichtsvermögen betreffende Funktionen, b1645 Das Urteilsvermögen betreffende Funktionen
B3	Unterstützung bei Antriebsstörungen	b130 Funktionen der psychischen Energie und des Antriebs
B4	Unterstützung zum Umgang mit Veränderungen	b117 Funktionen der Intelligenz, b1263 Psychische Stabilität, b1264 Offenheit gegenüber neuen Erfahrungen, b1266 Selbstvertrauen
B5	Unterstützung im Umgang mit organisatorischen Dingen und Formalitäten des alltäglichen Lebens	B164 Höhere kognitive Funktionen, b1641 Das Organisieren und Planen betreffende Funktionen
B6	Unterstützung beim Erarbeiten, Verstehen und Organisieren des Hilfeprozesses und sinnvoller Zukunftsplanung	d160 Denken, b1641 Das Organisieren und Planen betreffende Funktionen, e575 Dienste, Systeme und Handlungsgrundsätze der allgemeinen sozialen Unterstützung, e580 Dienste, Systeme und Handlungsgrundsätze des Gesundheitswesens
L1	Unterstützung einer nicht-gesundheitsgefährdenden Ernährung	d550 Essen, d560 Trinken, d570 Auf seine Gesundheit achten, d630 Mahlzeiten vorbereiten, d6404 Die täglichen Lebensnotwendigkeiten lagern
L2	Unterstützung bei der persönlichen Hygiene	d510 Sich waschen, d520 Seine Körperteile pflegen, d530 Die Toilette benutzen, d540 Sich kleiden, b270 Sinnesfunktionen bezüglich Temperatur und anderer Reize
L3	Unterstützung beim Gestalten und wohnlich Halten des Lebensraumes	d6120 Wohnraum möblieren, d620 Waren und Dienstleistungen des täglichen Bedarfs

		beschaffen, d640 Hausarbeiten erledigen, d650 Haushaltsgegenstände pflegen
L4	Unterstützung beim Umgang mit technischen Alltagsgeräten im Bereich Wohnen	d6403 Haushaltsgeräte benutzen, d6502 Häusliche Geräte instand halten
L5	Unterstützung beim Einkaufen und beim Umgang mit Geld	d620 Ware und Dienstleistungen des täglichen Bedarfs beschaffen, d860 Elementare wirtschaftliche Tätigkeit, d865 Komplexe wirtschaftliche Transaktionen, d870 Wirtschaftliche Eigenständigkeit
L6	Beobachten von Krankheitsanzeichen und Unterstützung bei gesundheitlichem Verständnis	d5702 Seine Gesundheit erhalten, e450 individuelle Einstellungen von Fachleuten der Gesundheitsberufe, b280 Schmerz, d740 Formelle Beziehungen
L7	Unterstützung beim Umgang mit medizinischen Hilfen und beim Trainieren/Anleiten von gesundheitlichen Präventivmaßnahmen	d6504 Hilfsmittel instand halten, e115 Produkte und Technologien zum persönlichen Gebrauch im täglichen Leben
S1	Unterstützung beim Erkennen, Anerkennen und Einhalten von sozialen Normen, Werten und Regeln	d710 Elementare interpersonelle Aktivitäten, d910 Gemeinschaftsleben, d930 Religion und Spiritualität, d940 Menschenrechte
S2	Unterstützung in sozialen Situationen, in denen die Teilhabe aufgrund von Konfabulationen, Gedächtnisproblemen oder falscher Selbst- und Fremdeinschätzung gefährdet ist	d720 Komplexe interpersonelle Interaktionen, b144 Funktionen des Gedächtnisses, d750 informelle Beziehungen, d350 Konversation
S3	Unterstützung, sich in eine Gruppe einzuordnen	d750 Informelle Beziehungen, d710 Elementare interpersonelle Aktivitäten
S4	Unterstützung, sich in einer Gruppe, Partnerschaft, Freundschaft, Familie durchzusetzen bzw. zu schützen, die eigenen Interessen zu vertreten	d710 Elementare interpersonelle Aktivitäten, d760 Familienbeziehungen, d750 Informelle Beziehungen, d770 Intime Beziehungen, d350 Konversation, d355 Diskussion
S5	Unterstützung beim Umgang mit Konflikten	b152 Emotionale Funktionen, b126 Funktionen von Temperament und Persönlichkeit
S6	Unterstützung beim Aufnehmen und Halten von Kontakten zu Familie oder Freundeskreis, Angehörigenarbeit	d760 Familienbeziehungen, d750 Informelle Beziehungen
T1	Unterstützung zur Erarbeitung und Übernahme einer regelmäßigen Strukturierung des Tages	d210 Eine Einzelaufgabe übernehmen, d220 Mehrfachaufgaben übernehmen, d230 Die tägliche Routine durchführen

T2	Unterstützung beim Finden und Gestalten arbeitsähnlicher tagesstrukturierender Aufgaben (sinngebende Beschäftigung)	d 210 Eine Einzelaufgabe übernehmen, d220 Mehrfachaufgaben übernehmen, d630 Mahlzeiten vorbereiten, d845 Eine Arbeit erhalten, behalten und beenden, d855 unbezahlte Tätigkeit
T3	Unterstützung bei der Gestaltung freier Zeit und dem Umgang mit Festen und Feiern	d920 Erholung und Freizeit, d9102 Feierlichkeiten
T4	Unterstützung beim Strukturieren, Planen und Durchführen von konkreten Aufgaben	d163 Denken, d175 Probleme lösen, d177 Entscheidungen treffen, d210 Eine Einzelaufgabe übernehmen, d220 Mehrfachaufgaben übernehmen
T5	Unterstützung bei Überforderung, welche nicht aufgrund sozialer Beziehungen erwachsen	d240 Mit Stress und anderen psychischen Anforderungen umgehen, b117 Funktionen der Intelligenz, b126 Funktionen von Temperament und Persönlichkeit, b140 Funktionen der Aufmerksamkeit, b144 Funktionen des Gedächtnisses, b160 Funktionen des Denkens, b164 Höhere kognitive Funktionen, b1266 Selbstvertrauen
T6	Unterstützung beim Erkennen und Relativieren verzerrter Selbstwahrnehmung	b180 Die Selbstwahrnehmung und Zeitwahrnehmung betreffende Funktionen
T7	Unterstützung beim Ausbau der Selbständigkeit	b1800 Selbstwahrnehmung, b1266 Selbstvertrauen, d630 Zubereiten von Mahlzeiten, d640 Hausarbeiten erledigen, d177 Entscheidungen treffen, d2102 Eine Einzelaufgabe unabhängig übernehmen

2.3 Teilhabe als Ziel institutioneller Hilfen

Der Begriff der Teilhabe wurde 2001 im Sozialgesetzbuch Neuntes Buch (SGB IX) in die aktive Hilfe eingeführt. Teilhabe ist die deutsche Übersetzung des englischen Wortes participation, welches sowohl in der ICF, als auch in der englischen Originalfassung der UN-BRK grundlegend verwendet wird. In der ICF wird Teilhabe als „Einbezogensein in die Lebenssituation" beschrieben (Schuntermann 2013). Im Kontext der UN-BRK fasst Teilhabe die anzustrebende Art und Weise im Umgang mit Menschen mit Behinderung zusammen und steht für Selbstbestimmung. Für Menschen mit Behinderung wird der Begriff in leichter Sprache mittels folgender Synonyme erklärt: „Beteiligung, Einbeziehung, Mitbestimmung, Mitwirkung, Teilnahme, Partizipation". Hurraki, als Wörterbuch in leichter Sprache, definiert wie folgt: „Teilhabe ist ein Wort das viele Bedeutungen hat. Man sagt auch: bei etwas mit·machen" (Hep Hep Hurra e.V.). Dies lässt jedoch nicht nur für Menschen mit Behinderung einen übergroßen Bedeutungsspielraum.

Teilhabe ist ein abstraktes Konstrukt, das für ein einheitliches Verständnis klar abgegrenzt definiert werden muss. Mehrheitlich wird Teilhabe als Konstrukt aufgefasst, das daraufhin wirkt, etwas zu können oder zu dürfen. Eine Gesellschaft lebt vom ausbalancierten Geben und Nehmen ihrer Mitglieder. Daher bedeutet Teilhabe nicht nur etwas zu dürfen, sondern auch etwas zu müssen. Wenn man beispielsweise an einem Ausflug teilnehmen möchte um „mal rauszukommen", muss man andersrum sich witterungsgerecht kleiden, um die eigene Gesundheit nicht zu gefährden und Hygieneregeln einhalten, um die Teilhabe der anderen Teilnehmer nicht zu beeinträchtigen. Teilhabe gewährleisten bedeutet folglich, Hilfe zu geben, dass die Wünsche des Betroffenen weitestgehend umgesetzt werden können (Lebenszufriedenheit), aber auch ihn dabei zu unterstützen, sich an die Regeln und Normen der Gesellschaft anzupassen, um die Teilhabe der Mitmenschen nicht zu gefährden. Und es ist wichtig, dort zu unterstützen, wo das Krankheitsbild denjenigen selbst dazu bringt, sich in der eigenen Teilhabe einzuschränken (bspw. Trink- und Verhaltensrückfälle, Essverweigerung, massive Verlagerung des Tag-Nacht-Rhythmus o.Ä.). Dies entspricht der Sicherung der Lebensqualität.

Teilhabe ist daher wie folgt zu definieren:

Der Begriff der sozialen Teilhabe als Zielkonstrukt institutioneller Hilfen beschreibt das individuell optimale Verhältnis aus den, in höchstmöglichem Maß, anzustrebenden Faktoren ‚Selbstbestimmtheit‘, ‚Einbezogensein in die Lebenssituation‘, ‚Lebensqualität‘ und ‚Lebenszufriedenheit‘.

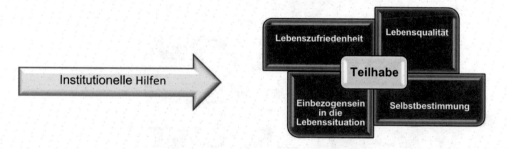

Abb.3: Windrad-Modell: Teilhabe als Zielkonstrukt institutioneller Hilfe – ein systemisches Modell

(Um das Verständnis für das Zusammenspiel der 4 Faktoren der Teilhabe beim CMA-Betroffenen zu unterstützen, ist der Bastelbogen des Teilhabe-Windrades erhältlich.)

Ein hohes Maß an Empathie und Fingerspitzengefühl sind notwendig, um den geeigneten Kompromiss zwischen allen den vier Faktoren der Teilhabe: Lebenszufriedenheit, Lebensqualität, Einbezogensein in die Lebenssituation und Selbstbestimmung in allen Lebenssituationen herzustellen. Der Dialog mit dem Betroffenen ist, unabhängig von möglichen krankheitsbedingten kognitiven Einschränkungen, in diesem Prozess unabdingbar, denn er allein ist und bleibt der Experte für sein Leben. So gibt es immer wieder Fälle in dieser Klientel, welche ein Leben in der Obdachlosigkeit und Verwahrlosung ohne jegliche Hilfe dem „Sich anpassen" vorziehen. Wenn sie sich dem Ausmaß dieser Entscheidung bewusst sind, ist dies zuzulassen, auch wenn es für die Umwelt nicht nachvollziehbar und oftmals schmerzlich ist. Zumeist sind CMA-Betroffene zwar nicht in der Lage, allein zu leben, wohl aber in jeglicher misslichen Situation zu ÜBERleben. Es ist folglich nicht fahrlässig, dem nachzugeben, sondern folgt dem Anspruch, dem CMA-Betroffenen ein selbstbestimmtes Leben zu ermöglichen, auch wenn es nicht den Vorstellungen der gesellschaftlichen Mehrheit entspricht. Wenn der CMA-Betroffene krankheitsbedingt jedoch nicht in der Lage ist, das Ausmaß seiner Entscheidung vollständig nachzuvollziehen und für sich und sein Leben die Verantwortung zu übernehmen, sollte mit allen Mitteln versucht werden, ihn zur Annahme von Hilfe zu motivieren.

Die genannten Aspekte veranschaulichen, welche Verantwortung dem Prozess der Bedarfserfassung innewohnt. Es ist die Schlüsselsituation, in welcher ausgehandelt wird, ob Hilfe angenommen werden kann, wieviel und welche Hilfe angeboten und angenommen wird und ob diese Hilfe adäquat auf die Lebenssituation und die jeweilige Persönlichkeit des CMA-Betroffenen passt.

Das IBUT-CMA unterstützt den Erfassungsprozess in allen Abschnitten ab der Planung des Verfahrens individuell und krankheitsbildspezifisch und ermöglicht so eine transparente Ermittlung und Darstellung der teilhaberelevanten Bedarfe und Leistungsnotwendigkeiten sowie eine nachvollziehbare Finanzplanung.

3 Der IBUT als Instrument der Gesamtplanung

3.1 Funktionen eines Bedarfserfassungsinstrumentes

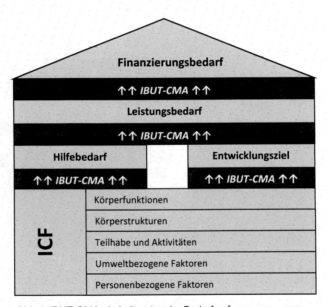

Abb.4: IBUT-CMA als Leitsystem im Bedarfserfassungsprozess

Das IBUT-CMA zeichnet sich als Bedarfserfassungsinstrument vor allem durch Praxisnähe und Benutzerfreundlichkeit aus. Es unterstützt bei der Erfassung der Hilfebedarfe und fördert durch die strikte Orientierung an der ICF den derzeitigen Paradigmenwechsel zur personenzentrierten Hilfe. Ausgehend von den Hilfebedarfen erfolgt eine geführte Leistungsbedarfsermittlung, wobei das IBUT-CMA den Prozess durch gezielte leistungsbezogene Formulierungen begleitet, aber auch Freiräume für Ergänzungen und Individualität lässt. Als Ergebnis sind Leistungen in Zeiteinheiten formuliert, welche direkt für die Therapieplanung, Leistungsabrechnung und zur Ableitung des Finanzierungsbedarfes anwendbar sind. Alle Prozesse und Ergebnisse sind transparent einsichtig und nachvollziehbar. Durch die krankheitsbildspezifische Gestaltung, die gleichzeitige Vorlage in leichter Sprache, sowie die Durchführungshinweise im Manual wird das Comforting im IBUT-CMA großgeschrieben. Es bietet zu jedem Zeitpunkt des Bedarfserfassungsprozesses Unterstützung und regt die Kommunikation zwischen Erfasser und CMA-Betroffenen an. Mittels verschiedener Hilfen werden die Selbstbestimmung und Mitwirkungsmöglichkeit des CMA-Klienten gestärkt. Um den Erfassungsprozess zu optimieren, ist das

Instrument modulartig aufgebaut, wobei die Module je nach Notwendigkeit auch losgelöst voneinander angewandt werden können.

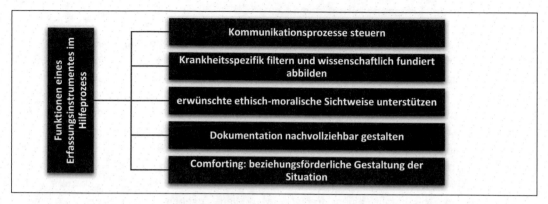

Abb.5: Funktionen eines Erfassungsinstrumentes im Hilfeprozess

Die Gesamtplanunterlagen sind derzeit noch nicht erstellt. Dennoch können die Ergebnisse: Hilfebedarf, Leistungsbedarf, Finanzierungsbedarf bereits ohne Einschränkung eingesetzt werden.

3.2 Getrennte Erfassung der Bedarfe

Ziel des Bedarfserfassungsprozesses ist zum einen eine inhaltliche Bewertung der Situation, wo Schwierigkeiten oder Ressourcen vorhanden sind und welche Hilfen zum Ausbau der Teilhabe benötigt werden. Gleichzeitig ist eine monetäre Bewertung notwendig, um einschätzen zu können, wieviel die benötigten Hilfen kosten und den Finanzierungsbedarf bereitzustellen.

Damit der Finanzierungsbedarf transparent ist, muss es nachvollziehbar sein, wie die monetäre Summe zustande kommt, auf welchen Grundlagen sie fußt und wer bei der Berechnung beteiligt war. Als Grundlage für den Finanzierungsbedarf ist der Leistungsbedarf zu nehmen, welcher wiederum auf dem Hilfebedarf basiert. Eine direkte Ableitung des Finanzierungsbedarfes aus dem Hilfebedarf oder der Zielvereinbarung ist nicht sinnvoll, da dies sowohl in der Umsetzung in Leistungen als auch in der Ableitung des Finanzierungsbedarfes zu viel Spielraum und Fehlinterpretationen zulassen würde. Die Kausalkette der Bedarfserfassung verdeutlicht, welche Schwerpunkte bei den verschiedenen Arbeitsschritten zu berücksichtigen sind und wie diese aufeinander aufbauen.

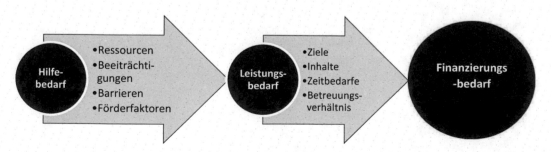

Abb.6: Kausalkette der Bedarfserfassung

4 Hinweise zur Planung der Bedarfserfassung mit dem IBUT-CMA

4.1 Einfluss der Erfassungssituation

Der Prozess der Bedarfserfassung ist stets mit einem hohen Maß an emotionaler Belastung für den CMA-Betroffenen verbunden. Es wird von ihm erwartet, sich innerhalb kürzester Zeit (meist wenigen Stunden) einer ihm fremden Person möglichst vollständig zu öffnen, alle Aspekte seines Lebens, welche nicht zufriedenstellend laufen und für welche er sich häufig schämt oder diese verdrängt, darzustellen und zuzugeben, dass er nicht zu selbstständigem Leben in der Lage ist. Häufig ist sich der CMA-Betroffene aufgrund seines Krankheitsbildes einiger Schwierigkeiten nicht bewusst und wird dann im Bedarfserfassungsprozess damit offen konfrontiert. Diese Situation ist im Erleben häufig extrem unangenehm, teilweise traumatisch für den Betroffenen. Gleichzeitig ist die Situation für den Erfasser von Seiten des Kostenträgers ähnlich schwierig, da er häufig unter enormem Zeitdruck steht und nun hochgradig empathisch auf einen fremden Menschen zugehen soll, welcher aufgrund des Krankheitsbildes teilweise kein übermäßig sympathisches Erscheinungsbild, sowohl vom Äußeren als auch in Bezug auf Mimik und Gebaren, an den Tag legt.

Das Bedarfserfassungsinstrument hat dementsprechend die Funktion, das unabdingbar Unangenehme der Situation zu mildern und beide Parteien aufzufangen und ihnen so viel Sicherheit und Geborgenheit zu vermitteln, wie es nur geht. Das bedeutet, es muss für den CMA-Betroffenen die Verständlichkeit sowohl bezüglich des Inhalts als auch des Prozesses überhaupt stärken. Hierfür müssen Sprache und Layout für den Betroffenen kognitiv bewältigbar und die Items persönlich bedeutsam sein. Gleichzeitig muss die Bedarfserfassung möglichst wertneutral und frei von Vorurteilen erfolgen. Hierfür wiederum muss der Erfasser bereits im Vorhinein für die Besonderheiten und Äußerungsmöglichkeiten des Krankheitsbildes CMA sensibilisiert werden. Dies gibt ihm gleichzeitig die Sicherheit, schwierige Situationen nicht auf sich zu beziehen und somit souveräner damit umzugehen, im besten Fall sogar dem CMA-Betroffenen über unangenehme Aspekte hinweg zu helfen. Dieses sogenannte Comforting ist ein Kernmerkmal des IBUT-CMA und mit ausschlaggebend für eine gelingende personenzentrierte Hilfeplanung.

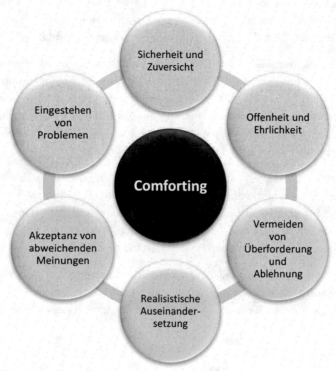

Abb.7: Ziele von Comforting im Bedarfserfassungsprozess

4.2 Vorbereitung der Erfassungssituation

Wie bereits ausgeführt ist die Situation der Bedarfserfassung äußerst sensibel. Eine gute Vorbereitung ist ausschlaggebend für den Erfolg. Hierbei kann die Beachtung verschiedener Aspekte helfen.

1. Information über das Krankheitsbild

Versuchen Sie sich über das Krankheitsbild CMA anhand des vorliegenden Manuals oder weiterer Quellen zu informieren. Das Krankheitsbild zeigt sich sehr vielfältig und ist in jeder Altersgruppe und Bildungsschicht vertreten. Wenn Sie mögliche Symptomatik wenigstens theoretisch kennen oder in Betracht ziehen, können Sie mit größerer Sicherheit reagieren und gezielter den Erfassungsprozess führen. Versuchen Sie, schwierige Verhaltensweisen und „unhöfliches" Verhalten nicht persönlich zu nehmen. CMA-Betroffene sind überdies oftmals überdurchschnittlich therapieerfahren. Dies kann zu völliger Ablehnung ihrer Person als „der, der mir das alles aufdrücken will" führen. Häufig ist auch eine starke soziale Erwünschtheit bezüglich der Verhaltensweisen und Auskünfte vorhanden. Das bedeutet, dass der CMA-Betroffene Ihnen alles erzählt, von dem er glaubt, dass Sie es hören wollen oder es ihn so dastehen lässt, wie sie es erwarten. Auch Konfabulationen treten häufig auf. In diesen Fällen zeigen die CMA-Betroffenen so starke Gedächtnislücken, dass sie sie mit glaubhaften, aber fantasierten Inhalten füllen. Beachten Sie hierbei, dass derjenige die erfundenen „Erinnerungen" selbst glaubt. Ein Daraufhinweisen kann für ihn sehr schmerzlich sein. Oftmals ist es besser, dies für sich zu bemerken aber im Gespräch darüber hinweg zu gehen.

Es kann hilfreich sein, falls vorhanden, Quellen wie betreuende Einrichtungen, Familie oder gerichtliche gestellte Betreuer im Vorhinein nach solchen personenbezogenen Faktoren zu befragen. Wichtig kann auch die Biografie sein. Oftmals erklären sich Verhaltensmuster anhand biografischer Gegebenheiten.

Beispiel: Ein CMA-Betroffener, welcher seit seiner Geburt nie länger als 3 Jahre in ein und derselben Familie/Heim/Ort gelebt hat, ist nicht therapieunwillig, weil er nach einem ähnlichen Zeitraum in der besonderen Wohnform beginnt zu rebellieren. Es kann durchaus hilfreich sein, in solchen Fällen die Einrichtung alle 3 Jahre zu wechseln und ihm so einen „gewohnten" Lebensablauf zu ermöglichen. Sollte er jedoch von sich aus zur Ruhe kommen und länger an einem Ort zufrieden leben, sollte dies nicht präventiv unterbunden werden.

Wenn Sie über externe Quellen Informationen erhalten, kann dies das dabei erhaltene Bild des CMA-Betroffenen sinnvoll vervollständigen oder „gerade rücken". Behalten Sie solche Fremdinformationen daher im Hinterkopf, aber versuchen Sie unbedingt, trotzdem dem Betroffenen gegenüber vorurteilsfrei entgegenzutreten. Versuchen Sie in allen Situationen, sich empathisch in den CMA-Betroffenen hineinzuversetzen, aber dennoch einen inneren Abstand zu wahren.

Beachten Sie, dass er sich Ihnen gegenüber möglicherweise kindisch aufführen wird, dennoch jedoch ein Erwachsener Mensch ist, welcher mit Respekt behandelt werden muss. CMA-Betroffene sind oftmals nicht in der Lage, Sensibilität für andere Menschen aufzubringen, reagieren aber äußerst sensibel in Bezug auf sich selbst.

2. Planung des Termins

Für die Planung des Termins ist zu berücksichtigen, dass ein möglichst „durchschnittlicher Tag" vorteilhaft ist. Das bedeutet, dass es kein persönlich wichtiges Datum für den CMA-Betroffenen (Geburtstag, Geburtstag der Kinder, Todestag der Eltern o.Ä.) sein sollte. Es sollte auch für die Erfasser möglichst kein Tag sein, der aufgrund seiner Bedeutung die Gedanken abschweifen lässt. Außerdem sollte ausreichend Zeit einplanbar sein.

Unerlässlich für das Gespräch sind der CMA-Betroffene und ein Vertreter des Kostenträgers. Sinnvoll ist weiterhin ein Vertreter des Leistungserbringers, falls der CMA-Patient sich bereits in Hilfe befindet. Hilfreich ist dies zum einen als weitere Informationsquelle, aber auch um als Bezugsperson dem CMA-Betroffenen Sicherheit zu vermitteln und möglicherweise als Übersetzungshilfe, falls Kommunikationsschwierigkeiten auftreten (bspw. wenn ein CMA-Patient mit „Mhh" alles von „Guten Tag!" bis „Die Zigaretten sind alle!" ausdrückt).

Weitere sinnvolle Personen können alle diejenigen sein, die dem CMA-Betroffenen Sicherheit geben. Gleichzeitig ist zu beachten, dass so wenig wie möglich Personen an der Situation teilnehmen, um die Überwindung für den Betroffenen, welcher sich in dem Prozess öffnen muss, möglichst gering zu halten.

3. Vorbereitung der direkten Situation

Für ein gelingendes Gespräch ist zuerst das Gesprächsziel wichtig. Dies sollte darin bestehen, einen realisierbaren und finanzierbaren Weg zu finden, wie der Betroffene Hilfe bekommt, die seine Teilhabe verbessert, die er verstehen und annehmen kann. Ziel des Hilfeprozesses ist es, eine objektive Lebensqualität für den Betroffenen zu erreichen, mit der die Gesellschaft leben kann und eine individuelle Lebenszufriedenheit zu schaffen, welche aus Sicht des Betroffenen lohnenswert und akzeptabel ist. Das

Gespräch hat das Ziel, herauszufinden, was genau darunter im Einzelfall zu verstehen ist und wie dieser individuelle Kompromiss erreicht werden kann. Es ist wichtig, dass das allen Gesprächspartnern klar ist. Dementsprechend sollte dies zu Beginn des Gespräches noch einmal kurz erwähnt oder erläutert werden. Wichtig ist hierbei, kurze einfache Sätze zu verwenden und Pausen zum Verstehen zu lassen.

Der CMA-Betroffene soll für das Bedarfserfassungsgespräch die anderen Gesprächsteilnehmer in seine Privatsphäre eindringen lassen. Er soll mit ihnen offen über Wünsche und Ziele aber auch über Probleme und Schwierigkeiten, welche ihm möglicherweise peinlich sind oder ihn traurig stimmen, sprechen. Dementsprechend ist es sinnvoll, ihm eine Umgebung zu bieten, wo er sich sicher und wohl fühlt. Dies kann sein Wohnraum aber auch jeder andere Ort sein. Auch ein Spaziergang während des Gespräches ist möglich. Allerdings müssen die Aussagen in diesem Fall später aus dem Gedächtnis in das IBUT-CMA übertragen werden, was aufgrund möglicher Verfälschungen nicht die optimale Lösung darstellt. Wichtig bei der Ortswahl ist vor allem, dass das Gespräch ungestört erfolgen kann. Günstig ist ein angenehmes Klima. So sollte der Raum nicht überheizt sein, um nicht einschläfernd zu wirken, aber auch nicht zu kühl. Es sollte ausreichend Beleuchtung vorhanden sein, um das Instrument gut lesen zu können. Bei Lichteinfall von Fenstern ist die Sitzordnung zu bedenken. Hierbei ist zu beachten, dass derjenige, welcher das Licht im Rücken hat, stets ernster bzw. kritischer, möglicherweise einschüchternd wirkt. Sinnvoll ist eine Tischordnung, in der niemand das Licht im Rücken hat. Auch eine sogenannte Verhöranordnung, bei welcher sich die Teilnehmer direkt gegenübersitzen, sollte vermieden werden. Eine schräge Positionierung zueinander ist angenehmer, da man auch mal in Gedanken geradeaus schauen kann, ohne zwischen „Augenkontakt aufnehmen" und „Augenkontakt vermeiden" entscheiden zu müssen. Bequeme Sitzmöglichkeiten sind hilfreich, um sich während des Gesprächs wohl zu fühlen. Außerdem muss für jeden Gesprächsteilnehmer ein IBUT-CMA, wahlweise in Anlehnung an leichte Sprache, bereitgestellt sein sowie Schreibmaterial. Eine Tischhöhe, welche beim Schreiben den Rücken nicht unnötig belastet ist vorteilhaft. Getränke und Obst oder Gebäck können weiterhin entspannend wirken. Zu Beginn sollte man sich einander kurz mit Namen und Funktion vorstellen und das Ziel des Gespräches sowie den Ablaufplan formulieren.

Die Gesprächsdauer sollte mit in die Planung einbezogen werden. Es sind sowohl angemessene Pausenzeiten zu berücksichtigen als auch ein geplantes, flexibles Ende. Das bedeutet, dass man eine genaue Vorstellung hat (und auch äußert) wie lange das Gespräch dauern wird, jedoch einen Puffer hat, falls zu diesem Zeitpunkt gerade besonders sensible Themen zur Sprache kommen. Was eine angemessene Gesprächsdauer ist, ist sehr verschieden. Ein durchschnittliches Gespräch ist mit 1–2 Stunden anzunehmen. Jedoch besteht die Möglichkeit, dass der CMA-Betroffene Redebedarf für 4 Stunden oder eine Konzentrationsspanne von 10 Minuten hat. Wichtiger als die Daten des Sozialblattes sind die Wünsche, Vorstellungen und Einschätzungen des Klienten in seiner Gegenwart mit ihm zu erfassen. Damit sollte stets begonnen werden. Im Anschluss folgen Hilfebedarf, Leistungsbedarf, Sozialdaten und Finanzierungsbedarf. Der Ergebnisbericht ist als abschließende Zusammenfassung zu verstehen, sollte jedoch ausgefüllt werden bevor der CMA-Betroffene das Gespräch verlässt. Es ist möglich, dass der Bogen zu diesem Zeitpunkt nur teilweise fertig ist. Neben den Unterschriften kann vermerkt werden, wer an welchen Prozessschritten beteiligt war.

Bezüglich ihres Erscheinungsbildes ist ein freundlich formelles Auftreten hilfreich. Die Wahl der Kleidung sollte nicht zu aufreizend oder freizeitmäßig aussehen, um dem CMA-Betroffenen Respekt und ernsthaftes Interesse zu signalisieren. Ein zu strenges Outfit kann jedoch einschüchternd wirken und sollte weiterhin vermieden werden. Da auch Sie sich wohl fühlen müssen, um Sicherheit und Zuversicht auszustrahlen, beachten Sie das „sich wohlfühlen" auch für sich selbst in der Kleidungswahl.

Freuen Sie sich darauf, einen interessanten Menschen kennenzulernen.

4.3 Umgang mit schwierigen Situationen

Allgemein sind folgende 5 Merkmale im Auftreten hilfreich und förderlich für den Bedarfserfassungsprozess:

I. Empathie (Versuchen Sie sich in denjenigen, sowohl in Zusammenhang mit dem Bedarfserfassungsprozess als auch seiner Biografie, hineinzuversetzen.)

II. Authentizität (Spielen Sie nichts vor. CMA-Betroffene reagieren emotional oftmals instinktiv und merken extrem feinfühlig, wenn die Person gegenüber nicht 100% aufrichtig und wahrhaftig ist.)

III. Selbstverständlichkeit (Dramatisieren Sie nichts, auch wenn Situationen dramatisch erscheinen. Der Bedarfserfassungsprozess ist für alle Beteiligten anstrengend. Alles, was ihn verlängert, ist kontraproduktiv.)

IV. Ruhe (Strahlen Sie Ruhe aus, sowohl im Sinne von Geduld als auch im Sinne von Langsamkeit und geringer Lautstärke.)

V. Sachlichkeit (Reagieren Sie in jedem Fall nicht wertend.)

Trotz intensiver Vorbereitung und großer Bereitwilligkeit aller Beteiligten ist es möglich, dass aufgrund des Krankheitsbildes CMA Situationen auftreten, in welchen einer oder mehrere Beteiligte überfordert sind. Dies kann sowohl den CMA-Betroffenen als auch jeden anderen Beteiligten betreffen. Insbesondere Teilnehmer des Kostenträgers, welche mit dem jeweiligen CMA-Betroffenen selten persönlich in Kontakt stehen, sind oftmals durch verschiedene spontane Verhaltensweisen oder Äußerungen verunsichert oder vor den Kopf gestoßen. Um dies zu reduzieren, sollen im Folgenden einige häufiger auftretende Situationen benannt sowie mögliche deeskalierende oder unterstützende Reaktionen aufgezeigt werden. Ziel ist die Sensibilisierung aller am Erfassungsprozess Beteiligten für einander und eine Verbesserung der Situation.

⇒ <u>Betroffener verweigert die Mitwirkung im Erfassungsprozess</u>

Zunächst sollte versucht werden, herauszufinden, warum die Mitwirkung verweigert wird. Oft steckt dahinter das Gefühl des Betroffenen, die Kontrolle über sein Leben verloren zu haben und nunmehr fremdbestimmt zu sein. Weiterhin wird dem Kostenträger häufig per se eine ehrliche Bereitschaft zur Hilfe abgesprochen („Das Amt interessiert sich doch nicht für mich!"). Dies bedeutet, dass der CMA-Betroffene innerlich resigniert hat und nicht glaubt, dass der Bedarfserfassungsprozess ein realer Grundstein für eine realistische Verbesserung seines Lebens sein kann. Teilweise sind CMA-Betroffene aufgrund der Komplexität des gesamten Hilfeprozesses auch nicht in der Lage, diese Möglichkeit zu erkennen.

In diesen Fällen sollten, möglichst einfach und deutlich, die Möglichkeiten und Grenzen der Mitbestimmung/Selbstbestimmung aufgezeigt werden. Erklären Sie das Verfahren langsam und in Ruhe. Lassen Sie mehr Denkpausen als Sie für nötig halten. Es ist in diesem Fall für eine gute Bedarfserfassung grundlegend, dass Sie das Vertrauen des CMA-Betroffenen gewinnen und zwar sowohl in das Verfahren und den Prozess der Bedarfserfassung sowie in Ihre Kompetenz, Empathie, Bereitschaft und Befugnis/Möglichkeit die Teilhabe zu verbessern.

Allerdings kann die Mitwirkung auch verweigert werden aufgrund eines Schamgefühls oder der Angst, dass beschämende Tatsachen (oftmals Defizite oder Situationen der Vergangenheit) angesprochen werden. In diesem Fall ist es sinnvoll, ein kurzes Vorgespräch zu führen. Erklären Sie möglichst kurz und sachlich, dass Sie keine Bewertung des Klienten vornehmen. Auch wenn es wie eine Bewertung aussieht, ist es nur ein Festlegen von Umfang und Inhalt der Arbeit der Therapeuten. Die Bedarfserfassung ist ein Prozess, bei dem Menschen mit einander arbeiten, um herauszufinden, wie es dem Klienten besser gehen kann und was ihm zu mehr Teilhabe verhelfen kann. Versuchen Sie den Spagat aufzuzeigen zwischen Ihrem ehrlichen Interesse, dem Klienten zu helfen, und dem natürlichen Desinteresse an einer fremden Person. (Sie werden den Klienten auch nach einem offenen Gespräch und trotz Sympathie nicht in Ihr tägliches Leben integrieren.) Versuchen Sie authentisch zu bleiben. Spielen Sie es nicht herunter („Auch als Erwachsener kann man in die Hose pinkeln. Dafür gibt's ja große Windeln."). Machen Sie aber auch kein Drama draus („Also in ihrem Alter noch in die Hose zu machen. Also wirklich! Also sowas hätte ich von Ihnen nicht erwartet."). Versuchen Sie peinliche Themen möglichst knapp und sachlich zu bearbeiten („Inkontinenz ist derzeit ein Thema. Ich würde folgenden Hilfeumfang vorschlagen. Sind sie damit einverstanden?").

Sollte keine Mitwirkung erreichbar sein, ist zu entscheiden, ob neben der Verweigerung des Bedarfserfassungsprozesses auch die Hilfe bewusst abgelehnt wird. In diesem Fall ist zu überlegen, ob die Hilfe teilweise oder ganz eingestellt werden sollte. Entzieht sich der Betroffene krankheitsbedingt der Mitwirkung, erlebt jedoch das Ergebnis der Hilfe als positiv, ist ihm die Hilfe trotzdem zu gewähren und die Bedarfserfassung stellvertretend nach bestem Gewissen in seinem Sinne durchzuführen.

⇒ Betroffener lehnt Hilfe teilweise oder vollständig ab (krankheitsbedingt vs. bewusst)

Ähnlich wie im vorangegangenen Fall ist zu entscheiden, ob sich der Betroffene der Auswirkung seiner Ablehnung bewusst ist. Ist ihm der volle Umfang seiner Ablehnung und der daraus resultierenden Konsequenzen für sich und sein Leben glaubhaft verständlich, ist mit ihm zu entscheiden, ob die Hilfe zurückzufahren oder ganz einzustellen ist. Sind ihm die Konsequenzen nicht bewusst und erfolgt die Ablehnung also als Symptom seiner Erkrankung, ist ihm die Hilfe dennoch zu gewähren, wenn er sich ihr nicht aktiv entzieht. Insbesondere ist sie ihm zu gewähren, wenn er sie krankheitsbedingt ablehnt, dennoch das Leben mit Hilfe als positiv bewertet („Ich brauche keine Hilfe. Mir geht's hier im Heim doch gut.").

⇒ Betroffener ist nicht in der Lage, sich konstruktiv zu äußern

Ist der Betroffene nicht in der Lage, sich konstruktiv zu äußern, weil er beispielsweise einzelne Worte oder Sätze stetig wiederholt, nur undeutliche Laute bzw. Gemurmel von sich gibt oder in einer Fantasiewelt lebt, ist (wenn möglich) auf die Hilfe von Personen zurückzugreifen, welche den Betroffenen so gut kennen, dass sie als Übersetzer fungieren können. Dies können Therapeuten, Mitbewohner oder Angehörige sein. Häufig ist die Möglichkeit sich konstruktiv zu äußern bedeutend stärker eingeschränkt als die Fähigkeit zu Verstehen. Um die jeweilige Übersetzung zu verifizieren, sollte sehr sensibel der Betroffene weiterhin beobachtet werden. Anhand seiner Mimik, Gestik, Körperhaltung oder Reaktionen wird sich erkennen lassen, ob er mit der Übersetzung einverstanden ist oder nicht.

⇒ Betroffener zeigt Konfabulationen

Ein häufig auftretendes Symptom bei CMA-Erkrankten ist das Auftreten von Konfabulationen. Hierbei werden Gedächtnislücken durch glaubhaft wirkende Inhalte ersetzt, welche für den Betroffenen von echten Erinnerungen nicht zu unterscheiden sind. Innerhalb eines kurzen Kontaktes sind diese Konfabulationen oftmals nicht auszumachen, da der Betroffene sie genauso authentisch erzählt wie eine echte Erinnerung. Auffällig werden Konfabulationen, wenn Widersprüche auftreten. Diese Widersprüche können die Biografie desjenigen betreffen (bspw. Erinnerungen vom Besuch eines Freundes in Frankreich, obwohl der dort nie war), aber auch genereller Natur sein (Erinnerungen an die Armeezeit in der österreichischen Marine o.Ä.). Wenn Sie Konfabulationen vermuten oder erkennen und die Informationen von Bedeutung für die Bedarfserfassung sind, holen Sie sich nach Möglichkeit realistische Informationen von Angehörigen, Freunden oder Betreuern. Wenn die Informationen für den Bedarfserfassungsprozess nicht von Bedeutung sind, gehen Sie einfach darüber hinweg. Es ist nicht förderlich, dem Betroffenen zu beweisen, dass er im Unrecht ist. Er wird es möglicherweise sogar einsehen, dann aber sich bedeutend weniger öffnen, da er nunmehr bei jeder Aussage vermuten muss, dass Sie ihn berechtigt korrigieren. Die Bedarfserfassung ist somit stärker beeinträchtigt, als wenn Sie über die konfabulierten Stellen hinweggehen und dafür einen angenehmen, flüssigen Erfassungsprozess kreieren.

⇒ Betroffener zeigt extreme Gedächtnisprobleme

CMA-Betroffene zeigen teilweise eine Gedächtnisspanne von wenigen Minuten bis Sekunden. Je stärker das Gedächtnis eingeschränkt ist, umso kürzer müssen die formulierten Sätze sein. Insbesondere Fragen oder Erklärungen sollten so kurz wie möglich sein. Stellen Sie nicht mehrere Fragen auf einmal, sondern lassen Sie unbedingt jede Frage sofort beantworten. Es kann sein, dass Sie sich innerhalb eines Gespräches mehrfach vorstellen und das Gesprächsziel erläutern müssen. Auch besteht die Möglichkeit, dass der Betroffene Dinge, die ihm wichtig sind, oft wiederholt. Um den Verlauf der Bedarfserfassung voran zu bringen, können Sie dem Betroffenen freundlich erklären, dass er dies bereits erwähnt hat, Sie verstanden haben, dass ihm dieser Aspekt wichtig ist und sie es deshalb auch notiert haben. Zeigen Sie ihm dann kurz die Notizen. Es ist jedoch möglich, dass Sie häufiger in einem Gespräch auf ihre Notizen verweisen müssen. Auch wenn es nervt, lassen Sie sich das nicht anmerken. Der Betroffene tut dies nicht mit Absicht!

Typisch für einen CMA-Betroffenen ist eine Schädigung im Kurz- und mittelfristigen Gedächtnis, während das Langzeitgedächtnis funktioniert. Das bedeutet, es ist normal, dass der Betroffene sich daran erinnert, was er vor 10 Jahren alles konnte, nicht aber was gestern nicht ging. Häufig werden auch Phasen starker Suchtausübung vergessen bzw. gar nicht erst gespeichert. Insgesamt kann dies dazu führen, dass die Selbstwahrnehmung stark von der Fremdwahrnehmung abweicht.

⇒ Betroffener reagiert aggressiv (verbal oder körperlich)

Wichtigster Grundsatz ist immer der Schutz von Leib und Leben. Sollten Sie sich ernsthaft bedroht fühlen, verlassen Sie die Situation. Sollte der CMA-Betroffene sich selbst ernsthaft bedrohen/verletzen, holen Sie Hilfe (Betreuer, Mitbewohner, Nachbarn, Krankenwagen etc.). Eskalationen, die dies erfordern, sind jedoch äußerst selten. Unabhängig vom Grad des Verständnisses für den Prozess ist den meisten CMA-Betroffenen bewusst, dass sie in gewisser Weise von Ihrem Wohlwollen abhängig sind.

Einige CMA-Betroffene weisen durchaus eine gewaltbereite Biografie auf, insbesondere in alkoholisiertem Zustand, weshalb es durchaus zu unangenehmen, wenn auch nicht ernsthaft bedrohlichen Situationen kommen kann. In jedem Fall von aggressivem Verhalten ist es sinnvoll, klare Grenzen zu setzen. Weisen Sie sachlich in kurzen Sätzen daraufhin, dass dieses Verhalten nicht akzeptabel ist und Sie bei Fortsetzung das Gespräch an dieser Stelle unterbrechen oder beenden. Erklären Sie nicht umständlich, warum dieses Verhalten nicht akzeptabel ist, sondern fassen Sie sich möglichst kurz. Zeigen Sie dabei so wenig Emotionen wie möglich. Es ist sinnvoll, keine neuen Angriffspunkte (durch Verteidigung oder Zurechtweisen o.Ä.) zu geben, um die Situation zu entschärfen. Lassen Sie, wenn möglich, jemanden, der den Betroffenen besser kennt, beruhigend auf ihn einwirken. Legen Sie gegebenenfalls eine Gesprächspause ein. Manchmal hilft es, kurz etwas zu essen oder sich fünf Minuten die Beine zu vertreten. Beendet der Betroffene die Aggression, haken Sie das Thema ab und machen Sie möglichst weiter im

Bedarfserfassungsprozess. Es geht in den seltensten Fällen um Sie persönlich bei den Aggressionsausbrüchen. Vielmehr haben Sie unbewusst einen „wunden Punkt" getroffen, der dem Betroffenen peinlich ist, welchen er aus Angst oder Schamgefühl verdrängt oder welcher andere schmerzliche Emotionen weckt und weshalb er sich angegriffen fühlt. Sollte sich Ihnen offenbaren, welcher Aspekt die aggressive Reaktion ausgelöst hat, ist es sinnvoll, diesen Aspekt im weiteren Verlauf zu vermeiden.

Beendet der CMA-Betroffene nicht seine aggressiven Äußerungen oder sein aggressives Verhalten (das betrifft auch Aggressionen gegen sich selbst), beenden Sie das Gespräch mit Aussicht auf Wiederaufnahme, bei ruhigerem Verhalten.

⇒ Betroffener reagiert hochgradig emotional

Manche Themen der Bedarfserfassung können CMA-Betroffene sehr persönlich berühren, sodass auch emotionale Reaktionen zu erwarten sind. Aufgrund der chronischen Beeinträchtigung der psychischen Funktionen im Rahmen des Krankheitsbildes kann es zu extremen, teils übertrieben anmutenden emotionalen Reaktionen kommen. Diese können sowohl euphorische, als auch depressive Ausprägungen haben. So ist es durchaus möglich, dass ein CMA-Betroffener im Gespräch anfängt zu weinen und evtl. auch nicht mehr zu beruhigen ist. Reagieren Sie in jedem Fall respektvoll und nehmen Sie die Gefühlsäußerung ernst. Auch wenn CMA-Betroffene zumeist therapieerfahren sind und häufig sozialerwünscht reagieren können, ist der Prozess der Bedarfserfassung derart persönlich, dass in den seltensten Fällen die Gefühle vorgespielt werden. Spielen Sie die Gefühle nicht herunter (z.B. „Ach, so schlimm ist es ja nun auch wieder nicht." oder „Reißen Sie sich mal zusammen!"). Es ist hilfreich, wenn Sie Verständnis zeigen, ohne die Situation zu dramatisieren. Schlagen Sie eine Pause vor, in welcher sich der CMA-Betroffene an einen Ort seiner Wahl zurückziehen kann um sich zu beruhigen, gehen Sie gemeinsam ein kurzes Stück spazieren. Es kann sowohl hilfreich sein, sich die Hintergründe des Gefühlsausbruches erläutern zu lassen oder auch das Thema komplett zu wechseln, um über Ablenkung einen Weg aus der Situation zu zeigen.

⇒ Betroffener lässt Suizidabsicht vermuten

Wenn Sie bei einem Gespräch eine ernstzunehmende Suizidabsicht erkennen, rufen Sie den Notarzt. Es sind aufgrund der langwierigen Suchterkrankung ernste psychische Erkrankungen möglich, welche auch spontane emotionale Tiefpunkte zulassen. Des Weiteren muss der CMA-Betroffene während der abstinenten Entwicklung damit klarkommen, dass er nunmehr chronisch krank ist und sich selbst irreparable Schädigungen im psychischen, körperlichen und sozialen Bereich zugefügt hat. Dies kann den Wunsch nach Beendigung des Lebens schleichend aber auch plötzlich hervorrufen. Diese Klientel ist geübt in sozial erwünschten Reaktionen. Daher ist es fahrlässig, Beschwichtigungen wie beispielsweise „Hab ich nicht so gemeint!" oder „Das war nur ein Scherz!" zu glauben. Lassen Sie diese Einschätzung unbedingt von einem Notarzt treffen.

⇒ Eigen- und Fremdeinschätzung gehen auseinander

Zum Krankheitsbild CMA gehört häufig auch eine verzerrte Wahrnehmung von sich selbst. Oftmals ist den Betroffenen tatsächlich nicht bewusst, dass Sie Defizite haben und Sie finden Begründungen (welche Sie oft wirklich glauben) für alles, was nicht optimal läuft, bei anderen oder den allgemeinen Umständen. Eine sehr häufige Aussage ist, dass nie viel Alkohol getrunken wurde, sondern nur Bier und Wein und dass

Entgiftung/stationäre Hilfen oder Ähnliches aufgrund von Magenproblemen oder als Kur installiert wurden. Teilweise glauben die Betroffenen ihre Aussagen tatsächlich, teilweise wollen sie sie glauben und teilweise klingen sie einfach besser als die Wahrheit. In jedem Fall wird der Betroffene daran festhalten, egal, was sie für Beweise vorlegen. Es ist dementsprechend für den Bedarfserfassungsprozess förderlich, die Aussage unkommentiert stehen zu lassen und im Prozess voranzugehen.

Wenn die Eigenwahrnehmung nicht mit der Fremdwahrnehmung übereinstimmt, z.B. der Einschätzung des Leistungserbringers, ist es sinnvoll, sich beide Seiten anzuhören. Hierbei ist jedoch sehr feinfühlig vorzugehen, da bei dem Betroffenen schnell das Gefühl entstehen kann, dass ihm nicht geglaubt, er bevormundet oder entmündigt wird. Versuchen Sie, so sachlich wie möglich beide Seiten anzuhören und aufzunehmen. Machen Sie dabei deutlich, dass es immer mehrere Sichtweisen gibt, die sogar gleichberechtigt nebeneinanderstehen können. Um den Bedarfserfassungsprozess möglichst konstruktiv fortzuführen vermeiden Sie unbedingt jede Wertung. Legen Sie den Schwerpunkt auf die Einigung der Leistungen, welche den Betroffenen am besten unterstützen. Nutzen Sie hierfür positive Formulierungen. Beispielsweise deutet „Welche Hilfe brauchen Sie?" subtile Defizite an, während „Welche Leistungen wären für Sie eine Unterstützung?" positives Interesse an der Teilhabeverbesserung des Betroffenen zeigt.

Genereller Hinweis:

Jeder am Bedarfserfassungsprozess Teilnehmende ist bemüht, den Prozess zielführend zu gestalten. Sollte dies einer oder mehreren Seiten nicht gelingen, haken Sie es möglichst zügig ab und starten einfach nochmal neu. Eine abgebrochene, unterbrochene oder unglücklich gelaufene Bedarfserfassung gehört aufgrund der Komplexität und Sensibilität der Situation zum Alltag. Auch wenn es nicht wünschenswert ist, so kann es passieren. Machen Sie dies allen Beteiligten deutlich. Dies gilt auch, wenn das Problem nicht beim CMA-Betroffenen lag. Starten Sie einfach noch einmal gemeinsam und freundlich neu!

5 Nutzung des IBUT-CMA in Anlehnung an leichte Sprache

5.1 Allgemeine Hinweise

Das IBUT-CMA in Anlehnung an leichte Sprache wurde in Zusammenarbeit mit CMA-Betroffenen formuliert. Es ist nicht durch eine zertifizierte Kommission auf leichte Sprache geprüft, jedoch von zwei voneinander unabhängigen Gruppen von 3 bzw. 5 CMA-Patienten auf Verständlichkeit und Lesbarkeit getestet.

Das Layout gleicht dem IBUT-CMA. Dies ist beabsichtigt, da beide Versionen somit gleichzeitig im selben Bedarfserfassungsprozess eingesetzt werden können. Durch die Abgleichung des Layouts ist für alle Seiten jederzeit einsichtig, dass es sich inhaltlich um das gleiche Instrument handelt und an welchem Punkt des Instrumentes man sich gerade befindet.

Um eine größere Schrift für Menschen mit Sehbeeinträchtigungen gewährleisten zu können, ist das IBUT-CMA in Anlehnung an leichte Sprache im Querformat. Legt man 2 aufeinanderfolgende Blätter untereinander erhält man layouttechnisch teilweise das genaue Abbild des IBUT-CMA. An einigen Stellen, bspw. bei der Hilfebedarfserfassung, wurde das Layout soweit vergrößert, dass eine Tabelle pro Seite anstelle von 3 Tabellen pro Seite abgebildet ist. Inhaltlich und in der Abfolge besteht jedoch auch an diesen Stellen kein Unterschied zwischen den Versionen. Um die Orientierung zu verbessern, wurden die Faktoren nicht in leichte Sprache übersetzt.

Sollte Unterstützung für das Verständnis des Begriffes Teilhabe benötigt werden, ist das Teilhabe-Windradmodell zu empfehlen. Anhand des Bastelbogens ist ein Windrad konstruierbar, welcher in normaler und leichter Sprache die vier Faktoren der Teilhabe benennt und über die Drehbewegung die Wichtigkeit des Zusammenspiels aller Faktoren für eine gelingende Teilhabe erklärt. Um dies bildlich zu unterstreichen, kann ein oder mehrere Flügel abgeschnitten oder gekürzt werden um zu demonstrieren, dass die Teilhabe dann „nicht mehr rund läuft".

5.2   Interviewleitfaden für die Bedarfserfassung

Der Interviewleitfaden dient als Anregung, wie man das Bedarfserfassungsgespräch gliedern kann, und bietet gleichzeitig eine Unterstützung, Gedächtnisstütze und Orientierung während des Erfassungsprozesses.

1. Begrüßung
   - Vorstellung (Name, Funktion)
   - Ziel/Grund des Gesprächs formulieren

2. Sozialdaten
   - Was ist wichtig zu wissen? (Name, Adresse etc.)

   am Ende auszufüllen:
   - Welches Ziel hat die Hilfe?
   - Welche Hilfeform ist sinnvoll?
   - Wieviel kostet die konkrete Hilfe?

3. Eigene Teilhabeeinschätzung – Wünsche
   - Wie geht es Ihnen im Moment? (Tabelle)
   - Was ist Ihnen wichtig für die Zukunft?
   - Was soll so bleiben wie es ist?
   - Was soll sich verändern?
   - Wie soll es sich verändern?
   - Was wollen Sie erreichen?

4. Hilfebedarfserfassung
   - Wo treten Schwierigkeiten auf? (Defizite/Barrieren)
   - Was funktioniert gut? (Ressourcen/Förderfaktoren)
   - Wo wird Hilfe gewünscht? (alle weiteren Ideen sammeln)

5. Leistungsbedarfserfassung
   - Welche konkrete Hilfeleistung wird gebraucht?
   - Wie oft wird diese gebraucht?
   - Wie viele Helfer sind dafür nötig?

6. Wahl der Hilfeform
   - Wieviel Hintergrundbetreuung ist sinnvoll/notwendig/gewünscht?
   - Soll die Hilfeform gewechselt werden?

7. Evtl. Übergangswohnen planen
   - Welche Aufgaben sind zu erledigen?
   - Bis wann soll welche Aufgabe erledigt sein?
   - Wer ist dafür zuständig?
   - Wer unterstützt?

8. Finanzierungsbedarf berechnen
   - Wieviel Hilfe wird gebraucht, wenn man alles zusammenzählt? (Berechnungsvorschriften beachten)

9. Ergebnisbericht + Unterschrift
   - Wer schließt die Vereinbarung ab?
   - Was sind die wichtigsten Hilfebedarfe?
   - Was sind die wichtigsten Leistungen?
   - Welche Wünsche sollen beachtet werden?
   - Wieviel kostet die Hilfe?
   - Wer war bei dem Gespräch dabei?

10. Gesprächsabschluss
    - Dank für die Mitarbeit
    - Wie geht es nun weiter? (Bearbeitung, Bewilligung etc.)
    - Wann folgt die nächste Bedarfserfassung?
    - Verabschiedung

6 Bearbeitungshinweise:

Üblicherweise erfolgt die Bedarfserfassung in Zusammenarbeit von Kostenträger, Leistungsempfänger (CMA-Betroffener).

Die Mitwirkung des Leistungserbringers, welcher den Hauptanteil der Hilfe leistet, wird dringend empfohlen und sollte nur auf ausdrücklichen Wunsch des CMA-Betroffenen ausgesetzt werden. Die Mitwirkung des Leistungserbringers ist sinnvoll. Er stellt eine wichtige Informationsquelle dar und kann insbesondere bei CMA-Betroffenen welche krankheitsbedingt unter Realitätsverzerrung oder einer inadäquaten Selbstwahrnehmung leiden, die Bedarfserfassung sinnvoll ergänzen. Die Aussage des Leistungserbringers kann bei der Einschätzung unterstützen, inwieweit der Betroffene in der Lage ist, den eigenen Bedarf bewusst wahrzunehmen, anzuerkennen und verständlich zu äußern. Dies ist insbesondere bei Selbstgefährdung oder Teilhabebeeinträchtigung durch personenbezogene Faktoren hilfreich.

Wichtig: Die Aussage des Leistungserbringers setzt die Aussage des CMA-Betroffenen an keiner Stelle außer Kraft!

Die Mitwirkung des Leistungsempfängers ist wichtig, da nur er selbst Aussagen in Bezug auf sein subjektives Teilhabeerleben und den subjektiven Wirkungsgrad der Unterstützungsfachleistungen treffen kann. Allerdings besteht die Möglichkeit, dass er krankheitsbedingt nicht dem gesamten

Bedarfserfassungsprozess beiwohnen kann. In diesem Fall sind mindestens die Formblätter zur Äußerung seiner Wünsche sowie der Ergebnisbericht mit ihm zu besprechen. Des Weiteren ist auf dem Ergebnisbericht in diesem Fall zu vermerken, an welchen Teilen der Bedarfserfassung der CMA-Betroffene nicht mitwirken konnte. Sollte ihm zu einem späteren Zeitpunkt eine aktivere Mitwirkung möglich sein, können diese Teile gezielt mit ihm wiederholt und ausgetauscht werden.

Die Mitwirkung des Kostenträgers ist notwendig, da er den Finanzierungsbedarf genehmigen und somit als plausibel anerkennen muss. Ihm obliegt es, die Gesellschaft vor unnötigen Kosten zu bewahren und die Unterstützung des CMA-Betroffenen bei der Teilhabe am Leben in der Gesellschaft zu sichern.

6.1 Das Sozialdatenblatt

Das Sozialdatenblatt ist nach dem Deckblatt die erste Seite des Instrumentes und trägt den Titel „Daten des Leistungsempfängers". Es bietet eine Übersicht über die wichtigsten Daten des Leistungsempfängers und gibt den Finanzierungsbedarf an. Außerdem ist der Zeitraum vermerkt, welcher der Leistungsbedarfserfassung zugrunde liegt. Dieser Zeitraum bezieht sich nicht auf die Hilfebedarfserfassung, da diese stets den Ist-Stand beschreibt. Die Leistungsbedarfserfassung kann jedoch prognostisch oder abrechnend erfolgen und sich somit auf einen Zeitraum in der Zukunft oder der Vergangenheit beziehen. Um dies zu kennzeichnen ist es wichtig, in dem Feld „Erfassungszeitraum der beschriebenen Leistungen" den Bezugszeitrahmen deutlich zu machen. Die anderen Daten ergeben sich aus den Überschriften der dafür vorgesehenen Felder.

Bitte achten Sie auf Lesbarkeit und Verständlichkeit der Angaben.

Die folgenden Angaben des Sozialdatenblattes sind im Anschluss an den Bedarfserfassungsprozess zu ergänzen. Hierbei bezieht es sich nicht unmittelbar auf die Prozessergebnisse, welche im Ergebnisbericht zusammenfassend dargestellt werden, sondern auf die bewilligte Finanzierungsgrundlage (Fachleistungsstundensumme/Leistungsstufe). Oftmals werden die Daten auf dem Ergebnisbericht und dem Sozialdatenblatt identisch sein, wenn den Schlussfolgerungen des Bedarfserfassungsprozesses in der Bewilligung Folge geleitet wird. In begründeten Fällen können sich jedoch Abweichungen ergeben. Da die Bewilligung erst nach und auf Grundlage der Bedarfserfassung erfolgt, sind die entsprechenden Felder im Sozialdatenblatt nachträglich anhand des Bewilligungsbescheides/der Kostenzusage einzupflegen.

Feld: „Angestrebtes Ziel in Bezug auf Teilhabe"
Setzen Sie ein Kreuz in dem Feld, welches in Einschätzung der Gesamtentwicklung auf den kommenden Zeitraum angestrebt werden kann. Zur Auswahl stehen hierfür:

- *Verschlechterung entgegensteuern*
  → d.h. aufgrund der krankheitsbedingten Abbauprozesse ist prognostisch gesehen die Verschlechterung der Teilhabemöglichkeiten nicht aufzuhalten, kann aber mit gezielter systematischer Unterstützung verlangsamt werden. Ziel ist es, dem Betroffenen trotz rückläufiger Tendenz lange eine relativ hohe Teilhabe zu ermöglichen.

- *Erhalt*
  → d.h. der bisherige Stand der Entwicklung sowie der Teilhabe können mit Hilfe der beschriebenen Unterstützungsfachleistungen vermutlich gehalten werden. Es sind Rückschritte zu erwarten, an welchen mittels der Maßnahmen gearbeitet wird um insgesamt den Status quo zu sichern.

- _Stabilisierung_
  → d.h. der Status quo in Bezug auf Teilhabeentwicklung soll so stabilisiert werden, dass Rückschritte in Bezug auf den kommenden Entwicklungszeitraum vermutlich ausgeschlossen werden können und die Fähigkeiten, Fertigkeiten, Kompetenzen und Entwicklungen so sicher abgerufen werden können, dass Kapazitäten für Weiterentwicklungen frei werden.

- _Verbesserung_
  → d.h. dass sich die Möglichkeiten der Teilhabe für den Betroffenen aufgrund der Unterstützungsfachleistungen vergrößern bzw. leichter erreichbar werden, sodass eine subjektive wie objektive Verbesserung der Teilhabe angestrebt werden kann

Feld: „Bewilligte Leistungsstufe"
Übernehmen Sie die entsprechenden Informationen aus dem Bewilligungsbescheid/der Kostenzusage und tragen Sie diese in den zutreffenden Feldern ein.

6.2 Die eigene Teilhabeeinschätzung

Tabelle: „Beurteilung der individuellen Lebenszufriedenheit in Bezug auf die Hilfe durch den Leistungsempfänger"
Die Tabelle ist von dem Leistungsempfänger möglichst selbständig auszufüllen. Sollte Hilfe benötigt werden, ist diese so gering und neutral wie möglich zu halten. Nehmen Sie unter keinen Umständen Einfluss auf die Antworten, auch wenn diese widersprüchlich oder ungerechtfertigt erscheinen sollten.

Feld: „Informationen, Wünsche und Anmerkungen, welche aus Sicht des Bewohners für die Planung und Umsetzung der Hilfe wichtig sind"
Da auch der Hilfeplanungsprozess ein wichtiger Teil der Teilhabeförderung im Sinne einer möglichst hohen Selbstbestimmung ist, ist es wichtig, dem Leistungsempfänger Raum zu einer freien, unbeeinflussten Meinungsäußerung und somit Mitwirkungs- und Mitbestimmungsmöglichkeit zu geben.

Um dem Leistungsempfänger trotz kognitiver und körperlicher Beeinträchtigung die Möglichkeit zur freien Beschreibung seiner Wünsche und Notwendigkeiten für einen wirksamen Hilfeprozess zu geben, sind die Zeilen bewusst größer gehalten und die Überschrift möglichst einfach formuliert. Ermutigen Sie den Leistungsempfänger, sich selbst zu äußern, da es um seine Person und somit sein Leben und seine Zukunft geht. Das Interesse am eigenen Leben stellt eine Grundvoraussetzung für die Teilhabe dar und sollte somit bei jeder Möglichkeit gefördert werden. Die Darstellung sollte möglichst eigenständig erfolgen, unverfälscht die Sicht des Leistungsempfängers widerspiegeln und nicht von anderen Mitwirkenden beeinflusst werden. Auch wenn sich aufgrund von Verständnisschwierigkeiten Dopplungen von Informationen zur Leistungserfassung ergeben, ist dies zuzulassen. Aussagen vom Leistungsempfänger, welche unvollständige Sätze, Wortgruppen darstellen oder grammatikalisch oder in Bezug auf die deutsche Rechtschreibung falsch sind, sollten so belassen und nicht kritisiert werden. Wichtig ist in diesem Fall nicht die Form, sondern die Tatsache der Mitwirkung des Leistungsempfängers am Hilfeplanungsprozess.

Bei Leistungsempfängern, welche Analphabeten sind, ist die Hilfeleistung in Form von Transkription der Aussagen notwendig. Bitte notieren Sie die Aussagen in dem Fall möglichst wörtlich so, wie sie der Leistungsempfänger äußert, auch wenn dies der deutschen Grammatik gegenläufig sein sollte. Kennzeichnen Sie diese Leistung am Ende der Aussage mit: „Transkription der Aussage von (Name des CMA-Betroffenen) wurde am (Datum) durch (Name, Funktion) aufgenommen."

6.3   Der Ergebnisbericht

Der Ergebnisbericht dient als Übersicht und Zusammenfassung in Bezug auf die Ergebnisse aller Teile der Bedarfserfassung. Er ist üblicherweise am Ende der Bedarfserfassung auszufüllen, steht jedoch relativ weit vorne im IBUT-CMA. Dies ist darin begründet, dass viele CMA-Betroffene krankheitsbedingt eine verringerte Aufmerksamkeitsspanne haben und möglicherweise nicht die gesamte Bedarfserfassung mitgestalten können. In diesem Fall ist der Ergebnisbericht soweit wie möglich auszufüllen und dem CMA-Betroffenen zur Unterschrift vorzulegen mit dem Vermerk, bei welchen Aspekten er mitwirken konnte.

Zu Beginn des Formblattes sind die Leistungsempfänger und der Kostenträger zu benennen.

Feld: „Ermittelte Schwerpunkte der Hilfebedarfserfassung"
In diesem Feld sind die 6 wichtigsten Schwerpunkte der Hilfebedarfserfassung zu benennen. Dies können Themenkomplexe wie „Einkaufen" sein oder konkret benannte Einzelbedarfe wie „Preisvergleich beim Einkauf". Mehr als 6 Schwerpunkte sind nicht überschaubar. Optimal sind 3 Schwerpunkte.

Feld: „Ermittelte Schwerpunkte der Leistungsbedarfserfassung"
Bearbeiten Sie das Feld analog zu den Schwerpunkten der Hilfebedarfserfassung.

Feld: „Folgende Wünsche des Leistungsempfängers sollen berücksichtigt werden"
An dieser Stelle sind die Ergebnisse des Formblattes: „Eigene Teilhabeeinschätzung" zusammenfassend darzustellen.

In den folgenden beiden Feldern sind die Ergebnisse der Erfassung des Finanzierungsbedarfes einzutragen bzw. anzukreuzen.

Unterschrift aller am Erfassungsprozess beteiligten Personen
Abgeschlossen wird die Erfassung mit der Unterschrift aller Personen, welche zur Erfassung der Bedarfe beigetragen haben. Hierfür sind Name, Vorname, Funktion sowie die Unterschrift einzutragen. Neben jeder Person wird vermerkt, an welchen Teilen der Bedarfserfassung sie mitgewirkt hat.

Abschließend sind das Datum der Erfassung (bei mehrtägiger Erfassung ist das Datum der Fertigstellung zu notieren) sowie der Ort der Erfassung einzutragen.

6.4   Die Erfassung des Hilfebedarfes

Die Gliederung der Hilfebedarfserfassung basiert auf der Gliederung der ICF. Diese dient somit auch als eine Art Nachschlagewerk bei Verständnisfragen, welche Bedarfe in welche Tabelle gehören oder welche Bedarfe es überhaupt geben kann. Versuchen Sie jedoch eher anhand der Gliederung frei die Bedarfe zu erfahren, da ein „Abarbeiten" der gesamten ICF zu ausschweifend wäre. Auch ist zu beachten, dass bestehende Bedarfe erfasst werden sollen und keine neuen zu kreieren sind, nur weil die ICF hierfür Items vorsieht. Die ICF ist eine Orientierung und Unterstützung, keine abzuarbeitende Liste! Prüfen Sie daher jeden benannten Bedarf auf Teilhaberelevanz, bevor Sie ihn im IBUT-CMA erfassen!

Ein mögliches Vorgehen zur Erfassung der Hilfebedarfe ist das freie „aus dem Leben erzählen lassen" und dabei konkret nachzuhaken und Hilfebedarfe (Ressourcen und Defizite) zu formulieren. Diese Art hilft auch gut, personenbezogene Faktoren oder Umweltfaktoren zu erarbeiten.

Eine weitere Vorgehensweise kann es sein, die Fragen des Leitfadens für den IBUT-CMA in Anlehnung an leichte Sprache zu nutzen und so für jede Tabelle mögliche Bedarfe zu eruieren.

Wichtig ist neben der Prüfung aller Bedarfe auf Teilhaberelevanz auch das Benennen eines Ziels, welches eine Hilfeleistung hierfür anstreben soll. Dafür stehen zur Auswahl „Verschlechterung verlangsamen", „Situation stabilisieren", „Situation erhalten" und „Potential ausbauen/Situation verbessern". Für jeden Bedarf ist das jeweils Zutreffende anzukreuzen. Unter „Situation stabilisieren" ist hierbei das Beibehalten des Ist-Zustandes und nur gelegentliches Verschlechtern zu verstehen, während „Situation erhalten" das Beibehalten des Ist-Zustandes bei gelegentlichem Verbessern bedeutet.

"Ergänzungen zum Hilfebedarf oder sonstige wichtige Informationen"
Notieren Sie in diesem Feld weitere Items, welche Sie Ihrem Gefühl nach nicht in die ICF-basierte Gliederung einordnen konnten.

Des Weiteren besteht die Möglichkeit, hier kurz zusätzlich Informationen festzuhalten, welche die folgenden Fachleistungskomplexe belegen oder anderweitig für das Verständnis wichtig sind. Dies können einschneidende Ereignisse für den Betroffenen sein (bspw. Erreichen des Rentenalters, Geburt von Enkelkindern, befreundeter Mitbewohner verlässt die Einrichtung, Wechsel des Bezugsbetreuers o.Ä.), welche sich auf den Gesamtzustand des Betroffenen und somit fördernd oder beeinträchtigend auf die Teilhabe und die benötigten Leistungen auswirken.

Beispiel: *Ein Klient benötigt seit kurzem deutlich mehr Unterstützung, weil er den plötzlichen unvorhergesehenen Tod des Vaters nicht verkraftet. Diese Information ist für den Erhebungsprozess wichtig, weil sie den Grund der Entwicklung angibt und somit auch auf die Prognose Einfluss hat. Es ist zu erwarten, dass der Klient in absehbarer Zeit auf das vorherige Leistungsniveau zurückgreifen kann, wenn der Trauerprozess weiter vorangeschritten oder eines Tages abgeschlossen sein wird. Dementsprechend ist die Entwicklung anders zu bewerten als ein Krankheitsschub bei einem Korsakow-Betroffenen, wo das Angewiesensein auf intensivere Hilfe als vermutlich dauerhaft zu bewerten wäre.*

Auch paradoxe Entwicklungen sollten hier kurz erklärt werden.

Beispiel: *Durch die Anwesenheit in einer stationären Einrichtung erlebte ein Klient erstmals seit Jahren wieder einen geregelten Tagesablauf. Nach einiger Zeit führt die Regelmäßigkeit in Nahrungsaufnahme, medizinischer Einstellung auf Medikamente, Schlaf und Betätigung zu einer deutlichen Verbesserung des Gesundheitszustandes und auch der kognitiven Leistungen. Der Klient fing nun erstmalig an, sein Krankheitsbild und seine Lebenssituation realistisch zu reflektieren. Da dies nicht mit den Erwartungen übereinstimmte, welche er vor der Erkrankung für sein Leben aufgebaut hatte, geriet er in starke depressive Tendenzen. Dies zeigte sich durch starke Antriebsstörungen, Verzweiflungszustände, Rückzugs- und Isolationstendenzen und Rückfallverhalten. Obwohl es dem Klienten objektiv besser ging, benötigte er nunmehr, als Teil der positiven Entwicklung, mehr Unterstützungsfachleistungen als vor seiner Genesung. Ziel der Leistungen war nunmehr, ihn aus dieser Art von depressiver Phase herauszuholen und mit ihm neue, annehmbare Perspektive zu erarbeiten.*

Solche Informationen sind sehr individuell, tragen aber zum Verständnis im Gesamthilfeplanverfahren bei. Deshalb sollten sie an dieser Stelle **kurz aber verständlich** erfasst werden.

Achten Sie darauf, an dieser Stelle nicht Dinge zu erfassen, welche an anderer Stelle in den Items bereits erhoben werden (bspw. Gedächtnisdefizite, Schwierigkeiten im Umgang mit Konflikten etc.).

6.5 Die Erfassung des Leistungsbedarfes (Abschnitt I und II)

Die Items der Leistungsbedarfserfassung sind je nach Bereich, sowohl in Abschnitt I (Fachleistungen, welche die soziale Teilhabe ermöglichen) als auch in Abschnitt II (Fachleistungen, welche die soziale Teilhabe erleichtern) mit Buchstaben gekennzeichnet. Diese Kennzeichnung gibt an, welchem Bereich das Item zugeordnet ist.

Abschnitt I: Beschreibung der Fachleistungen, welche die soziale Teilhabe ermöglichen
A = Abhängigkeitsinterventionen – Fachleistungen zum Ausbau der Abstinenzphasen (4 Items)
B = Befähigungsleistungen – Grundlegende Fachleistungen zum Ermöglichen der Teilhabe (6 Items)

Abschnitt II: Beschreibung der Fachleistungen, welche die soziale Teilhabe erleichtern
L = Fachleistungen zur Teilhabeförderung im Bereich „Lebensführung" (Selbstvers./Wohnen) (7 Items)
S = Fachleistungen zur Teilhabeförderung im Bereich „soziale Beziehungen" (6 Items)
T = Fachleistungen zur Teilhabeförderung im Bereich „Tagesstrukturierung" (7 Items)

Jedes Item stellt einen Komplex an Unterstützungsfachleistungen dar, mit welchem dem CMA-Betroffenen auf dem Weg zur Verbesserung seiner Teilhabe geholfen wird. Geben Sie an, in welchem Umfang der Betroffene Unterstützungsfachleistungen des entsprechenden Leistungskomplexes erhält. Beachten Sie hierbei das jeweilige Betreuungsverhältnis.

Sollte ein Betroffener zu einem Leistungskomplex keine Leistungen empfangen/benötigen, vergeben Sie keine Leistungspunkte. Kreuzen Sie hierfür „Keine Hilfe notwendig" an.

Jedes Item wird ergänzt durch ein zweizeiliges Feld: „Bemerkungen". Nutzen Sie dieses Feld für individuelle Informationen, welche die gegebenen Unterstützungsfachleistungen des jeweiligen Items verdeutlichen. Sie können auch informative Beispiele oder zugrundeliegende Bedarfe, Beeinträchtigungen an dieser Stelle erwähnen. Fassen Sie sich bitte kurz und notieren Sie nur Informationen, welche sinnvoll für das Verständnis im Gesamthilfeplanverfahren sind. Sollten Sie keine zusätzlichen Informationen zu einem Item haben, lassen Sie das Feld frei.

6.6 Der Stufenplan für den Übergang in Hilfeformen in eigenem Wohnraum

Der Stufenplan für Trainingswohnen ist in drei Abschnitte untergliedert. Füllen Sie nur die Abschnitte aus, welche geplant/durchgeführt werden. Tragen Sie für jede Phase den geplanten Zeitraum in die vorgesehenen Felder ein. Ermitteln Sie in Zusammenarbeit mit dem Betroffenen und, je nach Möglichkeit, weiteren den Prozess unterstützenden Personen die Arbeitsschwerpunkte und konkreten Aufgaben der jeweiligen Phase. Unterstützende Personen können in diesem Fall gerichtlich gestellte Betreuungspersonen, Angehörige, Mitarbeiter des örtlichen Sozialhilfeträgers, Mitarbeiter der übernehmenden ambulanten Hilfeform o.Ä. sein. Arbeitsschwerpunkte sind neben den zuvor in der Erfassung des Leistungsbedarfes ermittelten Leistungen insbesondere solche Unterstützungen, Förderschwerpunkte und Ziele, welche für die erhöhte Selbständigkeit in eigenem Wohnraum notwendig sind. Beschreiben Sie diese klar, kurz und allgemein verständlich.

Beispiel: *Mehr Interesse am eigenen Leben zeigen und mehr Verantwortung für das eigene Leben übernehmen, höhere Selbständigkeit zeigen (bspw.: Bewohner meint, er könne nichts für Rückfall, es habe ja keiner seine Einkäufe kontrolliert) => Motivation, Erinnerung, Erklären, Trainieren*

Beschreiben Sie die übernommenen Aufgaben klar, verständlich, kurz aber umfassend. Wenn möglich notieren Sie einen Termin, bis wann die jeweiligen Aufgaben begonnen oder/und abgeschlossen sein sollen.

Beispiel: *Übernommene Aufgaben/Verantwortungen:*
Bewohner: Wohnraumsuche bis Ende März, Renovieren + Einrichten der Wohnung ab April
Einrichtung: Unterstützung beim Renovieren + Einrichten der Wohnung ab April
Gerichtl. Gestellte Betreuung: Unterstützung bei Wohnraumsuche,

6.7 Die Erfassung des Finanzierungsbedarfes

Zur Erfassung des Finanzierungsbedarfes sind für jedes Betreuungsverhältnis die notwendigen Leistungszeiten zu summieren und den Abschnittsteilen entsprechend in die Tabelle einzutragen. Anschließend ist die Gesamtsumme für jedes Betreuungsverhältnis zu bilden und der Berechnungsvorschrift folgend dem Betreuungsverhältnis 1:1 anzugleichen.

Die Gesamtsumme wird in die folgende Tabelle übertragen und den Berechnungsvorschriften folgend in die gewünschte Maßeinheit umgerechnet. Der entsprechende Wert kann nun mit dem jeweiligen Kostensatz verrechnet werden, um den Finanzierungsbedarf zu ermitteln. Sollten Leistungen an verschiedene Leistungserbringer vergeben werden, werden die jeweiligen Leistungen in den Verhältnissen summiert, nach den Berechnungsvorschriften angeglichen und in die gewünschte Maßeinheit umgerechnet, und können dann mit dem Kostensatz multipliziert werden. Diese Vorgehensweise ist entsprechend für jeden Leistungserbringer zu vollziehen.

In der dritten Tabelle sind die Zeiten, in denen Hintergrundbetreuung benötigt wird, anzugeben. Die Angaben gliedern sich in Wochentage und Wochenende sowie in Tag und Nacht, da jeweils unterschiedliche Kostensätze möglich sind.

Erfolgt die Finanzierung einer Unterbringung in einer besonderen Wohnform mit Rund-um-die-Uhr-Hintergrundbetreuung, ist eine Vergütung über Leistungsstufen möglich. Die entsprechende ist im Folgenden anzukreuzen. Eine Erläuterung für das Zuordnen der Leistungsstufen folgt im Kapitel 6.8.

6.8 Zuordnung der Leistungsstufen

Die Zuordnung der Leistungsstufen ist sinnvoll für die Finanzierung in besonderen Wohnformen, wo eine 24-stündige Hintergrundbetreuung jeden Tag vorort ist und die Rahmenbedingungen der Wohnform sowie diese Hintergrundbetreuung einen Großteil der eigentlichen Leistungen ausmachen. Diese sind jedoch nicht differenzierbar, da sie jedem Bewohner gleichermaßen zuteilwerden. Daher ist eine grobe Differenzierung in 4 Leistungsstufen ausreichend, um eine sozial gerechte Finanzierung zu gewährleisten.

Die Zuordnung in Leistungsstufen erfolgt inhaltlich sowie über die Einstufung in Kategorien der Fachleistungsstundensumme abgeleitet aus den direkten Kontaktbetreuungszeiten, welche in der Leistungsbedarfserfassung erhoben werden. Für die Zuordnung über die Fachleistungsstundensumme werden folgende Kategoriengrenzen vorgeschlagen, welche aufgrund von Zeit-Kontakt-Protokoll-Studien an realen Fällen ermittelt wurden und auf den 1:1-Kontakt umgerechnet sind. Wichtig ist zu beachten, dass es sich um Durchschnittwerte handelt, da jemand mit Grippe auch in Leistungsstufe 4 Ruhe braucht und dementsprechend kurzfristig weniger Kontaktzeiten bewältigt.

Leistungsstufe 1	Leistungsstufe 2	Leistungsstufe 3	Leistungsstufe 4
Übergangsstufe zur Pflege (Bis 30 min täglich)	Unter 45 min täglich	Über 45 min täglich	Übergangsstufe zu stundenweiser Betreuung in eigenem Wohnraum (Ab 1 h täglich)

Inhaltlich sind die Leistungsstufen verbunden mit den Möglichkeiten des Ermöglichens und Erleichterns der Teilhabe für den jeweiligen Leistungsempfänger. Veranschaulicht wird dies im folgenden Entscheidungsbaum.

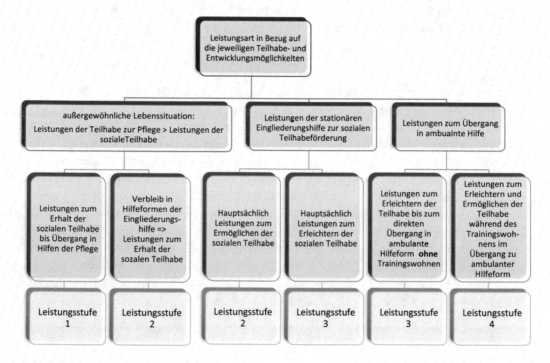

Abb.8: Inhaltliche Zuordnung der Leistungsstufen

Leistungsstufe 1 ist eine Übergangsstufe und umfasst CMA-Betroffene, bei welchen die gesundheitlichen Gegebenheiten so stark abgebaut haben, dass sie vermehrt auf Leistungen der Pflege angewiesen sind. Die Leistungsstufe 1 ist zu vergeben, wenn ein Betroffener deutlich mehr Leistungen zur Pflege erhält als Unterstützungsfachleistungen zum Ermöglichen oder Erleichtern der Teilhabe.

Die Leistungsstufen 2 und 3 umfassen die Klienten, welche im stationären Rahmen überwiegend Unterstützungsfachleistungen für das Ermöglichen und Erleichtern der Teilhabe bekommen. Dies ist die Mehrheit der Betroffenen.

Leistungsstufe 4 ist, wie Leistungsstufe 1, eine Übergangsstufe zu einer passenderen Hilfeform. In diesem Fall wird der Übergang in die ambulante Hilfe vorbereitet und trainiert, um die erreichten Entwicklungserfolge stabil zu erhalten und möglichst nahtlos an höhere Selbstständigkeit (trotz geringerer institutioneller Hilfe) anzuschließen.

Leistungsstufe 1 (Übergangsstufe)

Eine außergewöhnliche Lebenssituation liegt vor, wenn ein Klient aufgrund gesundheitlicher oder anderer Schwierigkeiten in seiner Möglichkeit zur Teilhabe am Leben in der Gesellschaft so stark beeinträchtigt ist, dass die Teilhabe zur Pflege oder andere Leistungen überwiegen. Dies ist beispielsweise bei schweren Krebserkrankungen der Fall. Zu unterscheiden sind die außergewöhnlichen Lebenssituationen in Bezug auf die zeitliche Dauer und ob sie einen Wechsel der Hilfeform im Sinne der Lebensqualität des Betroffenen erforderlich machen. Bei dauerhaft geänderter Lebenssituation ist ein Wechsel in eine Hilfeform sinnvoll, welche den Bedürfnissen im Sinne der Lebensqualität gerechter wird. Oftmals wird dies bspw. ein Pflegeheim, eine Palliativstation oder ein Hospiz sein. Sobald die Notwendigkeit des Wechsels erkannt ist, sollte dies beantragt werden. In dieser Übergangzeit liegt das Hauptaugenmerk nicht mehr auf Leistungen zur Förderung der gesellschaftlichen Teilhabe, sondern diese erhalten in Hinblick auf die Gesamtlebensqualität des Betroffenen nachrangigen Charakter hinter Leistungen der Teilhabe zur Pflege. Dementsprechend ist hier Leistungsstufe 1 über die örtlichen Sozialhilfeträger zu finanzieren, während die Leistungen zur Pflege über die Pflege- oder Krankenkasse zu finanzieren sind.

Leistungsstufe 2

Hier liegt das Hauptaugenmerk auf dem Ermöglichen der Teilhabe. Zwar erhalten diese Klienten auch Unterstützungsfachleistungen zum Erleichtern der Teilhabe, sind jedoch in ihrer Fähigkeit zur Teilhabe krankheitsbedingt so stark beeinträchtigt, dass das grundlegende Ermöglichen der Teilhabe im Vordergrund steht. Die Unterstützungsfachleistungen sind hierbei oftmals deutlich weniger in Bezug auf Quantität und Vielfalt. Vielfach müssen Leistungen konstant mehrfach täglich (teilweise im Minutentakt) wiederholt werden, bspw. Finden des eigenen Wohnraums oder der Toilette bei Orientierungslosigkeit. Aufgrund der kognitiven und sozio-emotionalen Beeinträchtigungen sind diese Unterstützungsfachleistungen oftmals qualitativ aufwendiger in der Durchführung, benötigen jedoch deutlich weniger Aufwand in Analyse und Vorbereitung der Maßnahmen. Insbesondere die persönliche Möglichkeit zur Teilhabe im Sinne der Selbstbestimmung ist aufgrund der krankheitsbedingten Beeinträchtigungen in dieser Leistungsstufe oftmals eingeschränkt. Es ist daher ein geringerer Finanzierungsbedarf als in Leistungsstufe 3 notwendig, da die Förderung und Unterstützung der Mitbestimmung im Teilhabeprozess unbedingt zu versuchen, oftmals aber nicht umsetzbar sein wird.

Ein Sonderfall der Leistungsstufe 2 ist die außergewöhnliche Lebenssituation, wenn diese zeitlich begrenzt ist. Dies ist beispielweise der Fall, wenn ein Bewohner eine Krebstherapie mit günstiger Prognose durchlebt. In diesem (oder vergleichbarem) Fall überwiegen die Leistungen der Teilhabe zur Pflege oftmals quantitativ die Leistungen zur gesellschaftlichen Teilhabe. Dennoch sind die Leistungen der Eingliederungshilfe zur gesellschaftlichen Teilhabe in diesem Fall immanent, da sie oftmals die Grundvoraussetzung darstellen, um therapeutische, ärztliche und pflegerische Maßnahmen wirksam werden zu lassen. So benötigen viele CMA-Betroffene besonders viel Motivation, um medizinische Hilfen zuzulassen. Zudem benötigt es häufig vermittelnde Unterstützung, um dem Pflegepersonal den Zugang zu den chronisch sozialdesintegrierten Personen zu ermöglichen. Auch der Erhalt der Grund-Teilhabefähigkeit im Rahmen der gewohnten Gemeinschaft erfordert erhöhten Aufwand sowohl in Bezug auf den mediativen Aspekt zu den Mitbewohnern als auch in Hinblick auf den Betroffenen selbst, welcher oftmals keine Einsicht in die Notwendigkeit während dieser Phase aufbringen kann. Dieser Aufwand ist sowohl für Betreuer wie auch den Betroffenen selbst sehr anstrengend, jedoch lohnenswert, wenn die Prognose besteht, dass nach Abschluss dieser außergewöhnlichen Lebenssituation eine Anknüpfung an vorherige Lebens- und Entwicklungsverhältnisse möglich ist. Daher ist in diesem Fall Leistungsstufe 2 als Finanzierungsaufwand gerechtfertigt.

Leistungsstufe 3

Diese Leistungsstufe umfasst quantitativ die Hauptgruppe der CMA-Betroffenen mit Anrecht auf Leistungen der Wiedereingliederungshilfe im stationären Bereich. Neben Unterstützungsfachleistungen zum Ermöglichen der Teilhabe werden hauptsächlich Unterstützungsfachleistungen zum Erleichtern der Teilhabe gegeben. Außer der direkten Hilfe im Umgang mit dem Betroffenen spielt hier der Aufwand zur Vor- und Nachbereitung inklusive der Analyse der Entwicklung sowie in Bezug auf Art und Umfang der Maßnahme eine große Rolle. Weil die kognitiven Defizite der CMA-Betroffenen in Leistungsstufe 3 oftmals geringer sind als diese der Betroffenen in Leistungsstufe 2, können und müssen die Betroffenen selbst auch zu analytischen Leistungen in Bezug auf Planung und Bewertung der Unterstützungsfachleistungen hinsichtlich ihrer Wirksamkeit auf die subjektive individuelle Teilhabe einbezogen werden. Um die Selbstbestimmung im Sinne der Teilhabe zu erhalten, ist diese Leistung wichtig, jedoch aufgrund der krankheitsbedingten Beeinträchtigungen zumeist sehr aufwendig. Daraus resultiert auch letztendlich der höhere Finanzierungsbedarf als in Leistungsstufe 2.

Übergangsstufe 4

In diesem Übergang ist zunächst ein Anstieg der Quantität der Unterstützungsfachleistungen zu erkennen. Dies beruht darauf, dass dem Betroffenen im Trainingswohnen der engmaschige stationäre Rahmen langsam entzogen wird und alle erarbeiteten Fähigkeiten in die vollständige oder zumindest stärkere Selbständigkeit übertragen werden müssen. Dies erfordert insbesondere ein überdurchschnittlich hohes Maß an 1:1-Betreuung, da eine Verallgemeinerung der Maßnahmen weder in der Analyse, noch in der Planung, Vor- oder Nachbereitung, noch in der Umsetzung hierfür möglich ist. Jeder Schritt muss individuell erfolgen und mit dem Betroffenen gemeinsam erarbeitet und ausgewertet werden. Hinzu kommt die engmaschige bis später sporadische Beobachtung um Misserfolge und Rückschläge, welche aufgrund der Tragweite der Veränderung nicht ausbleiben können, frühzeitig zu erkennen und abzufangen. Der Betroffene lernt in dieser Phase die erhöhte Selbstbestimmung aber auch Eigenverantwortung und benötigt hierfür Begleitung, welche für ihn spürbar ist und ihm Sicherheit gibt, aber auch Begleitung, welche er nicht bemerkt, um seine Selbständigkeit ohne Schaden zu trainieren.

Vom Ablauf her steigt der leistungsbezogene Aufwand während der Vorbereitung und ersten Durchführung verstärkt gegenüber den anderen Leistungsstufen. In der Trainingsphase ist der Aufwand weiterhin leicht erhöht sinkt dann jedoch, um den Betroffenen an das geringere Ausmaß der Unterstützungsleistungen im ambulanten Hilfebereich zu gewöhnen. Dieser Ablöseprozess ist insbesondere wichtig, um den Betroffenen der Sicherheit der graduellen Fremdbestimmung zu entwöhnen und das Gefühl der Selbständigkeit zu manifestieren. Die Leistungen erfolgen hier meist in einer Mischung aus geplanten und ungeplanten Unterstützungsfachleistungen, da ein Großteil der Hilfe beratend in dieser Phase ist und somit auf „Abruf" des Betroffenen oder nach Notwendigkeit der Situation erfolgen muss. Der quantitative höhere Aufwand bedingt den höheren Finanzierungsbedarf und belegt ihn insbesondere, da bei Übergang in die ambulante Hilfe der Finanzierungsbedarf sinkt und somit die Leistungsstufe 4 als Investitionskosten anzusehen sind.

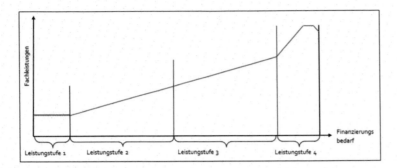

Abb.9: Darstellung des steigenden Leistungsaufwandes in Bezug auf die Leistungsstufen

6.9 Ausfüllen der Erhebung außergewöhnlicher Lebenssituation

Eine außergewöhnliche Lebenssituation erfordert ein Umdenken und noch stärkeres Individualisieren der Hilfen. Die Interaktion Eingliederungshilfe und Hilfe zur Pflege wird höher und das Ziel wird von der generellen Steigerung der gesellschaftlichen Teilhabe auf das „Meistern" der außergewöhnlichen Lebenssituation im Sinne der bestmöglichen Lebensqualität für den Betroffenen verschoben.

Daher sind für diesen Fall ausschließlich das Sozialdatenblatt und das Erfassungsblatt für außergewöhnliche Lebenssituationen auszufüllen und beim örtlichen Sozialhilfeträger einzureichen. Die standardisierte eigene Teilhabeeinschätzung, der Ergebnisbericht, die Hilfe-, Leistungs- und Finanzierungsbedarfserfassung sowie der Stufenplan entfallen in diesem Fall.

Feld: Beschreiben Sie kurz die vorliegende außergewöhnliche Lebenssituation
Beschreiben Sie kurz aber aussagekräftig die Situation und was diese außergewöhnlich macht. Bei Aspekten, welche die Befristung der Außergewöhnlichkeit der Lebenssituation belegen, geben Sie bitte Art und Quelle an.

Beispiel: *Der Betroffene leidet an Kehlkopfkrebs, wird derzeit auf eine Operation vorbereitet (vermutlich Anfang nächsten Monats) und erhält danach Chemotherapie und Bestrahlungs-Therapie. Derzeit schätzt das Krankenhaus den Behandlungs- und Genesungsprozess auf mindestens sechs Monate. Ein Verbleib in der Einrichtung ist möglich, da keine Palliativ- oder reinen Pflegemaßnahmen notwendig sind und die Prognose gut ist. Die Unterstützung durch die häusliche Krankenpflege ist beantragt.*

Feld: Beschreiben Sie kurz die derzeit häufigsten Fachleistungen zum Erhalt oder Ermöglichen der grundlegenden Teilhabe
Beschreiben Sie an dieser Stelle kurz und aussagekräftig die Hauptleistungen, welche im Rahmen der Eingliederungshilfe zum Erhalt der gesellschaftlichen Teilhabe erfolgen. Dies können Leistungen für die Wahrnehmung der Teilhabe des Betroffenen sein, aber auch Leistungen, welche ihn präventiv unterstützen, in der Gemeinschaft integriert zu bleiben, bzw. den Betroffenen und das medizinische Personal für den individuellen Umgang miteinander aufschließen und so auch Leistungen zur Teilhabe an Pflege als Bestandteil der gesellschaftlichen Teilhabe überhaupt ermöglichen.

7   Hinweise zum Datenschutz

Der Bedarfserfassungsprozess bedient sich zu jedem Zeitpunkt höchst sensibler persönlicher Daten des CMA-Betroffenen. Es ist daher wichtig, den Datenschutz in jeglicher Form zu wahren. Dies bedeutet, dass während der Erfassung gesichert sein muss, dass die erhobenen Daten weder auditiv noch visuell von nichtbeteiligten Personen aufgenommen werden können. Im Anschluss an die direkte Bedarfserfassung dürfen die Daten nur den Personen zugänglich gemacht werden, welche diese für die Bewilligung benötigen. Nach der Bewilligung ist der IBUT-CMA mit den Bewilligungsdaten zu ergänzen und beim Kostenträger innerhalb der gesetzlichen Fristen aufzubewahren. Zugang zu diesen Daten dürfen nur diejenigen Personen haben, welche für die Bewilligung der aktuellen oder künftigen Finanzierung zuständig sind.

Grundsätzlich ist dem CMA-Betroffenen Zugang zu den Daten zu gewähren. Ihm ist nach der Bewilligung ein Exemplar des vollständigen IBUT-CMA zukommen zu lassen. Er allein darf entscheiden, ob er die Daten des IBUT-CMA anderen Personen zur Verfügung stellt. Verweigert er dies dem Leistungserbringer, ist diesem vom Kostenträger eine Zusammenfassung der Leistungsbedarfserfassung zur Verfügung zu stellen. Somit wird sichergestellt, dass die vereinbarten Leistungen erbracht werden können. Der CMA-Betroffene ist hierüber in Kenntnis zu setzen.

IBUT-CMA

Instrument zur Bedarfserfassung und Teilhabesicherung für Chronisch Mehrfachgeschädigt/Mehrfachbeeinträchtigt Abhängigkeitskranke

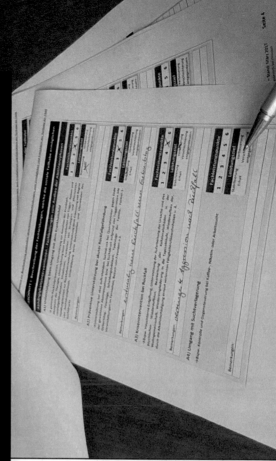

Version in

(Anlehnung an)

leichter Sprache

. Muth 2023, *Ermittlung der Teilhabeförderung und des
anzierungsbedarfs bei Chronisch Mehrfachgeschädigt/Mehrfachbeeinträchtigt
hängigkeitskranken – Modellierung und Evaluation eines Instrumentes
UT-CMA)*, https://doi.org/10.1007/978-3-658-39487-5_11

DATEN DES LEISTUNGSEMPFÄNGERS

Name, Vorname: _____

Geburtsdatum: _____

Adresse des Leistungserbringers

_____

_____

Telefon: _____

Ansprechpartner: _____

Ersterfassung: ☐

Anschlusserfassung: ☐

Erfassung nach Einrichtungswechsel: ☐

Erfassungszeitraum der beschriebenen Leistungen

_____

Gerichtlich gestellte Betreuung

Name: _____

Erreichbar unter: _____

Zuständigkeitsbereiche: _____

Klinische Diagnosen nach ICD

_____

_____

_____

Schwerbeschädigtenausweis

GdB ☐   GdS ☐

Merkzeichen ☐

Pflegegrad Kein Pflegegrad | 1 | 2 | 3 | 4 | 5 | Pflegegrad beantragt

Angestrebtes Ziel in Bezug auf Teilhabe für den folgenden Entwicklungszeitraum

Verschlechterung entgegensteuern   Stabilisierung   Verbesserung

Erhalt

Bewilligte Leistungsstufe für den folgenden Entwicklungszeitraum

Außerordentliche Lebenssituation   Leistungsstufe: | 1 | 2 |

→ Zeitlich begrenzte Krise:

→ Übergang in andere Hilfeform notwendig   Zeitraum:

Fachleistungen zum Ermöglichen und Erleichtern der Teilhabe (Abschnitt I+II)

→ Fachleistungsstunden (dir. Kontakt) in ^h/_Woche_: Leistungsstufe: | 2 | 3 |

→ Hintergrundbetreuung:

Übergang in ambulante Hilfeform   Summe der FL-St:

→ ohne Trainingswohnen (Abschnitt I+II)

→ mit Trainingswohnen (Abschnitt I+II+Stufenplan)   Leistungsstufe: | 3 | 4 |

Eigene Teilhabeeinschätzung

auszufüllen durch den Leistungsempfänger

Beurteilung der individuellen Lebenszufriedenheit in Bezug auf die Hilfe* durch den Leistungsempfänger	Ja! ☺☺	Eher ja! ☺	Weiß nicht. / Ist mir egal. ?	Eher nein! ☹	Nein! ☹☹
Ich fühle mich in meinem Leben jetzt wohl.					
Ich bin im Moment mit meinem Leben insgesamt zufrieden.					
Die Hilfe, die ich kriege, tut mir gut.					
Ich brauche mehr Hilfe.					
Ich brauche andere Hilfe.					
Die Hilfe ist mir zu viel.					

*Hiermit ist die Gesamtsituation der Hilfe gemeint. Einzelne Maßnahmen, welche im Gegensatz zum Gesamteindruck stehen, können im Folgenden einzeln erfasst und erklärt werden.

IBUT-CMA: Version 3.0

WAS FINDE ICH WICHTIG, WENN ICH UNTERSTÜTZUNG BEKOMME:

Ergebnisbericht:

Wer trifft die Entscheidungen:

(ich)

(Sozialamt)

Wo brauche ich am meisten Unterstützung:

• • •

Welche Leistungen helfen mir am besten/sind am wichtigsten:

• • •

Das ist mir besonders wichtig:

Wieviel kosten die Leistungen in Fachleistungsstunden/Woche:

Wieviel kostet „der Rest"? (Rahmen-/Hintergrundbetreuung/Woche):

Das ist Leistungsstufe:

| 1 | 2 | 3 | 4 |

Unterschrift von allen, die mitgemacht haben:

	Hilfe-bedarf	Leistungs-bedarf	Finanzierungs-bedarf

Wo wurde mitgemacht

Unterschrift:

Funktion/Amt:

Name, Vorname:

Ort der Erfassung _____

Datum der Erfassung _____

Erfassung des Hilfebedarfes

1. Körperfunktionen + 2. Körperstrukturen = Wie mein Körper arbeitet

Das kann ich	Ziel		
	Soll nicht so schnell schlechter werden	Soll so bleiben und nicht schlechter werden	Soll so bleiben oder besser werden	Soll besser werden

Das kann ich nicht / nicht so gut	Ziel		
	Soll nicht so schnell schlechter werden	Soll so bleiben und nicht schlechter werden	Soll so bleiben oder besser werden	Soll besser werden

3. Teilhabe und Aktivitäten = Was mir gut tut und was ich kann

3.1. Lernen und Wissen

Das kann ich	Ziel		
	Soll nicht so schnell schlechter werden	Soll so bleiben und nicht schlechter werden	Soll so bleiben oder besser werden	Soll besser werden

Das kann ich nicht / nicht so gut	Ziel		
	Soll nicht so schnell schlechter werden	Soll so bleiben und nicht schlechter werden	Soll so bleiben oder besser werden	Soll besser werden

3. Teilhabe und Aktivitäten = Was mir gut tut und was ich kann

3.2. Allgemeine Aufgaben und Anforderungen

Das kann ich — Ziel

	Soll nicht so schnell schlechter werden	Soll so bleiben und nicht schlechter werden	Soll so bleiben oder besser werden	Soll besser werden

Das kann ich nicht / nicht so gut — Ziel

	Soll nicht so schnell schlechter werden	Soll so bleiben und nicht schlechter werden	Soll so bleiben oder besser werden	Soll besser werden

3. Teilhabe und Aktivitäten = Was mir gut tut und was ich kann

3.3. Kommunikation = reden, zuhören, einander verstehen

Das kann ich	Ziel		
	Soll nicht so schnell schlechter werden	Soll so bleiben und nicht schlechter werden	Soll so bleiben oder besser werden	Soll besser werden

Das kann ich nicht / nicht so gut	Ziel		
	Soll nicht so schnell schlechter werden	Soll so bleiben und nicht schlechter werden	Soll so bleiben oder besser werden	Soll besser werden

3. Teilhabe und Aktivitäten = Was mir gut tut und was ich kann

3.4. Mobilität = Bewegung

Das kann ich	Ziel		
	Soll nicht so schnell schlechter werden	Soll so bleiben und nicht schlechter werden	Soll so bleiben oder besser werden	Soll besser werden

Das kann ich nicht / nicht so gut	Ziel		
	Soll nicht so schnell schlechter werden	Soll so bleiben und nicht schlechter werden	Soll so bleiben oder besser werden	Soll besser werden

3. Teilhabe und Aktivitäten = Was mir gut tut und was ich kann

3.5. Selbstversorgung = Alles was ich für mich brauche

Das kann ich	Ziel		
	Soll nicht so schnell schlechter werden	Soll so bleiben und nicht schlechter werden	Soll so bleiben oder besser werden	Soll besser werden

Das kann ich nicht / nicht so gut	Ziel		
	Soll nicht so schnell schlechter werden	Soll so bleiben und nicht schlechter werden	Soll so bleiben oder besser werden	Soll besser werden

Autor: Dipl. Psych. Lydia Muth

3. Teilhabe und Aktivitäten = Was mir gut tut und was ich kann

3.6. Häusliches Leben = Hausarbeit, sich um den Haushalt kümmern

Das kann ich	Ziel			
	Soll nicht so schnell schlechter werden	Soll so bleiben und nicht schlechter werden	Soll so bleiben oder besser werden	Soll besser werden

Das kann ich nicht / nicht so gut	Ziel			
	Soll nicht so schnell schlechter werden	Soll so bleiben und nicht schlechter werden	Soll so bleiben oder besser werden	Soll besser werden

3. Teilhabe und Aktivitäten = Was mir gut tut und was ich kann

3.7. Interpersonelle Interaktion und Beziehung = Familie, Freundschaften, Liebe, Kollegen, Nachbarn, Betreuer und Ähnliches

Das kann ich	Ziel		
	Soll nicht so schnell schlechter werden	Soll so bleiben und nicht schlechter werden	Soll so bleiben oder besser werden	Soll besser werden

Das kann ich nicht / nicht so gut	Ziel		
	Soll nicht so schnell schlechter werden	Soll so bleiben und nicht schlechter werden	Soll so bleiben oder besser werden	Soll besser werden

Autor: Dipl. Psych. Lydia Muth

3. Teilhabe und Aktivitäten = Was mir gut tut und was ich kann

3.8. Bedeutende Lebensbereiche = Bildung, Arbeit, Umgang mit Geld

Das kann ich

Ziel		
Soll nicht so schnell schlechter werden	Soll so bleiben und nicht schlechter werden	Soll so bleiben oder besser werden
		Soll besser werden

Das kann ich nicht / nicht so gut

Ziel		
Soll nicht so schnell schlechter werden	Soll so bleiben und nicht schlechter werden	Soll so bleiben oder besser werden
		Soll besser werden

3. Teilhabe und Aktivitäten = Was mir gut tut und was ich kann

3.9. Gemeinschaftliches, soziales und staatsbürgerliches Leben = Freizeit, Religion, Politik und ähnliches

Das kann ich	Ziel		
	Soll nicht so schnell schlechter werden	Soll so bleiben und nicht schlechter werden	Soll so bleiben oder besser werden
			Soll besser werden

Das kann ich nicht / nicht so gut	Ziel		
	Soll nicht so schnell schlechter werden	Soll so bleiben und nicht schlechter werden	Soll so bleiben oder besser werden
			Soll besser werden

4. Umweltfaktoren = Alles was um mich herum ist

Das ist hilfreich

Ziel

Kein Eingreifen notwendig	Verschlechterung verlangsamen	Situation erhalten	Situation verbessern

Das ist störend

Ziel

Kein Eingreifen notwendig	Verschlechterung verlangsamen	Situation erhalten	Situation verbessern

5. personenbezogene Faktoren = Alles was mich betrifft/von mir ausgeht

Das ist hilfreich

Ziel

Kein Eingreifen notwendig	Verschlechterung verlangsamen	Situation erhalten	Situation verbessern

Das ist störend

Ziel

Kein Eingreifen notwendig	Verschlechterung verlangsamen	Situation erhalten	Situation verbessern

Autor: Dipl. Psych. Lydia Muth

Was ist sonst noch wichtig?

Autor: Dipl. Psych. Lydia Muth

Was ist sonst noch wichtig?

Autor: Dipl. Psych. Lydia Muth

Erfassung des Leistungsbedarfes

ABSCHNITT I: Beschreibung der Fachleistungen, welche die soziale Teilhabe ermöglichen

Abhängigkeitsinterventionen - Fachleistungen zum Ausbau der Abstinenzphasen

A1) Unterstützung beim Umgang mit dem Krankheitsbild

= Was weiß ich über meine Erkrankung und wie gehe ich damit um?

Wie viele helfen mir/mir und anderen	Wie lange wird mir geholfen?
2 : 1	
1 : 1	
bis 1 : 3	
bis 1 : 6	
1 : > 6	
Keine Hilfe notwendig	

Bemerkungen:

A2) Präventive Unterstützung bei akuter Rückfallgefährdung

= Hilfe wenn der Suchtdruck kommt

Wie viele helfen mir/mir und anderen	Wie lange wird mir geholfen?
2 : 1	
1 : 1	
bis 1 : 3	
bis 1 : 6	
1 : > 6	
Keine Hilfe notwendig	

Bemerkungen:

A3) Krisenintervention bei Rückfall

= besondere Hilfe, wenn ich einen Rückfall hatte

Wie viele helfen mir/mir und anderen	Wie lange wird mir geholfen?
2 : 1	
1 : 1	
bis 1 : 3	
bis 1 : 6	
1 : > 6	
Keine Hilfe notwendig	

Bemerkungen:

A4) Umgang mit Suchtverlagerung

= Hilfe, wenn ich nach anderen Dingen als Alkohol süchtig werde (Kaffee, Sport, Arbeit, Zigaretten oder ähnliches)

Wie viele helfen mir/mir und anderen	Wie lange wird mir geholfen?
2 : 1	
1 : 1	
bis 1 : 3	
bis 1 : 6	
1 : > 6	
Keine Hilfe notwendig	

Bemerkungen:

Befähigungsleistungen –
Grundlegende Fachleistungen zum Ermöglichen der Teilhabe

B1) Unterstützung zur Orientierung (zeitl., räuml., org., zur Person) bei Schwierigkeiten mit dem Gedächtnis

= Hilfe, wenn ich Dinge durcheinanderbringe oder vergesse

Wie viele helfen mir/mir und anderen	Wie lange wird mir geholfen?
2 : 1	
1 : 1	
bis 1 : 3	
bis 1 : 6	
1 : > 6	
Keine Hilfe notwendig	

Bemerkungen:

B2) Unterstützung zur Annahme der Therapie und zum Nachkommen der Mitwirkungspflicht

= Unterstützung, damit ich Hilfe zulasse und mitmache

Wie viele helfen mir/mir und anderen	Wie lange wird mir geholfen?
2 : 1	
1 : 1	
bis 1 : 3	
bis 1 : 6	
1 : > 6	
Keine Hilfe notwendig	

Bemerkungen:

Autor: Dipl. Psych. Lydia Muth

B3) Unterstützung bei Antriebsstörungen

= Hilfe, wenn ich mich nicht aufraffen kann/ am liebsten nur im Bett liege

Wie viele helfen mir/mir und anderen	Wie lange wird mir geholfen?
2 : 1	
1 : 1	
bis 1 : 3	
bis 1 : 6	
1 : > 6	
Keine Hilfe notwendig	

Bemerkungen:

B4) Unterstützung zum Umgang mit Veränderungen

= Hilfe, wenn sich etwas ändert

Wie viele helfen mir/mir und anderen	Wie lange wird mir geholfen?
2 : 1	
1 : 1	
bis 1 : 3	
bis 1 : 6	
1 : > 6	
Keine Hilfe notwendig	

Bemerkungen:

B5) Unterstützung im Umgang mit Organisatorischen Dingen und Formalitäten des alltäglichen Lebens

= Unterstützung bei Briefen vom Amt und Besuchen von Ämtern

Wie viele helfen mir/mir und anderen	Wie lange wird mir geholfen?
2 : 1	
1 : 1	
bis 1 : 3	
bis 1 : 6	
1 : > 6	
Keine Hilfe notwendig	

Bemerkungen:

B6) Unterstützung beim Erarbeiten, Verstehen und Organisieren des Hilfeprozesses und sinnvoller Zukunftsplanung

= Wie soll meine Zukunft aussehen? Unterstützung, damit ich die Hilfe bekomme, die ich möchte und brauche.

Wie viele helfen mir/mir und anderen	Wie lange wird mir geholfen?
2 : 1	
1 : 1	
bis 1 : 3	
bis 1 : 6	
1 : > 6	
Keine Hilfe notwendig	

Bemerkungen:

ABSCHNITT II: Beschreibung der Fachleistungen, welche die soziale Teilhabe erleichtern

Fachleistungen zur Teilhabeförderung im Bereich „Lebensführung" (Selbstversorg./Wohnen)

L1) Unterstützung einer nicht-gesundheitsgefährdenden Ernährung

= Hilfe dabei herauszufinden, wieviel und was ich essen/trinken kann, um gesund zu bleiben?

Wie viele helfen mir/mir und anderen	Wie lange wird mir geholfen?
2 : 1	
1 : 1	
bis 1 : 3	
bis 1 : 6	
1 : > 6	
Keine Hilfe notwendig	

Bemerkungen:

L2) Unterstützung bei der persönlichen Hygiene

= Hilfe dabei, Körper und Kleidung sauber zu halten, damit ich nicht krank oder abgelehnt werde.

Wie viele helfen mir/mir und anderen	Wie lange wird mir geholfen?
2 : 1	
1 : 1	
bis 1 : 3	
bis 1 : 6	
1 : > 6	
Keine Hilfe notwendig	

Bemerkungen:

L3) Unterstützung beim Gestalten und wohnlich Halten des Lebensraumes

= Hilfe, damit mein Zimmer/meine Wohnung sauber und ordentlich ist und man sich dort wohlfühlt.

Wie viele helfen mir/mir und anderen	Wie lange wird mir geholfen?
2 : 1	
1 : 1	
bis 1 : 3	
bis 1 : 6	
1 : > 6	
Keine Hilfe notwendig	

Bemerkungen:

L4) Unterstützung beim Umgang mit technischen Alltagsgeräten (Wecker, Radio, Fernseher, Herd, Waschmaschine, Toaster etc.) im Bereich Wohnen

= Hilfe bei technischen Geräten

Wie viele helfen mir/mir und anderen	Wie lange wird mir geholfen?
2 : 1	
1 : 1	
bis 1 : 3	
bis 1 : 6	
1 : > 6	
Keine Hilfe notwendig	

Bemerkungen:

L5) Unterstützung beim Einkaufen und im Umgang mit Geld

= Hilfe beim Einkaufen oder Geld einteilen

Wie viele helfen mir/mir und anderen	Wie lange wird mir geholfen?
2 : 1	
1 : 1	
bis 1 : 3	
bis 1 : 6	
1 : > 6	
Keine Hilfe notwendig	

Bemerkungen:

L6) Beobachten von Krankheitszeichen, körperlichen Teilhabebeeinträchtigungen und Unterstützung bei gesundheitlichem Verständnis

= Hilfe, wenn ich krank bin.

Wie viele helfen mir/mir und anderen	Wie lange wird mir geholfen?
2 : 1	
1 : 1	
bis 1 : 3	
bis 1 : 6	
1 : > 6	
Keine Hilfe notwendig	

Bemerkungen:

L7) Unterstützung beim Umgang mit medizinischen Hilfen und beim Trainieren/Anleiten von gesundheitlichen Präventiv-Maßnahmen

= Unterstützung, das zu tun, was mir hilft gesund zu werden oder zu bleiben

Wie viele helfen mir/mir und anderen	Wie lange wird mir geholfen?
2 : 1	
1 : 1	
bis 1 : 3	
bis 1 : 6	
1 : > 6	
Keine Hilfe notwendig	

Bemerkungen:

Fachleistungen zur Teilhabeförderung im Bereich „soziale Beziehungen"

S1) Unterstützung beim Erkennen, Anerkennen und Einhalten von sozialen Normen, Werten und Regeln

= Unterstützung zu erkennen, was richtig und falsch ist um in meinem Umfeld zu leben, mich wohl zu fühlen, anerkannt zu werden und dazuzugehören

Wie viele helfen mir/mir und anderen	Wie lange wird mir geholfen?
2 : 1	
1 : 1	
bis 1 : 3	
bis 1 : 6	
1 : > 6	
Keine Hilfe notwendig	

Bemerkungen:

S2) Unterstützung in sozialen Situationen, in denen die Teilhabe aufgrund von Konfabulationen, Gedächtnisproblemen oder falscher Selbst- und Fremdeinschätzung gefährdet ist

=Unterstützung wenn ich mich falsch erinnere, viel vergesse oder mich und meine Umwelt falsch einschätze

Wie viele helfen mir/mir und anderen	Wie lange wird mir geholfen?
2 : 1	
1 : 1	
bis 1 : 3	
bis 1 : 6	
1 : > 6	
Keine Hilfe notwendig	

Bemerkungen:

S3) Unterstützung sich in eine Gruppe zu integrieren

= Hilfe in einer Gruppe dazu zugehören

Wie viele helfen mir/mir und anderen	Wie lange wird mir geholfen?
2 : 1	
1 : 1	
bis 1 : 3	
bis 1 : 6	
1 : > 6	
Keine Hilfe notwendig	

Bemerkungen:

S4) Unterstützung sich in einer Gruppe, Partnerschaft, Freundschaft, Familie durchzusetzen bzw. zu schützen, die eigenen Interessen zu vertreten

= Unterstützung, um zu sagen was ich denke und möchte und wie ich mich durchsetzen kann

Wie viele helfen mir/mir und anderen	Wie lange wird mir geholfen?
2 : 1	
1 : 1	
bis 1 : 3	
bis 1 : 6	
1 : > 6	
Keine Hilfe notwendig	

Bemerkungen:

S5) Unterstützung beim Umgang mit Konflikten

= Hilfe bei Ärger, Streit und Problemen. Hilfe bei Angst, Trauer oder wenn mir etwas zu schaffen macht.

Wie viele helfen mir/mir und anderen	Wie lange wird mir geholfen?
2 : 1	
1 : 1	
bis 1 : 3	
bis 1 : 6	
1 : > 6	
Keine Hilfe notwendig	

Bemerkungen:

S6) Unterstützung beim Aufnehmen und Halten von Kontakten zu Familie oder Freundeskreis, Angehörigenarbeit

= Hilfe bei Kontakt zu Familie und Freunden

	Wie viele helfen mir/mir und anderen	Wie lange wird mir geholfen?
2 : 1		
1 : 1		
bis 1 : 3		
bis 1 : 6		
1 : > 6		
Keine Hilfe notwendig		

Bemerkungen:

Fachleistungen zur Teilhabeförderung im Bereich „Tagesstrukturierung"

T1) Unterstützung zur Erarbeitung und Übernahme einer regelmäßigen Strukturierung des Tages

= Hilfe dabei einen regelmäßigen Tagesablauf zu schaffen. Hilfe herauszufinden, was sollte ich wann machen und das einzuhalten.

	Wie viele helfen mir/mir und anderen	Wie lange wird mir geholfen?
2 : 1		
1 : 1		
bis 1 : 3		
bis 1 : 6		
1 : > 6		
Keine Hilfe notwendig		

Bemerkungen:

Autor: Dipl. Psych. Lydia Muth

T2) Unterstützung beim Finden und Gestalten arbeitsähnlicher tagesstrukturierender Aufgaben (sinngebende Beschäftigung)

= Unterstützung dabei arbeitsähnliche Aufgaben zu finden.

Wie viele helfen mir/mir und anderen	Wie lange wird mir geholfen?
2 : 1	
1 : 1	
bis 1 : 3	
bis 1 : 6	
1 : > 6	
Keine Hilfe notwendig	

Bemerkungen:

T3) Unterstützungen bei der Gestaltung freier Zeit und dem Umgang mit Festen und Feiern

= Hilfe für den Umgang mit freier Zeit und Feiern.

Wie viele helfen mir/mir und anderen	Wie lange wird mir geholfen?
2 : 1	
1 : 1	
bis 1 : 3	
bis 1 : 6	
1 : > 6	
Keine Hilfe notwendig	

Bemerkungen:

T4) Unterstützung beim Strukturieren, Planen und Durchführen von konkreten Aufgaben

= Unterstützung dabei Aufgaben zu planen und zu machen.

Wie viele helfen mir/mir und anderen	Wie lange wird mir geholfen?
2 : 1	
1 : 1	
bis 1 : 3	
bis 1 : 6	
1 : > 6	
Keine Hilfe notwendig	

Bemerkungen:

T5) Unterstützung bei Überforderung, welche nicht aufgrund sozialer Beziehungen erwachsen

= Unterstützung, wenn mir etwas/alles zu viel wird oder ich etwas nicht verstehe.

Wie viele helfen mir/mir und anderen	Wie lange wird mir geholfen?
2 : 1	
1 : 1	
bis 1 : 3	
bis 1 : 6	
1 : > 6	
Keine Hilfe notwendig	

Bemerkungen:

T6) Unterstützung beim Erkennen und Relativieren verzerrter Selbstwahrnehmung

= Hilfe, wenn ich mich anders sehe/ anders über mich denke, als alle anderen.

Wie viele helfen mir/mir und anderen	Wie lange wird mir geholfen?
2 : 1	
1 : 1	
bis 1 : 3	
bis 1 : 6	
1 : > 6	
Keine Hilfe notwendig	

Bemerkungen:

T7) Unterstützung beim Ausbau der Selbständigkeit

= Hilfe dabei mehr alleine zu können und zu entscheiden.

Wie viele helfen mir/mir und anderen	Wie lange wird mir geholfen?
2 : 1	
1 : 1	
bis 1 : 3	
bis 1 : 6	
1 : > 6	
Keine Hilfe notwendig	

Bemerkungen:

Stufenplan für Übergang in ambulante Hilfen

1. Stufe → Vorbereitungsphase

Beginn:

Ende:

Was soll geschafft werden:

Wer soll das tun:

Ich:

Einrichtung:

Gerichtl. gestellte Betreuung:

Sonstige:

Autor: Dipl. Psych. Lydia Muth

2. Stufe → Trainingsphase

Beginn:

Ende:

Was soll geschafft werden:

Wer soll das tun:

Ich:

Einrichtung:

Gerichtl. gestellte Betreuung:

Sonstige:

Autor: Dipl. Psych. Lydia Muth

3. Stufe → Ablösephase

Beginn:

Ende:

Was soll geschafft werden:

Wer soll das tun:

Ich:

Einrichtung:

Gerichtl. gestellte Betreuung:

Sonstige:

Autor: Dipl. Psych. Lydia Muth

Erfassung des Finanzierungsbedarfes

Wieviele Betreuer helfen mir oder mir und anderen	Wieviel Hilfe bekomme ich jeweils					Summe der Leistungen insgesamt $\sum(A+B+L+S+T)$	Umrechnung, als ob bei allen Leistungen immer nur ein Betreuer immer nur mir hilft	
	A	B	L	S	T		Berechnungsvorschrift	Wert
2 : 1							$\sum(A+B+L+S+T)^{2:1} \ * \ 2 =$	
1 : 1							$\sum(A+B+L+S+T)^{1:1} \ =$	
bis 1 : 3							$\sum(A+B+L+S+T)^{b.1:3} \ / \ 3 =$	
bis 1 : 6							$\sum(A+B+L+S+T)^{b.1:6} \ / \ 6 =$	
1 : >6							$\sum(A+B+L+S+T)^{1:>6} \ / \ 12 =$	

Hilfeleistungen insgesamt	
In Minuten pro Woche	

Umrechnung	Maßeinheit	Kosten für die Hilfeleistungen
Hilfeleistungen insgesamt	Minuten pro Woche	
Hilfeleistungen insgesamt / 60	Stunden pro Woche	
Hilfeleistungen insgesamt / 420	Stunden pro Tag	

Voraussichtliche Hintergrundbetreuung (anzugeben in Stunden) = wenn jemand da ist, obwohl er im Moment mir nicht direkt hilft

Montag		Dienstag		Mittwoch		Donnerstag		Freitag		Samstag		Sonntag	
Tag	Nacht	Tag	Nacht	Tag	Nacht	Tag	Nacht	Tag	Nacht	Tag	Nacht	Tag	Nacht

Dies entspricht Leistungsstufe:

1   2   3   4

Erfassungsblatt für außergewöhnliche Lebenssituationen

Beschreiben Sie kurz die aktuelle Situation

Beschreiben Sie kurz welche Hilfe momentan wichtig ist

Bastelbogen:

Das Teilhabe-Windrad

© L. Muth 2023, *Ermittlung der Teilhabeförderung und des Finanzierungsbedarfs bei Chronisch Mehrfachgeschädigt/Mehrfachbeeinträchtigt Abhängigkeitskranken – Modellierung und Evaluation eines Instrumentes (IBUT-CMA)*, https://doi.org/10.1007/978-3-658-39487-5

Teilhabe –

Damit es im Leben rund läuft!

Bastelbogen für das Teilhabe-Windrad

Du brauchst:

- ☐ 1 Schere
- ☐ 2 Perlen
- ☐ 1 Stab

- ☐ etwas Basteldraht (ca. 30cm)
- ☐ Bastelbogen Seite 2 oder 3 ausgedruckt auf dickem Papier

Anleitung:

1.	2.	3.	4.	5.	6.

1. Schneide zuerst mit der Schere an den äußeren gestrichelten Linien das Viereck aus. Dann schneide auf den gestrichelten Linien das Viereck ein. Schneide nun auch die Scheibe aus.

2. Fädele eine Perle auf den Draht, schiebe sie in die Mitte und verdrehe die Drahtenden etwa 2cm lang miteinander.

3. Nehme das Viereck und führe die weißen Ecken in der Mitte zusammen. Beachte, dass sich die Ecken ausreichend überlappen.

4. Lege die Scheibe über die Ecken und pieke mit der Schere durch das weiße Loch in der Mitte. Das Loch sollte auch durch die Ecken und das Viereck gehen.

5. Fädele die beiden Drahtenden durch das Loch und fädele hinter dem Viereck die zweite Perle auf eines der beiden Drahtenden.

6. Verdrehe einmal beide Drahtenden hinter der zweiten Perle und wickele sie um den Stab.

Version 1:

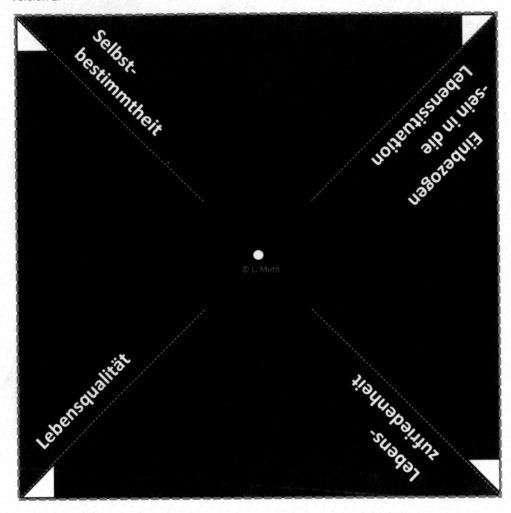

Version 2 (in Anlehnung an leichte Sprache):

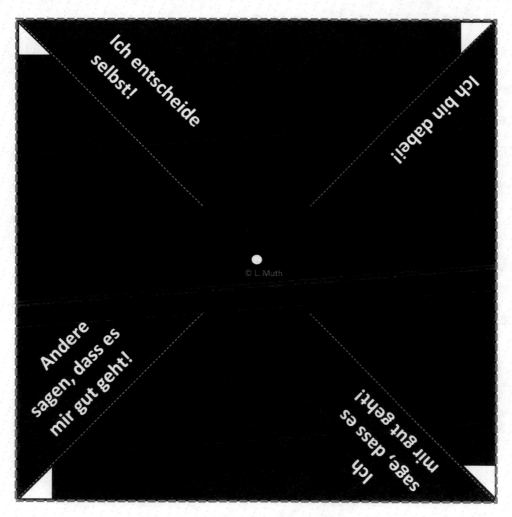

Literaturverzeichnis

ADAMS, M., EFFERZ, T., 2011. Volkswirtschaftliche Kosten des Alkohol- und Tabakkonsums. In: SINGER, M.-V., BATRA, A., MANN, K., Hrsg. *Alkohol und Tabak – Grundlagen und Folgeerkrankungen*. Stuttgart: Georg Thieme Verlag, S.57-62.

ANDERSON, P., BAUMBERG, B., 2006. *Alcohol in Europe*. London: Institute of Alcohol

ANDERSON, P., MØLLER, L., GALEA, G., Hrsg., 2012. *Alcohol in the European Union - Consumption, harm and policy approaches*. Copenhagen: World Health Organization Regional Office for Europe

ANGERER, P., PETRU, R., WEIGL, M., GLASER, J., 2010. Arbeitsbedingungen und Befinden von Ärztinnen und Ärzten. In: SCHWARTZ, F.W., ANGERER, P., Hrsg. *Arbeitsbedingungen und Befinden von Ärztinnen und Ärzten: Befunde und Interventionen*. Köln: Deutscher Ärzte-Verlag, S.175-184.

ARBEITSGRUPPE CMA,1999. Definitionsvorschläge zur Operationalisierung von chronisch mehrfachbeeinträchtigen Abhängigen von psychotropen Substanzen. In: *Sucht – Zeitschrift für Wissenschaft und Praxis* (45), S.6-13.

AUSSCHUSS FÜR ANGELEGENHEITEN DER PSYCHIATRISCHEN KRANKENVERSOR-GUNG, 2004. 11. Bericht (Mai 2003-April 2004). In: Ausschuss für Angelegenheiten der psychiatrischen Krankenversorgung und des Maßregelvollzugs des Landes Sachsen-Anhalt: Tätigkeitsberichte [online] [letztmaliger Zugriff am: 02.11.2020]. Verfügbar unter: https://psychiatrieausschuss.sachsen-anhalt.de/publikationen-und-oeffentlichkeitsarbeit/taetigkeitsberichte/

BABOR, F.T., 2010. Alcohol: No Ordinary Commodity – a summary of the second edition. In: *Addiction* (105), S.769–779.

BARTSCH, G., MERFERT-DIETE, C., 2013. Alkoholabhängigkeit und riskanter Alkoholkonsum. In: BADURA, B., DUCKI, A., SCHRÖDER, H., KLOSE, J., MEYER, M. Hrsg. *Fehlzeiten-Report 2013: Verdammt zum Erfolg – die süchtige Arbeitsgesellschaft*. Berlin Heidelberg: Springer Verlag, S.67-73.

BAUMGÄRTNER, G., SOYKA, M., 2014. *Diagnostik alkoholbezogener Störungen. In: Psychiatrie & Neurologie (1/2014), S.12-16.*

BEHRISCH, B., 2016. Anerkennung von Menschen mit Behinderung als Thema von Diversity. In: *Handbuch Diversity Kompetenz: Gegenstandsbereiche*. Wiesbaden: Springer Fachmedien, S.437-448.

BIH – BUNDESARBEITSGEMEINSCHAFT DER INTEGRATIONSÄMTER UND HAUPT-FÜRSORGESTELLEN, 2018. SGB IX (Rehabilitation und Teilhabe behinderter Menschen), In: *BIH- Integrationsämter* [online] 11.12.2018 [letztmaliger Zugriff am: 02.11.2020]. Verfügbar unter:
http://www.integrationsaemter.de/druckversion/Fachlexikon/SGB-IX--Rehabilitation-und-Teilhabe-behinderter-Menschen-/77c376i/index.html

BLOOMFIELD, K., KRAUS, L., SOYKA, M., 2008. *Statistisches Bundesamt Gesundheitsberichterstattung des Bundes (Heft 40): Alkoholkonsum und alkoholbezogene Störungen*. Berlin: Robert-Koch-Institut.

BOEREE, C.G., 2006. Abraham Maslow 1908-1970. In: *Shippensburg University* [online] [letztmaliger Zugriff am 02.11.2020]. Verfügbar unter:
http://webspace.ship.edu/cgboer/maslow.html

BOESSMANN, U., 2006. Psychohygiene für Ärzte und Therapeuten: Der schonende Umgang mit der Übertragung und Gegenübertragung. In: JORK, K., PESESCHKIAN, N., Hrsg. *Salutogenese und Positive Psychotherapie. Gesund werden – Gesund Bleiben*, Bern: Verlag Hans Huber, S.63-69.

BORNSTEIN, R. F., D'AGOSTINO, P. R., 1992. Stimulus recognition and the mere exposure effect. In: *Journal of Personality and Social Psychology* (63.4), S.545-552.

BORTZ, J., DÖRING, N., PÖSCHL, S., 2016. *Forschungsmethoden und Evaluation in den Sozial- und Humanwissenschaften*, Berlin Heidelberg: Springer Verlag

BRANDENBURGER KOMISSION, 2006. Beschluss Nr. 6/2006: Anlage 2. In: *Landesamt für Soziales und Versorgung Brandenburg (LASV)* [online] 18.10.2006 [letztmaliger Zugriff am: 02.11.2020]. Verfügbar unter:
https://lasv.brandenburg.de/sixcms/media.php/9/06_06.pdf

BRANDENBURGER KOMMISSION, 2018. Beschluss Nr. 2/2018 der Projektgruppe Bedarfsermittlungsinstrument gemäß § 142 SGB XII. In: *Landesamt für Soziales und Versorgung Brandenburg (LASV)* [online] 20.04.2018 [letztmaliger Zugriff am: 02.11.2020]. Verfügbar unter:
https://lasv.brandenburg.de/sixcms/media.php/9/Beschluss-02-2018-U.pdf

BÜCKEN, S., 2016. Soziale Gerechtigkeit: Leistungsdispositiv oder gesellschaftsveränderndes Mandat?. In: SPETSMANN-KUNKEL, M., Hrsg. *Soziale Arbeit und Neoliberalismus*. Baden-Baden: Nomos-Verlag, S.104-123.

BUNDESMINISTERIUM FÜR ARBEIT UND SOZIALES, 2018. Häufige Fragen zum BTHG. In: *Bundesministerium für Arbeit und Soziales* [online] 25.10.2018 [letztmaliger Zugriff am: 02.11.2020]. Verfügbar unter: http://www.bmas.de/SharedDocs/Downloads/DE/PDF-Schwerpunkte/faq-bthg.pdf?__blob=publicationFile&v=6

BUNDESMINISTERIUM FÜR ARBEIT UND SOZIALES, 2016. Gesetz zur Gleichstellung behinderter Menschen. In: *Bundesministerium für Arbeit und Soziales* [online] 19.07.2016 [letztmaliger Zugriff 02.11.2020]. Verfügbar unter: https://www.bmas.de/DE/Service/Gesetze/gesetz-zur-gleichstellung-behinderter-menschen.html;jsessionid=1F5C054EE1243D62BD5519B2E79D8348

BUNDESMINISTERIUM FÜR ARBEIT UND SOZIALES, 2014. Übereinkommen der Vereinten Nationen über die Rechte von Menschen mit Behinderungen. In: *Bundesministerium für Arbeit und Soziales* [online] 08.10.2014 [letztmaliger Zugriff am 02.11.2020]. Verfügbar unter: https://www.bmas.de/DE/Themen/Teilhabe-Inklusion/Politik-fuer-behinderte-Menschen/rechte-von-menschen-mit-behinderungen.html;jsessionid=1F5C054EE1243D62BD5519B2E79D8348

CABINET OFFICE – PRIME MINISTER'S STRATEGY UNIT, 2004. Alcohol Harm Reduction Strategy for England. In: Cabinet Office [online] [letztmaliger Zugriff am: 02.11.2020]. Verfügbar unter: http://www.ias.org.uk/uploads/pdf/Economic%20impacts%20docs/AlcoholHarmReductionStrategy.pdf

COWAN, N., 2001. The Magical Number 4 in Short-Term Memory: A Reconsideration of Mental Storage Capacity. In: *Behavioral and Brain Sciences* (24.1), S.87-185.

DEDERICH, M., 2010. Behinderung, Norm, Differenz – Die Perspektive der Disability Studies. In: KESSEL, F., PLÖßER, M., Hrsg. *Differenzierung, Normalisierung, Andersheit: Soziale Arbeit als Umgang mit den Anderen*. Wiesbaden: VS Verlag für Sozialwissenschaften, S.170–184.

DEGENER, T. 2006. Menschenrechtsschutz für behinderte Menschen. In: *Vereinte Nationen* (54), S.104-110.

DEIMEL, H., DANNENBERG, D., 2005. Chronisch mehrfach beeinträchtigte Abhängigkeitskranke (CMA): Neue Herausforderungen für Bewegungs- und Sporttherapeuten. In: *B&G Bewegungstherapie und Gesundheitssport* (60), S.54-61.

DEUTSCHE HAUPTSTELLE FÜR SUCHTFRAGEN E.V., 2020. *DHS Jahrbuch Sucht 2020.* Lengerich: Pabst Science Publishers

DEUTSCHER BUNDESTAG 19.WAHLPRIODE, 2018. Zwischenbericht zu den rechtlichen Wirkungen im Fall der Umsetzung von Artikel 25a § 99 des Bundesteilhabegesetzes (ab 2023) auf den leistungsberechtigten Personenkreis der Eingliederungshilfe. In: *Deutscher Bundestag 19. Wahlperiode: Drucksache 19/3242* [online] 02.07.2018 [letztmaliger Zugriff am 02.11.2020]. Verfügbar unter: http://dipbt.bundestag.de/doc/btd/19/032/1903242.pdf

DIMDI– DEUTSCHES INSTITUT FÜR MEDIZINISCHE DOKUMENTATION UND INFORMATION, 2019a. ICD-10-GM-2019. In: *Deutsches Institut für medizinische Dokumentation und Information* [online] [letztmaliger Zugriff 02.11.2020]. Verfügbar unter: https://www.dimdi.de/static/de/klassifikationen/icd/icd-10-gm/kode-suche/htmlgm2019/block-f10-f19.htm#F10

DIMDI– DEUTSCHES INSTITUT FÜR MEDIZINISCHE DOKUMENTATION UND INFORMATION, 2019b. Vorwort zur deutschsprachigen Fassung der ICF. In: *Deutsches Institut für medizinische Dokumentation und Information* [online] [letztmaliger Zugriff 02.11.2020]. Verfügbar unter: https://www.dimdi.de/static/de/klassifikationen/icf/icfhtml2005/zusatz-01-vor-vorwort.htm

DÜBGEN, R., ANDREAS-SILLER, P., SILLER,G., ZIETHEN, M., 2015. Mehrfachbeeinträchtigte Abhängigkeitskranke: Reduktion stationärer Aufenthalte in der Psychiatrie durch eine ambulante Betreuung. In: *Sucht* (48), S.124-129.

DUHRMANN, S., 2016. *Therapeutische Wohngemeinschaft Chronischer Alkoholkonsum: Erfolg? Wirkfaktoren für erfolgreiches Arbeiten mit alkoholabhängigen Männern in einer Therapeutischen Wohngemeinschaft.* Saarbrücken: AV Akademiker Verlag

DVfR, 2017. Stellungnahme des Ad-hoc-Ausschusses „Umsetzung des BTHG" der DVfR. In: *Deutsche Vereinigung für Rehabilitation* [online] [letztmaliger Zugriff am: 02.11.2020]. Verfügbar unter: https://www.dvfr.de/fileadmin/user_upload/DVfR/Downloads/Stellungnahmen/Diskussionspapier_BTHG-Ausschuss_der_DVfR_zur_ICF-Nutzung_im_BTHG.pdf

EMLEIN, G., 1998. Von Mythen, Medizinern und Moral – Ein Gang durch die Geschichte der Sucht. In: SCHWERTL, W., STAUBACH, M. L., ZWINGMANN, E., Hrsg. *Sucht in systemischer Perspektive: Theorie-Forschung-Praxis.* Göttingen: Vandenhoeck & Ruprecht, S.43-64.

ERNST, B., Jürgens, A., 2007. Das Modell der ICF - das trägt Früchte. In: Docplayer [online] [letztmaliger Zugriff am 02.11.2020]. Verfügbar unter: https://docplayer.org/21044134-Das-modell-der-icf-das-traegt-fruechte.html

FALKAI, P., WITTCHEN, H.-U., Hrsg. 2015. *Diagnostisches und statistisches Manual psychischer Störungen DSM-5*. Göttingen: Hogrefe-Verlag

FELDER, F., 2012. *Inklusion und Gerechtigkeit – Das Recht behinderter Menschen auf Teilhabe*. Frankfurt New York: Campus-Verlag

FLEISCHMANN, H., 2015. Entwöhnungsbehandlung Alkoholabhängiger und andere Formen der Postakutbehandlung. In: *PSYCH up2date 2015* (9/02), S.73-88.

FLEISCHMANN, H., WODARZ, N., 1999. Chronisch mehrfachbeeinträchtige Alkoholabhängige - Anwendbarkeit und psychometrische Aspekte eines Vorschlages zur operationalisierten Diagnostik. In: *Sucht* (45), S.34-44.

FONK, P., 2015. Zwischen Nächstenliebe, Sozialstaat und ökonomischen Zwängen - Die kirchliche Sorge um den kranken Menschen im Spannungsfeld aktueller Herausforderungen. In: BÜSSING, A., SURZYKIEWICZ, J., ZIMOWSKI, H., Hrsg. *Dem Gutes tun, der leidet*. Berlin Heidelberg: Springer-Verlag, S.153-161.

FORNEFELD, B., 2019. Teilhabe ist Gabe: Zum Verständnis von Teilhabe im Kontext von Erwachsenen und alternden Menschen mit Komplexer Behinderung. In: *Teilhabe* (1/2019), S.4-9.

FREHE, H., 1990. Thesen zur Assistenzgenossenschaft. In: *Behindertenzeitschrift LOS* (26/1990), S.37.

FRITZSCHE S., 2016. Sucht kann früh beginnen, in: FRITZSCHE, S. *Suchttherapie: Kein Zug nach Nirgendwo*. Wiesbaden: Springer-Verlag, S.185-203.

FUCHS, W.T., 2018. *Warum das Gehirn Geschichten liebt*, Freiburg: Haufe-Lexware GmbH &Co. KG

GESAMTVERBAND DER SUCHTKRANKENHILFE, 2019. Rahmenkonzept der Deutschen Rentenversicherung zur Adaption in der medizinischen Rehabilitation abhängigkeitskranker Menschen vom 27. März 2019. In: *Diakonie: Gesamtverband für Suchthilfe* [online] 16.08.2019 [letztmaliger Zugriff am: 02.10.2020]. Verfügbar unter: http://www.sucht.org/fileadmin/user_upload/Mediendownloads/RK_Adaption_Fassun g_vom_27.03.2019_EF__2_.pdf

GETECO, 2019. Umsetzung des BTHG: Bedarfsermittlungsinstrumente der einzelnen Bundesländer. In: *Geteco: Die Software für Ihre soziale Einrichtung* [online] [letztmaliger Zugriff am 02.11.2020]. https://geteco.de/umsetzung-des-bthg-bedarfsermittlungsinstrumente-der-einzelnen-bundeslaender___.php

GLATZER, W., 2002. Lebenszufriedenheit/Lebensqualität. In: GREIFFENHAGEN, M., GREIFFENHAGEN, S., NELLER, K., Hrsg. *Handwörterbuch zur politischen Kultur der Bundesrepublik Deutschland*. Wiesbaden: VS-Verlag für Sozialwissenschaften, S.248-255.

GRAMPP, G., JACKSTELL, S., WÖBKE, N., 2013. *Teilhabe, Teilhabemanagement und die ICF*. Köln: Balance Buch + Medien Verlag

GROTKAMP, S., CIBIS, W., BEHRENS, J., BUCHER, P.O., DEETJEN, W., NYFFELER, I.D., GUTENBRUNNER, C., HAGEN, T., HILDEBRANDT, M., KELLER, K., NÜCHTERN, E., RENTSCH, H.P., SCHIAN, H., SCHWARZE, M., SPERLING, M., SEGER, W., 2010. Personbezogene Faktoren der ICF – Entwurf der AG „ICF" des Fachbereichs II der deutschen Gesellschaft für Sozialmedizin und Prävention (DGSMP). In: *Das Gesundheitswesen* (72), S.908-916.

GROTKAMP, S., CIBIS, W., BAHEMANN, A., BALDUS, A., BEHRENS, W., NYFFELER, I.D., ECHTERHOOF, W., FIALKAMOSER, V., FRIES, W., FUCHS, H., GMÜNDER, H.P., GUTENBRUNNER, C., KELLER, K., NÜCHTERN, E., PÖTHIG, D., QUERI, S., RENTSCH, H.P., RINK, M., SCHIAN, H.,-M., SCHIAN, M., SCHMITT, K., SCHWARZE, M., ULRICH, P., VON MITTELSTAEDT, G., SEGER, W., 2014. Bedeutung der personbezogenen Faktoren der ICF für die Nutzung in der praktischen Sozialmedizin und Rehabilitation. In: *Das Gesundheitswesen* (76), S.172-180.

GROMANN, P., 2015a. Manual ITP Thüringen. In: *Freistatt Thüringen: Ministerium für Arbeit, Soziales, Gesundheit, Frauen und Familie* [online] [letztmaliger Zugriff am 02.11.2020]. Verfügbar unter: https://www.thueringen.de/mam/th7/tmsfg/soziales/2015-03-27_itp_manual__version_3.1_.pdf

GROMANN, P., 2015b. Manual ITP Thüringen in leichter Sprache. In: *Freistatt Thüringen: Ministerium für Arbeit, Soziales, Gesundheit, Frauen und Familie* [online] [letztmaliger Zugriff am 02.11.2020]. Verfügbar unter: https://www.thueringen.de/mam/th7/tmsfg/2015-08-24_infoblatt_5_-_itp_in_leichter_sprache.pdf

GROMANN, P., 2018. ITP-Manual für den ITP-Brandenburg: Version 11-2018. In: *Landesamt für Soziales und Versorgung Brandenburg (LASV)* [online] [letztmaliger Zugriff am 02.11.2020]. Verfügbar unter: https://lasv.brandenburg.de/sixcms/media.php/9/Manual%20ITP%20Brandenburg%20%2011.pdf

GROTKAMP, S., CIBIS, W., BRÜGGEMANN, S., COENEN, M., GMÜNDER, H.P., KELLER, K., NÜCHTERN, E., SCHWEGLER, U., SEGER, W., STAUBLI, S., VON

RAISON, B., WEIßMANN, R., 2019. Personbezogene Faktoren im bio-psycho-sozialen Modell der WHO: Systematik der DGSMP (2019) Langfassung. In: *Deutsche Gesellschaft für Sozialmedizin und Prävention: Für eine gesunde Gesellschaft* [online] 13.12.2019 [letztmaliger Zugriff am 02.11.2020]. Verfügbar unter: https://www.dgsmp.de/wp-content/uploads/2019/12/191213_DGSMP_Systematik_zu_den_Personbezogenen_Faktoren_Langfassung.pdf

GÜRSTER, M., 2009. *Mitarbeitermotivation – Die Bedürfnispyramide nach Abraham H. Maslow.* Norderstedt: Grin Verlag

HÄDER, M., 2015. *Empirische Sozialforschung – eine Einführung.* Wiesbaden: Springer Fachmedien

HÄNGGI, G., KEMTER, P., WEIHERL, P., 2007. *Performance durch Zufriedenheit – Bausteine zur optimalen Gestaltung der Individual- und Organisationszufriedenheit.* Frechen: Datakontext

HALLER, B., 2007. Bedarf. In: DEUTSCHER VEREIN FÜR ÖFFENTLICHE UND PRIVATE FÜRSORGE E.V., Hrsg. *Fachlexikon der sozialen Arbeit.* Baden-Baden: Nomos Verlagsgesellschaft

HALLMAIER, R., 1999. Alkohol im Betrieb. In: SINGER, M.V., TEYSSEN, S., *Hrsg. Alkohol und Alkoholfolgekrankheiten.* Berlin Heidelberg: Springer Verlag, S. 496-506.

HAMMER, M., PLÖßL, I., 2012. *Irre verständlich – Menschen mit psychischer Erkrankung wirksam unterstützen.* Köln: Psychiatrie Verlag

HANSLMEIER-PROCKL, G., 2009. *Teilhabe von Menschen mit geistiger Behinderung-Empirische Studie zu Bedingungen der Teilhabe im ambulant betreuten Wohnen in Bayern.* Bad Heilbrunn: Julius Klinkhardt Verlagsbuchhandlung

HAUS CARUSO, 2008. Kurzinfo-CMA. In: *Haus Caruso* [online] [letztmaliger Zugriff am 02.11.2020]. Verfügbar unter: http://www.haus-caruso.de/media/pdf/Kurzinfo-CMA.pdf

HEIDER, K., WAGNER, B., 2017. Wirkungen sichtbar machen – Lebensqualität und Handlungsspielräume von Werkstattbeschäftigten. In: *Teilhabe* (2/2017), S.76-81.

HEINZ, A., MANN, K., 2001. Neurobiologie der Alkoholabhängigkeit. In: *Deutsches Ärzteblatt* (42), S.2279-2283.

HEP HEP HURRA E.V., 2018. Teilhabe. In: *Hurraki: Wörterbuch für leichte Sprache* [online] [letztmaliger Zugriff am 02.11.2020]. Verfügbar unter: https://www.hurraki.de/wiki/Teilhabe

HERTRICH, R., LUTZ, S., 2002. Über die Notwendigkeit zur Verbesserung der Versorgungsstrukturen für die Gruppe der chronisch mehrfachbeeinträchtigten Alkoholabhängigen. In: *Psychiatrische Praxis* (8/29), S.34-40.

HILGE, T., SCHULZ, W., 1999. Entwicklung eines Messinstrumentes zur Erfassung chronisch mehrfach geschädigter Alkoholabhängiger: Die Braunschweiger Merkmalsliste (BML). In: *Sucht* (1), S.55–68.

HILGE, T., 1998. Entwicklung eines Meßinstrumentes zur Erfassung chronisch mehrfach geschädigter Alkoholkranker: die Braunschweiger Merkmalsliste (BML). In: *Technischen Universität Carolo-Wilhelmina zu Braunschweig* [online] [letztmaliger Zugriff am 02.11.2020]. Verfügbar unter: https://doi.org/10.24355/dbbs.084-200511080100-250

HOCHSCHULE FULDA, 2019. Teilhabeindikatoren: Wie misst man Teilhabe in der Eingliederungshilfe? In: *Hochschule Fulda: Universtity of Applied Science* [online] [letztmaliger Zugriff am 02.11.2020]. Verfügbar unter: https:/www.hs-fulda.de/sozialwesen/forschung/rehabilitation-und-teilhabe/teilhabeindikatoren/

HOFFMANN, P., 2009. „Von der Bedarfsfeststellung zur Teilhabeplanung" Hilfeplanung in der Bundesrepublik Deutschland In: *Personenzentrierte Hilfen* [online] [letztmaliger Zugriff am 02.11.2020]. Verfügbar unter: https://www.personenzentrierte-hilfen.de/system/files/GP_MT_hoffmann.PDF

HOFINGER, G., 2003. Fehler und Fallen beim Entscheiden in kritischen Situationen. In: HEIMANN, R., STROHSCHNEIDER, S., SCHAUB, H., Hrsg. *Entscheiden in kritischen Situationen.* Frankfurt am Main: Verlag für Polizeiwissenschaften

HOLLENWEGER, J., KRAUS DE CAMARGO, O., 2013. ICF-CY: Internationale Funktionsfähigkeit, Behinderung und Gesundheit bei Kindern und Jugendlichen. Bern: Verlag Hans Huber

HOPPE, A., HOPPE, L., HOPPE, F., 2007. Anforderungen an Einsicht, Umsicht, Voraussicht und Zuversicht künftiger Berufsanfänger im Sozialbereich aus der Sicht eines freien Unternehmens. In: *Wissenschaftliche Beiträge der Fachhochschule Lausitz* (5), S.18-23.

HOPPE, A., 2014. Erfolgsfaktor Handlungskompetenz?! Ein Vierseitenmodell erfolgreichen Handelns. In: HOPPE, A., Hrsg. *Leistung und Gesundheit.* Aachen: Shaker, S.49-58.

HOPPE, F., HOPPE, L., 2018a. *Aktualisierte Konzeption der therapeutischen Wohnstätte Rosenhaus,* firmeninternes Dokument der Miteinander GmbH

HOPPE, F., HOPPE, L., 2018b. *Aktualisierte Konzeption der therapeutischen Wohnstätte BauMhaus*, firmeninternes Dokument der Miteinander GmbH

HOPPE, F., HOPPE, L., 2018c. *Aktualisierte Konzeption der therapeutischen Wohnstätte Gut Ulmenhof*, firmeninternes Dokument der Miteinander GmbH

HOPPE, L., MIßLER-BEHR, M., 2016. Anforderungen an eine teilhabefördernde Technik für Chronisch Mehrfachgeschädigte Abhängigkeitskranke (CMA). In: HOPPE, A., Hrsg. *BeHerrscht die Technik!?.* Aachen: Shaker Verlag, S.149-164.

INSTITUT FÜR PERSONENZENTRIERTE HILFEN, 2018. ITP. In: Personenzentrierte Hilfen [online] [letztmaliger Zugriff am 02.11.2020]. Verfügbar unter: https://www.personenzentrierte-hilfen.de/

IONESCU, M., 2009. *Sucht und Gefühl: Ein anderer Zugang zur Suchtproblematik.* Hamburg: Verlag Dr. Kovac

JANKER, P., MERKLINGER, W., 1988. *Alkoholismus und soziale Kompetenz: Eine empirische Untersuchung an sechs Fachkliniken zur sozialen Kompetenz Alkoholabhängiger im Vergleich zu „Normal(alkohol)trinkenden".* Frankfurt am Main: Verlag Peter Lang GmbH

KAHLE, U., 2017. Veränderungsprozesse von Organisationen der Behindertenhilfe. In: *Teilhabe* (4/2017), S.162-168.

KAMINSKE, G.F., BRAUER, J.-P., 2003. *Qualitätsmanagement von A bis Z – Erläuterungen der modernen Begriffe des Qualitätsmanagements*, München: Hanser Verlag

KASTL, J.-M., METZLER, H., 2005. Modellprojekt Persönliches Budget für Menschen mit Behinderung in Baden-Württemberg: Abschlussbericht der wissenschaftlichen Begleitforschung. In: *Ministerium für Soziales, Gesundheit und Integration Baden-Württemberg* [online] [letztmaliger Zugriff am 02.11.2020]. Verfügbar unter: https://sozialministerium.baden-wuerttemberg.de/fileadmin/redaktion/dateien/Altdaten/202/SCHLUSSBERICHT-Internet.pdf

KELLMANN, M., 2017. Teilhabenichtse: Von der Wiederkehr der armen Irren und wie das Bundesteilhabegesetz (BTHG) die Zweiklassengesellschaft unter psychisch kranken Menschen festigt. In: *Sozialpsychiatrische Informationen* (47), S.42-45.

KEUSCHNIGG, M., NEGELE, E., WOLBRING, T., 2010. *Münchener Studie zur Lebenszufriedenheit - Arbeitspapier des Instituts für Soziologie der Ludwig-Maximilians-Universität München.* München: Institut für Soziologie

KIEFER, F., LÖBER, S., 2008. Pharmakologische Rückfallprophylaxe bei Alkoholabhängigkeit. In: *Psychiatrie und Psychotherapie up2date* (2/2008), S.10-20.

KLEMKE, S., 2016. *Analytische Betrachtung zur Zweckerfüllung der vom Leistungserbringer zu erstellenden periodischen Entwicklungsberichte für chronisch mehrfachgeschädigte Abhängigkeitskranke in Dauerwohnstätten.* Berlin: Medical School Berlin- Hochschule für Gesundheit und Medizin

KÖRKEL, J., 2005. Rückfallprophylaxe mit Alkohol- und Drogenabhängigen. In: DOLLINGER, B., SCHNEIDER, W., Hrsg. *Sucht als Prozess – Sozialwissenschaftliche Perspektiven für Forschung und Praxis.* Berlin: VWB – Verlag für Wissenschaft und Bildung, S.307-320.

KÖRKEL, J., 2008. *Damit Alkohol nicht zur Sucht wird – kontrolliert trinken: 10 Schritte für einen bewussteren Umgang mit Alkohol.* Stuttgart: Trias Verlag

KORSALKE, D., 2009. *Sozialpädagogische Fallanalyse und Bericht – Ein Modell für Fallanalyse und Bericht in Erziehungsbeistandschaften und Sozialpädagogischen Familienhilfen.* Norderstedt: Books on Demand GmbH

KRAUS DE CARMARGO, O., SIMON, L., 2015. *Die ICF-CY in der Praxis.* Mannheim: Huber-Verlag

KRONAUER, M., 2002. *Exklusion - Die Gefährdung des Sozialen im hoch entwickelten Kapitalismus,* Frankfurt am Main New York: Campus-Verlag

KRONAUER, M., 2007. Inklusion – Exklusion: Ein Klärungsversuch: Vortrag auf dem 10. Forum Weiterbildung des Deutschen Instituts für Erwachsenenbildung. In: *Deutsches Institut für Erwachsenenbildung* [online] 08.10.2007 [letztmaliger Zugriff am 02.11.2020]. Verfügbar unter: http://www.die-bonn.de/id/3952

KRUCKENBERG, P., KUNZE, H., Hrsg., 1997. *Personenbezogene Hilfen in der psychiatrischen Versorgung.* Köln: Rheinland-Verlag GmbH

KÜFNER, H., KRAUS, L., 2002. Epidemiologische und ökonomische Aspekte des Alkoholismus. In: *Deutsches Ärzteblatt* (14), S.936-945.

KUHLMANN, T., 2001. Die Bedeutung von Harm Reduction in der Suchthilfe. In: *Sucht* (47/2), S.131-137.

KULIG, W., 2006. Quantitative Erfassung des Hilfebedarfs von Menschen mit Behinderung: Dissertation an der Martin-Luther-Universität Halle-Wittenberg. In: *Share it: Open Access und Forschungsdaten-Repositorium der Hochschulbibliotheken in Sachsen-Anhalt* [online] [letztmaliger Zugriff am 02.11.2020]. Verfügbar unter: https://opendata.uni-halle.de/bitstream/1981185920/9434/1/prom.pdf

LAMBERT, A., 2009. *Professionelles Handeln in der Sozialen Arbeit auf der Grundlage fallrekonstruktiver Studien mit „Chronisch Mehrfachbeeinträchtigt Abhängigkeitskranken" Menschen.* München Ravensburg: GRIN Verlag GmbH

LANDESAMT FÜR SOZIALES UND VERSORGUNG BRANDENBURG, 2011. Rahmenvertrag nach §79 Abs. 1 SGB XII (RV 79). In: *Landesamt für Soziales und Versorgung Brandenburg (LASV)* [online] 20.05.2011 [letztmaliger Zugriff am 02.11.2020]. Verfügbar unter: https://lasv.brandenburg.de/sixcms/media.php/9/Rahmenvertrag.pdf

LANDESAMT FÜR SOZIALES UND VERSORGUNG BRANDENBURG, 2011. Rundschreiben des üöTEGH Nr.1212019 Thema: Einführung des Bedarfsermittlungsinstrumentes Integrierter Teilhabeplan — ITP Brandenburg. In: *Landesamt für Soziales und Versorgung Brandenburg (LASV)* [online] 20.12.2019 [letztmaliger Zugriff am 02.11.2020]. Verfügbar unter: https://lasv.brandenburg.de/sixcms/media.php/9/RS%2012_2019.pdf

LAUGWITZ, B., SCHUBERT, U., ILMBERGER, W., TAMM, N., HELD, T., SCHREPP, M., 2009. Subjektive Benutzerzufriedenheit quantitativ erfassen: Erfahrungen mit dem User Experience Questionnaire UEQ. In: BRAU, H., DIEFENBACH, S., HASSENZAHL, M., KOHLER, K., KOLLER, F., PEISSNER, M., PETROVIC, K., THIELSCH, M., ULLRICH, D., ZIMMERMANN, D., Hrsg.*Tagungsband UP09.* Stuttgart: Fraunhofer Verlag, S.220-225.

LEHNER, N., 2012. *Alkoholabhängigkeit im Alter: Ein Vergleich der gesundheitsbezogenen Lebensqualität, der personellen Ressourcen und der Stressbewältigung alkoholabhängiger älterer und jüngerer Männer vor und nach einer stationären Rehabilitation.* Wien: Universität Wien

LENTZ, R., 2014. Nutzung der ICF bei der Bedarfsermittlung in der beruflichen Rehabilitation - ausgewählte Ergebnisse der „Machbarkeitsstudie" 2012/13. In: *Deutsche Rentenversicherung* [online] [letztmaliger Zugriff am 02.11.2020]. Verfügbar unter: https://www.deutsche-rentenversicherung.de/SharedDocs/Downloads/DE/Experten/infos_reha_einrichtunge n/klassifikationen/dateianhaenge/icf/2014_12_icf_awk_5_lentz.pdf;jsessionid=3B72E 93DB3313F56BE003C805F3FBE1F.delivery1-3-replication?__blob=publicationFile&v=1

LEONHARDT, H.-J., MÜHLER, K., 2006. *Chronisch mehrfachgeschädigte Abhängigkeitskranke.* Freiburg: Lambertus-Verlag

LEONHARDT, H.-J., MÜHLER, K., 2010. *Rückfallprävention für Chronisch Mehrfachgeschädigte Abhängigkeitskranke.* Freiburg: Lambertus-Verlag

LINDEN, M., BARON, S., MUSCHALLA, B., OSTHOLT-CORSTEN, M., 2015. *Fähigkeitsbeeinträchtigungen bei psychischen Erkrankungen.* Mannheim: Huber-Verlag

LINDENBERGER, U., JAQUI, S., MAYER, K.U., BALTES, P.B., 2010. *Berliner Altersstudie.* Berlin: Akademie Verlag GmbH

LINDENMEYER, J., 2005. *Alkoholabhängigkeit.* Göttingen: Hogrefe Verlag

LINDENMEYER, J., 2010. *Lieber schlau als blau: Entstehung und Behandlung von Alkohol- und Medikamentenabhängigkeit.* Weinheim Basel: Beltz Verlag

LITZCKE, S.M., SCHUH, H., 2003. *Belastungen am Arbeitsplatz: Strategien gegen Stress, Mobbing und Burn-out.* Heidelberg: Springer Medizin Verlag

LÜBKE, N., 2004. Hamburger Einstufungsmanual zum Barthel-Index. In: *Bundesinstitut für Arzneimittel und Medizinprodukte* [online] [letztmaliger Zugriff am 02.11.2020]. Verfügbar unter: https://www.dimdi.de/static/.downloads/deutsch/hamburger-manual-nov2004.pdf

LVR-DEZERNAT SOZIALES, LWL-BEHINDERTENHILFE WESTFALEN, 2009. Bedarfe ermitteln   Teilhabe gestalten: BEI_NRW – Handbuch. In: *Landschaftsverband Rheinland: Qualität für Menschen* [online] [letztmaliger Zugriff am 02.11.2020]. Verfügbar unter: https://www.lvr.de/media/wwwlvrde/soziales/menschenmitbehinderung/1_dokumente/hilfeplan/Handbuch_BEI-NRW_10_04.pdf

LANDESWOHLFAHRTSVERBAND HESSEN, 2015. Der integrierte Teilhabeplan (ITP) Hessen: Ein Instrument zur   Planung der Unterstützungsleistungen für behinderte Menschen. In: *Landeswohlfahrtsverband Hessen* [online] 20.04.2015 [letztmaliger Zugriff am 02.11.2020]. Verfügbar unter: http://webcom.lwv-hessen.de/files/266/ITP_A5_20_04_2015.pdf

MAHONEY, F.I., BARTHEL, D.W., 1965. Functional Evaluation: The Barthel Index. In: *MD State Med.* (14), S.61-65.

MANN, K.F., 2000. Alkohol - Klinik und Behandlung. In: HELMCHEN, H., LAUTER, H., HENN, F., SARTORIUS, N., Hrsg. *Erlebens- und Verhaltensstörungen, Abhängigkeit und Suizid - Psychiatrie der Gegenwart.* Berlin Heidelberg New York: Springer-Verlag

MASLOW, A.H., 1981. *Motivation und Persönlichkeit.* Hamburg Berlin: Rowohlt-Taschenbuch-Verlag

MCPHERSON, K.M., KAYES, N.M., KERSTEN, P., 2014. MEANING as a Smarter Approach to Goals in Rehabilitation. In: SIEGERT, R.J., LEVACK, W.M.M.,

Rehabilitation Goal Setting: Theory, Practice and Evidence, Boca Raton: CRC Press, S.105-115.

MEYERS, R., SMITH, J.E., 2007. *CRA-Manual zur Behandlung von Alkoholabhängigkeit: erfolgreicher behandeln durch positive Verstärkung im sozialen Bereich.* Bonn: Psychiatrie-Verlag

MICHELMANN, R., MICHELMANN, W.U., 1998. *Effizient lesen: Das Know-how für Zeit- und Informationsgewinn.* Gabler Verlag

MILLER, G. A., 1956. The magical number seven, plus or minus two: some limits on our capacity for processing information. In: *Psychological Review* (63), S.81-97.

MILLER, P. M., Hrsg., 2013. *Comprehensive Additive Behaviours and Disorders Volume I: Principles of Addiction.* Cambrigde: Elsevier Inc.

MILLER, P. M., Hrsg., 2013. *Comprehensive Additive Behaviours and Disorders Volume II: Biological Research on Addiction.* Cambrigde: Elsevier Inc.

MINISTERIUM FÜR SOZIALES, GESUNDHEIT, JUGEND, FAMILIE UND SENIOREN (MSGJFS) DES LANDES SCHLESWIG-HOLSTEIN, 2017. Weiterentwicklung der Bedarfsermittlung im Rahmen des Gesamtplanverfahrens in der Eingliederungshilfe. In: *Schleswig-Holstein: Der echte Norden* [online] [letztmaliger Zugriff am 02.11.2020]. Verfügbar unter: https://www.schleswig-holstein.de/DE/Landesregierung/VIII/Service/Broschueren/Broschueren_VIII/Soziales/Weiterentwicklung_Bedarfsermittlung_Eingliederungshilfe.pdf?__blob=publicationFile&v=3

MITCHELL, J.M., O'NEIL, J.P., JANABI, M., MARKS, S.M., JAGUST, W.J., FIELSD, H., L., 2012. Alcohol Consumption Induces Endogenous Opiod Release in the Human Orbitofrontal Cortex and Nucleus Accumbens. In: *Science Translationale Medicine* (4/116), S.116

MOLDASCHL, M., Hrsg., 2005. *Immaterielle Ressource – Nachhaltigkeit von Unternehmensführung und Arbeit I.* München: Rainer Hampp Verlag

MOOSBRUGGER, H., KELAVA, A., Hrsg., 2012. *Testtheorie und Fragebogenkonstruktion.* Berlin Heidelberg: Springer-Verlag

MRAZEK, M., MENGES, C., STEFFES, J., THELEN, B., ERKWOH, R., 1999. Therapeutische Erfahrungen beim alkoholbedingten Korsakow-Syndrom. In: *Der Nervenarzt* (70/9), S.790-794.

MÜHLSTEDT, J., GLÖCKNER, S., SPANNER-ULMER, B., 2011. Licht und Farbe am Wissensarbeitsplatz: ergonomische Anforderungen der Nutzer. In: GESELLSCHAFT FÜR ARBEITSWISSENSCHAFT E.V., Hrsg. *Mensch, Technik, Organisation - Vernetzung im Produktentstehungs- und -herstellungsprozess*, S.331-334.

MÜHLUM, A., 2001. *Sozialarbeit und Sozialpädagogik*. Berlin: Deutscher Verein für Öffentliche und Private Fürsorge

MÜLLER-MOHNSSEN, M., HOFFMANN, M., ROTHENBACHER, H., 1999. Chronisch mehrfach geschädigt Abhängigkeitskranke (CMA) in der stationären psychiatrischen Behandlung - diagnostische, soziale und Verlaufsmerkmale. In: *Sucht: Zeitschrift für Wissenschaft und Praxis* (45), S.45-54.

MUNDLE, G., BRÜGEL, R., URBANIAK, H., LÄNGLE, G., BUCHKREMER, G., MANN, K., 2001. Kurz- und mittelfristige Erfolgsraten ambulanter Entwöhnungsbehandlungen für alkoholabhängige Patienten. In: *Fortschritte der Neurologie – Psychiatrie* (69), S. 374-378.

MUTH, L., 2018. Qualitätsverlust durch uneingeschränkte Optionalität! Sechs (6) Empfehlungsgrundniedersächsischer sätze zur optimalen Gestaltung von Entwicklungsberichten in der Eingliederungshilfe. In: HOPPE, A., Hrsg. *Arbeit und Technik im Wandel: Arbeit und Leben in multioptionaler Welt*. Aachen: Shaker-Verlag, S.75-92.

NAJAVITS, L.M., 2009. *Posttraumatische Belastungsstörung und Substanzmissbrauch: Das Therapieprogramm ‚Sicherheit finden'*. Göttingen: Hogrefe Verlag GmbH & Co KG

NAKOVICS, H., DIEHL, A., GEISELHART, H., MANN, K., 2009. Entwicklung und Validierung eines Instrumentes zur substanzunabhängigen Erfassung von Craving: Die Mannheimer Craving Scale (MaCS). In: *Psychiatrische Praxis* (36), S.72-78.

NESTLER, R., 2009. *AD(H)S und Abhängigkeit: Pilotstudie zur Erkundung des Anteils AD(H)S-Betroffener unter den Klienten der Sucht- und Drogenberatung*. Saarbrücken: VDM Verlag Dr. Müller

NIEDERSÄCHSISCHER QUALITÄTSZIRKEL ZUM HMB-VERFAHREN, 2001. Leitfaden-Version 2.1: Arbeitsversion zum Umgang mit dem HMB-W Verfahren. In: *HMB-W 5/2001* [online] [letztmaliger Zugriff am 02.11.2020]. Verfügbar unter: https://www.yumpu.com/de/document/read/9692068/hmb-w-leitfaden

NIEDIEK, I., 2010. *Das Subjekt im Hilfesystem: Eine Studie zur individuellen Hilfeplanung im Unterstützten Wohnen für Menschen mit geistiger Behinderung*. Wiesbaden: Springer Fachmedien GmbH

OLBRICH, C., 2009. *Modelle der Pflegedidaktik*. Jena München: Urban & Fischer

OLBRICHT, R., Hrsg., 2001. *Suchtbehandlung: Neue Therapieansätze zur Alkoholkrankheit und anderen Suchtformen*. Regensburg: S. Roderer Verlag

O.V., 2018. Aktionswoche Alkohol: Fakten und Mythen. In: *Aktionswoche Alkohol* [online] [letztmaliger Zugriff am 02.11.2020]. Verfügbar unter: URL: http://www.aktionswoche-alkohol.de/fakten-mythen/zahlen-und-fakten/

O.V.: Behinderungsarten. In: *Online-Hochschulschriften der Universität Halle-Wittenberg an der Universitäts- und Landesbibliothek Sachsen-Anhalt* [online] [letztmaliger Zugriff am 02.11.2020]. Verfügbar unter: https://sundoc.bibliothek.uni-halle.de/diss-online/06/07H054/t3.pdf

O.V.: Handreichung zum Gesamtplanverfahren in der Eingliederungshilfe gemäß §§ 141 ff. SGB XII in Sachsen-Anhalt. In: *Sozialagentur Sachsen-Anhalt* [online] [letztmaliger Zugriff am 02.11.2020]. Verfügbar unter: https://sozialagentur.sachsen-anhalt.de/fileadmin/Bibliothek/Politik_und_Verwaltung/MS/Sozialagentur/Sozialagentur_Gesamtplanverfahren/GPV_Neue_Handreichung-2018.pdf

PESESCHKIAN, N., 2006. Schlüsselkonflikt Höflichkeit und Ehrlichkeit bei psychosomatischen Beschwerden. In: JORK, K., PESESCHKIAN, N., Hrsg. *Salutogenese und Positive Psychotherapie: Gesund werden – Gesund Bleiben*. Mannheim: Verlag Hans Huber, S.63-69.

PILLER, L., 2011. *„Junkies werden auch nicht jünger...": Neue Betreuungsmöglichkeiten der Drogenhilfe für ältere Chronisch-Mehrfach-Abhängige (CMA)*. Saarbrücken: VDM Verlag Dr. Müller

PROESCHOLDT, M.G., WALTER, M., WIESBECK, G.A., 2012. Alkohol und Gewalt: Eine aktuelle Übersicht. In: *Fortschritte der Neurologie, Psychiatrie* (80), S.441-449.

PROSIEGEL, M., BÖTTGER, S. SCHENK, T., KÖNIG, N., MAROLF, M., VANEY, C., 1996. Der Erweiterte Barthel-Index (EBI) - eine neue Skala zur Erfassung von Fähigkeitsstörungen bei neurologischen Patienten. In: *Neurol Rehabil* (2/96) S.7-13.

PUDERBACH, J., 2011. *Wohnungslosigkeit und Alkoholabhängigkeit: Zur Situation chronisch mehrfachbeeinträchtigter Abhängigkeitskranker in der Bundesrepublik Deutschland*. Hamburg: Diplomica® Verlag GmbH

PUNZENBERGER, D., 2006. *Menschen mit Behinderung am Arbeitsmarkt Eine qualitative Analyse der Lebenslagen anhand des Faktors Arbeit*. Linz: Universität Linz

PUYBARAUD, M., 2010. *Generation Y and the Workplace: Annual Report 2010*. London: Johnson Controls

QUERI, S., EGGART, M., SCHULZE, A., PETER, U., 2017. Alternatives Verfahren zur Hilfebedarfsbestimmung bei Menschen mit geistiger Behinderung unter Berücksichtigung des BTHG. In: *Teilhabe* (3/2017), S.124-128.

RAMBAUSEK, T., 2017. *Behindert Rechtsmobilisierung: eine rechtssoziologische Untersuchung zur Umsetzung von Artikel 19 der UN-Behindertenrechtkonvention.* Wiesbaden: Springer VS

RATZ, Ch., DWORSCHAK, W., GROSS, P., 2012. *Hilfebedarf im Ambulant Betreuten Wohnen: Ein Vergleich von H.M.B.-W. und ICF-BEST.* Würzburg: Universität Würzburg

REKER, M., 2006a. Versorgungslage von Chronisch Mehrfach geschädigten Abhängigkeitskranken in der Bundesrepublik Deutschland – Fachtags-Präsentation. In: *Sozialpsychiatrie Mecklenburg-Vorpommern* [online] [letztmaliger Zugriff am 02.11.2020]. Verfügbar unter: https://www.sozialpsychiatrie-mv.de/PDF/Praesentation_Versorgungslage_von_CMA_in_der_BRD_Dr_Reker.pdf

REKER, M., 2006b. Versorgungslage von Chronisch Mehrfach geschädigten Abhängigkeitskranken in der Bundesrepublik Deutschland – Vortrag Fachtag In: *Sozialpsychiatrie Mecklenburg-Vorpommern* [online] [letztmaliger Zugriff am 02.11.2020]. Verfügbar unter: https://www.sozialpsychiatrie-mv.de/PDF/Zusammenfassung_Vortrag_Dr_Reker.pdf

ROEDIGER, E., 1999. Wie viel Struktur braucht der Süchtige wirklich? : Reflexionen über die Beziehungsgestaltung bei stationär Entwöhnungsbehandlungen. In: *Praxis Klinische Verhaltensmedizin und Rehabilitation* (46), S.54-60.

ROEDIGER, E., 2005. Elemente einer neurobiologisch fundierten Suchttherapie. In: *Sucht aktuell* (1/2005), S.45-50.

ROEDIGER, E., 2006. Neurobiologie, Schematherapie und Achtsamkeit als Elemente einer rationalen Suchttherapie. In: *Konturen* (27), S.13-17.

RÖHR, H.-P.,2008. *Sucht – Hintergründe und Heilung: Abhängigkeit verstehen und überwinden.* Düsseldorf: Patmos Verlag GmbH & Co. KG

RÜBENACH, S. P., 2007. Die Erfassung alkoholbedingter Sterbefälle in der Todesursachenstatistik 1980 bis 2005. In: Wirtschaft und Statistik (3/2007), S.278–290.

RUMPF, H.-J., KIEFER, F., 2011. DSM-5: Die Aufhebung der Unterscheidung von Abhängigkeit und Missbrauch und die Öffnung für Verhaltenssüchte. In: *Sucht* (57), S.45-48.

SACHSE, R., 2010. *Persönlichkeitsstörungen verstehen – Zum Umgang mit schwierigen Klienten.* Köln: Psychiatrie Verlag

SÄCHSISCHES STAATSMINISTERIUM, 2016. Richtlinie des Sächsischen Staatsministeriums für Soziales und Verbraucherschutz zur investiven Förderung von Einrichtungen, Diensten und Angeboten für Menschen mit Behinderungen (RL Investitionen Teilhabe). In: *REVOSax: Sachsen.de* [online] 21.12.2015 [letztmaliger Zugriff am 02.11.2020]. Verfügbar unter: https://www.revosax.sachsen.de/vorschrift/18631-RL-Investitionen-Teilhabe

SAUTER, F., 2012. *Zufriedene Abstinenz bei Chronisch mehrfachgeschädigten Abhängigkeitskranken (CMA) in soziotherapeutischen Einrichtungen. Ein realistisches Ziel?.* Köln: Katholische Hochschule NRW

SCHAADE, G., 2016. Das Korsakow-Syndrom. In: SCHAADE, G., *Ergotherapeutische Behandlungsansätze bei Demenz und dem Korsakow-Syndrom.* Berlin Heidelberg: Springer-Verlag, S. 107-120.

SCHACHAMEIER, A., 2007. *Alkoholismus als biographisches Ereignis am Beispiel chronisch mehrfach beeinträchtigter Abhängigkeitskranker unter besonderer Berücksichtigung der Eigen - und Fremdsicht der Betroffenen.* Würzburg: Julius-Maximilians-Universität

SCHÄRICH, I., 2015. *Erstellung von Präsentationsunterlagen unter Einbeziehung kognitionspsychologischer Aspekte.* Merseburg: Hochschule Merseburg

SCHEIBER, C., 2008. *Wohlbefinden bei Bewohnerinnen und Bewohnern eines Altersheimes in Abhängigkeit des Eintrittszeitpunktes.* Zürich: Departement Angewandte Psychologie der Zürcher Hochschule für Angewandte Wissenschaften

SCHMID, M., 2001. Chronisch mehrfach beeinträchtigte Abhängigkeitskranke - ein Überblick zum gegenwärtigen Forschungs- und Diskussionsstand. In: BRANDENBURGISCHE LANDESSTELLE GEGEN DIE SUCHTGEFAHREN, Hrsg. *Behandlungsziele bei chronisch-mehrfach-geschädigten Abhängigkeitskranken, Dokumentation der Fachtagung am 11.4.2000 in Potsdam.* Potsdam, S.15-24.

SCHMIDT, L.G., 1997. Diagnostik von Alkoholmißbrauch und Alkoholabhängigkeit; in: SOYKA, M., MÖLLER, H. J., Hrsg. *Alkoholismus als psychische Störung: Bayer-ZNS-Symposium Vol. 12.* Berlin Heidelberg: Springer-Verlag, S.61-74.

SCHNEIDER, R., 2012. Abstinenz oder was? Was ist das Ziel der Suchttherapie?. In: *Psychotherapie im Dialog* (13), S.64–68.

SCHNELL, T., MÜNCHHAGEN, L., TERSUDI, K., DAUMANN, J., GOUZOULIS-MAYFRANK, E., 2011. Entwicklung und Evaluation eines deutschsprachigen Instrumentes zur Erfassung von Cannabis-Craving (CCS-7). In: *Zeitschrift für Psychiatrie und Psychotherapie* (40), S.33-41.

SCHÖNWIESE, V., 2009. Paradigmenwechsel in der Behindertenhilfe: Von der Rehabilitation zu Selbstbestimmung und Chancengleichheit. In: *bidok: Behinderung, Inklusion, Dokumentation* [online] 28.01.2009 [letztmaliger Zugriff am 02.11.2020]. Verfügbar unter: http://bidok.uibk.ac.at/library/schoenwiese-paradigmenwechsel.html

SCHOMERUS, G., 2011. *Stigmatisierung psychisch Kranker*. Stuttgart: Georg Thieme Verlag

SCHU, M., 2001. Chronisch mehrfach beeinträchtigt abhängigkeitskrank: Definition und Beschreibung der Gruppe. In: FACHVERBAND SUCHT, Hrsg. *Rehabilitation Suchtkranker - mehr als Psychotherapie*. Geesthacht: Neuland Verlags GmbH, S.326-331.

SCHUBERT, F.-C., KNECHT, A., 2015. Ressourcen - Merkmale, Theorien und Konzeptionen im Überblick: eine Übersicht über Ressourcenansätze in Soziologie, Psychologie und Sozialpolitik. In: *gesis: Leibnitz-Institut für Sozialwissenschaften: SSOAR* [online] [letztmaliger Zugriff am 02.11.2020]. Verfügbar unter: https://www.ssoar.info/ssoar/bitstream/handle/document/50698/ssoar-2015-schubert_et_al-Ressourcen__Merkmale_Theorien_und.pdf?sequence=1

SCHULZ VON THUN, F., 2011. *Miteinander reden: 1 – Störungen und Klärungen*, Rheinbeck bei Hamburg: Rowohlt Taschenbuch Verlag

SCHUNTERMANN, M. F., 2013. *Einführung in die ICF: Grundkurs-Übungen-offene Fragen*. Heidelberg München Landsberg Frechen Hamburg: ecomed MEDIZIN

SCHUNTERMANN, M.F., 2004. *Einführung in die Internationale Klassifikation der Funktionsfähigkeit, Behinderung und Gesundheit (ICF) der Weltgesundheitsorganisation (WHO) unter besonderer Berücksichtigung der sozialmedizinischen Begutachtung und Rehabilitation – Ein Grundkurs – auch für das Selbststudium geeignet*. Frankfurt am Main: Verband Deutscher Rentenversicherungsträger

SCHWALB, H., THEUNISSEN, G., Hrsg., 2009. *Inklusion, Partizipation und Empowerment in der Behindertenarbeit*. Stuttgart: Kohlhammer

SCHWENKA, S., 2000. Mysticism as a predictor of subjective well-being. In: *International Journal for the Psychology of Religion* (10/4), S.259–269.

SCHWOON, D. R., 2002. Chronisch mehrfach beeinträchtigte Abhängigkeitskranke (CMA). In: FENGLER, J., Hrsg. *Handbuch der Suchtbehandlung: Beratung - Therapie – Prävention*. Landsberg-Lech: Ecomed Verlagsgesellschaft, S.94-99.

SCULLY, J. L., 2006. Disabled Knowledge. Die Bedeutung von Krankheit und Körperlichkeit für das Selbstbild. In: EHM, S., SCHICKTANZ, S., Hrsg. *Körper als Maß? Biomedizinische Eingriffe und ihre Auswirkungen auf Körper- und Identitätsverständnisse*. Stuttgart: Hirzel, S.187–206.

SEIFFGE-KRENKE, I., 2018. Was ist noch „normal"? Mütterliches Erziehungsverhalten als Puffer und Risikofaktor für das Auftreten von psychischen Störungen und Identitätsdiffusion. In: *Zeitschrift für Psychosomatische Medizin und Psychotherapie* (64), S.125-127.

SHEIKH, K., SMITH, D.S., MEADE, T.W., GOLDENBERG, E., BRENNAN, P.J., KINSELLA, G., 1979. Repeatability and validity of a modified activities of daily living (ADL) index in studies of chronic disability. In: *Int Rehab Med*, S.51-58.

SIGRIST, J., MARMOT, M., Hrsg., 2008. *Soziale Ungleichheit und Gesundheit: Erklärungsansätze und gesundheitspolitische Folgerungen*. Mannheim: Verlag Hans Huber

SINGER, M. V., TEYSSEN, S., 1998. Alkoholassoziierte Organschäden - Befunde in der Inneren Medizin, Neurologie und Geburtshilfe/Neonatologie. In: *Deutsches Ärzteblatt* (33), S.2109-2120.

SONNTAG, D., KÜNZEL, J., 2000. Hat die Therapiedauer bei alkohol- und drogenabhängigen Patienten einen positiven Einfluss auf den Therapieerfolg?. In: *Sucht* (46), S.89–176.

SOYKA, M., 2009. *Wenn Alkohol zum Problem wird: Suchtgefahren erkennen - den Weg aus der Abhängigkeit finden*. Stuttgart New York: Georg Thieme Verlag

SOYKA, M., 2001. Psychische und soziale Folgen chronischen Alkoholismus. In: *Deutsches Ärzteblatt* (42), S.2732-2736.

SOZIALWIRTSCHAFTLICHE BERATUNG BREMAUER, 2010. Manual ITP Zeiteinschätzung Hessen. In: *Landeswohlfahrtsverband Hessen* [online] [letztmaliger Zugriff am 02.11.2020]. Verfügbar unter: https://www.lwv-hessen.de/fileadmin/user_upload/daten/Dokumente/1-Soziales_PerSEH/PerSeh/Manual__Handbuch__zum__Bogen_ZE.pdf

SPALLEK, A., 2011. *Betrachtung von Suchtverhalten aus systemisch-konstruktivistischer Sicht*. Hamburg: Diplomica Verlag GmbH

SPATH, D., BRAUN, M., GRUNEWALD, P., 2004. *Gesundheits- und leistungsförderliche Gestaltung geistiger Arbeit.* Berlin: Erich Schmidt Verlag

SPATZ, J., 2013. *Betreuung auf Lebenszeit? Zur Autonomiefrage chronisch mehrfachgeschädigter Abhängigkeitskranker mit der Komorbidität Korsakow Syndrom.* Suderburg: Ostfalia für angewandte Wissenschaften

SPODE, H., 1993. *Die Macht der Trunkenheit: Kultur- und Sozialgeschichte des Alkohols in Deutschland.* Wiesbaden: Leske und Budrich

SPODE, H., 2005. Was ist Alkoholismus?: Die Trunksucht in historisch-wissenssoziologischer Perspektive. In: *Sucht als Prozess: Sozialwissenschaftliche Perspektiven für Forschung und Praxis*, S.89-121.

STANGL, W., 2019. Defizit. In: Lexikon der Psychologie und Pädagogik [online] [letztmaliger Zugriff am 02.11.2020]. Verfügbar unter: https://lexikon.stangl.eu/8094/defizit/

STAUDINGER, U. M., 2000. Viele Gründe sprechen dagegen, und trotzdem geht es vielen Menschen gut: Das Paradox des subjektiven Wohlbefindens. In: *Psychologische Rundschau* (51), S.185–197.

STEINGASS, H.-P., 1994a. *Kognitive Funktionen Alkoholabhängiger: Intelligenz, Lernen und Gedächtnis als Determinanten des Therapieverlaufs chronisch alkoholkranker Langzeitpatienten.* Geeshacht: Neuland Verlagsgesellschaft mbH

STEINGASS, H.-P., Bobring, K.H., BURGART, F., SARTORY, G., SCHUGENS, M., 1994b. Memory Training in Alcoholics, In: *Neurophysiological rehabilitation* (4), S.49-62.

STEINGASS, H.-P., DRECKMANN, I., EVERTZ, P., HUF, A., KNORR, D., KREUELS; A., LINDER, H. T., TICHELBÄCKER, H., VERSTEGE, R., ZIELKE, M., 2000. *Soziotherapie chronisch Abhängiger: ein Gesamtkonzept.* Geesthacht: Neuland Verlagsgesellschaft mbH

STEINGASS, H-P., Hrsg., 2003. *Chronisch mehrfach beeinträchtigte Abhängige - Erfahrungen aus der Soziotherapie.* Geesthacht: Neuland Verlagsgesellschaft mbH

STEINGASS, H.-P., 2004. Diagnose und Behandlung kognitiver Beeinträchtigung bei chronisch mehrfachbeeinträchtigten Alkoholabhängigen. In: *Abhängigkeiten*, S.113-124.

STEINGASS, H.-P., Hrsg., 2004. *Remscheider Gespräche 2 - Geht doch! Soziotherapie chronisch mehrfach beeinträchtigter Abhängiger.* Geesthacht: Neuland Verlagsgesellschaft mbH

STEINGASS, H.-P., Hrsg., 2015. *Remscheider Gespräche 3 – Aspekte der Soziotherapie chronisch mehrfachbeeinträchtigter Abhängiger.* Lengerich: Pabst Science Publishers

STETTER, F., MANN, K., 1997. Zum Krankheitsverlauf Alkoholabhängiger nach einer stationären Entgiftungs- und Motivationsbehandlung. In: Nervenarzt (97), S.574-581.

STORCH, G., WENG, I., 2010. Der situative Ansatz in der Aphasietherapie - Teil 2: Sprachdidaktische Grundlagen für die therapeutische Arbeit. In: *Forum Logopädie* (24), S.22-29.

STROHSCHNEIDER, S., HEIMANN, R., SCHAUB, H., 2014. *Entscheiden in schwierigen Situation: Neue Perspektiven und Erkenntnisse.* Frankfurt am Main: Verlag für Polizeiwissenschaft

TEISCHEL, O., 2014. *Krankheit und Sehnsucht- Zur Psychosomatik der Sucht: Hintergründe- Symptome-Heilungswege.* Berlin Heidelberg: Springer Verlag

THOMAS, C., 2004. Theorien der Behinderung. Schlüsselkonzepte, Themen und Personen, In: WEISSER, J., RENGGLI, C., Hrsg. *Disability Studies.* Luzern: SZH/CSPS Edition, S.31–56.

TÖNNIES, F., 2005. *Gemeinschaft und Gesellschaft: Grundbegriffe der reinen Soziologie.* Darmstadt: Wissenschaftliche Buchgesellschaft

TRÖSTER, H., 1996. Einstellungen und Verhalten gegenüber Menschen mit Behinderungen. In: ZWIERLEIN, E., Hrsg. *Handbuch Integration und Ausgrenzung.* Neuwied Kriftel Berlin: Luchterhand, S.187–195.

UMSETZUNGSBEGLEITUNG BUNDESTEILHABEGESETZ, 2018a. Bedarfsermittlung und ICF: Orientierung. In: *Umsetzungsbegleitung Bundesteilhabegesetz* [online] [letztmaliger Zugriff am 02.11.2020]. Verfügbar unter: https://umsetzungsbegleitung-bthg.de/beteiligen/fd-bedarfsermittlung-und-icf-orientierung/

UMSETZUNGSBEGLEITUNG BUNDESTEILHABEGESETZ, 2018b. Bedarfsermittlung und ICF: BTHG Kompass. In: *Umsetzungsbegleitung Bundesteilhabegesetz* [online] [letztmaliger Zugriff am 02.11.2020]. Verfügbar unter: https://umsetzungsbegleitung-bthg.de/bthg-kompass/bk-bedarfsermittlung-icf/

UMSETZUNGSBEGLEITUNG BUNDESTEILHABEGESETZ, 2018c. Personenzentrierung und sozialräumliche Gestaltung von Teilhabeleistungen für und mit Menschen mit Beeinträchtigungen Erkenntnisse, Realitäten, Perspektiven: Vortrag im Rahmen der Veranstaltung „Leistungen zur sozialen Teilhabe" / Umsetzungsbegleitung BTHG Hannover. In: *Umsetzungsbegleitung Bundesteilhabegesetz* [online] 30.01.2019 [letztmaliger Zugriff am 02.11.2020]. Verfügbar unter: https://umsetzungsbegleitung-bthg.de/w/files/vertiefungsveranstaltungen/p14/prof.-dr.-erik-weber_umsetzungsbegl_bthg_veranst_hannover_30.01.2019_final.pdf

UMSETZUNGSBEGLEITUNG BUNDESTEILHABEGESETZ, 2018d. Skript zur Vertiefungsveranstaltung: Leistungen zur sozialen Teilhabe. In: *Umsetzungsbegleitung Bundesteilhabegesetz* [online] [letztmaliger Zugriff am 02.11.2020]. Verfügbar unter: https://umsetzungsbegleitung-bthg.de/w/files/vertiefungsveranstaltungen/p14/2019-01-30_bthg-im-ueberblick-plus-umsetzungsstand-1.pdf

UMSETZUNGSBEGLEITUNG BUNDESTEILHABEGESETZ, 2018e. Instrument zur Ermittlung des individuellen Hilfebedarfs nach §118 SGB IX Baden-Würtemberg: Handbuch. In: *Umsetzungsbegleitung Bundesteilhabegesetz* [online] [letztmaliger Zugriff am 02.11.2020]. Verfügbar unter: https://umsetzungsbegleitung-bthg.de/w/files/aktuelles/2018_mai_leitfaden_final.pdf

VEENHOVEN, R., 1997. Die Lebenszufriedenheit der Bürger - Ein Indikator für die 'Lebbarkeit' von Gesellschaften?. In: NOLL, H.-H., Hrsg. *Sozialberichterstattung in Deutschland - Konzepte, Methoden und Ergebnisse für Lebensbereiche und Bevölkerungsgruppen.* Weinheim München: Juventa Verlag, S.267-293.

WAGNER, T., EHRENREICH, H., KRAMPE, H., JAHN, H., STAWICKI, S., 2003. Chronisch mehrfach beeinträchtigte Abhängigkeitskranke: Überprüfung des Konstrukts CMA im Rahmen der Ambulanten Langzeitintensivtherapie für Alkoholkranke (ALITA). In: *Suchtmedizin in Forschung und Praxis (5),* S.221–236.

WAHBA, M.A., BRIDWELL, L.G., 1976. Maslow reconsidered: A review of research on the need hierarchy theory. In: *Organizational Behavior and Human Performance (15),* S.212-240.

WALDSCHMIDT, A., 2005. Disability Studies: Individuelles, soziales und/oder kulturelles Modell von Behinderung. In: *Psychologie und Gesellschaftskritik (29),* S.9–31.

WANSING, G., 2005. *Teilhabe an der Gesellschaft – Menschen mit Behinderung zwischen Inklusion und Exklusion.* Wiesbaden: VS-Verlag für Sozialwissenschaften

WEIZEL, R., 2006. ICF im Kontext der Sozialen Arbeit. In: *Peter Pantucek* [online] 10.10.2006 [letztmaliger Zugriff am 02.11.2020]. Verfügbar unter: http://www.pantucek.com/diagnose/texte/st_arb_icf.pdf

WELTI, F., 2005. *Behinderung und Rehabilitation im sozialen Rechtsstaat. Freiheit, Gleichheit und Teilhabe behinderter Menschen.* Tübingen: Mohr Siebeck

WEST, R., 2006. *Theory of addiction.* Oxford: Blackwell Publishing Ldt.

WIESBECK, G.A, 2007. *Alkoholismus-Forschung: aktuelle Befunde, künftige Perspektiven.* Lengerich: Pabst Science Publishers

WITZMANN, M., KRAUS, E., GERLACH, T., WEIZEL, R., 2015. *ICF-basierte Förder- und Teilhabeplanung für psychisch kranke Menschen.* Mannheim: Huber-Verlag

WORLD HEALTH ORGANISATION, 2013. *ICF-CY.* Mannheim: Huber-Verlag

YANG, K.-S., 2003. Beyond Maslow's. In: *Cross-Cultural Differences in Perspectives on the Self* (9), S.175

YASMIN, J., 2008. *Leben lernen...ohne Sucht: Hintergründe und Ansätze einer Grounded Theory des Genesungsprozesses im Kontext von 12 Schritte Programmen.* Saarbrücken: VDM Verlag Dr. Müller

ZANDER, M., 2016. *Lebensbedeutung und Lebenssinn von Bewohnern in Soziotherapeutischen Wohnstätten für CMA im Land Brandenburg.* Berlin: Suchtakademie Berlin-Brandenburg

ZEMAN, P., 2009. Sucht im Alter. In: *Informationsdienst Altersfragen* (3/09), S.10-14.

ZIMDARS, P., 2015. Verhaltenstherapeutische Vorgehensweisen bei Rückfällen während abstinenzorientierter stationärer Therapie: Von automatischen Reaktionen und bewussten Antworten. In: *Sucht* (48), S.98-102.

Ermittlung der Teilhabeförderung und des Finanzierungsbedarfs bei Chronisch Mehrfachgeschädigt/ Mehrfachbeeinträchtigt Abhängigkeitskranken

Modellierung und Evaluation eines Instrumentes (IBUT-CMA)

Anhang

Analyseprotokoll: Erhebungsmethode „freier Sozialbericht"

Berichtnr.:

Vergleichbarkeit	
Gliederungspunkte:	Schwerpunkte:

Schreibstil

Satzlänge (Mehrheit der Sätze):		Komplexität der Sätze:	
Kurz (max. 1 Zeile)	☐	Einfach (überw. Sätze ohne Schachtelung)	☐
Mittel (1-2 zeilig)		Mittel (überw. einmal geschachtelte Sätze)	
Lang (ab 3 Zeile/Satz)		Hoch (überw. mehrfach geschachtelte Sätze)	
Gemischt		Gemischt	

Schreibstil *(Tendenz ankreuzen):*

Neutral ⟸⟹ Romanartig

Daraus folgende Bewertung:	Sachlich neutraler Schreibstil	Vollst./überwiegend romanartiger Stil	Wechselhafter Schreibstil

Anzahl der verwendeten Fachbegriffe:

Krankheitsbildspezifik - CMA

Anzahl der CMA-krankheitsbildspezifischen Bedarfe/Bezugnahmen:

Objektivität

Anzahl nicht wert- oder meinungsfreier Formulierungen:

Aussagekraft bezüglich der Hilfebedarfe

Anzahl der benannten Ressourcen, Beeinträchtigungen, Barrieren, Förderfaktoren

Ressourcen:	Beeinträchtigungen:
Davon begründet:	Davon begründet:
Barrieren:	Förderfaktoren:

Aussagekraft bezüglich der Leistungsbedarfe

Leistungsbedarf genannt:

Davon begründet:

Wie oft Umfang erkennbar:

Wie oft Bezug zum Hilfebedarf erkennbar:

Pauschalurteil:

Möglichkeit sich ein Bild des CMA-Patienten und den individuellen Notwendigkeiten in Bezug die auf Hilfe in seinem Lebenskontext zu machen ist:

Erfüllt	☐	Eher nicht erfüllt	☐
Eher erfüllt	☐	Nicht erfüllt	☐

Analyseprotokoll: Erhebungsmethode „freier Sozialbericht"

Berichtnr.:

Vergleichbarkeit	
Gliederungspunkte: Gliederung einheitlich 32x „einführende Erläuterung" 12x Ersterfassung mit Erklärung über Schwierigkeit der Bedarfserfassung	Schwerpunkte: Starke Orientierung am Brandenburger Instrument

Schreibstil	
Satzlänge (Mehrheit der Sätze): 10x Kurz (max. 1 Zeile)　☐ 0x Mittel (1-2 zeilig)　☐ 15x Lang (ab 3 Zeile/Satz)　☐ 22x Gemischt　☐	Komplexität der Sätze: 10x Einfach (überw. Sätze ohne Schachtelung)　☐ 0x Mittel (überw. einmal geschachtelte Sätze)　☐ 16x Hoch (überw. mehrfach geschachtelte Sätze)　☐ 21x Gemischt

Schreibstil *(Tendenz ankreuzen)*:

Neutral $\longleftrightarrow$ Romanartig

Daraus folgende Bewertung:	32x Sachlich neutraler Schreibstil	6x Vollst./überwiegend romanartiger Stil	9x Wechselhafter Schreibstil

Anzahl der verwendeten Fachbegriffe: gering bis gar nicht

Krankheitsbildspezifik - CMA

Anzahl der CMA-krankheitsbildspezifischen Bedarfe/Bezugnahmen: 22 Berichte

Objektivität

Anzahl nicht wert- oder meinungsfreier Formulierungen: 42 Berichte

Aussagekraft bezüglich der Hilfebedarfe

Anzahl der benannten Ressourcen, Beeinträchtigungen, Barrieren, Förderfaktoren

Ressourcen: 35 Berichte, je 3-6 Ressourcen Davon begründet:	Beeinträchtigungen: 47 Berichte (in 14 Berichten identisch m. Items d. Brandenburger Instrumentes) Davon begründet:
Barrieren: 2 Berichte	Förderfaktoren: 2 Berichte

Aussagekraft bezüglich der Leistungsbedarfe

Leistungsbedarf genannt: 39 Berichte

Davon begründet: 7 Berichte

Wie oft Umfang erkennbar:

Wie oft Bezug zum Hilfebedarf erkennbar:

Pauschalurteil:

Möglichkeit sich ein Bild des CMA-Patienten und den individuellen Notwendigkeiten in Bezug die auf Hilfe in seinem Lebenskontext zu machen ist:

Erfüllt	2	Eher nicht erfüllt	23
Eher erfüllt	21	Nicht erfüllt	1

Umfrage zum Bedarfserfassungsinstrument für CMA in der stationären und ambulanten Hilfe

Chronisch Mehrfachgeschädigt Abhängigkeitskranker (im Folgenden CMA genannt) bedeutet per Definition (Leonhardt/Mühler 2006): *„Chronisch mehrfachgeschädigt ist ein Abhängigkeitskranker, dessen chronischer Alkohol-, bzw. anderer Substanzkonsum zu schweren bzw. fortschreitenden physischen und psychischen Schädigungen (incl. Comorbidität) sowie zu überdurchschnittlicher bzw. fortschreitender sozialer Desintegration geführt hat bzw. führt, so dass er seine Lebensgrundlagen nicht mehr in eigener Initiative herstellen kann und ihm auch nicht genügend familiäre oder andere personelle Hilfe zur Verfügung steht, wodurch er auf institutionelle Hilfe angewiesen ist."*

Das bedeutet, CMA sind nicht „einfach nur suchtkrank", sondern zusätzlich zu den Symptomen der Suchtkrankheit mehrfach physisch, psychisch und sozial behindert. Durch die Vielfalt, die Schwere, sowie durch die Chronifizierung ihrer Erkrankungen unterscheiden sich CMA vom „normalen Suchtkranken" und benötigen deshalb z.T. mehr, länger dauernde aber auch anders strukturierte Therapien. CMA erhalten von der Gesellschaft Hilfeleistungen, welche in Brandenburg über die Eingliederungshilfe des jeweils zuständigen Sozialamtes finanziert werden. Um die Finanzierung so zu gestalten, dass sie für den Betroffenen ausreichend, für die Gesellschaft jedoch gerecht erscheint, werden fünf Hilfebedarfsgruppen mit unterschiedlichen Kostensätzen unterschieden. Die Erfassung des Bedarfes und die Zuordnung in die jeweilige Hilfebedarfsgruppe erfolgt über das Brandenburger Hilfebedarfserfassungssystem in Anlehnung an den HMB-W nach Metzler.

Ziel der vorliegenden Befragung ist:

1. Analyse des Brandenburger Hilfebedarfserfassungssystems zu Stärken und Schwächen (Hauptfrage: Wird das System dem Krankheitsbild CMA gerecht?)
2. Anforderungsanalyse bezüglich eines „Wunsch-Instrumentes" zur differenzierten gerechten Ermittlung des Finanzierungsbedarfes zur Ermöglichung einer zielgerichteten individuellen Hilfeleistung für CMA

Die Beteiligung an dieser Umfrage erfolgt auf Freiwilligkeitsbasis und dient ausschließlich der Erhebung wissenschaftlich zu nutzender Daten. Auf Wunsch werden Ihnen nach Abschluss gern die Untersuchungsergebnisse mitgeteilt. Bitte beantworten Sie die Fragen allein, da eine Gruppenarbeit das Ergebnis verfälschen kann!

Einige Fragen sind multiple-choice, andere offen. Schreiben Sie bitte deutlich und lesbar und setzen Sie Ihre Kreuze eindeutig. Um möglichst objektive Daten zu erhalten, beantworten Sie die vorliegenden Fragen bitte so ehrlich wie möglich. Bei Unsicherheit, ist es ratsam, möglichst rasch zu antworten, da der erste Gedanke meist dem Bauchgefühl und somit der tatsächlichen Erfahrung entspricht.

Es werden NICHT Sie, Ihre Meinung oder Erfahrung bewertet, sondern Sie helfen, die Eignung des Systems für die Bewertung von CMA zu bewerten. Es gibt kein „richtig" und „falsch". Jede Anwort ist richtig, sofern sie Ihrem persönlichen Empfinden entspricht.

Die Befragung erfolgt anonym. Die Codierung ist notwendig, da die Auswertung der Seiten zum Teil einzeln erfolgen kann, Zusammenhänge jedoch später rekonstruierbar sein sollten. Der Code ist nur von Ihnen regenerierbar und aufgrund der Persönlichkeit der notwendigen Daten in der Erarbeitung nicht von anderen Personen entschlüsselbar oder auf Sie zurückzuführen.

Bitte erstellen Sie jetzt Ihren Code nach folgendem Muster und tragen Ihn in die nebenstehenden Kästchen ein:

1	2	3	4	5	6	7	8

1. Den ersten Buchstaben Ihres Geschlechts. => männlich => m
2. Die letzte Ziffer Ihres Geburtsjahres. Bsp. 195<u>5</u> => 5
3. Den ersten Buchstaben des ersten Vornamens Ihrer Mutter. Bsp. <u>M</u>aria => M
4. Den zweiten Buchstaben Ihres ersten Vornamens. => T<u>h</u>eodor => H
5. Die zweite Ziffer Ihres Geburtstages. => 2<u>3</u>. August => 3
6. Den dritten Buchstaben Ihres Sternzeichens. => Lö<u>we</u> => W
7. Den ersten Buchstaben Ihres Geburtsortes. => <u>D</u>resden => D
8. Die zweite Ziffer Ihres Geburtsmonats. => August = 0<u>8</u> => 8

Beispielcode:

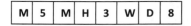

M	5	M	H	3	W	D	8

<u>Bitte übertragen Sie **JETZT** Ihren persönlich regenerierten Code auf **ALLE** Seiten der Umfrage!</u>

1	2	3	4	5	6	7	8

Allgemeine Angaben

Bitte kreuzen Sie Zutreffendes an!

In welchem Bereich arbeiten Sie derzeit (Mehrfachnennungen möglich):

☐ Stationäre Hilfe für CMA   ☐ Ambulante Hilfe für CMA

Sonstiges: ☐ mit Berührungspunkt zu CMA   ☐ keine Berührungspunkte zu CMA

☐ Mitarbeiter im Sozialamt (Fallbearbeiter, Casemanager, Sachbearbeiter o.ä.)

Wieviel Jahre Berufserfahrung haben Sie?

☐ Bis zu 3 Monate   ☐ Bis zu 3 Jahre

☐ Bis zu 10 Jahre   ☐ Mehr als 10 Jahre

Wie lange haben Sie bereits Erfahrung mit CMA?

☐ Gar keine   ☐ Bis zu 6 Monate

☐ Bis zu 3 Jahre   ☐ Mehr als 3 Jahre

Welche Ausbildung haben Sie?

☐ Sozial-/Heil-/Sonderpädagoge   ☐ Heilerziehungspfleger

☐ Ergo-/Soziotherapeut   ☐ Krankenschwester/-pfleger

☐ Sonstige Fachkraft: _____

☐ Nichtfachkraft

Haben Sie schon mit dem Brandenburger Hilfebedarfserfassungssystem in Anlehnung an den HMB-W nach Metzler gearbeitet?

☐ Ja   ☐ Nein

Wie ist Ihre Meinung zum Brandenburger Hilfebedarfserfassungssystem in Anlehnung an den HMB-W nach Metzler zur Beschreibung von CMA für die Kategorisierung in Hilfebedarfsgruppen für eine differenzierte Finanzierung der Hilfe.

_____

_____

_____

_____

_____

	1	2	3	4	5	6	7	8

Bestimmen Sie, inwiefern Sie den folgenden Aussagen in Bezug auf das Brandenburger Hilfebedarfserfassungssystem in Anlehnung an den HMB-W nach Metzler (im Folgenden kurz „System" genannt) zustimmen können! Bitte beantworten Sie ALLE Fragen!

Item- und kriterienbezogene Aussagen

	Stimme absolut zu	Stimme meistens zu	Stimme bedingt zu	Stimme weniger zu	Stimme kaum zu	Stimme gar nicht zu
	1	2	3	4	5	6
Mit dem System lässt sich der Hilfebedarf von CMA gut abbilden.						
Die Items (1-36) sind umfassend und ausreichend.						
Alle wichtigen Schwerpunkte der Hilfe für CMA lassen sich mit dem System darstellen.						
Die Items (1-36) lassen sich klar voneinander abgrenzen, so daß jeder Hilfebedarf eindeutig zugeordnet werden kann.						
Es gibt wichtige Aspekte von CMA, die das System nicht berücksichtigt.						
Die Items (1-36) sind verständlich formuliert.						
Die Items (1-36) sind zum Teil nicht auf CMA zutreffend.						
Die Items (1-36) vermischen sich teilweise.						
Die Items (1-36) sind übersichtlich geordnet.						
Die Unterteilung der Items (1-36) in Gruppen unterstützt die Verständlichkeit.						
Es ist eindeutig, welche realen Schwierigkeiten und Defizite welchem Item (1-36) zuzuordnen sind.						
Es ist eindeutig, welche Aspekte zu einem Item (1-36) gehören und welche nicht.						
Der Hilfebedarf ist den Bewertungskriterien (A;B;C;D) eindeutig zuordenbar.						
Die Bewertungskriterien (A;B;C;D) sind verständlich formuliert.						
Die Bewertungskriterien (A;B;C;D) sind schlecht voneinander zu unterscheiden.						
Es ist unterstützend die Bewertung „Kann", „Kann mit Hilfe", „Kann nicht" durchzuführen.						
Es ist unwichtig, daß Skala „Kann-Kann nicht" keine Bepunktung erfährt.						
Es ist unwichtig, daß die Items zur Tagesstruktur keine Bepunktung erfahren.						
Die Items zur Tagesstruktur sind unwichtig, da sie nicht bepunktet werden und sollten weggelassen werden.						

1	2	3	4	5	6	7	8

Bestimmen Sie, inwiefern Sie den folgenden Aussagen in Bezug auf das Brandenburger Hilfebedarfserfassungssystem in Anlehnung an den HMB-W nach Metzler (im Folgenden kurz „System" genannt) zustimmen können! Wenn Sie sich unsicher sind, entscheiden Sie möglichst spontan aus dem Bauch. Bitte beantworten Sie ALLE Fragen!

Allgemeine Aussagen

	Stimme absolut zu	Stimme meistens zu	Stimme bedingt zu	Stimme weniger zu	Stimme kaum zu	Stimme gar nicht zu
	1	2	3	4	5	6
Ich fühle mich sicher in der Benutzung des Systems.						
Das System ist übersichtlich.						
Das System hilft bei der Beschreibung des Krankheitsbildes „cma".						
Alle wichtigen Schwerpunkte der Hilfe für CMA lassen sich mit dem System darstellen.						
Das System hilft dem Therapeuten bei der Beschreibung der aktuellen Teilhabe des CMA.						
Es fällt schwer, die Hilfebedarfe des CMA anhand der Items zu beschreiben.						
Wenn verschiedene Personen das System für einen Patienten ausfüllen, kommen sie alle stets zum selben Ergebnis.						
Die Aussagen und das Ergebnis ermöglichen eine individuelle Therapieplanung.						
Die Aussagen und Ergebnisse des Systems sind hilfreich für die Therapieplanung.						
Aussagen und Ergebnisse des Systems stehen in sinnvollem Verhältnis zum Zeitaufwand beim Erstellen.						
Die Aussagen und Ergebnisse des Systems stehen in sinnvollem Verhältnis zum Energieaufwand (persönliches Empfinden, wie schwierig das Bearbeiten ist) beim Erstellen.						
Die Aussagen und Ergebnisse des Systems sind leicht erkennbar.						
Die Aussagen und Ergebnisse des Systems sind verständlich.						
Die Aussagen und das Ergebnis unterstützen die Therapiemotivation des Patienten.						
Die Aussagen und das Ergebnis ermöglichen eine differenzierte Finanzierung.						
Das System ermöglicht es dem Sozialamt zu erkennen, welche Therapie notwendig ist und warum genau die Therapieform bezahlt werden sollte.						
Das System unterstützt das Sozialamt beim Verstehen des jeweiligen Finanzierungsbedarfes.						
Das System hilft dem Patienten seinen Hilfebedarf zu erkennen.						
Das System hilft dem Patienten seinen Hilfebedarf zu beschreiben.						
Das System hilft dem Patienten seinen Hilfebedarf zu verändern.						
Das Ziel des Systems ist für die Patienten mit Hilfe klar erkennbar.						
Das Ziel des Systems ist für die Patienten ohne Hilfe klar erkennbar.						
Die Patienten haben Schwierigkeiten die Items zu verstehen.						

1	2	3	4	5	6	7	8

Weiteres:

Was gefällt Ihnen an dem Brandenburger Hilfebedarfserfassungsinstrument in Anlehnung an den HMB-W nach Metzler gut?

_____

_____

_____

_____

_____

_____

_____

_____

Was gefällt Ihnen an dem Brandenburger Hilfebedarfserfassungsinstrument in Anlehnung an den HMB-W nach Metzler nicht?

_____

_____

_____

_____

_____

_____

_____

_____

Was würden Sie gern ändern/ergänzen/kürzen/verbessern?

_____

_____

_____

_____

_____

_____

_____

Möchten Sie in Zukunft mit dem Brandenburger Hilfebedarfserfassungsinstrument in Anlehnung an den HMB-W nach Metzler weiterarbeiten?

☐   ☐

Ja, in jedem Fall								
	1	2	3	4	5	6	7	8

☐ Ja, solange es keine bessere Alternative gibt   ☐

Nein, auf keinen Fall   Ist mir egal

Wenn Sie <u>völlig frei</u> (gemäß dem Motto: „Wünsch Dir was!") ein neues Instrument erfinden könnten, welches Ihre Arbeit unterstützt und im Ergebnis eine Finanzierung der Hilfe ermöglicht, was wäre Ihnen wichtig?

_____

_____

_____

_____

_____

_____

Wie wichtig erscheinen Ihnen folgende Aspekte für ein solches Instrument?

	Absolut wichtig	Ziemlich wichtig	Relativ wichtig	Weniger wichtig	Kaum wichtig	Gar nicht wichtig
	1	2	3	4	5	6
Objektivität						
Eindeutigkeit der Items						
Flexible Items						
Einfach auszufüllen						
Spezifität auf CMA-Erkankung						
Individualität für jeden CMA						
Verständliche Sprache						
Kompatibilität mit ICD-10						
Kompatibilität mit ICF						
Knappheit des Systems						
Ausführlichkeit						
Sonstiges:						
Sonstiges:						

Wie soll die wollen Sie die Hilfe- und Therapiebedarfe darstellen (Mehrfachnennungen möglich)?

☐ Hilfe-, und Therapiebedarfe selbstständig frei beschreiben

☐ Hilfe-, und Therapiebedarfe nach vorgegebenen Fragen frei beschreiben

☐ Hilfe-, und Therapiebedarfe mit multiple-choice-Kriterien bewerten

☐ Hilfe-, und Therapiebedarfe mit multiple-choice-Kriterien bewerten und freie Ergänzungen/Beschreibungen hinzufügen

Was ist Ihrer Meinung nach der ideale Umfang für ein solches System?

1	2	3	4	5	6	7	8

_____ Mindestumfang in Seiten (DIN A4 einseitig)

_____ Maximalumfang in Seiten (DINA4 einseitig)

Was sollte ein solches System beinhalten (Mehrfachnennungen möglich)?

- [ ] Persönliche Angaben (Alter, Geschlecht, Familienstand, Kinder etc.)
- [ ] Biografische Hintergründe (Ausbildung, Beruflicher Werdegang, etc.)
- [ ] Interessen des CMA (Hobbies, besondere Fertigkeiten etc.)
- [ ] ICD 10 – Diagnosen (inklusive Hilfsmittel etc.)
- [ ] Medikamente/medizinische Verordnungen
- [ ] Hilfebedarfe im Bereich der alltäglichen Bewältigung
- [ ] Fähigkeiten und Fertigkeiten (Ressourcen, Kompetenzen, Defizite)
  - [ ] Psychische Störungen
  - [ ] Physische Störungen
  - [ ] Soziale Fähigkeiten
  - [ ] Kognitive Fähigkeiten
  - [ ] Emotionale Fähigkeiten
  - [ ] Fähigkeiten zum Wohnen
  - [ ] Fähigkeiten zum Arbeiten oder zu arbeitsähnlicher Tätigkeit
  - [ ] Fähigkeiten zum Leben in Familie oder Gemeinschaft
- [ ] Teilhabefähigkeit im Sinne der ICF
- [ ] Umgang mit Alkohol/Art des Rückfallverhaltens
- [ ] Sexuelle Bedürfnisse
- [ ] Therapiebedarfe
- [ ] Therapieumfang
- [ ] Therapiemethode
- [ ] Entwicklungsziel
- [ ] Möglichkeit für den Patienten Wünsche zu äußern
- [ ] Möglichkeit für den Patienten Probleme zu äußern
- [ ] Begangene Straftaten

	1	2	3	4	5	6	7	8

Finanzielle Situation (Bescheide der Schuldnerberatung, Grundsicherung etc.)

☐ Pflegetechnische Aspekte

☐ Ursachen für Rückfallverhalten

☐ Sonstiges:

Wieviel Zeit sollte die Bearbeitung eines Systems den Therapeuten maximal beanspruchen? _____

Wieviel Zeit sollte die Bearbeitung eines Systems den CMA maximal beanspruchen? _____

Wieviel Zeit sollte die Bearbeitung eines Systems den Kostenträger maximal beanspruchen? _____

Wer sollte das System vorrangig ausfüllen (Mehrfachnennungen möglich)?

☐ Behandelnder Arzt   ☐ zuständiger Sozialamtsmitarbeiter   ☐ betroffener CMA

☐ Andere CMA   ☐ ambulante/stationäre Betreuer   ☐ gerichtlich gestellter Betreuer

☐ Angehörige/Freunde des Betroffenen   ☐ Betreuungsbehörde

Welche Aussagen sollte das Ergebnis eines Systems sein (Mehrfachnennung möglich)?

☐ Hilfebedarf   ☐ Angestrebter Entwicklungszeitraum   ☐ Entwicklungsziel

☐ Therapiebedarf in Zeit   ☐ inhaltlicher Therapiebedarf   ☐ Therapiemethoden

☐ Grad der Lebensqualität   ☐ Kosten für Hilfeleistung   ☐ Grad der Teilhabe

Möchten Sie noch etwas zu der Befragung ergänzen?

_____

_____

_____

_____

_____

_____

Vielen Dank für Ihre Mitwirkung!

Dipl. Psych. Lydia Hoppe

1	2	3	4	5	6	7	8

In welchem Bereich arbeiten Sie derzeit (Mehrfachnennungen möglich):

54x　　Stationäre Hilfe für CMA　　　　　6x　　Amb. Hilfe für CMA

12x　　Mitarbeiter im Sozialamt (Fallbearbeiter, Casemanager, Sachbearbeiter o.ä.)

Wieviel Jahre Berufserfahrung haben Sie?

0x　　Bis zu 3 Monate　　　　　　　7x　　Bis zu 3 Jahre

56x　　Bis zu 10 Jahre　　　　　　　5x　　Mehr als 10 Jahre

Wie lange haben Sie bereits Erfahrung mit CMA?

7x　　Bis zu 3 Jahre　　　　　　　61x　　Mehr als 3 Jahre

Welche Ausbildung haben Sie?

16x　　Sozial-/Heil-/Sonderpädagoge　　　　22x　　Heilerziehungspfleger

18x　　Ergo-/Soziotherapeut　　　　　　　　8x　　Krankenschwester/-pfleger

10x　　Sonstige Fachkraft:　　3x　　Case-Manager, 5x　　Verwaltungsangestellte　　(mehrjährige Berufserfahrung im Sozialamt), 2x　　Suchttherapeut

2x　　Nichtfachkraft:　　　　2x Koch

Haben Sie schon mit dem Brandenburger Hilfebedarfserfassungssystem in Anlehnung an den HMB-W nach Metzler gearbeitet?

68x　　Ja

Wie ist Ihre Meinung zum Brandenburger Hilfebedarfserfassungssystem in Anlehnung an den HMB-W nach Metzler zur Beschreibung von CMA für die Kategorisierung in Hilfebedarfsgruppen für eine differenzierte Finanzierung der Hilfe.

32 sehen es als Arbeitsinstrument　　　12 beschrieben Ablehnung　　　20x keine Antwort

2 „möchte mich nicht äußern"　　　　　2 „finden es gut"

Allgemeine Aussagen	Stimme vollständig zu	Stimme meistens zu	Stimme bedingt zu	Stimme weniger zu	Stimme kaum zu	Stimme gar nicht zu	Mehrheit in %
	1	2	3	4	5	6	
Ich fühle mich sicher in der Benutzung des Systems.	18	35	2	13	0	0	78
Das System ist übersichtlich.	7	50	1	1	8	1	74
Das System hilft bei der Beschreibung des Krankheitsbildes „cma".	10	2	2	43	11	0	79
Alle wichtigen Schwerpunkte der Hilfe für CMA lassen sich mit dem System darstellen.	0	0	0	0	14	54	100
Das System hilft dem Therapeuten bei der Beschreibung der aktuellen Teilhabe des CMA.	2	7	2	1	0	56	82
Es fällt schwer, die Hilfebedarfe des CMA anhand der Items zu beschreiben.	65	0	3	0	0	0	96
Wenn verschiedene Personen das System für einen Patienten ausfüllen, kommen sie alle stets zum selben Ergebnis.	8	8	1	43	8	0	63
Die Aussagen und das Ergebnis ermöglichen eine individuelle Therapieplanung.	1	1	2	9	34	21	81
Die Aussagen und Ergebnisse des Systems sind hilfreich für die Therapieplanung.	1	1	2	14	30	20	94
Aussagen und Ergebnisse des Systems stehen in sinnvollem Verhältnis zum Zeitaufwand beim Erstellen.	0	0	0	0	17	51	100
Die Aussagen und Ergebnisse des Systems stehen in sinnvollem Verhältnis zum Energieaufwand (persönliches Empfinden, wie schwierig das Bearbeiten ist) beim Erstellen.	0	0	2	0	23	43	97
Die Aussagen und Ergebnisse des Systems sind leicht erkennbar.	20	27	8	6	5	0	69
Die Aussagen und Ergebnisse des Systems sind verständlich.	17	35	6	5	5	0	76
Die Aussagen und das Ergebnis unterstützen die Therapiemotivation des Patienten.	0	2	4	14	34	14	91
Die Aussagen und das Ergebnis ermöglichen eine differenzierte Finanzierung.	2	5	17	25	9	10	62
Das System ermöglicht es dem Sozialamt zu erkennen, welche Therapie notwendig ist und warum genau die Therapieform bezahlt werden sollte.	2	0	20	29	13	4	91
Das System unterstützt das Sozialamt beim Verstehen des jeweiligen Finanzierungsbedarfes.	2	2	13	30	12	9	81
Das System hilft dem Patienten seinen Hilfebedarf zu erkennen.	0	3	0	20	27	18	96
Das System hilft dem Patienten seinen Hilfebedarf zu beschreiben.	0	5	0	18	27	18	93
Das System hilft dem Patienten seinen Hilfebedarf zu verändern.	0	0	0	0	0	68	100
Das Ziel des Systems ist für die Patienten mit Hilfe klar erkennbar.	0	1	17	47	0	3	94
Das Ziel des Systems ist für die Patienten ohne Hilfe klar erkennbar.	0	0	12	36	15	3	75
Die Patienten haben Schwierigkeiten die Items zu verstehen.	23	27	11	7	0	0	74

Item- und Kriterienbezogene Aussagen	Stimme vollständig zu	Stimme meistens zu	Stimme bedingt zu	Stimme weniger zu	Stimme kaum zu	Stimme gar nicht zu	Mehrheit in %
	1	2	3	4	5	6	
Mit dem System lässt sich der Hilfebedarf von CMA gut abbilden.	0	0	0	**45**	11	12	66
Die Items (1-36) sind umfassend und ausreichend.	0	6	**22**	**28**	12	0	74
Alle wichtigen Schwerpunkte der Hilfe für CMA lassen sich mit dem System darstellen.	1	3	7	**15**	**30**	12	84
Die Items (1-36) lassen sich klar voneinander abgrenzen, so dass jeder Hilfebedarf eindeutig zugeordnet werden kann.	0	0	4	**44**	12	8	65
Es gibt wichtige Aspekte von CMA, die das System nicht berücksichtigt.	**56**	6	5	0	0	1	82
Die Items (1-36) sind verständlich formuliert.	**40**	12	12	0	2	2	59
Die Items (1-36) sind zum Teil nicht auf CMA zutreffend.	**46**	**20**	0	0	1	1	97
Die Items (1-36) vermischen sich teilweise.	**52**	0	0	0	2	4	76
Die Items (1-36) sind übersichtlich geordnet.	**26**	**32**	8	1	1	0	85
Die Unterteilung der Items (1-36) in Gruppen unterstützt die Verständlichkeit.	**21**	**34**	11	2	0	0	81
Es ist eindeutig, welche realen Schwierigkeiten und Defizite welchem Item (1-36) zuzuordnen sind.	3	1	5	**18**	**23**	18	87
Es ist eindeutig, welche Aspekte zu einem Item (1-36) gehören und welche nicht.	2	0	**31**	**31**	3	1	91
Der Hilfebedarf ist den Bewertungskriterien (A;B;C;D) eindeutig zuordenbar.	2	0	**30**	**32**	3	1	91
Die Bewertungskriterien (A;B;C;D) sind verständlich formuliert.	**36**	0	13	10	8	1	53
Die Bewertungskriterien (A;B;C;D) sind schlecht voneinander zu unterscheiden.	3	4	**22**	**32**	5	2	79
Es ist unterstützend die Bewertung „Kann", „Kann mit Hilfe", „Kann nicht" durchzuführen.	**43**	6	18	0	0	1	63
Es ist unwichtig, daß Skala „Kann-Kann nicht" keine Bepunktung erfährt.	1	1	6	10	**44**	8	65
Es ist unwichtig, daß die Items zur Tagesstruktur keine Bepunktung erfahren.	0	3	0	15	**38**	12	56
Die Items zur Tagesstruktur sind unwichtig, da sie nicht bepunktet werden und sollten weggelassen werden.	2	1	0	16	**44**	5	67

Fettgedruckt sind die Werte, welche in die prozentuale Mehrheitswertung einfließen.

Was gefällt Ihnen an dem Brandenburger Hilfebedarfserfassungsinstrument in Anlehnung an den HMB-W nach Metzler gut?

Zusammenfassung der Antworten: *Bin eingearbeitet, einheitliche Sichtweise zwischen Amt und Leistungserbringer (gleiches Vokabular)*

Was gefällt Ihnen an dem Brandenburger Hilfebedarfserfassungsinstrument in Anlehnung an den HMB-W nach Metzler nicht?

Zusammenfassung der Antworten: *Einige Bedarfe lassen sich nicht beschreiben, „für Bewohner nicht so toll", Hilfebedarf und Hilfeleistung nicht klar abgegrenzt, Tagesstrukturierungsitems nicht bewertet, Items zu ungenau für CMA, Entwicklungsbericht ist umständlich und nicht immer von guter Qualität*

Was würden Sie gern ändern/ergänzen/kürzen/verbessern?

Zusammenfassung der Antworten: *„so umbauen, dass Entwicklungsbericht entfällt", mehr auf CMA zugeschnitten*

Möchten Sie in Zukunft mit dem Brandenburger Hilfebedarfserfassungsinstrument in Anlehnung an den HMB-W nach Metzler weiterarbeiten?

8x	Ja, in jedem Fall	43x	Ja, solange es keine bessere Alternative gibt
10x	Nein, auf keinen Fall	7x	Ist mir egal

Wenn Sie völlig frei (gemäß dem Motto: „Wünsch Dir was!") ein neues Instrument erfinden könnten, welches Ihre Arbeit unterstützt und im Ergebnis eine Finanzierung der Hilfe ermöglicht, was wäre Ihnen wichtig?

Keine Antworten

Wie wichtig erscheinen Ihnen folgende Aspekte für ein solches Instrument?	Stimme vollständig zu	Stimme meistens zu	Stimme bedingt zu	Stimme weniger zu	Stimme kaum zu	Stimme gar nicht zu
	1	2	3	4	5	6
Objektivität	68	0	0	0	0	0
Eindeutigkeit der Items	68	0	0	0	0	0
Flexible Items	68	0	0	0	0	0
Einfach auszufüllen	68	0	0	0	0	0
Spezifität auf CMA-Erkankung	68	0	0	0	0	0
Individualität für jeden CMA	68	0	0	0	0	0
Verständliche Sprache	68	0	0	0	0	0
Kompatibilität mit ICD-10	54	12	0	0	0	0
Kompatibilität mit ICF	68	0	0	0	0	0
Knappheit des Systems	62	6	0	0	0	0
Ausführlichkeit	67	1	0	0	0	0
Sonstiges:	0	0	0	0	0	0

Wie soll die wollen Sie die Hilfe- und Therapiebedarfe darstellen (Mehrfachnennungen möglich)?

4x   Hilfe-, und Therapiebedarfe selbstständig frei beschreiben

1x   Hilfe-, und Therapiebedarfe nach vorgegebenen Fragen frei beschreiben

2x   Hilfe-, und Therapiebedarfe mit multiple-choice-Kriterien bewerten

64x   Hilfe-, und Therapiebedarfe mit multiple-choice-Kriterien bewerten und freie Ergänzungen/Beschreibungen hinzufügen

Was ist Ihrer Meinung nach der ideale Umfang für ein solches System?

2-5   Mindestumfang in Seiten (DIN A4 einseitig)
7-15   Maximalumfang in Seiten (DINA4 einseitig)
5-11   durchschnittlich gewünschter Umfang in Seiten (DIN A4 einseitig)

Was sollte ein solches System beinhalten (Mehrfachnennungen möglich)?

⇒ einheitlich wurden alle Items benannt

Wieviel Zeit sollte die Bearbeitung eines Systems den Therapeuten und Kostenträger maximal beanspruchen?

5-30 Stunden, durchschnittlich 2,5 Stunden

Wieviel Zeit sollte die Bearbeitung eines Systems den CMA maximal beanspruchen?

20 Minuten

Wer sollte das System vorrangig ausfüllen (Mehrfachnennungen möglich)?

0x	Behandelnder Arzt	68x	zuständiger Sozialamtsmitarbeiter
68x	betroffener CMA	0x	Andere CMA
62x	ambulante/stationäre Betreuer	0x	gerichtlich gestellter Betreuer
0x	Angehörige/Freunde des Betroffenen	0x	Betreuungsbehörde

Welche Aussagen sollte das Ergebnis eines Systems sein (Mehrfachnennung möglich)?

68x	Hilfebedarf	68x	Angestrebter Entwicklungszeitraum
68x	Entwicklungsziel	66x	Therapiebedarf in Zeit
62x	inhaltlicher Therapiebedarf	64x	Therapiemethoden
68x	Grad der Lebensqualität	68x	Kosten für Hilfeleistung
68x	Grad der Teilhabe		

Möchten Sie noch etwas zu der Befragung ergänzen?

Keine Antworten

Anmerkung für den Betreuer:

Die Befragung wurde in möglichst einfacher Sprache geschrieben, trotzdem kann es notwendig sein, dem Klienten die Fragen oder Aussagen zu erklären. In diesem Fall sollte ein Betreuer dem Klienten bei der Beantwortung helfen ohne jedoch einen Einfluss auszuüben! Bitte erklären Sie lediglich die Frage und die Antwortmöglichkeiten und lassen den Klienten selbst entscheiden. Es gibt kein „richtig" oder „falsch"! Sollte der Klient keine Entscheidung treffen, vermerken Sie dies bitte. Alle freien Bemerkungen, welche der Klient zu dem Inhalt macht, sind wichtig und mit seinem Einverständnis auf einem zusätzlichen Blatt frei zu notieren. Der Fragebogen kann in mehreren Sitzungen, auch über einen längeren Zeitraum von mehreren Wochen hinweg, beantwortet werden. Die Pausen können frei gewählt werden.

Klienten-Umfrage zum Bedarfserfassungsinstrument in der stationären und ambulanten Hilfe

Chronisch Mehrfachgeschädigt Abhängigkeitskranker (im Folgenden CMA genannt) bedeutet per Definition (Leonhardt/Mühler 2006): *„Chronisch mehrfachgeschädigt ist ein Abhängigkeitskranker, dessen chronischer Alkohol-, bzw. anderer Substanzkonsum zu schweren bzw. fortschreitenden physischen und psychischen Schädigungen (incl. Comorbidität) sowie zu überdurchschnittlicher bzw. fortschreitender sozialer Desintegration geführt hat bzw. führt, so dass er seine Lebensgrundlagen nicht mehr in eigener Initiative herstellen kann und ihm auch nicht genügend familiäre oder andere personelle Hilfe zur Verfügung steht, wodurch er auf institutionelle Hilfe angewiesen ist."*

Das heißt, daß ein Mensch mit CMA früher zu viel Alkohol getrunken hat und deshalb jetzt einiges nicht mehr so mit seinem Körper und in seinem Leben funktioniert, wie das früher war. Deshalb bekommen Sie Hilfe. Da nicht jeder gleich viel Hilfe braucht, versucht man herauszufinden, wieviel Hilfe Sie brauchen. Dazu gibt es das Brandenburger Hilfebedarfserfassungsinstrument. Um zu sehen ob das System gut funktioniert oder ob man etwas verbessern kann, brauchen wir Ihre Meinung! Beim Ausfüllen sind folgende Dinge zu beachten:

1. Bitte den Fragebogen nicht in Bewohnergruppen beantworten, sondern allein oder nur mit Hilfe eines Betreuers.
2. Bitte deutlich ankreuzen und gut lesbar schreiben. (Oder helfen lassen!)
3. Die Codierung ist nötig für eine anonyme aber wissenschaftliche Auswertung. Hilfe durch den Betreuer ist absolut ok!
4. Wenn Sie nicht wissen, was Sie ankreuzen oder schreiben sollen, nehmen Sie das Erste, was Ihnen einfällt. Das ist dann auch richtig!
5. Alles was Sie schreiben ist richtig! Sie können nichts falsch machen!
6. Sie müssen die Befragung nicht ausfüllen. Wenn Sie es tun, helfen Sie uns eine gute und für Sie bessere Arbeit zu machen. Danke!

Bitte erstellen Sie (oder ein Betreuer mit Ihnen) jetzt Ihren Code nach folgendem Muster und tragen Ihn in die nebenstehenden Kästchen ein:

1	2	3	4	5	6	7	8

1. Den ersten Buchstaben Ihres Geschlechts. => <u>m</u>ännlich => m
2. Die letzte Ziffer Ihres Geburtsjahres. Bsp. 195<u>5</u> => 5
3. Den ersten Buchstaben des ersten Vornamens Ihrer Mutter. Bsp. <u>M</u>aria => M
4. Den zweiten Buchstaben Ihres ersten Vornamens. => T<u>h</u>eodor => H
5. Die zweite Ziffer Ihres Geburtstages. => 2<u>3</u>. August => 3
6. Den dritten Buchstaben Ihres Sternzeichens. => Lö<u>w</u>e => W
7. Den ersten Buchstaben Ihres Geburtsortes. => <u>D</u>resden => D
8. Die zweite Ziffer Ihres Geburtsmonats. => August = 0<u>8</u> => 8

Beispielcode:

M	5	M	H	3	W	D	8

<u>Bitte übertragen Sie **JETZT** Ihren persönlich regenerierten Code auf **ALLE** Seiten der Umfrage!</u>
Vielen Dank für Ihre Unterstützung!

	1	2	3	4	5	6	7	8

Allgemeine Angaben

Bitte kreuzen Sie Zutreffendes an!

Wie lange erhalten Sie schon Hilfe wegen Ihrer Alkoholerkrankung?

☐ Bis zu 3 Monate   ☐ Bis zu 3 Jahre

☐ Bis zu 10 Jahre   ☐ Mehr als 10 Jahre

Haben Sie schon mit dem Brandenburger Hilfebedarfserfassungssystem zu tun gehabt?

☐ Ja   ☐ Nein

Bitte sagen Sie uns Ihre Meinung zum Brandenburger Hilfebedarfserfassungssystem (im Folgenden System genannt)!

Bitte kreuzen Sie in allen Zeilen an, ob Sie den Sätzen zustimmen (Ja-Sagen) können.

	Stimme absolut zu	Stimme meistens zu	Stimme bedingt zu	Stimme weniger zu	Stimme kaum zu	Stimme gar nicht zu
	1	2	3	4	5	6
Ich verstehe, warum das System durchgeführt wird.						
Ich verstehe, was mit den einzelnen Punkten (1-36) gemeint ist.						
Ich verstehe die Bewertungskriterien (A,B,C,D).						
Das System ist übersichtlich.						
Das System ist zu lang.						
Das System ist zu kurz.						
Die Punkte, wo ich Hilfe brauche, werden in dem System angesprochen.						
Es gibt Dinge, wo ich Hilfe brauche, die in dem System nicht vorkommen.						
Das System fragt Sachen ab, die nichts mit mir zu tun haben.						
Das System hilft mir zu verstehen, warum ich manche Therapien bekomme.						
Wenn ich das System mit meinem Betreuer besprochen habe, fühle ich mich motiviert.						
Wenn ich das System mit meinem Betreuer besprochen habe, fühle ich mich schlecht.						
Ich finde es gut, daß jemand, der mehr Hilfe braucht, mehr Hilfe kriegt.						
Jeder sollte gleich viel Hilfe kriegen, egal wieviel er braucht.						
Das System zeigt mir, wo ich Hilfe brauche.						
Das System zeigt, was ich nicht kann.						
Das System zeigt, was ich kann.						

1	2	3	4	5	6	7	8

Was finden Sie an dem System gut?

_____

_____

_____

Was gefällt Ihnen an System?

_____

_____

_____

Was würden Sie gern ändern/ergänzen/kürzen/verbessern?

_____

_____

_____

Da das Sozialamt nicht unbegrenzt Geld hat, ist es richtig, nicht für alle gleich viel Geld zu bezahlen, sondern zu unterscheiden, wer alleine viel kann und wer mehr Hilfe braucht. Um dies herauszufinden, werden Fragebögen ausgefüllt oder Berichte geschrieben. Wenn Sie sich ein System zur Beurteilung wünschen dürften, wie sollte das aussehen?

☐ Nur zum Ankreuzen   ☐ nur frei beschreiben   ☐ Ankreuzen und frei ergänzen

Bitte ergänzen Sie die folgenden Sätze mit Zahlen:

Es sollte mindestens_____ aber nicht mehr als _____Seiten lang sein. Und höchstens _____Stunden dauern, das System zu bearbeiten.

Was soll so ein System umfassen (Mehrfachnennung möglich):

☐ Wo ich Hilfe brauche   ☐ Wo ich keine Hilfe brauche   ☐ Verbesserung

☐ Verschlechterung   ☐ Wo ich Hilfe brauche   ☐ Verständliche Sprache

☐ Wieviel Hilfe ich brauche   ☐ Warum ich welche Therapie bekomme   ☐ Wieviel Geld die Therapie kostet

☐ Wie lange ich welche Therapien bekomme   ☐ Ob ich mich durch die Therapie besser fühle

☐ Ob ich an den Therapien mitarbeite   ☐ Meine persönlichen Ziele im Leben   ☐ Krankheitseinsicht

Wer sollte das System ausfüllen (Mehrfachnennungen möglich)?

☐ Behandelnder Arzt   ☐ zuständiger Sozialamtsmitarbeiter   ☐ Bewohner/Klient

☐ Andere Bewohner/Klienten ☐ ambulante/stationäre Betreuer   ☐ gerichtlich gestellter Betreuer

☐ Angehörige/Freunde des Betroffenen   ☐ Betreuungsbehörde

Vielen Dank für Ihre Mitwirkung!   Dipl. Psych. Lydia Hoppe

Allgemeine Angaben

Bitte kreuzen Sie Zutreffendes an!

Wie lange erhalten Sie schon Hilfe wegen Ihrer Alkoholerkrankung?

6x bis zu 3 Jahre   11x bis zu 10 Jahre

Haben Sie schon mit dem Brandenburger Hilfebedarfserfassungssystem zu tun gehabt?

17x Ja

Bitte sagen Sie uns Ihre Meinung zum Brandenburger Hilfebedarfserfassungssystem (im Folgenden System genannt)!

1x „gut"   16x keine Angabe

Bitte kreuzen Sie in allen Zeilen an, ob Sie den Sätzen zustimmen (Ja-Sagen) können.

	Stimme vollständig zu	Stimme meistens zu	Stimme bedingt zu	Stimme weniger zu	Stimme kaum zu	Stimme gar nicht zu
	1	2	3	4	5	6
Ich verstehe, warum das System durchgeführt wird.	16	0	0	0	0	1
Ich verstehe, was mit den einzelnen Punkten (1-36) gemeint ist.	16	0	0	0	0	1
Ich verstehe die Bewertungskriterien (A,B,C,D).	16	0	0	0	0	1
Das System ist übersichtlich.	1	0	14	0	1	1
Das System ist zu lang.	10	0	5	0		2
Das System ist zu kurz.	0	0	7	0	5	5
Die Punkte, wo ich Hilfe brauche, werden in dem System angesprochen.	1	0	0	0	1	15
Es gibt Dinge, wo ich Hilfe brauche, die in dem System nicht vorkommen.	0	0	0	0	1	16
Das System fragt Sachen ab, die nichts mit mir zu tun haben.	0	0	17	0	0	0
Das System hilft mir zu verstehen, warum ich manche Therapien bekomme.	0	0	17	0	0	0
Wenn ich das System mit meinem Betreuer besprochen habe, fühle ich mich motiviert.	0	0	16	0	1	0
Wenn ich das System mit meinem Betreuer besprochen habe, fühle ich mich schlecht.	0	0	17	0	0	0
Ich finde es gut, daß jemand, der mehr Hilfe braucht, mehr Hilfe kriegt.	1	0	15	0	0	1
Jeder sollte gleich viel Hilfe kriegen, egal wieviel er braucht.	0	0		0	1	16
Das System zeigt mir, wo ich Hilfe brauche.	0	0	15	0	1	1
Das System zeigt, was ich nicht kann.	2	0	15	0	0	0
Das System zeigt, was ich kann.	0	0	17	0	0	0

Was finden Sie an dem System gut?

1x „gut"   16x keine Angabe

Was gefällt Ihnen an System?

1x „gut"   16x keine Angabe

Was würden Sie gern ändern/ergänzen/kürzen/verbessern?

1x „gut"   16x keine Angabe

Wenn Sie sich ein System zur Beurteilung wünschen dürften, wie sollte das aussehen?

17x   Nur zum Ankreuzen

14x   mind. 1 Seite   1x   mind. 2 Seiten   1x   mind.5 Seiten   1x   kein Bericht

16x   max. 3 Seiten   1x   max. 10 Seiten

Bearbeitungszeit:

10x   max. 15 Minuten   6x   max. 20 Minuten   1x   max. 2 Stunden

Was soll so ein System umfassen (Mehrfachnennung möglich):

Zu erfassender Inhalt	Anzahl der erhaltenen Stimmen
Wo ich Hilfe brauche	17
Wo ich keine Hilfe brauche	0
Verbesserung	0
Verschlechterung	0
Verständliche Sprache	0
Wieviel Hilfe ich brauche	0
Warum ich welche Therapie bekomme	17
Wieviel Geld die Therapie kostet	2
Wie lange ich welche Therapien bekomme	17
Ob ich mich durch die Therapie besser fühle	16
Ob ich an den Therapien mitarbeite	0
Meine persönlichen Ziele im Leben	0
Krankheitseinsicht	0

Wer sollte das System ausfüllen (Mehrfachnennungen möglich)?

Vorgeschlagener Teilnehmer am Erfassungsprozess	Anzahl der Stimmen
Behandelnder Arzt	0
zuständiger Sozialamtsmitarbeiter	0
Bewohner/Klient	11
Andere Bewohner/Klienten	0
ambulante/stationäre Betreuer	17
gerichtlich gestellter Betreuer	0
Angehörige/Freunde des Betroffenen	0
Betreuungsbehörde	0

thinking-aloud-protocol zur Arbeitsschrittzerlegung des Brandenburger Instrumentes

Probandnr.:

Einleitung (laut vorlesen):

Danke, dass Sie an der Untersuchung teilnehmen! Bitte nutzen Sie das vor Ihnen liegende Brandenburger Instrument um den Bedarf für den, von Ihnen gewählten Bewohner zu erfassen. Benennen Sie hierbei alle Handlungen und Gedanken so kleinschrittig wie möglich. Ich notiere diese stichpunktartig um die Anzahl der Arbeitsschritte, welche für die Nutzung des Brandenburger Instrumentes notwendig ist zu erfassen. Bitte seien Sie so genau wir möglich und benennen Sie auch scheinbar unwichtige Gedanken und Handlungen. Sie können nichts falsch machen, sondern helfen Erkenntnisse zu gewinnen, wie man Ihre Arbeit einfacher machen kann. Haben Sie Fragen?

Wenn Sie bereit sind, können wir beginnen.

Hinweis bei zu allgemeiner/unpräziser Benennung von Arbeitsschritten:

- *Bitte präzisieren Sie das Gesagte noch einmal.*
- *Können Sie diesen Schritt/Gedanken noch genauer beschreiben?*

Protokoll:

Protokoll zur Erfassung des direkten Betreuungskontaktes

Bewohner: Datum der Protokollierung:

Uhrzeit Beginn	Dauer in Minuten	Betreuungs-schlüssel (Anzahl Bewohner : Anzahl Therapeuten)	Inhalt der Betreuung	Kontakt-aufnahme durch **Bew./Ther.**

Unterschrift Protokollant/en:

Protokoll zur Erfassung des direkten Betreuungskontaktes

Bewohner: Datum der Protokollierung:

Uhrzeit Beginn	Dauer in Minuten	Betreuungs-schlüssel (Anzahl Bewohner : Anzahl Therapeuten)	Inhalt der Betreuung	Kontakt-aufnahme durch Bew./Ther.
7:31	<1	1:1	wecken	T
Bedeutung: Um 7:31 Uhr wurde der Bewohner von einem Therapeuten (1:1) geweckt. Die Kontaktaufnahme dauerte weniger als eine Minute (<1) und erfolgte durch den Therapeuten (T) = Therapeut ging zu Bewohner.				
8:15	15	16:2	Start in den Tag/Information	T
Bedeutung: Um 8:15 Uhr machten 2 Therapeuten mit 16 Bewohnern den Start in den Tag um die Bewohner zu informieren. Die Gruppe dauerte 15 Minuten. Die Therapeuten begannen den Kontakt.				
9:21	2	2:1	Frage ob B Kaffeemachen dürfen für Ergo	B
Bedeutung: Um 9:21 Uhr kamen 2 Bewohner (einer davon war der Protokollierte) zum Therapeuten und fragten ob sie Kaffee für die Ergo machen dürfen. Die Diskussion dauerte 2 Minuten.				

Unterschrift Protokollant/en:

Expertenbefragung mit dem Ziel der Überprüfung der Vollständigkeit/Inhaltsvalidität des Itempools und der
Überprüfung der Formulierung der Items sowie deren Operationalisierungen

In einer Arbeitsgruppe verschiedener Träger mit Unterstützung mehrerer Universitäten arbeiten wir daran, ein wissenschaftlich fundiertes, der Praxis angepasstes Instrument zu entwickeln, welches eine differenzierte, auf das Krankheitsbild spezifizierte, effiziente Erhebung des Therapiebedarfes und transparente Umrechnung in Hilfebedarfsgruppen speziell für CMA ermöglicht.

Entsprechend der Definition von Leonhardt/Mühler 2006 für das Krankheitsbild „chronisch mehrfachgeschädigt abhängigkeitskrank" und in Anlehnung an den CMA-Index nach Leonhardt/Mühler sollen mit dem Instrument folgende Bereiche für einen Betroffenen von CMA eingeschätzt werden:

- Aspekte der direkten Abhängigkeitserkrankung, d.h. Krankheitseinsicht, Betreuungsaufwand bei Sucht- oder Verhaltensrückfällen Häufigkeit der Rückfälle, Umgang mit potentiell rückfallauslösenden Situationen u.ä.,
- Betreuungsaufwand um der sozialen Desintegration entgegen zu wirken, unterteilt in die drei Bereiche: Wohnen, Tagesstruktur, soziale Beziehungen
- Physische (inklusive kognitive) Schädigungen, welche den Therapieaufwand beeinflussen
- Psychische Schädigungen (inklusive Persönlichkeitsveränderungen), welche den Therapieaufwand beeinflussen

(Wobei zu berücksichtigen ist, daß die physischen und psychischen Schädigungen als Wichtungsfaktoren der Items des Bereichs soziale Desintegration erhoben werden sollen. Bsp. Eine hohe Aggressivität oder eine starke Störung im Kurzzeitgedächtnis bewirken, daß der Klient höhere Unterstützung beim Saubermachen des eigenen Wohnbereichs benötigt und daß diese Hilfe die Ressourcen der Betreuer stärker beansprucht als wenn man einen Klienten unterstützt der ausgeglichen fröhlich ist, aber aufgrund von Lähmungen nicht überall allein rankommt.)

In der folgenden Untersuchung geht es darum, den Itempool (Menge der zu erhebenden Daten) auf Vollständigkeit zu überprüfen und die Formulierung so anzupassen, daß sie möglichst allgemein (für alle, mit dem Instrument Arbeitenden) verständlich sind und alle in der Praxis benötigten Aspekte (jedoch keine unnötigen) erfasst.

Bitte lesen Sie sich die folgenden Items aufmerksam durch und kreuzen Sie bitte an, ob und wie wichtig Sie das Item für die Einschätzung finden. Bitte schätzen Sie auch für jedes Item den Verständlichkeitsgrad an. Unter jedem Item befindet sich eine freie Zeile. Sollten Sie ein Item unverständlich, mehrdeutig oder nicht klar abgegrenzt finden, ergänzen Sie bitte eine, Ihrer Meinung nach, treffendere Formulierung.

Am Ende eines jeden Bereichs ist ein Freifeld, in welchem Sie Items ergänzen können, welche Ihnen wichtig erscheinen, aber im bisherigen Itempool fehlen. Für die Bereiche soziale Desintegration, psychische und physische Schädigungen sind Skalenvorschläge angefügt. Bitte bewerten Sie diese an der jeweiligen Stelle.

Bitte denken Sie daran, Sie können nichts falsch machen, sich nicht blamieren oder etwas nicht wissen. Ziel ist es, ein Instrument zu erstellen, daß für SIE handhabbar ist und IHNEN die Arbeit erleichtert. Bitte passen Sie sich nicht dem Instrument an, sondern helfen Sie uns das Instrument als Werkzeug an Sie anzupassen.

Items des Bereiches: **Abhängigkeitserkrankung: Beschreibung des Sucht- und Rückfallverhaltens**	Klar verständlich	Unklar/ mehrdeutig	sollte erfasst werden	Muß nicht erfasst werden
Krankheitseinsicht (Akzeptanz des Alkoholmissbrauchs, der eigenen Abhängigkeit und Bewertung der Krankheit sowie deren Folgen und Begleiterscheinungen als negativ)				
Drang nach Suchtmitteln (Stärke der Fixierung auf das Suchtmittel)				
Häufigkeit des Rückfallverhaltens (Trink- und Verhaltensrückfälle)				
Schwere und Dauer des Rückfallverhaltens (Trink- und Verhaltensrückfälle)				
Mit Trigger-Reizen umgehen (Art mit den Situationen umzugehen, welche in der Vergangenheit zu Trink- oder Verhaltensrückfällen geführt haben)				
Erkennbare Suchtverlagerung mit gesundheitsgefährdenden Symptomen				

<u>Bemerkungen, Hinweise, weitere Itemvorschläge zum Bereich Abhängigkeitserkrankung:</u>

Items des Bereiches: **Soziale Desintegration - Wohnen**	Klar verständlich	Unklar/ mehrdeutig	sollte erfasst werden	Muß nicht erfasst werden
Essverhalten, nicht gesundheitsschädliche Ernährung				
Tag-, Nachtrhythmus				
Transportmittel benutzen				
Körperpflege				
Die Toilette benutzen und sauber verlassen				
Sich kleiden				
Auf eine gesunde Lebensweise achten				
Wohnraum beschaffen				
Wohnraum gestalten				
Einkaufen				
Mahlzeiten vorbereiten (außerhalb der Gemeinschaftsversorgung)				
Kleidung und Wäsche waschen und trocknen (oder hierfür vorbereiten/abgeben)				
Den Wohnbereich reinigen				

Items des Bereiches: **Soziale Desintegration - Wohnen**	Klar verständlich	Unklar/ mehrdeutig	sollte erfasst werden	Muß nicht erfasst werden
Ordnung im eigenen Wohnbereich erhalten				
Umgang und Einteilung der vorhandenen finanziellen Mittel				
Medikamente, Arztbesuche (Verordnungen verstehen und umsetzen)				
Gesundheitliche Selbstwahrnehmung				

Bemerkungen, Hinweise, weitere Itemvorschläge zum Bereich soziale Desintegration - Wohnen:

Items des Bereiches: **Soziale Desintegration – soziale Beziehungen**	Klar verständlich	Unklar/ mehrdeutig	sollte erfasst werden	Muß nicht erfasst werden
Kommunikation (Sprache, Mimik, Gestik, Körpersprache) als Sender verstehen und anwenden				
Kommunikation (Sprache, Mimik, Gestik, Körpersprache) als Empfänger verstehen und anwenden				
Konversation				
Diskussion				
Empathie				
Anerkennung in Beziehungen				
Toleranz in Beziehungen				
Kritik in Beziehungen				
Umgang mit Konflikten				
Sozialen Regeln gemäß interagieren				
Sozialen Abstand wahren (Nähe-/Distanzverhalten)				
Familienbeziehungen				

Items des Bereiches: **Soziale Desintegration – soziale Beziehungen**	Klar verständlich	Unklar/ mehrdeutig	sollte erfasst werden	Muß nicht erfasst werden
Intime Beziehungen				
Gemeinschaftsleben in selbstgewählten Gruppen				
Gemeinschaftsleben in vorgegebenen Gruppen				
Hilfe annehmen				
Hilfe selbst leisten				

Bemerkungen, Hinweise, weitere Itemvorschläge zum Bereich soziale Desintegration – soziale Beziehungen:

Items des Bereiches: **Soziale Desintegration - Tagesstruktur**	Klar verständlich	Unklar/ mehrdeutig	sollte erfasst werden	Muß nicht erfasst werden
Einfache Aufgaben verstehen				
Einfache Aufgaben planen/vorbereiten				
Einfache Aufgaben umsetzen/durchführen				
Einfache Aufgaben abschließen				
Einfache Aufgaben selbstständig wiederholen können/festigen				
Komplexe Aufgaben verstehen				
Komplexe Aufgaben planen/vorbereiten				
Komplexe Aufgaben umsetzen/durchführen				
Komplexe Aufgaben abschließen				
Komplexe Aufgaben selbständig wiederholen können/festigen				
Freizeit und Erholung (Ruhephasen und Aktivitäten nach eigenen Wünschen so gestalten, das man sich wohl fühlt und Vereinsamung, Antriebslosigkeit, Depression, Rückfallverhalten, Überforderung etc. vorgebaut wird)				

Bemerkungen, Hinweise, weitere Itemvorschläge zum Bereich soziale Desintegration – Tagesstruktur:

Für die Einschätzung der sozialen Desintegration (Wohnen, soziale Beziehungen, Tagestruktur) wird folgende Skala vorgeschlagen:

• keine Hilfe- bzw. Therapie- bedarf • Item trifft nicht zu • Einschätzung nicht bzw. noch nicht möglich	Hilfebedarfs- gruppe 1 (kaum Therapie- aufwand)	Hilfebedarfs- gruppe 2 (geringer Therapie- aufwand)	Hilfebedarfs- gruppe 3 (erhöhter Therapie- aufwand)	Hilfebedarfs- gruppe 4 (hoher Therapie- aufwand)	Hilfebedarfs- gruppe 5 (sehr hoher Therapie- aufwand)

Bemerkungen, Hinweise, weitere Itemvorschläge zur obigen Skala:

Die nachfolgenden Items dienen der Wichtung, daß heißt das Vorhandensein einer Items kann den Therapieaufwand erhöhen oder senken unabhängig vom eigentlichen Hilfebedarf.

Items des Bereiches: **Psychische Beeinträchtigung inkl. Persönlichkeitsveränderungen**	Klar verständlich	Unklar/ mehrdeutig	sollte erfasst werden	Muß nicht erfasst werden
Negative Grundeinstellung				
Überdurchschnittlich große oder geringe Spannbreite an Emotionen				
Sehr geringe Affektkontrolle				
Sehr geringe psychische Stabilität				
Situationsangemessenheit der Emotionen				
Überdurchschnittlich hohes oder geringes Selbstvertrauen/Selbstwertgefühl				
Mit Veränderungen umgehen				
Antriebslosigkeit				
Mit Stress/Anspannung umgehen				
Aggressivität (inklusive verbale Aggressivität)				
Erhöhter Drang nach Aufmerksamkeit				
Mangelnder Realitätssinn/verzerrte Wahrnehmung (in Bezug auf sich selbst und andere)				

Bemerkungen, Hinweise, weitere Itemvorschläge zu den Wichtungsitems – psychische Beeinträchtigung/Persönlichkeitsveränderungen:

Items des Bereiches: **Physische Beeinträchtigung inkl. kognitive Schädigungen**	Klar verständlich	Unklar/ mehrdeutig	sollte erfasst werden	Muß nicht erfasst werden
Einschränkung im Sehen				
Einschränkung im Hören				
Einschränkungen im Temperaturempfinden				
Einschränkungen im Schmerzempfinden				
Einschränkungen der Belastbarkeit bzgl. Herz-Kreislauf und/oder Atmung				
Inkontinenz				
Einschränkungen der Beweglichkeit, Kraft und Ausdauer (inkl. Lähmug, Spastik, Amputationen, Tremor etc.)				

Items des Bereiches: **Physische Beeinträchtigung inkl. kognitive Schädigungen**	Klar verständlich	Unklar/ mehrdeutig	sollte erfasst werden	Muß nicht erfasst werden
Kurzzeitgedächtnis				
Langzeitgedächtnis				
Denktempo				
Entscheidungen treffen				
Kulturtechniken (Lesen, Schreiben, Rechnen)				
Lernfähigkeit				

Bemerkungen, Hinweise, weitere Itemvorschläge zu den Wichtungsitems – psychische Beeinträchtigung/Persönlichkeitsveränderungen:

Für die Einschätzung der Wichtungsitems (psychische bzw. physische Beeinträchtigung) wird folgende Skala vorgeschlagen:

Verringert den Therapieaufwand	Keine Auswirkung, trifft nicht zu	Erhöht den Therapieaufwand leicht	Erhöht den Therapieaufwand stark

Bemerkungen, Hinweise, weitere Itemvorschläge zur obigen Skala:

Das Gesamtinstrument soll als Stift-Papier-Version aber auch als PC-Programm erstellt werden, wobei es das Ziel ist bei dem PC-Programm bei der Ergebnisdarstellung nur die aussagekräftigen Informationen anzuzeigen und die als „nicht zutreffend"-identifizierten Items wegzulassen. Dies reduziert den Aufwand beim Lesen und Auswerten der Einschätzung.

Hierzu oder sonstige Bemerkungen, Hinweise, Vorschläge, Wünsche:

Vielen Dank für Ihre Mitarbeit!

RELIABILITY

RELIABILITY
    /VARIABLES= A1 A2 A3 A4 B1 B2 B3 B4 B5 B6
    /MODEL=ALPHA
    /SUMMARY = TOTAL.

Skala: ANY

Zusammenfassung der Fallverarbeitung

		N	%
Fälle	Gültig	25	60,98
	Ausgeschlossen	16	39,02
	Gesamt	41	100,00

Reliabilitätsstatistiken

Cronbach's Alpha	N der Items
,81	10

Item-Gesamt Statistiken

	Skalenmittelwert wenn Item gelöscht	Skalenvarianz wenn Item gelöscht	Korrigierte Item-Gesamt-Korrelation	Cronbachs Alpha wenn Item gelöscht
A1	29,84	65,64	,41	,80
A2	30,20	67,42	,36	,81
A3	31,08	68,91	,26	,82
A4	30,36	69,16	,33	,81
B1	30,68	64,64	,50	,79
B2	29,76	59,86	,71	,77
B3	30,20	60,25	,62	,78
B4	29,44	65,92	,58	,79
B5	29,48	63,59	,54	,79
B6	29,20	63,75	,68	,78

RELIABILITY

RELIABILITY
    /VARIABLES= L1 L2 L3 L4 L5 L6 L7 S1 S2 S3 S4 S5 S6 T1 T2 T3 T4
T5 T6 T7
    /MODEL=ALPHA
    /SUMMARY = TOTAL.

Skala: ANY

Zusammenfassung der Fallverarbeitung

	N	%
Fälle *Gültig*	27	65,85
Ausgeschlossen	14	34,15
Gesamt	41	100,00

Reliabilitätsstatistiken

Cronbach's Alpha	N der Items
,96	20

Item-Gesamt Statistiken

	Skalenmittelwert wenn Item gelöscht	Skalenvarianz wenn Item gelöscht	Korrigierte Item-Gesamt-Korrelation	Cronbachs Alpha wenn Item gelöscht
L1	62,83	408,37	,54	,96
L2	63,09	384,81	,82	,96
L3	62,96	398,34	,80	,96
L4	63,30	400,06	,71	,96
L5	62,83	387,37	,84	,96
L6	62,31	402,02	,69	,96
L7	63,13	393,68	,75	,96
S1	62,54	403,94	,60	,96
S2	62,57	391,94	,75	,96
S3	62,43	393,98	,74	,96
S4	62,98	401,51	,70	,96
S5	62,24	401,56	,68	,96
S6	63,57	410,36	,50	,96
T1	62,98	388,89	,78	,96
T2	62,72	395,51	,76	,96
T3	62,72	395,28	,74	,96
T4	62,39	390,54	,82	,96
T5	62,67	399,31	,76	,96
T6	62,57	400,94	,67	,96
T7	62,20	402,54	,70	,96

RELIABILITY

RELIABILITY
  /VARIABLES= L1 L2 L3 L4 L5 L6 L7 S1 S2 S3 S4 S5 S6 T1 T2 T3 T4
T5 T6 T7 A1 A2 A3 A4 B1 B2 B3 B4 B5 B6
    /MODEL=ALPHA
    /SUMMARY = TOTAL.

Skala: ANY

Zusammenfassung der Fallverarbeitung

		N	%
Fälle	Gültig	23	56,10
	Ausgeschlossen	18	43,90
	Gesamt	41	100,00

Reliabilitätsstatistiken

Cronbach's Alpha	N der Items
,95	30

Item-Gesamt Statistiken

	Skalenmittelwert wenn Item gelöscht	Skalenvarianz wenn Item gelöscht	Korrigierte Item-Gesamt-Korrelation	Cronbachs Alpha wenn Item gelöscht
L1	100,28	731,66	,46	,95
L2	100,41	700,88	,77	,95
L3	100,39	717,79	,74	,95
L4	100,78	720,45	,62	,95
L5	100,15	706,40	,81	,95
L6	99,76	720,18	,67	,95
L7	100,59	711,24	,69	,95
S1	99,89	731,04	,51	,95
S2	99,98	707,87	,74	,95
S3	99,80	711,06	,72	,95
S4	100,41	718,56	,69	,95
S5	99,67	722,99	,61	,95
S6	101,11	729,86	,48	,95
T1	100,54	689,48	,85	,95
T2	100,20	707,61	,75	,95
T3	100,15	713,94	,67	,95
T4	99,85	701,81	,82	,95
T5	100,13	712,03	,77	,95
T6	100,07	717,14	,76	,95
T7	99,59	719,56	,72	,95
A1	100,11	754,41	,12	,96
A2	100,50	752,48	,15	,96
A3	101,41	747,29	,20	,96
A4	100,63	745,64	,26	,96
B1	100,98	700,83	,80	,95
B2	100,02	696,74	,83	,95
B3	100,37	706,19	,69	,95
B4	99,67	726,99	,62	,95
B5	99,67	710,31	,70	,95
B6	99,41	719,88	,71	,95

RELIABILITY

```
RELIABILITY
    /VARIABLES= A1 A2 A3 A4
    /MODEL=ALPHA
    /SUMMARY = TOTAL.
```

Skala: ANY

Zusammenfassung der Fallverarbeitung

		N	%
Fälle	Gültig	26	63,41
	Ausgeschlossen	15	36,59
	Gesamt	41	100,00

Reliabilitätsstatistiken

Cronbach's Alpha	N der Items
,78	4

Item-Gesamt Statistiken

	Skalenmittelwert wenn Item gelöscht	Skalenvarianz wenn Item gelöscht	Korrigierte Item-Gesamt-Korrelation	Cronbachs Alpha wenn Item gelöscht
A1	8,38	11,53	,75	,65
A2	8,73	11,00	,88	,57
A3	9,62	13,21	,52	,77
A4	8,81	16,88	,28	,86

RELIABILITY

```
RELIABILITY
    /VARIABLES= B1 B2 B3 B4 B5 B6
    /MODEL=ALPHA
    /SUMMARY = TOTAL.
```

Skala: ANY

Zusammenfassung der Fallverarbeitung

		N	%
Fälle	Gültig	34	82,93
	Ausgeschlossen	7	17,07
	Gesamt	41	100,00

Reliabilitätsstatistiken

Cronbach's Alpha	N der Items
,36	6

Item-Gesamt Statistiken

	Skalenmittelwert wenn Item gelöscht	Skalenvarianz wenn Item gelöscht	Korrigierte Item-Gesamt-Korrelation	Cronbachs Alpha wenn Item gelöscht
B1	18,82	70,88	,34	,28
B2	18,24	70,97	,38	,28
B3	18,50	68,80	,45	,25
B4	16,79	30,84	,05	,85
B5	17,76	72,12	,36	,29
B6	17,68	71,20	,41	,27

RELIABILITY

RELIABILITY
   /VARIABLES= L1 L2 L3 L4 L5 L6 L7
   /MODEL=ALPHA
   /SUMMARY = TOTAL.

Skala: ANY

Zusammenfassung der Fallverarbeitung

		N	%
Fälle	Gültig	30	73,17
	Ausgeschlossen	11	26,83
	Gesamt	41	100,00

Reliabilitätsstatistiken

Cronbach's Alpha	N der Items
,87	7

Item-Gesamt Statistiken

	Skalenmittelwert wenn Item gelöscht	Skalenvarianz wenn Item gelöscht	Korrigierte Item-Gesamt-Korrelation	Cronbachs Alpha wenn Item gelöscht
L1	18,35	46,16	,46	,87
L2	18,58	39,48	,67	,85
L3	18,67	42,32	,76	,84
L4	18,80	44,36	,52	,87
L5	18,52	39,70	,77	,83
L6	17,90	43,33	,68	,85
L7	18,88	40,86	,69	,85

RELIABILITY

```
RELIABILITY
    /VARIABLES= S1 S2 S3 S4 S5 S6
    /MODEL=ALPHA
    /SUMMARY = TOTAL.
```

Skala: ANY

Zusammenfassung der Fallverarbeitung

		N	%
Fälle	Gültig	32	78,05
	Ausgeschlossen	9	21,95
	Gesamt	41	100,00

Reliabilitätsstatistiken

Cronbach's Alpha	N der Items
,87	6

Item-Gesamt Statistiken

	Skalenmittelwert wenn Item gelöscht	Skalenvarianz wenn Item gelöscht	Korrigierte Item-Gesamt-Korrelation	Cronbachs Alpha wenn Item gelöscht
S1	15,63	30,63	,70	,84
S2	15,72	28,27	,77	,83
S3	15,69	27,38	,79	,82
S4	16,09	30,09	,77	,83
S5	15,31	31,45	,68	,85
S6	16,56	35,35	,34	,90

RELIABILITY

```
RELIABILITY
    /VARIABLES= T1 T2 T3 T4 T5 T6 T7
    /MODEL=ALPHA
    /SUMMARY = TOTAL.
```

Skala: ANY

Zusammenfassung der Fallverarbeitung

		N	%
Fälle	Gültig	35	85,37
	Ausgeschlossen	6	14,63
	Gesamt	41	100,00

Reliabilitätsstatistiken

Cronbach's Alpha	N der Items
,91	7

Item-Gesamt Statistiken

	Skalenmittelwert wenn Item gelöscht	Skalenvarianz wenn Item gelöscht	Korrigierte Item-Gesamt-Korrelation	Cronbachs Alpha wenn Item gelöscht
T1	19,21	47,14	,72	,90
T2	19,21	46,05	,82	,89
T3	19,21	48,22	,66	,90
T4	18,81	46,35	,80	,89
T5	19,17	48,50	,71	,90
T6	18,99	48,98	,65	,90
T7	18,67	48,19	,73	,90

Studie zur Kriterienoperationalisierung

Diese Studie erfolgt im Rahmen der Erstellung eines neuen Erfassungssystems für teilhabefördernde Hilfeleistungen. Ziel ist es das subjektive individuelle Bewertungsverständnis bestimmter Leistungsbezeichnungen zu erfassen. Als Ergebnis entstehen 6 Wertekategorien für die Zuordnung von Fachleistungen.

Hinweis: Die Studie erfolgt anonym. Eine Rückverfolgung der persönlichen Teilnehmerdaten auf die Ergebnisse ist weder möglich noch gewollt. Die Teilnahme erfolgt auf freiwilliger Basis.

Instruktion:

Bitte ordnen Sie jedem, in den beiden Tabellen aufgeführten Begriffen/Leistungen einen Wert zu (Bauchgefühl). Bei Unsicherheiten folgen Sie Ihrer ersten Eingebung. Es gibt kein richtig oder falsch! Bitte arbeiten Sie individuell eigenständig.

Sollten Sie Hilfeleistungen in der Aufzählung vermissen, schreiben Sie sie bitte dazu und bewerten sie nach dem oben genannten Verfahren.

1 = geringer Aufwand ... 6 = sehr hoher Aufwand

Begriff/Leistung	1	2	3	4	5	6
Anleiten						
Begleitung (Großgruppe ab 10 Personen)						
Gelegentliches Erinnern						
Intensives Training 1:1						
Stellvertretende Übernahme (hoher Aufwand)						
Stellen enger Rahmenbedingungen						
Regelmäßiges Erinnern						
Gelegentliches Motivieren						
Regelmäßiges Anleiten						
Analysearbeit bzgl. der Maßnahme mit Bewohner						
Regelmäßiges Motivtieren (hoher Aufwand)						
Lehren						
Krisenintervention						
Vor- oder Nachbereitung einer Maßnahme (normaler Aufwand)						
Konstante Begleitung 1:1						
Intensive Motivation mit übermäßigem Aufwand						
Stellvertretende Übernahme (normaler Aufwand)						
Konstante Begleitung (Kleingruppe max. 5 Pers.)						
Vor- oder Nachbereitung einer Maßnahme (hoher Aufwand)						
Konsequentes Stellen und Einfordern enger Rahmenbedingungen						
Kontrollieren						
Regelmäßiges Motivieren (normaler Aufwand)						
Indiv. Beobachten um bei Notwendigkeit intervenieren zu können						
Regelmäßiges Kontrollieren						
Beratung						
Kontrollieren (geringer Aufwand)						
Regelmäßige Gespräche (5-20min)						
Begleitung von größeren Gruppen (5-10 Pers.)						
Analysearbeit bzgl. der Maßnahme ohne Bewohner						
Vor- oder Nachbereitung einer Maßnahme (geringer Aufwand)						
Regelmäßige kurze Gespräche (max. 5 Min.)						

Vielen Dank für Ihre Unterstützung!
                                                                        Dipl. Psych. L. Hoppe

IBUT-sCMA – allgemeine Informationen

Laut Bundesteilhabegesetz besteht für seelisch behinderte Menschen, wozu auch Chronisch Mehrfachgeschädigt/Mehrfachbeeinträchtigt Abhängigkeitskranke (CMA) gehören, der Anspruch auf Leistungen zur Ermöglichung und Förderung ihrer Teilhabe. Diese Leistungen sollen möglichst differenziert erfasst werden um eine gerechte Vergütung zu gewährleisten. Um eine einfache, verständliche und damit akzeptierte Kommunikation an der Schnittstelle öffentlicher Sozialhilfeträger und freier Träger zu gewährleisten, wird die oft schwierige Übersetzung „defizitorientierter Hilfebedarf → Teilhabeeinschränkung → teilhabefördernde Leistung" an dieser Stelle abgelöst.

Das IBUT-CMA erfasst direkt die erbrachten Leistungen und belegt somit verständlich, welche Leistungsklasse zu bezahlen ist.

Auch die Fremdeinschätzung (Betreuer beurteilt Bewohner) wird somit in eine Selbsteinschätzung (Betreuer schätzt Aufwand der durch ihn erbrachten Leistungen ein) vereinfacht.

Gegliedert ist das Instrument der Definition des Krankheitsbildes entsprechend in zwei Abschnitte mit verschiedenen Bereichen zur Beschreibung der geleisteten Fachleistungen zur Befähigung und Förderung der Teilhabe:

Abschnitt I: Beschreibung grundlegender Fachleistungen zur Befähigung der Teilhabe
* ❖ Abstinenzförderung: Leistungen in Bezug auf die Alkoholabhängigkeit
* ❖ Individuelle Befähigung: grundlegende Leistungen, um den Bewohner (trotz chronischer psychischer, kognitiver oder somatischer Schädigungen) in die Lage zu versetzen überhaupt eine Möglichkeit auf Teilhabe zu erhalten

Abschnitt II: Fachleistungen zum Erhalt, Stabilisierung und Förderung der Teilhabe
* ❖ Lebensführung: Wohnen und Selbstversorgung
* ❖ Tagesstrukturierung: Beschäftigung, Maßnahmen mit arbeitsähnlichem Charakter (Regelmäßigkeit, Lebenssinn- und Selbstwertgefühl fördernd)
* ❖ Soziale Beziehungen

Grundlage des IBUT-CMA ist die ICF 2005, das Bundesteilhabegesetz, sowie die Definition für CMA von Leonhardt/Mühler 2006 und natürlich der Gesundheitsbegriff des bio-psycho-sozialen Modells der WHO.

Derzeit ist das Instrument ausschließlich als „Papier-und-Stift"-Variante und digital nur als Word-Dokument verfügbar. Im Laufe der Evaluierung ist jedoch eine digital ausfüllbare Version geplant, so dass später die Entscheidung ob am Computer oder auf Papier ausgefüllt wird, dem Nutzer obliegt.

Das fertige Instrument wird zusätzlich einen Abschnitt III enthalten, welcher jedoch nur auszufüllen ist, wenn Abschnitt I und II nicht mehr zutreffen. Dies ist der Fall, wenn keine Teilhabeleistungen mehr erbracht werden können, weil der Bewohner sich in einer außergewöhnlichen Krise (bspw. Krebs) oder auf dem Übergang in eine Pflegeheim oder Hospiz befindet. In diesem Fall sind Abschnitt I+II nicht mehr auszufüllen und es erfolgt die Bewertung nur über Abschnitt III. Da dieser Teil die verbliebenen Leistungen in freier Textform erfasst, ist er der vorliegenden Evaluation nicht beigefügt.

Bearbeitungsvorschrift

Das Instrument ist in 2 Abschnitte und insgesamt 5 Bereiche mit je 4-7 Items gegliedert, welche Komplexe bzw. Aspekte des täglichen Lebens darstellen, wo CMA-Betroffene Unterstützung benötigen. Bitte schätzen Sie die Höhe des Aufwands (Anzahl, Schwere und Dauer) für jeden Unterstützungskomplex ein. Hierzu steht Ihnen eine Bewertungsskala von 1-6 Fachleistungspunkten links neben dem Item zur Verfügung. Markieren Sie die eingeschätzten Fachleistungspunkte mit einem Kreuz. Welche Einzelleistungen unter den Fachleistungspunkten zu verstehen sind, ist der nachfolgenden Tabelle zu entnehmen.

Fachleistungen in Fachleistungspunkte erfolgt anhand der nachfolgenden Tabelle. Hinweis zur Vergabe der **F**achleistungs**p**unkte (FLP)		
FLP	Aufwandsbeschreibung	Zugehörige Fachleistungen
1	Gelegentlicher Aufwand	Gelegentliche Beratung, Kontaktaufnahme damit ruhige und problemarme Klienten nicht zu wenig Aufmerksamkeit bekommen, gelegentliches Erinnern, gelegentliches Kontrollieren
2	Geringer Aufwand	Regelmäßiges Erinnern, gelegentliches Motivieren, regelmäßiges Kontrollieren (geringer Aufwand), regelmäßige kurze Gespräche (max. 5 Min.), stellvertretende Übernahme (geringer Aufwand)
3	Durchschnittlicher Aufwand	Regelmäßiges Motivieren (normaler Aufwand), regelmäßiges Kontrollieren (erhöhter Aufwand), individuelle Beratung, Analysearbeit (ohne Bewohner) bzgl. einer Maßnahme, Vor- und Nachbereitung einer Maßnahme (geringer Aufwand), Stellen enger Rahmenbedingungen, stellvertretende Übernahme (hoher Aufwand), Trainieren/Konditionieren (regelmäßiges Abfragen, damit Erfolg erhalten bleibt)
4	Leicht erhöhter Aufwand	Anleiten, Vor- und Nachbereitung einer Maßnahme (normaler), konstante Begleitung (Kleingruppe max. 5 Pers.), regelmäßiges Kontrollieren (hoher Aufwand), regelmäßige Gespräche (5-20 Min.), Trainieren/Konditionieren (Trainingswiederaufnahme nach Pause)
5	Erhöhter Aufwand	Begleitung von größeren Gruppen (5-10 Pers.), individuelles Beobachten um bei Notwendigkeit intervenieren zu können, konsequentes Stellen und Einfordern enger Rahmenbedingungen, Vor- und Nachbereitung einer Maßnahme (hoher Aufwand), regelmäßiges Motivieren (hoher Aufwand), Analysearbeit (mit Bewohner) bzgl. einer Maßnahme, Trainieren/Konditionieren (Stabilisierungsphase)
6	Stark erhöhter Aufwand	intensive Motivation mit übermäßigem Aufwand, Begleitung (Großgruppe ab 10 Pers.), Krisenintervention, Konstante Begleitung 1:1, Trainieren/Konditionieren (Anfangsphase)

Beispiel:

A1) Unterstützung beim Umgang mit dem Krankheitsbild: = 4 Fachleistungspunkte (FLP)

⇨ Der Bewohner erhält konstante Begleitung innerhalb der Einkaufgruppe (4 Pers.). Regelmäßig werden mit ihm Zimmerkontrollen gemacht, wobei er verbal aggressiv reagiert und es viel Geduld du Fingerspitzengefühl benötigt, um ihn davon zu überzeugen, dass Alkohol im Zimmer seine Abstinenz gefährdet. Außerdem werden regelmäßige Gespräche (ca. 15 Min.) in Bezug auf das Krankheitsbild mit ihm geführt.

Sollten Sie einen Aspekt innerhalb eines Unterstützungskomplexes hervorheben wollen oder eine andere, für das Verständnis wichtige Information ergänzen wollen, nutzen Sie bitte die „Bemerkung"s-Zeile direkt unterhalb jedes Items.

Im Rahmen der Evaluation können Sie, bei Bedarf, in der „Bemerkung"s-Zeile auch Hinweise, Probleme, Ergänzungen oder Alternativ-Formulierungen schreiben.

Wichtig für das Verständnis einer Leistung ist das Ziel bzw. der therapeutische Hintergedanke. Dies gibt ein Bild, in welche Richtung der Bewohner sich zukünftig möglicherweise entwickelt. Bitte kreuzen Sie für jeden Unterstützungskomplex an, welches Ziel Sie mit den Leistungen verfolgen/sich erhoffen. Nutzen Sie hierfür die Spalte am rechten Rand. Die Erläuterung der Ziele finden Sie in der folgenden Tabelle.

Antizipiertes Ziel	
+	Verlangsamung/Herauszögern der Verschlechterung der Teilhabe
++	Erhalt der Teilhabe, Verschlechterung entgegenwirken
+++	Stabilisierung der Teilhabe, Teilhabeverbesserung vorbereiten
++++	Verbesserung der Teilhabe

Aufgrund der Heterogenität des Krankheitsbildes und des Umfangreichtums der Alltagsituationen und Teilhabemöglichkeiten sind nur die häufigsten und umfangreichsten Unterstützungskomplexe zusammengetragen. Es kann für den einzelnen CMA-Betroffenen Situationen geben, in welchen die Teilhabe des CMA-Betroffenen stark eingeschränkt ist und er Unterstützung erhält, welche seine Lebensqualität wesentlich erhöht. Wenn diese Unterstützungskomplexe im Instrument nicht aufgeführt sind, können sie derzeit auf einem Extra-Blatt (eingefügt am Ende des Instrumentes) erfasst und bewertet werden. In diesem Fall schreiben Sie bitte den Buchstaben, des entsprechenden Bereiches dazu!

Bitte kreuzen Sie für jeden Bereich in Abschnitt II (Tagesstrukturierung, Lebensführung, soziale Beziehungen) jeweils 5 Schwerpunkte an (Spalte links), welche in Ihren Augen für den Bewohner die wichtigste, umfangreichste und zielführendste Unterstützung derzeit ist. Dies hat den Hintergrund, dass später nur jeweils 5 Items pro Bereich zur Bewertung stehen sollen, um den Bearbeitungsumfang möglichst gering zu halten. Sollten die 5 vorgegebenen Items jedoch nicht für den Klienten relevant sein, kann man einzelne Punkte mit anderen Items aus einer beigefügten Liste austauschen. Um die 5 Grunditems jedoch sinnvoll vorzugeben, wird die Schwerpunktfestlegung benötigt.

Ab hier bitte Ausfüllen!

Hinweis:

Die erhobenen Daten dienen ausschließlich der Evaluation des genutzten Instrumentes. Die bewerteten Bewohner sollen daher anonym bleiben!

Für die Papier-Version tragen Sie bitte auf jeder Seite die Anfangsbuchstaben des Vor- und Nachnamens des Bewohners sowie das Datum der Erfassung am oberen linken Rand ein. Dies dient der Zuordnung der einzelnen Seiten zueinander.

In der digitalen Version ist es ausreichend die Daten im Folgenden einmal einzutragen:

Anfangsbuchstabe des Vor- und Nachnamens:
Datum der Erfassung:

Evaluationsdaten:

Einstufung nach „Metzler"/ Hilfebedarfsgruppe:

Ist ein Übergang in eine Pflegeeinrichtung, Einrichtung für psychisch Kranke oder Hospiz geplant?

Ja   Nein

Ist ein Übergang in eine ambulante Wohn- /Hilfeform geplant?

Ja   Nein

Pauschaleinstufung durch Experten (Betreuer)

Bitte markieren Sie mit einem Kreuz wo Sie den Bedarf an Teilhabeleistungen für den beschriebenen Bewohner sehen:

0 = keine Unterstützung   *10 = täglich 24 Stunden*
notwendig   *1:1 Betreuung*

0   1   2   3   4   5   6   7   8   9   10

Abschnitt I: Beschreibung grundlegender Fachleistungen zur Befähigung einer Teilhabe

Leistungs-schwerpunkte	Fachleistungen zum Ausbau der Abstinenzphasen	Art und Umfang Fachleistungen =Fachleistungs-punkte (FLP)						Antizipiertes Ziel der Fachleistung			
		1	2	3	4	5	6	+	‡	‡+	‡++
	A1) Unterstützung beim Umgang mit dem Krankheitsbild (generelle Rückfallprävention, Unterstützung zur Annahme der Krankheit, Akzeptanz der Therapie u.ä.)										
	Bemerkung:										
	A2) Präventive Unterstützung bei akuter Rückfallgefährdung (Unterstützung bei akut auftretendem Suchtdruck aufgrund von Triggerreizen wie Geburtstag, Feiertage, Scheidungsjubiläum, Todestage der Familie, Formel-1-Veranstaltungen im Fernsehen, Besuch von Freunden o.ä.; bzw. bei Quartalstrinker gegen Ende der gewohnten Abstinenzphase)										
	Bemerkung:										
	A3) Krisenintervention bei Rückfall (bspw. Hausinterne Entgiftung, Unterstützung der Aufarbeitung der Ursache und des psychischen Wiederaufbaus, Bearbeitung der Kollateralschäden in der Wohngemeinschaft, Wiedereingliederung in die Tagesabläufe, Wiederaufbau der, durch die Alkoholschädigung erneut verlernten Fähigkeiten/Gewohnheiten …)										
	Bemerkung:										
	A4) Unterstützung bei der Analyse des Suchtverhaltens (Unterstützung beim Herausarbeiten von Triggerreizen und rückfallgefährdenden Situationen, Erarbeiten von Strategien und alternativen Handlungsweisen zur Rückfallvermeidung, Unterstützung beim Erkennung von Beginn von Suchtdruckphasen, Unterstützung beim Durchstehen und Überwinden des Suchtdrucks u.ä.)										
	Bemerkung:										
	A5) Umgang mit Suchtverlagerung (Bspw. Kontrolle und Gegensteuerung bei Kaffee-, Nikotin- oder Arbeitssucht)										
	Bemerkung:										

Leistungs-schwerpunkte	Fachleistungen zur individuellen Befähigung zur Teilhabe	Art und Umfang Fachleistungen =Fachleistungs- punkte (FLP)						Antizipiertes Ziel der Fachleistung			
		1	2	3	4	5	6	+	++	+++	++++
	B1) Unterstützung zur Orientierung (zeitl., räuml., org., zur Person) bei Schwierigkeiten im Gedächtnis (Finden von Räumlichkeiten, Toilettentraining, Wegetraining, Erinnern an Mahlzeiten, Gespräche zu Geschehenem, etc.) Bemerkung:										
	B2) Unterstützung zur Annahme der Therapie und zum Nachkommen der Mitwirkungspflicht (Unterstützung damit die Teilnahme an Maßnahmen erfolgt, Erarbeiten der individuellen Sinnhaftigkeit der Maßnahmen für die subjektive Teilhabe, Finden von Maßnahmen, welche der Betroffene besser annehmen kann etc.) Bemerkung:										
	B3) Unterstützung bei Antriebsstörungen (z.B. bei starker Antriebsschwäche, Depressiver Tendenz, medikamentöser Ruhigstellung, übersteigertem Antrieb und Unruhe...=> regelmäßiges aus dem Bett holen oder erhöhte Fürsorge im Einhalten von Pausen) Bemerkung:										
	B4) Unterstützung zum Umgang mit Veränderungen (Emotionale Stabilisierung, Erarbeitung der Veränderungen, Schaffen von neuer Routine und Sicherheit uvm.) Bemerkung:										

Abschnitt II: Fachleistungen zum Erhalt, Stabilisierung und Förderung der Teilhabe

Leistungs-schwerpunkte	Teilhabefördernde Fachleistungen im Bereich Lebensführung (Wohnen und Selbstversorgung)	Art und Umfang Fachleistungen =Fachleistungs-punkte (FLP)						Antizipiertes Ziel der Fachleistung			
		1	2	3	4	5	6	+	‡	‡‡	‡‡‡
	W1) Unterstützung einer nicht-gesundheitsgefährdenden Ernährung (Vermeiden von lebensgefährlichem Übergewicht oder Untergewicht, Vermeiden von zu einseitiger Ernährung, Vermeiden gesundheitsgefährdender Nahrungsmittel wie z.B. verschimmeltes Obst oder insektenbefallener Süßigkeiten) Bemerkung:										
	W2) Unterstützung bei der persönlichen Hygiene (Körperhygiene auf dem Maß halten, dass keine Gesundheitsgefährdung besteht und keine Teilhabebeeinträchtigung im sozialen Umgang; Wäsche-wechsel, Auswahl/Pflege der Kleidung den sozialen Normen entsprechend) Bemerkung:										
	W3) Unterstützung beim Gestalten und wohnlich Halten des Lebensraumes (Unterstützung beim Schaffen &Einhalten einer Grundordnung und Grundhygiene im eigenen Wohnraum, Unterst. beim Schaffen von wohnlicher Atmosphäre) Bemerkung:										
	W4) Unterstützung beim Umgang mit technischen Alltagsgeräten (Wecker, Radio, Fernseher, Herd, Waschmaschine, Toaster etc.) im Bereich Wohnen Bemerkung:										
	W5) Beobachten von Krankheitszeichen und Unterstützung bei Gesundheitlichem Verständnis (erläutern von gesundheitlich notwendigen Lebensregeln, erkennen von Krankheitszeichen als solche und korrekte Einschätzung deren Schwere, Motivation zur Medikamenteneinnahme und zum Arztbesuch) Bemerkung:										
	W6) Unterstützung im Umgang mit Organisatorischen Dingen und Formalitäten des alltäglichen Lebens (z.B. Umgang mit Behörden, Unterstützung gerichtlich gestellter Betreuer, Unterstützung im Hilfeplanverfahren, Anträge stellen, Termine vereinbaren und koordinieren [bei Arzt, Amt, gerichtlich gestelltem Betreuer…] u.ä.) Bemerkung:										
	W7) Unterstützung beim Umgang mit medizinischen Hilfen (Hörgeräte, Blutdruckmessung, Insulinmessgerät, Gebiss, Prothesen etc.) Bemerkung:										

Leistungs-schwerpunkte	Teilhabefördernde Fachleistungen im Bereich Tagesstrukturierung (beschäftigende Maßnahmen, Leistungen mit arbeitsähnlichem Charakter)	Art und Umfang Fachleistungen =Fachleistungs-punkte (FLP)						Antizipiertes Ziel der Fachleistung			
		1	2	3	4	5	6	+	‡	‡+	‡++
	T1) Unterstützung zur Erarbeitung einer regelmäßige Strukturierung des Tages (Unterstützung zur Auslastung des Tages, Lebenssinn in der Gemeinschaft, Unterstützung bei der Gestaltung der Freizeit, Langeweile vorbeugen)										
	Bemerkung:										
	T2) Unterstützung zur Gewöhnung an eine regelmäßige Tagesstrukturierung (Regelmäßiges Holen zu Maßnahmen, erneutes Holen nach Pausen, Begleiten damit die Maßnahme bis zum Ende durchgehalten wird etc.)										
	Bemerkung:										
	T3) Unterstützungen beim Finden und Gestalten arbeitsähnlicher Aufgaben (Bspw. Aufgaben die ein Bewohner als „Seine" akzeptieren kann, die helfen Langeweile zu vermeiden, den Tagesablauf zu strukturieren, regelmäßige Aufgaben, die Sinn im Leben oder Platz in der Gemeinschaft geben, die Selbstwertgefühl steigern & die Möglichkeit zur Anerkennung schaffen...)										
	Bemerkung:										
	T4) Unterstützung bei Überforderung, welche nicht aufgrund sozialer Beziehungen erwachsen (Bspw. durch selbstgesetzten Anforderungsdruck, durch Selbstüberschätzung und verzerrte Selbstwahrnehmung, durch Ungleichgewicht kognitiver und physischer Fähigkeiten...)										
	Bemerkung:										
	T5) Unterstützung beim Strukturieren, Planen und Durchführen von Aufgaben (Bspw. Untergliedern der Aufgabe in Arbeitsschritte, Arbeitspläne erarbeiten, Unterstützung bei der Umsetzung der Aufgabe, Prioritäten in der Reihenfolge von Aufgaben absprechen etc.)										
	Bemerkung:										
	T6) Unterstützung bei der Gestaltung der Freizeit und festlichen Höhepunkten (Ideenfindung zum Gestalten von Leerlaufzeiten, Hilfe beim Finden des Gleichgewichts Betätigung-Ruhe, Umgang mit Langeweile, Freude an Festen finden, Erkennen des Wertes gemeinschaftlicher Aktivitäten, Finden des richtigen Bedeutungsmaßes von Festlichkeiten...etc.)										
	Bemerkung:										

		Art und Umfang Fachleistungen =Fachleistungs-punkte (FLP)						Antizipiertes Ziel der Fachleistung			

T7) Unterstützungen beim Finden von generellen Aufgaben
(Förderung der Wahrnehmung möglicher Betätigungen, selbstständige Beschäftigung ohne Verwahrlosungs-, Rückzugs- oder Isolationstendenzen)
Bemerkung:

Leistungs-schwerpunkte	Teilhabefördernde Fachleistungen im Bereich soziale Beziehungen	Art und Umfang Fachleistungen =Fachleistungs-punkte (FLP)						Antizipiertes Ziel der Fachleistung			
		1	2	3	4	5	6	+	+ +	+ + +	+ + + +

S1) Unterstützung beim Erkennen, Anerkennen und Einhalten von sozialen Normen, Werten und Regeln

Bemerkung:

S2) Unterstützung in sozialen Situationen, in denen die Teilhabe durch Konfabulationen, Gedächtnisprobleme oder falsche Selbst- und Fremdeinschätzung gefährdet ist
(Übersetzung, Sorgen für Akzeptanz und Verständnis in der Gruppe, Vermitteln und Erklären bei Ablehnung etc.)
Bemerkung:

S3) Unterstützung sich in eine Gruppe einzuordnen

Bemerkung:

S4) Unterstützung sich in einer Gruppe, Partnerschaft, Freundschaft, Familie durchzusetzen bzw. zu schützen, die eigenen Interessen zu vertreten
Bemerkung:

S5) Unterstützung beim Umgang mit Konflikten
Bemerkung:

S6) Unterstützung bei der Aufnahme von Kontakten zur Familie oder Freundeskreis, Unterstützungen beim Halten von familiären Kontakten, Angehörigenarbeit (in dem Rahmen und Umfang wie es für die Verbesserung/Stabilisierung/de Erhalt der Teilhabe des Betroffenen notwendig ist)
Bemerkung:

S7) Unterstützung im Umgang mit übersteigertem Aufmerksamkeitsbedürfnis und unüblichem Nähe-Distanzverhalten
Bemerkung:

Leistungs-schwerpunkte	Ergänzende oder fehlende Items bitte hier aufführen (inkl. zugehörigem Bereichsbuchstaben für bessere Zuordnung => A: Abstinenzförderung, B: Teilhabebefähigung, L: Lebensführung, T: Tagesstrukturierung, S: soziale Beziehungen)	Art und Umfang Fachleistungen =Fachleistungs-punkte (FLP)						Antizipiertes Ziel der Fachleistung			
		1	2	3	4	5	6	+	‡	‡‡	‡‡‡
	Bemerkung:										
	Bemerkung:										
	Bemerkung:										
	Bemerkung:										
	Bemerkung:										
	Bemerkung:										
	Bemerkung:										
	Bemerkung:										
	Bemerkung:										

Zuordnungscode: Erfassungsdatum:

Beide Seiten jeweils nur einmal pro Mitarbeiter ausfüllen!

Bitte schreiben Sie auf beide Seiten denselben Zuordnungscode! Notieren Sie hierzu die ersten beiden Buchstaben Ihres Geburtsortes und Lieblingsessens. Bspw. COEI (von Coburg und Eis) Der Zuordnungscode dient der Zuordnung der beiden Seiten zueinander! Die Ergebnisse dieser Studie bleiben anonym und können nicht zu einer Person zurückgeführt werden.

Bewertung des Instrumentes IBUT-CMAs:

Wie lange benötigen Sie im Durchschnitt für das Bewerten eines Bewohners?

(Zählen Sie bitte das Durchlesen der Anleitung nicht dazu, da dies zum Einarbeitungsprozess eines jeden Verfahrens gehört)

1: stimme zu   *2: stimme eher zu*   *3: stimme eher nicht zu*   *4: stimme nicht zu*

	1	2	3	4
Das IBUT-CMAs ist für Betreuer verständlich.				
Das IBUT-CMAs ist für Bewohner ohne Unterstützung verständlich.				
Das IBUT-CMAs ist für Bewohner mit Unterstützung verständlich.				
Nach dem Einarbeiten fällt mir das Ausfüllen des IBUT-CMAs leicht.				
Ich kann alle wichtigen Informationen mit dem IBUT-CMAs erfassen.				
Beim IBUT-CMAs kann ich nicht alle Informationen eindeutig zuordnen.				
Das IBUT-CMAs bildet das Krankheitsbild gut ab.				
Die Formulierungen des IBUT-CMAs sind unklar oder unzureichend.				
Es gibt wichtige Informationen, die ich mit dem IBUT-CMAs nicht erfassen kann.				
Ich würde gerne mit dem IBUT-CMAs arbeiten.				

Hinweise/Ergänzungen/Verbesserungen/Kritik/Lob...

Sollten Sie etwas an dem IBUT-CMAs verändern, verbessern, kritisieren, loben oder aus anderem Grund erwähnen wollen, tun Sie dies bitte hier:

_____
_____
_____
_____
_____
_____
_____
_____
_____
_____
_____
_____
_____

Zuordnungscode: Erfassungsdatum:

Bewertung des Instrumentes „Metzler-Bogens":

Wie lange benötigen Sie im Durchschnitt für das Bewerten eines Bewohners?

(Zählen Sie bitte das Durchlesen der Anleitung nicht dazu, da dies zum Einarbeitungsprozess eines jeden Verfahrens gehört.)

| Kreuztabelle: |
| Bericht: |

1: stimme zu   2: stimme eher zu   3: stimme eher nicht zu   4: stimme nicht zu

Kreuztabelle des „Metzler-Bogens"	1	2	3	4
Die Kreuztabelle des „Metzler-Bogens" ist für Betreuer verständlich.				
Die Kreuztabelle des „Metzler-Bogens" ist für Bewohner ohne Unterstützung verständlich.				
Die Kreuztabelle des „Metzler-Bogens" ist für Bewohner mit Unterstützung verständlich.				
Nach dem Einarbeiten fällt mir das Ausfüllen der Kreuztabelle des „Metzler-Bogens" leicht.				
Ich kann alle wichtigen Informationen mit der Kreuztabelle des „Metzler-Bogens" erfassen.				
Bei der Kreuztabelle des „Metzler-Bogens" kann ich nicht alle Informationen eindeutig zuordnen.				
Die Kreuztabelle des „Metzler-Bogens" bildet das Krankheitsbild gut ab.				
Die Formulierungen der Kreuztabelle des „Metzler-Bogens" sind unklar oder unzureichend.				
Es gibt wichtige Informationen, die ich mit der Kreuztabelle des „Metzler-Bogens" nicht erfassen kann.				
Ich würde gerne weiter mit der Kreuztabelle des „Metzler-Bogens" arbeiten.				

1: stimme zu   2: stimme eher zu   3: stimme eher nicht zu   4: stimme nicht zu

Ergänzender Bericht des „Metzler-Bogens"	1	2	3	4
Der ergänzende Bericht ist für Betreuer verständlich.				
Der ergänzende Bericht ist für Bewohner ohne Unterstützung verständlich.				
Der ergänzende Bericht ist für Bewohner mit Unterstützung verständlich.				
Nach dem Einarbeiten fällt mir das Schreiben des ergänzenden Berichtes leicht.				
Ich kann alle wichtigen Informationen mit dem ergänzenden Bericht erfassen.				
Beim ergänzenden Bericht kann ich nicht alle Informationen eindeutig zuordnen.				
Der ergänzende Bericht bildet das Krankheitsbild gut ab.				
Die Formulierungen des ergänzenden Berichtes sind unklar oder unzureichend.				
Es gibt wichtige Informationen, die ich mit dem ergänzenden Bericht nicht erfassen kann.				
Ich würde gerne weiter mit dem ergänzenden Bericht arbeiten.				

Bewertung des Instrumentes IBUT-CMAs:

Wie lange benötigen Sie im Durchschnitt für das Bewerten eines Bewohners?

$\varnothing$ 41min

(Zählen Sie bitte das Durchlesen der Anleitung nicht dazu, da dies zum Einarbeitungsprozess eines jeden Verfahrens gehört)

1: stimme zu   2: stimme eher zu   3: stimme eher nicht zu   4: stimme nicht zu

	1	2	3	4
Das IBUT-CMAs ist für Betreuer verständlich.	31	0	0	0
Das IBUT-CMAs ist für Bewohner ohne Unterstützung verständlich.	1	12	17	1
Das IBUT-CMAs ist für Bewohner mit Unterstützung verständlich.	3	22	6	0
Nach dem Einarbeiten fällt mir das Ausfüllen des IBUT-CMAs leicht.	2	28	1	0
Ich kann alle wichtigen Informationen mit dem IBUT-CMAs erfassen.	3	25	3	0
Beim IBUT-CMAs kann ich nicht alle Informationen eindeutig zuordnen.	0	0	1	30
Das IBUT-CMAs bildet das Krankheitsbild gut ab.	31	0	0	0
Die Formulierungen des IBUT-CMAs sind unklar oder unzureichend.	1	0	5	25
Es gibt wichtige Informationen, die ich mit dem IBUT-CMAs nicht erfassen kann.	1	0	5	25
Ich würde gerne mit dem IBUT-CMAs arbeiten.	30	0	1	0

Hinweise/Ergänzungen/Verbesserungen/Kritik/Lob…

Sollten Sie etwas an dem IBUT-CMAs verändern, verbessern, kritisieren, loben oder aus anderem Grund erwähnen wollen, tun Sie dies bitte hier:

Antworten:

- *3x „Für Bewohner noch einfacher formulieren"*
- *„Ist gut so."*
- *„Möchte ich gerne mit arbeiten."*

Vergleich der Bedarfserfassungsinstrumente IBUT-CMA, Brandenburger Instrument – erhobene Daten

Bewertung des Instrumentes „Metzler-Bogens":

Wie lange benötigen Sie im Durchschnitt für das Bewerten eines Bewohners?

(Zählen Sie bitte das Durchlesen der Anleitung nicht dazu, da dies zum Einarbeitungsprozess eines jeden Verfahrens gehört.)

> Kreuztabelle: ⌀ 29 min
> Bericht:
> ⌀ 2h, 12min
> (Kostenträger),
> ⌀ 12h, 27 min
> (Leistungserbringer)

1: stimme zu   *2: stimme eher zu*   *3: stimme eher nicht zu*   *4: stimme nicht zu*

Kreuztabelle des „Metzler-Bogens"	1	2	3	4
Die Kreuztabelle des „Metzler-Bogens" ist für Betreuer verständlich.	31	0	0	0
Die Kreuztabelle des „Metzler-Bogens" ist für Bewohner ohne Unterstützung verständlich.	0	0	0	31
Die Kreuztabelle des „Metzler-Bogens" ist für Bewohner mit Unterstützung verständlich.	0	0	28	3
Nach dem Einarbeiten fällt mir das Ausfüllen der Kreuztabelle des „Metzler-Bogens" leicht.	0	25	6	0
Ich kann alle wichtigen Informationen mit der Kreuztabelle des „Metzler-Bogens" erfassen.	0	3	23	5
Bei der Kreuztabelle des „Metzler-Bogens" kann ich nicht alle Informationen eindeutig zuordnen.	22	8	0	1
Die Kreuztabelle des „Metzler-Bogens" bildet das Krankheitsbild gut ab.	0	3	27	1
Die Formulierungen der Kreuztabelle des „Metzler-Bogens" sind unklar oder unzureichend.	22	5	4	0
Es gibt wichtige Informationen, die ich mit der Kreuztabelle des „Metzler-Bogens" nicht erfassen kann.	24	6	0	1
Ich würde gerne weiter mit der Kreuztabelle des „Metzler-Bogens" arbeiten.	1	0	28	2

1: stimme zu   *2: stimme eher zu*   *3: stimme eher nicht zu*   *4: stimme nicht zu*

Ergänzender Bericht des „Metzler-Bogens"	1	2	3	4
Der ergänzende Bericht ist für Betreuer verständlich.	0	21	10	0
Der ergänzende Bericht ist für Bewohner ohne Unterstützung verständlich.	0	0	0	31
Der ergänzende Bericht ist für Bewohner mit Unterstützung verständlich.	30	0	0	1
Nach dem Einarbeiten fällt mir das Schreiben des ergänzenden Berichtes leicht.	0	0	0	31
Ich kann alle wichtigen Informationen mit dem ergänzenden Bericht erfassen.	28	3	0	0
Beim ergänzenden Bericht kann ich nicht alle Informationen eindeutig zuordnen.	0	0	0	31
Der ergänzende Bericht bildet das Krankheitsbild gut ab.	0	20	11	0
Die Formulierungen des ergänzenden Berichtes sind unklar oder unzureichend.	1	10	20	0
Es gibt wichtige Informationen, die ich mit dem ergänzenden Bericht nicht erfassen kann.	0	0	0	31
Ich würde gerne weiter mit dem ergänzenden Bericht arbeiten.	0	0	0	31

Von den Teilnehmern erhaltene Hinweise bzgl. der ergänzenden Entwicklungsberichte:

Entwicklungsberichte unterscheiden sich sehr stark in der Qualität und Aussagekraft in Abhängigkeit vom Verfasser (Leistungserbringer, aber auch konkreter Betreuer), sowie in Abhängigkeit vom antizipierten Leser (Mitarbeiter beim Kostenträger).

Evaluationsbogen IBUT-CMA Version 3 – Angaben zum Bearbeitungsprozess

Bitte zu <u>JEDEM</u> ausgefüllten IBUT-CMA-Bogen (1x pro Bewohner) ausfüllen und anheften!

Bitte lesen Sie zuerst die Bearbeitungshinweise im Manual des IBUT-CMA aufmerksam durch. Füllen Sie anhand dieser Hinweise das Instrument aus. Sie können alleine oder im Team arbeiten. Sollten Sie sich unsicher sein, können Sie auch die Hilfebedarfe der ICF, welche den Leistungen zugrunde liegen, anhand der Tabelle im Manual vergleichen. Achten Sie jedoch bitte darauf die Items letztendlich leistungsbezogen zu bewerten! Das bedeutet, dass Sie für jedes Item überlegen wie hoch der Leistungsaufwand ist, den Sie tatsächlich als Betreuer betreiben. Um dies in Punkten auszudrücken können Sie sich an der Tabelle im Manual zur „Vergabe von fachleistungspunkten" orientieren. Sollte ein Bewohner in einem Item keine Leistung erhalten, lassen Sie die Fachleistungspunkte-Felder frei und vermerken in der Bemerkungsspalte: „keine Leistung benötigt".

Datenschutz:
Sie können die Bewohnernamen anonymisieren und die Unterschriften weglassen, da es nicht um die Erfassung von persönlichen Daten, sondern ausschließlich um die Bewertung von Funktionalität, Nutzerfreundlichkeit und Verständlichkeit des Verfahrens geht.
Die erhobenen Daten werden ausschließlich zur Bewertung des Verfahrens genutzt, nur in diesem Rahmen gespeichert und niemandem außerhalb dieses Prozesses zugänglich gemacht. Nach Vollendung des Aufbewahrungspflichtzeitraumes werden alle Daten vollständig vernichtet.

Evaluationsdaten:

Bitte geben Sie die folgenden Daten genauso an (anonymisiert oder nicht), wie Sie sie auf dem Instrument im Datenblatt angegeben haben. Dies dient der Zuordnung zwischen Instrument und Evaluationsbogen. Die Daten werden vor der weiteren Verarbeitung den Datenschutzrichtlinien angepasst.

Name des Bewohners: Vorname des Bewohners:

Geburtsdatum des Bewohners: Hilfebedarfsgruppe nach Metzler:

Zeitaufwand zum Ausfüllen des IBUT-CMA für diesen Bewohner:
(Zählen Sie bitte das Durchlesen der Anleitung nicht dazu, da dies zum Einarbeitungsprozess eines jeden Verfahrens gehört)

Wieviel Hilfe bekommt der Bewohner?
Bitte schätzen Sie den Aufwand der Leistungen ein, welche der Bewohner in Summe durchschnittlich am Tag erhält. Achten Sie bitte darauf den Leistungsaufwand zu bewerten und NICHT den Hilfebedarf! Unter Leistungsaufwand ist die Art, Umfang und psychische Beanspruchung des Leistungserbringers (Betreuers) zu verstehen. Setzen Sie bitte an der Stelle ein Kreuz, wo Sie den Leistungsaufwand für den oben genannten Bewohner sehen.

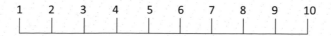

1 = keine Unterstützung/Leistung erforderlich
10 = 24 Stunden am Tag anspruchsvolle 1:1 Betreuung

Evaluation des IBUT-CMA - Nutzerfreundlichkeit

Der IBUT-CMA ist ein wissenschaftlich erarbeitetes Verfahren, welches jedoch möglichst praxisnah gestaltet werden soll. Das Instrument wurde im Rahmen einer Dissertation an der Brandenburgischen Technischen Universität Cottbus-Senftenberg, in Zusammenarbeit verschiedenen öffentlichen Sozialhilfeträgern des Landes Brandenburg und verschiedenen freien Trägern der stationären CMA-Eingliederungshilfe erarbeitet. Folgende Institutionen/Gremien/Ämter sind über die Erarbeitung des IBUT-CMA informiert und erhalten regelmäßig den entsprechenden Arbeitsstand: MASGF, LASV, Landkreistag Brandenburg, Serviceeinheit Entgeldwesen.

Diese Evaluations-Studie dient der Bewertung des vorliegenden Instrumentes IBUT-CMAs und erfolgt auf der Basis der anonymen und freiwilligen Teilnahme. Die Aussagen dienen ausschließlich zur Einschätzung der Güte des Instrumentes. Eine Rückverfolgung auf die Person, welche die Daten erhebt ist weder möglich noch gewollt! Die Bewohnerdaten auf dem Datenblatt und dem „Evaluationsbogen IBUT-CMA Version 3" können anonymisiert werden. Auch ist es möglich die Unterschriften wegzulassen, da es nicht um die Erfassung von persönlichen Daten, sondern ausschließlich um die Erprobung des Instrumentes und die Bewertung von Funktionalität, Nutzerfreundlichkeit und Verständlichkeit des Verfahrens geht.
Die erhobenen Daten werden ausschließlich zur Bewertung des Verfahrens genutzt, nur in diesem Rahmen gespeichert und niemandem außerhalb dieses Prozesses zugänglich gemacht. Sie werden im Anschluss an die Erfassung für die weitere Bearbeitung anonymisiert. Nach Vollendung des Aufbewahrungspflichtzeitraumes für wissenschaftliche Erhebungen werden alle Daten vollständig vernichtet.

Ergebnis der Studie sollen Aussagen bezüglich Aufwand-Nutzen-Verhältnis, Nutzerfreundlichkeit, Verständlichkeit und Krankheitsbildspezifik sein. Weiterhin können sich Hinweise und Verbesserungsvorschläge zu bestehenden Problemen im Umgang mit dem IBUT-CMAs ergeben.

Ich bedanke mich für Ihre Unterstützung!

Dipl. Psych. L. Hoppe

Evaluationsbogen - Einschätzung des Verfahrens durch die ausfüllende Person

Bitte 1x pro Mitarbeiter ausfüllen!

1: stimme zu   2: stimme eher zu   3: stimme eher nicht zu   4: stimme nicht zu

	1	2	3	4
Das IBUT-CMA ist verständlich formuliert.				
Das IBUT-CMA bildet das Krankheitsbild gut ab.				
Aus dem IBUT-CMA geht für mich klar hervor, welche Leistungen im Sinne des BTHG zum Ermöglichen und Erleichtern der sozialen Teilhabe der öffentliche Sozialhilfeträger bezahlen soll.				
Das IBUT-CMA enthält alle Informationen, um den Finanzierungsbedarf für die zu bezahlenden Leistungen sicher zu ermitteln.				
Nach dem Einarbeiten fällt mir das Erfassen der relevanten Informationen mit dem IBUT-CMA leicht.				
Das IBUT-CMA empfinde ich als auch nach der Einarbeitung als aufwendig.				
Es gibt wichtige Informationen, die ich mit dem IBUT-CMAs nicht erfassen kann.				
Die Formulierungen des IBUT-CMA sind unklar oder unzureichend.				
Das Manual des IBUT-CMA ist verständlich und hilft bei der Einarbeitung.				
Ich habe nach dem Durchlesen des Manuals noch viele offene Fragen.				
Ich fühle mich nach dem Lesen des Manuals in der Lage mit dem IBUT-CMA zu arbeiten.				
Das Layout des IBUT-CMA ist übersichtlich.				
Das Layout des IBUT-CMA ist ansprechend gestaltet.				
Die Einteilung in 4 Leistungsstufen ist für mich nachvollziehbar.				
Die Einteilung in 4 Leistungsstufen empfinde ich als realitätsnah.				
Die inhaltliche Zuordnung der Einstufung finde ich gut.				
Die leistungsbezogene Bewertung finde ich hilfreich.				
Die leistungsbezogene Erfassung ist für mich ungewohnt.				
Die leistungsbezogene Erfassung finde ich praxisnah.				
Mir fehlt die direkte Erfassung der Hilfebedarfe.				
Die Bemerkungszeile finde ich überflüssig.				
Die Bemerkungszeile finde ich zu kurz.				
Ich glaube, dass das IBUT-CMA die Verständigung zum örtlichen Sozialhilfeträger erleichtert. (Im Vergleich zum bisherigen verfahren)				
Ich glaube, dass das IBUT-CMA die Verständigung zum örtlichen Sozialhilfeträger erschwert. (Im Vergleich zum bisherigen Verfahren)				
Ich glaube, dass das IBUT-CMA die Akzeptanz der Bedarfserfassung bei den Bewohnern erhöht.				
Ich glaube, dass das IBUT-CMA die Akzeptanz der Bedarfserfassung bei den Bewohnern erschwert.				
Ich glaube, dass sich Bewohner im IBUT-CMA wiederfinden und das Verfahren akzeptieren können.				
Ich glaube, das IBUT-CMA den Prozess der Teilhabeförderung unterstützt.				
Ich glaube, dass das IBUT-CMA den Prozess der Teilhabeförderung behindert.				
Ich kann mir vorstellen mit dem IBUT-CMA zu arbeiten.				

Bitte schreiben Sie Anmerkungen, Kritik, Hinweise, Vorschläge, Fragen oder was Ihnen sonst in dem Zusammenhang einfällt im Folgenden auf:

_____

_____

_____

_____

_____

_____

_____

_____

_____

_____

_____

_____

_____

_____

_____

_____

_____

_____

_____

_____

_____

_____

_____

_____

_____

_____

_____

Evaluation des IBUT-CMA - Nutzerfreundlichkeit

1: stimme zu   2: stimme eher zu   3: stimme eher nicht zu   4: stimme nicht zu

	1	2	3	4
Das IBUT-CMA ist verständlich formuliert.	24	3	3	0
Das IBUT-CMA bildet das Krankheitsbild gut ab.	19	11	0	0
Aus dem IBUT-CMA geht für mich klar hervor, welche Leistungen im Sinne des BTHG zum Ermöglichen und Erleichtern der sozialen Teilhabe der öffentliche Sozialhilfeträger bezahlen soll.	28	2	0	0
Das IBUT-CMA enthält alle Informationen um den Finanzierungsbedarf für die zu bezahlenden Leistungen sicher zu ermitteln.	20	8	0	2
Nach dem Einarbeiten fällt mir das Erfassen der relevanten Informationen mit dem IBUT-CMA leicht.	19	6	4	1
Das IBUT-CMA empfinde ich als auch nach der Einarbeitung als aufwendig.	2	1	0	27
Es gibt wichtige Informationen, die ich mit dem IBUT-CMAs nicht erfassen kann.	0	5	5	20
Die Formulierungen des IBUT-CMA sind unklar oder unzureichend.	0	0	3	27
Das Manual des IBUT-CMA ist verständlich und hilft bei der Einarbeitung.	27	0	2	1
Ich habe nach dem Durchlesen des Manuals noch viele offene Fragen.	1	1	26	2
Ich fühle mich nach dem Lesen des Manuals in der Lage mit dem IBUT-CMA zu arbeiten.	26	1	3	0
Das Layout des IBUT-CMA ist übersichtlich.	24	1	5	0
Das Layout des IBUT-CMA ist ansprechend gestaltet.	24	0	6	0
Die Einteilung in 4 Leistungsstufen ist für mich nachvollziehbar.	22	3	5	0
Die Einteilung in 4 Leistungsstufen empfinde ich als realitätsnah.	18	2	6	4
Die inhaltliche Zuordnung der Einstufung finde ich gut.	23	4	3	0
Die leistungsbezogene Bewertung finde ich hilfreich.	23	5	1	1
Die leistungsbezogene Erfassung ist für mich ungewohnt.	23	7	0	0
Die leistungsbezogene Erfassung finde ich praxisnah.	25	3	0	2
Mir fehlt die direkte Erfassung der Hilfebedarfe.	10	0	0	20
Die Bemerkungszeile finde ich überflüssig.	0	0	5	25
Die Bemerkungszeile finde ich zu kurz.	8	4	1	17
Ich glaube, dass das IBUT-CMA die Verständigung zum örtlichen Sozialhilfeträger erleichtert. (Im Vergleich zum bisherigen verfahren)	20	6	4	0
Ich glaube, dass das IBUT-CMA die Verständigung zum örtlichen Sozialhilfeträger erschwert. (Im Vergleich zum bisherigen Verfahren)	0	1	11	18
Ich glaube, dass das IBUT-CMA die Akzeptanz der Bedarfserfassung bei den Bewohnern erhöht.	20	3	2	5
Ich glaube, dass das IBUT-CMA die Akzeptanz der Bedarfserfassung bei den Bewohnern erschwert.	0	2	10	18
Ich glaube, dass sich Bewohner im IBUT-CMA wiederfinden und das Verfahren akzeptieren können.	26	4	0	0
Ich glaube, das IBUT-CMA den Prozess der Teilhabeförderung unterstützt.	27	1	2	0
Ich glaube, dass das IBUT-CMA den Prozess der Teilhabeförderung behindert.	0	0	0	30
Ich kann mir vorstellen mit dem IBUT-CMA zu arbeiten.	23	5	2	0

Printed in the United States
by Baker & Taylor Publisher Services